Gottfried Barthel
Friedrich Hirzebruch
Thomas Höfer

Geradenkonfigurationen und Algebraische Flächen

Aspects of Mathematics

Aspekte der Mathematik

Herausgeber: Klas Diederich

Gottfried Barthel
Friedrich Hirzebruch
Thomas Höfer

Geradenkonfigurationen und Algebraische Flächen

Eine Veröffentlichung des Max-Planck-Instituts für Mathematik, Bonn

V

Friedr. Vieweg & Sohn Braunschweig / Wiesbaden

CIP-Kurztitelaufnahme der Deutschen Bibliothek

Barthel, Gottfried:
Geradenkonfigurationen und algebraische Flächen:
e. Veröff. d. Max-Planck-Inst. für Mathematik,
Bonn/Gottfried Barthel; Friedrich Hirzebruch;
Thomas Höfer. – Braunschweig; Wiesbaden:
Vieweg, 1987.
(Aspekte der Mathematik: D; 4)
ISBN 3-528-08907-5

NE: Hirzebruch, Friedrich:; Höfer, Thomas:;
Aspects of mathematics / D

Dr. *Gottfried Barthel* ist Professor für Mathematik an der Universität Konstanz.

Dr. Drs.h.c. *Friedrich Hirzebruch* ist Professor für Mathematik an der Universität Bonn und Direktor des Max-Planck-Instituts für Mathematik, Bonn.

Dr. *Thomas Höfer* ist Hochschulassistent für Mathematik an der Universität Bonn.

AMS Subject Classification (1986): **14.20**, 20.65, 20.72, 32.40, 50.70, 50.90, 53.80, 57.xx.

Vieweg ist ein Unternehmen der Verlagsgruppe Bertelsmann.

Druck und buchbinderische Verarbeitung: Lengericher Handelsdruckerei, Lengerich
Printed in Germany

ISSN 0179-2148

ISBN 3-528-08907-5

Vorwort

Ein großer Fortschritt in der Theorie der algebraischen Flächen waren der Beweis der Ungleichung $c_1^2 \leq 3\,c_2$ für die Chernschen Zahlen einer komplex-algebraischen Fläche vom allgemeinen Typ durch Y. Miyaoka und Sh.-T. Yau und die Erkenntnis, daß die Gleichheit $c_1^2 = 3\,c_2$ unter diesen Flächen genau diejenigen charakterisiert, deren universelle Überlagerung der zweidimensionale komplexe Ball ist. Man hat also in diesen Fällen eine Situation, die dem Uniformisierungssatz für algebraische Kurven (Riemannsche Flächen) vom Geschlecht $g \geq 2$ entspricht.

Wegen der großen Bedeutung dieses gerade 10 Jahre alten Resultates ist es interessant, durch direkte algebraisch-geometrische Konstruktionen Flächen vom allgemeinen Typ mit $c_1^2 = 3c_2$ zu finden, oder auch solche, deren Chernquotient c_1^2/c_2 dem Maximum 3 möglichst nahe kommt; explizite Beispiele für solche Flächen sind nämlich bislang nur recht selten aufgetreten. Das vorliegende Buch enthält viele solcher Beispiele; mit den hier vorgestellten Methoden kann man noch weitere algebraische Flächen mit interessanten Eigenschaften konstruieren.

Während Y. Miyaoka die Ungleichung $c_1^2 \leq 3c_2$ mit algebraisch-geometrischen Mitteln beweist, gehören der Beweis der Ungleichung durch Sh.-T. Yau und die dadurch ermöglichte Charakterisierung der Ballquotienten, die in diesem Buch eine so große Rolle spielen, in die komplexe Differentialgeometrie; der entscheidende Existenzsatz für Kähler-Einstein-Metriken beruht auf der Lösung von nicht-linearen partiellen Differentialgleichungen. Nun hat die Theorie der algebraischen Flächen von dieser Seite her überhaupt neue wichtige Impulse erhalten: S.K. Donaldson hat mit Methoden aus der Theorie nicht-linearer partieller Differentialgleichungen und der Modulräume ihrer Lösungen neue Invarianten für vierdimensionale differenzierbare Mannigfaltigkeiten und damit auch für algebraische Flächen eingeführt, viele klassische Probleme gelöst und zahlreiche andere Arbeiten angeregt. Durch diese Ergebnisse steht die Theorie der algebraischen Flächen wieder im Vordergrund des Interesses, und bei dieser Aktualität kann vielleicht ein Buch mit Beispielen recht nützlich sein.

Die hier untersuchten Flächen erhalten wir hauptsächlich als „Kummer-Überlagerungen" zu Geradenkonfigurationen in der komplex-projektiven Ebene. Diese Überlagerungen der projektiven Ebene sind entlang einer Menge von Geraden lokal mit der Ordnung $n \geq 2$ verzweigt. Die Chernschen Zahlen (der minimalen Desingularisierungen) dieser Flächen sind dann durch die kombinatorischen Invarianten der Geradenkonfiguration bestimmt. Wenn wir nun die Miyaoka-Yau-Ungleichung $c_1^2 \leq 3c_2$ anwenden, so erhalten wir wiederum Ungleichungen für diese kombinatorischen Invarianten, aus denen sich überraschenderweise Sätze über Geradenkonfigurationen in der Ebene (und durch Dualisierung auch über Punktkonfigurationen) ergeben, die sich bisher nicht auf elementarem Wege beweisen lassen.

Eine besonders schöne Anwendung dieser Sätze stammt von L.M. Kelly [1986] (siehe 3.3,H). J-P. Serre hatte 1966 die folgende Frage gestellt: Gibt es im affinen 3-dimensionalen komplexen Raum eine endliche Menge M von Punkten, die nicht in einer Ebene liegt, so daß die Verbindungsgerade von zwei Punkten von M stets einen weiteren Punkt von M enthält? L. M. Kelly stellte fest, daß die Frage zu verneinen ist, falls in der komplex-projektiven Ebene folgendes gilt: Wenn eine endliche Menge von Geraden, die sich nicht alle in einem Punkt treffen, keinen Doppelpunkt besitzt, dann gibt es zumindest einen Punkt, durch den genau drei der Geraden laufen. Diese Aussage der ebenen Elementargeometrie folgt aber wie oben beschrieben aus der Miyaoka-Yau-Ungleichung.

An dieser Stelle sei eine Warnung zur Terminologie angebracht: Ein endliches System von Geraden in der Ebene wird in der englischsprachigen Literatur "arrangement of lines" genannt. Leider kennen wir dafür kein brauchbares deutsches Wort, so daß wir stattdessen immer von „Konfigurationen von Geraden" gesprochen haben. Nun hat aber der Begriff einer „Konfiguration" in der klassischen projektiven Geometrie eine ganz spezifische Bedeutung, die mit der hier gebrauchten nicht übereinstimmt (siehe 2.1,H). Wir hoffen, daß dies nicht zu Mißverständnissen führen wird.

Über die erwähnten Flächen und die Anwendungen auf Geradenkonfigurationen hielt ich im akademischen Jahr 1981/82 eine Vorlesung an der Universität Bonn und im Jahr 1984 eine Vortragsreihe am Max-Planck-Instiut für Mathematik. Die Ergebnise veröffentlichte ich in einem Band der Reihe "Prospects of Mathematics", der I. R. Šafarevič gewidmet ist und 1983 erschien. Ich wies dort auch auf den Zusammenhang mit Arbeiten von P. Deligne und G.D. Mostow hin. In Gesprächen mit Mostow bei unserem Treffen in Israel 1981 hatte ich zum ersten Mal seine Untersuchungen mit Deligne kennengelernt, die erst viel später erschienen [1986]. In ihrer Arbeit betrachten sie in Anlehnung an klassische Resultate von E. Picard [1885] Überlagerungen der projektiven Ebene, die entlang des „vollständigen Vierecks", d.h. der aus den sechs Verbindungsgeraden von vier Punkten bestehenden Geradenkonfiguration $A_1(6)$, verzweigt sind. Im Gegensatz zu der oben beschriebenen Situation können aber hier die Verzweigungsordnungen beliebig sein. Man sucht solche Überlagerungen, die „vom Ball kommen", d.h. die durch den komplex-zweidimensionalen Ball uniformisiert werden. Die Uniformisierung kann dann durch die Lösungen einer hypergeometrischen Differentialgleichung erfolgen (vgl. auch die Arbeiten von T. Terada).

In der Dissertation von Thomas Höfer werden nun beliebige Geradenkonfigurationen und beliebige Verzweigungsindices betrachtet. Insbesondere wird dort gezeigt, daß die Miyaoka-Yau-Gleichung $c_1^2 = 3c_2$ (mit Korrekturtermen) bei $A_1(6)$ den endlich vielen Auswahlen von Verzweigungsindices entspricht, die zur hypergeometrischen Differentialgleichung gehören, und es werden entsprechende Fälle bei anderen Geradenkonfigurationen untersucht.

Gottfried Barthel hat meine Vorlesung und die Vortragsreihe aufgezeichnet. Das vorliegende Buch ist eine Synthese seiner Ausarbeitungen und der Dissertation von T. Höfer. Dabei sind die Kapitel 4 und 5 eine erweiterte Fassung von Teilen der Dissertation, während der Anhang C fast unverändert übernommen wurde. Die Kapitel 1 bis 3 entsprechen meiner Vorlesung und meinen Vorträgen, jedoch mußte G. Barthel sehr viel Arbeit aufwenden, um eine schöne Darstellung und eine inhaltliche Abrundung zu erreichen. Ihm ist zu danken für die geometrische

Beschreibung und Untersuchung spezieller Geradenkonfigurationen, für viele Einzelheiten bei der Klassifikation der von mir betrachteten Überlagerungen mit konstanten Verzweigungsindices und für die Aufnahme schöner Anwendungen: etwa die oben erwähnten Untersuchungen von L.M. Kelly, das Versagen der Miyaoka-Yau-Ungleichung in Charakteristik p und Fragen zur „Geographie algebraischer Flächen" (Welche rationalen Zahlen treten als Chernsche Quotienten c_1^2/c_2 auf?) mit Ergebnissen von A. Sommese.

In den Anhängen A und B hat G. Barthel algebraisch-geometrische und differentialgeometrische Grundlagen der Theorie algebraischer Flächen zusammenfassend dargestellt, um dem Leser das Studium des Hauptteils des Buches zu erleichtern.

Die Hauptarbeit an dem Buch lag also bei meinen Koautoren. Sie haben gemeinsam an allen Teilen gearbeitet und aus meinen Vorlesungen und Vorträgen und der Dissertation von T. Höfer ein abgerundetes Ganzes gemacht. Ich möchte ihnen ganz herzlich für ihre große Mühe danken.

F. Hirzebruch

Bei der Arbeit an diesem Buch haben uns viele Leute mit Rat und Tat unterstützt. Wir bedanken uns herzlich bei Hans-Berndt Brinkmann, Jochen Brüning, Karl-Heinz Fieseler, Lothar Göttsche, Branko Grünbaum (besonders für die vielen Geradenkonfigurationen, die wir aus seinen Arbeiten abgezeichnet haben), Klaus Guntermann, Ludger Kaup, Ryoishi Kobayashi, Herbert Kurke, Martin Lübke, Irmgard Lux, Chris Peters, Giesela Schroff, Andrew Sommese, Wolf Weyrich, Masaaki Yoshida ...

Gottfried Barthel
Friedrich Hirzebruch
Thomas Höfer

Inhaltsverzeichnis

Symbolverzeichnis

g	Geschlecht	1
b_i	Bettizahl	1,221
e	top. Eulercharakt.	1,221
K, K_X	kanonischer Div.	1,219
Φ_K	kanonische Abb.	2,226
P_m	Plurigeschlecht	3,226
Φ_{mK}	plurikanon. Abb.	3,226
κ	Kodaira-Dimension	3,226
c_1^2, c_2	Chernzahlen	5,221
$\mathbb{B}_n$	komplexer Ball	5,239
χ	holom. E.-P.-Char.	6,222
Prop X	Proport.abw.	9,19
prop C	rel. Prop.abw.	10,21
$\bar{\kappa}$	log. Kodaira-Dim.	11,236
$\bar{c}_1^2, \bar{c}_2$	log. Chernz.	11,235,263
$\pi: X \to S$	verzw. Überl.	14,23,269
L	Kurvenkonfig.	14,23
L_j	Komponenten von L	14
k	Anzahl der L_j	14
n	Verzweigungsordnung	14
$\tilde{L}$	Urbild von L_j	16
$\check{L}$	Normalisierung von L	17
J_π	Jacobi-Divisor	17,220
p_ν	sing. Schnittpkt.	23
r_ν	Vielfachheit von p_ν	23
N	Überlagergsgrad von π	26
$\sigma: \hat{S} \to S$	Aufblasung	26
$\hat{\pi}: \hat{X} \to \hat{S}$	regularis. Überl.	26,274
$\tau: \hat{X} \to X$	Desingularisierung	26
$\hat{L}$	totale Transf. von L	26
L'	strikte Transf. von L	26
L_j'	strikte Transf. von L_j	26
E_ν	Ausnahmekurve $\sigma^{-1}(p_\nu)$	27
t_r	# r-fach-Punkte von L	29
f_0	# Schnittpunkte von L	29
f_1	gewichtete Anzahl	29
s	# singul. Schnittpunkte	29
K'	Urbild von $K_{\hat{X}}$ unter $\hat{\pi}^*$	32
ρ	sechste Einheitswurzel	36
$T(\rho)$	ellipt. Kurve zu $\mathbb{Z} \oplus \rho \mathbb{Z}$	36
T_ι	Kurven auf $T \times T$	37,44
σ	Weierstraß-Funktion	39
$U_n(T)$	n-Teilungspunkte	40
$T_{\iota,n}$	verschobene T_ι	41,47
$X_n(L)$	Kummer-Überlagerung	50
$\tau_{j,r}$	# r-fach-Punkte auf L_j	54
σ_j	# sing. Schnittp. auf L_j	54
τ_j	# Schnittpunkte auf L_j	55
$\nu \sim j \iff j \sim \nu \iff p_\nu \in L_j$		55
$(p_\gamma, g_\pi), (p_\gamma)$	klass. Ger.konf.	60
$A_\ell(k)$	simpliziale Geradenkonf.	64
ℓ_∞	unendl. ferne Gerade	67

Einführung
Das Klassifikationsproblem. Ballquotienten und Proportionalitätssätze

Wir betrachten (komplexe) algebraische Flächen, d.h. zweidimensionale komplex-algebraische Mannigfaltigkeiten, die wir meistens als kompakt voraussetzen. Die Untersuchung der algebraischen Flächen ist eines der klassischen Themen der algebraischen Geometrie; insbesondere ist die Suche nach einer befriedigenden Klassifikation seit dem Ende des 19. Jahrhunderts eines der wesentlichen Probleme gewesen. Wir wollen zum besseren Verständnis zunächst an die Situation im eindimensionalen Fall erinnern.

<u>A. Erinnerung an die Klassifikation algebraischer Kurven:</u> Bei der Klassifikation der Kurven (also der kompakten RIEMANNschen Flächen) spielt eine numerische Invariante, nämlich das *Geschlecht* g, eine fundamentale Rolle. Diese Invariante kann sowohl topologisch als Anzahl der „Henkel" ($g = b_1/2 = (2-e)/2$, wobei b_1 die erste BETTIzahl und e die topologische EULER-POINCARÉ-Charakteristik bezeichnet) als auch analytisch als Dimension des Vektorraumes der globalen holomorphen 1-Formen ($g = h^{1,0} = \dim H^0(\Omega^1)$) interpretiert werden. Zum Grad $\deg K$ eines kanonischen Divisors auf der Kurve besteht die Beziehung

$$\deg K = -e = 2g-2.$$

Nimmt man nur eine grobe Einteilung nach dem Verhalten von kanonischen Divisoren vor, so erweisen sich die drei Fälle $g = 0$, $g = 1$, $g \geq 2$ als fundamental verschieden:

i) $g = 0$: Die Kurve ist isomorph zur komplex-projektiven Geraden $\mathbb{P}_1$ (RIEMANNsche Zahlensphäre $\mathbb{C} \cup \{\infty\}$). Es gibt keine globalen holomorphen 1-Formen und somit auch keine effektiven kanonischen Divisoren. Die Kurve heißt *rational*, da ihr Funktionenkörper der Körper der rationalen Funktionen $\mathbb{C}(z_1/z_0)$ ist.

ii) $g = 1$: Die Kurve ist isomorph zu einem eindimensionalen komplexen Torus T (d.h. zu einem Quotienten $T = \mathbb{C}/\Gamma$ nach einem Gitter $\Gamma = \mathbb{Z}\cdot\omega_1 \oplus \mathbb{Z}\cdot\omega_2$, wobei die „Perioden" ω_1, ω_2 reell linear unabhängig sind). Die globale holomorphe 1-Form dz auf $\mathbb{C}$ induziert auf T eine entsprechende Form ω ohne Nullstelle; somit ist der zugehörige kanonische Divisor trivial. Die Kurve heißt *elliptisch*, da sie bei der Darstellung als ebene kubische Kurve durch elliptische Funktionen parametrisiert wird; ihr Funktionenkörper $\mathbb{C}(T)$ ist der Körper der bezüglich Γ elliptischen Funktionen auf $\mathbb{C}$.

iii) $g \geq 2$: Auf der Kurve C existieren g linear unabhängige holomorphe 1-Formen $\omega_1, \ldots, \omega_g$ ohne gemeinsame Nullstelle. Die dazu gehörige *kanonische Abbildung*

$$\Phi_K\colon C \to \mathbb{P}_{g-1} \; ; \; z \to (\omega_1(z): \; \ldots \; :\omega_g(z))$$

ist eine nichtkonstante holomorphe Abbildung. Genauer ist Φ_K im generischen Fall sogar ein Isomorphismus auf die Bildkurve und ansonsten (für eine *„hyperelliptische"* Kurve) eine zweiblättrige verzweigte Überlagerung einer rationalen Normalkurve. Eine Kurve vom Geschlecht $g \geq 2$ heißt auch Kurve *vom allgemeinen Typ*.

Die gleiche grundsätzliche Fallunterscheidung erhalten wir noch unter zwei weiteren Gesichtspunkten:

a) Uniformisierung: Die universelle Überlagerung der Kurve ist isomorph zu

i) der komplex-projektiven Geraden $\mathbb{P}_1$ bei $g = 0$;
ii) der komplex-affinen Geraden $\mathbb{C}$ bei $g = 1$;
iii) dem komplex-eindimensionalen Ball

$$\mathbb{B}_1 := \{ \; z \in \mathbb{C} \; ; \; |z| < 1 \; \}$$

bei $g \geq 2$.

b) Metrik und Krümmung: Die Kurve besitzt eine HERMITEsche Metrik mit konstanter GAUSSscher Krümmung

i) $S > 0$ bei $g = 0$;

ii) $S = 0$ bei $g = 1$;

iii) $S < 0$ bei $g \geq 2$.

<u>B. Die kanonische Dimension (KODAIRA-Dimension)</u> κ : Wir können diese drei Fälle durch eine andere Invariante unterscheiden, die in der allgemeinen Klassifikationstheorie von grundlegender Bedeutung ist. Dazu bemerken wir zunächst, daß die oben nur für $g \geq 2$ eingeführte kanonische Abbildung Φ_K auch im Fall $g = 1$ auf der ganzen Kurve definiert, aber offensichtlich konstant ist; das Bild ist nur ein einziger Punkt. Dagegen ist Φ_K im Fall $g = 0$ nirgends definiert. Die Situation bleibt grundsätzlich die gleiche, wenn wir die plurikanonischen Divisoren mK_C, die Plurigeschlechter $P_m := \dim H^0((\Omega^1)^{\otimes m})$ und die zugehörigen plurikanonischen Abbildungen $\Phi_{mK} : C \to \mathbb{P}_N$ (mit $N := P_m - 1$ analog zu Φ_K definiert) für beliebiges $m \geq 1$ betrachten; allerdings ist Φ_{mK} für genügend große Werte von m auch im hyperelliptischen Fall ein Isomorphismus auf die Bildkurve. Mit der kanonischen Dimension (KODAIRA-Dimension)

$$\kappa := \begin{cases} -\infty, & \text{falls } P_m = 0 \text{ für alle } m \geq 1 ; \\ \max \dim \Phi_{mK}(C) & \text{sonst} \end{cases}$$

erhalten wir somit diese Grobklassifikation durch die drei Fälle

i) $\kappa = -\infty \iff$ rational ($\iff g = 0$) ;

ii) $\kappa = 0 \iff$ elliptisch ($\iff g = 1$) ;

iii) $\kappa = 1 \iff$ allgemeiner Typ ($\iff g \geq 2$).

Diese grobe Einteilung kann nun topologisch und analytisch weiter verfeinert werden. Durch das Geschlecht g ist die Topologie der Kurve als „Kugel mit g Henkeln" eindeutig bestimmt; die Homöomorphietypen entsprechen den natürlichen Zahlen. Auf die weitaus feinere analytische Klassifikation der Kurven vom allgemeinen Typ bis auf biholomorphe Äquivalenz (TEICHMÜLLER-Theorie) gehen wir hier nicht weiter ein.

C. Das Klassifikationsproblem für Flächen: Das Problem einer befriedigenden Klassifikation der algebraischen Flächen erweist sich als weitaus schwieriger. Natürlich läßt sich die Definition der kanonischen Dimension κ leicht auf kompakte komplexe (nicht notwendig algebraische) Flächen und auch auf Mannigfaltigkeiten beliebiger Dimension übertragen, und damit ergibt sich als ganz grobe Unterscheidung die in Flächen *vom speziellen Typ* ($\kappa = -\infty, 0, 1$) und *vom allgemeinen Typ* ($\kappa = 2$).

Die Kurven vom speziellen Typ ($\kappa < 1$) sind durch ihre kanonische Dimension in befriedigender Weise grob klassifiziert. Im Gegensatz dazu gibt es im zweidimensionalen Fall für jeden der Werte $\kappa = -\infty, 0, 1$ bereits strukturell wesentlich verschiedene Flächen, die bei einer sinnvollen Klassifikation unterschieden werden müssen. Entsprechend komplizierter ist die Situation für Flächen vom allgemeinen Typ, wo man im Gegensatz zum speziellen Typ noch keinen befriedigenden Überblick hat. Schon die Untersuchung der kanonischen bzw. plurikanonischen Abbildungen Φ_{mK} ist ein schwieriges Problem. (Zu diesem und den beiden folgenden Abschnitten siehe auch Anhang A.1)

D. Birationale Äquivalenz und Minimalität: Vom algebraischen Gesichtspunkt aus betrachtet, ist der Körper der rationalen Funktionen eine der wichtigsten Invarianten einer algebraischen Varietät. Eine Varietät mit vorgegebenem Funktionenkörper heißt ein *„Modell"* dieses Körpers. Zwei Modelle sind stets birational äquivalent, d.h. es gibt eine Korrespondenz, die bis auf niederdimensionale Ausnahmemengen ein Isomorphismus ist. Eine glatte kompakte Kurve ist durch ihren Funktionenkörper sogar bis auf Isomorphie eindeutig bestimmt, während birational äquivalente (glatte kompakte) Flächen durch iterierte birationale Transformationen (Aufblasen in Punkten und Kontraktion von rationalen (-1)-Kurven) ineinander überführt werden können.

Flächen ohne (-1)-Kurven heißen minimal; durch sukzessive Kontraktion von (-1)-Kurven läßt sich eine gegebene Fläche in ein birational äquivalentes minimales Modell überführen, das für Flächen der kanonischen Dimension $\kappa \geq 0$ eindeutig bestimmt ist. Bei der Klassifikation wird im allgemeinen die Minimalität vorausgesetzt, weil zwischen birational äquivalenten Flächen nicht unterschieden wird; zur Einordnung einer gegebenen Fläche spielen daher Minimalitätskriterien und Methoden zum Auffinden von (−1)-Kurven eine wichtige Rolle.

E. Die CHERNschen Zahlen c_1^2 und c_2 : An die Stelle einer einzigen numerischen Invariante, des Geschlechtes g, bei der groben Klassifikation der Kurven treten im Flächenfall mehrere Invarianten topologischer und analytischer Natur. Wir interessieren uns besonders für die CHERNschen Zahlen $c_1^2 = K^2$ (die Selbstschnittzahl eines kanonischen Divisors) und $c_2 = e$ (EULER-Zahl, d.h. topologische EULER-POINCARÉ-Charakteristik). Bei minimalen Flächen vom allgemeinen Typ genügen sie den „klassischen" Ungleichungen

$$c_1^2 > 0 \ , \quad c_2 > 0 \ ; \quad c_2 \ \leq \ 5c_1^2 + 36$$

([B-P-VdV: p.207]). Während diese also seit langem bekannt sind, wurde die genaue obere Schranke für den „CHERN-Quotienten" c_1^2/c_2 erst 1976 von Y. MIYAOKA bestimmt: es gilt

$$c_1^2 \leq 3c_2 \ .$$

MIYAOKAs Beweis beruht auf algebraisch - geometrischen Methoden. Unter etwas einschränkenden Voraussetzungen ergibt sich dieselbe Abschätzung aber auch aus Resultaten der komplexen Differentialgeometrie (Existenz von KÄHLER-EINSTEIN-Metriken), die ebenfalls 1976 von Th. AUBIN und Sh.-T. YAU gezeigt wurden. Insbesondere folgt aus diesem differentialgeometrischen Zugang, daß der Grenzfall $c_1^2 = 3c_2$ eine ganz besondere Rolle spielt, auf die wir hier kurz und im Anhang B noch ausführlicher eingehen: er charakterisiert die Ballquotientenflächen.

F. Der Proportionalitätssatz für Ballquotienten: Eine Fläche, deren universelle Überlagerung der komplex-zweidimensionale Ball

$$\mathbb{B}_2 := \{(z_1,z_2) \in \mathbb{C}^2; \ |z_1|^2 + |z_2|^2 < 1\}$$

ist, kann natürlich umgekehrt als Quotient $\mathbb{B}_2/\Gamma$ des Balles nach der Operation einer geeigneten Gruppe $\Gamma \subset \mathrm{Aut}(\mathbb{B}_2)$ von Automorphismen dargestellt werden. Eine solche Ballquotientenfläche ist minimal und vom allgemeinen Typ. Versehen mit der kanonischen „hyperbolischen" Metrik (Ballmetrik) ist der Ball ein homogenes beschränktes symmetrisches Gebiet, zu dem in der Theorie der symmetrischen Räume als kompaktes Dual die komplex-projektive Ebene $\mathbb{P}_2(\mathbb{C})$ gehört. Als Spezialfall des allgemeinen Proportionalitätssatzes (HIRZEBRUCH [1956]) ergibt sich aus der Dualität der Räume, daß die CHERNschen Zahlen von Ballquotienten zu denen der projektiven Ebene proportional sind: es gilt die Gleichheit

$$c_1^2 = \chi \cdot c_1^2(\mathbb{P}_2) \quad (= 9\chi),$$
$$c_2 = \chi \cdot c_2(\mathbb{P}_2) \quad (= 3\chi)$$

mit dem ganzzahligen Faktor $\chi = \chi(\mathcal{O}_X) = (c_1^2 + c_2)/12$, und somit folgt

$$c_1^2 = 3c_2 .$$

Die Existenz von glatten kompakten Ballquotientenflächen ist offenbar äquivalent zur Existenz von Untergruppen $\Gamma \subset \mathrm{Aut}(\mathbb{B}_2)$, die frei und eigentlich diskontinuierlich und mit kompaktem Quotienten auf dem Ball operieren. Daß solche Gruppen existieren, folgt aus einem allgemeineren Satz von A. BOREL [1963: Thm. B, p. 112].

<u>G. Die Umkehrung des Proportionalitätssatzes:</u> Nach dem Proportionalitätssatz kann also eine vorgegebene Fläche vom allgemeinen Typ nur dann ein Ballquotient sein, wenn die notwendige Bedingung $c_1^2 = 3c_2$ erfüllt ist. Aus MIYAOKAs ursprünglichen algebraisch-geometrischen Beweis der Ungleichung $c_1^2 \leq 3c_2$ läßt sich noch keine Aussage über den Grenzfall folgern. Der Nachweis, daß diese notwendige Proportionalitätsbedingung auch hinreichend ist und somit die Ballquotienten unter den Flächen vom allgemeinen Typ charakterisiert, beruht ganz entscheidend auf Methoden und Resultaten der komplexen Differentialgeometrie.

Unter der zusätzlichen Annahme, daß die Fläche eine KÄHLER-EINSTEIN-Metrik besitzt, hatte H. GUGGENHEIMER dieselbe Ungleichung schon 1952 bewiesen, und aus seinem Beweis folgt auch, daß im Gleichheitsfall die Fläche ein Ballquotient ist. Man kannte aber nur wenige explizite Beispiele für solche Flächen. Die allgemeine Frage nach der Existenz von KÄHLER-EINSTEIN-Metriken auf komplexen Mannigfaltigkeiten war für lange Zeit ein offenes Problem (CALABI-Vermutung), das schließlich in wesentlichen Fällen von Th. AUBIN und Sh.-T. YAU gelöst wurde: Eine solche Metrik existiert auf jeder kompakten KÄHLER-Mannifaltigkeit mit negativ-definiter erster CHERNscher Klasse. (Für einen Überblick über diese Fragen verweisen wir auf den Bericht [Kaz] von J. KAZDAN.)

Aus MIYAOKAs Verschärfung seiner Ungleichung [1984] folgt nun, daß die erste CHERNsche Klasse einer Fläche vom allgemeinen Typ mit $c_1^2 = 3c_2$ stets negativ-definit ist. Damit ist die Voraussetzung für die Existenz einer KÄHLER-EINSTEIN-Metrik erfüllt, und zusammenfassend ergibt sich so die folgende numerische *Charakterisierung von Ballquotientenflächen:* es sind genau die Flächen vom allgemeinen Typ mit $c_1^2 = 3c_2$.

<u>H. Verzweigte Überlagerungen und die Proportionalitätsabweichung:</u>
Explizite Beispiele für solche Flächen, die nicht bereits als Ballquotientenflächen gegeben waren, wurden 1981 von M. INOUE und R. LIVNÉ als verzweigte Überlagerungen elliptischer Modulflächen konstruiert. HIRZEBRUCH gab 1982 als weiteres Beispiel eine 125-blättrige Überlagerung der projektiven Ebene mit Verzweigung längs der Konfiguration der sechs Verbindungsgeraden von vier Punkten in allgemeiner Lage („vollständiges Viereck") an.

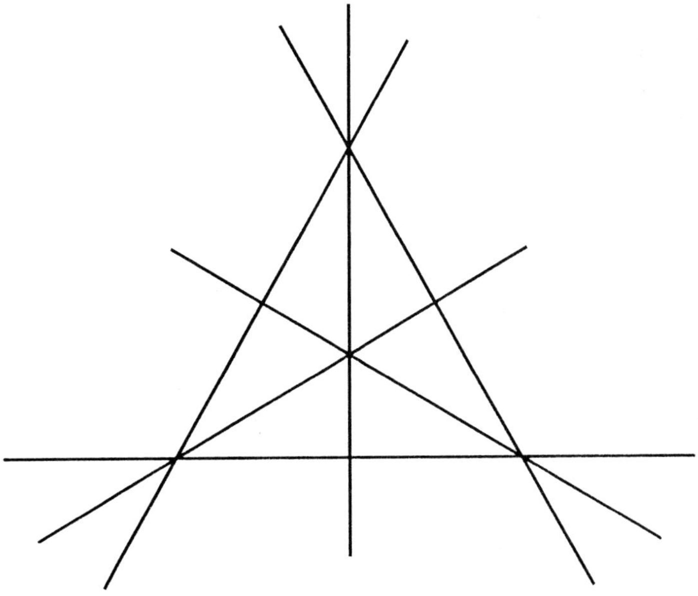

Diese Darstellung führt zu dem allgemeinen Ansatz, ausgehend von „einfachen" Flächen durch verzweigte Überlagerung mit „einfachem" Verzweigungsverhalten Beispiele für Flächen vom allgemeinen Typ zu erhalten, deren „CHERN-Quotient" c_1^2/c_2 in dem besonders interessanten Bereich $2 < c_1^2/c_2 \leq 3$ liegt. Wir wollen hier diesen Ansatz, den HIRZEBRUCH in mehreren Artikeln [1983, 1984, 1986] fortgeführt hat, aufgreifen. Dazu betrachten wir hauptsächlich GALOISsche Überlagerungen der komplex-projektiven Ebene mit Verzweigung längs einer Konfiguration von projektiven Geraden. Wir geben Formeln an, mit denen die CHERNschen Zahlen c_1^2 und c_2 sowie die „Proportionalitätsabweichung"

$$\text{Prop} := 3c_2 - c_1^2$$

der Überlagerungsfläche explizit durch Daten der Basisfläche und der Verzweigungskonfiguration ausgedrückt werden (vgl. 1.1, 1.3, 4.1). Es zeigt sich, daß wir mit Ausnahme von einigen speziellen Fällen stets Flächen vom allgemeinen Typ erhalten. Sofern genügend viele singuläre Schnittpunkte (d.h. Schnittpunkte von mindestens drei Geraden) vorhanden sind, liegt der CHERN-Quotient im Intervall $2 \leq c_1^2/c_2 \leq 3$, und in einigen Fällen erhalten wir sogar Flächen mit $c_1^2 = 3c_2$ (d.h. mit Prop = 0), also Ballquotienten (siehe 3.1 und Kap. 5).

<u>I. Geraden- und Punktbedingungen:</u> Für die gezielte Suche nach solchen Geradenkonfigurationen, die überhaupt zu Ballquotientenflächen führen können, benutzen wir die Informationen, die wir über die Urbildkurven der Verzweigungsgeraden haben. Auf diesem Weg können wir allgemeine Eigenschaften von Kurven in Ballquotientenflächen in notwendige Bedingungen an die Verzweigungskonfiguration übesetzen; wir erhalten so die „Geradenbedingungen" sowie die „Punktbedingungen" für die singulären Schnittpunkte. (Damit die Überlagerungsfläche glatt sein kann, muß die Basisfläche im allgemeinen in diesen Punkten aufgeblasen werden; die dabei eingesetzte (-1)-Kurve gehört meistens mit zum Verzweigungsort.) Diese Bedingungen folgen aus einer relativen Version des Proportionalitätssatzes, die wir unten sowie in den Anhängen B.1,I und B.2,H diskutieren; vorher machen wir noch die folgende allgemeine Bemerkung:

J. Kurven in Ballquotientenflächen: Es ist leicht zu sehen, daß jede glatte Kurve C in einer kompakten Ballquotientenfläche Y als Kurve vom allgemeinen Typ, d.h. vom Geschlecht $g \geq 2$, ist: Jede Komponente der Urbildkurve in der universellen Überlagerung $\tilde{Y}$ ist eine unverzweigte Überlagerungskurve von C, die in $\mathbb{B}_2$ eingebettet und die somit nicht-kompakt ist. Nun hat eine rationale Kurve ($g = 0$) keine unverzweigte nichtkompakte Überlagerung; bei einer elliptischen Kurve ($g = 1$) kommen nur die komplex-affine Gerade $\mathbb{C}$ oder die punktierte affine Gerade $\mathbb{C}^*$ in Frage, die aber beide nicht in den Ball eingebettet werden können. Damit kann eine Fläche, die glatte rationale oder elliptische Kurven enthält, keine Ballquotientenfläche sein; es kann sich jedoch um die glatte Kompaktifizierung eines „offenen" Ballquotienten handeln (siehe unten sowie Anhang B.3).

K. Der relative Proportionalitätssatz für Kurven in Ballquotienten:
Bei einer (verzweigten) GALOIS-Überlagerung bleibt jede Komponente des Verzweigungsortes „oben" (d.h. in der Überlagerungsfläche) unter einer geeigneten nichttrivialen Decktransformation punktweise fest. Wenn die Überlagerungsfläche ein Ballquotient ist, können wir daher auf diese Komponenten die folgende relative Variante des Proportionalitätssatzes anwenden:

Besteht eine Kurve F in einer Ballquotientenfläche Y nur aus Fixpunkten eines (nichttrivialen) Automorphismus der Fläche, so sind ihre charakteristischen Zahlen proportional zu denen einer Gerade L in der projektiven Ebene, d.h. es gelten die Beziehungen

$$F^2 = \chi \cdot L^2 \qquad (= \chi),$$
$$e(F) = \chi \cdot e(L) \qquad (= 2\chi)$$

mit dem Faktor $\chi = \chi(\mathcal{O}_F) = 1-g$ (<0), die wir in der Gleichung

$$e(F) = 2F^2 \qquad (<0)$$

zusammenfassen.

Nun können wir für jede Komponente C des Verzweigungsortes oben die charakteristischen Zahlen bis auf einen gemeinsamen positiven Faktor durch Daten der Basis ausdrücken. Damit erhalten wir aus dem relativen

Proportionalitätssatz weitere notwendige Bedingungen dafür, daß die Überlagerungsfläche ein Ballquotient ist:

Die charakteristischen Zahlen $e(C)$ und C^2 sind negativ, und die „relative" Proportionalitätsabweichung

$$\text{prop } C := 2C^2 - e(C)$$

verschwindet.

Wir bemerken noch, daß diese relative Proportionalität ebenfalls der Grenzfall einer Ungleichung ist, denn für eine beliebige glatte Kurve C in einer kompakten Ballquotientenfläche gilt stets

$$e(C) \leq 2C^2, \quad \text{also} \quad \text{prop } C \geq 0.$$

L. Kompaktifizierte Ballquotienten und logarithmische Proportionalität:

In der Theorie der algebraischen Flächen sind auch nichtkompakte oder singuläre Quotienten des Balles nach „Gitter"-Untergruppen von großem Interesse. (Eine diskrete Untergruppe Γ der Automorphismengruppe $\mathrm{Aut}(\mathbb{B}_2)$ wird ein *„Gitter"* genannt, wenn die Quotientenfläche $\mathbb{B}_2/\Gamma$ in der vom Ball induzierten Metrik endliches Volumen hat.) Ein solcher Ballquotient kann nämlich auch im nichtkompakten Fall durch endlich viele Punkte (*„Spitzen"*) zu einer normalen singulären kompakten Fläche abgeschlossen werden. Die Auflösung dieser „Spitzensingularitäten" (am Rand) und der „Quotientensingularitäten" (im Inneren) liefert dann eine glatte kompakte algebraische Fläche.

Diese kompaktifizierten Ballquotientenflächen, die Spitzensingularitäten und ihre Auflösung sind von J. HEMPERLY [1972] und insbesondere ab 1978 von R.-P. HOLZAPFEL im Rahmen seiner Arbeiten über die PICARDschen Modulflächen (siehe [Hol] und die darin zitierte Literatur) untersucht worden. Im Fall einer freien Gitteroperation treten keine Quotientensingularitäten (und keine Verzweigungskurven) auf. Falls die Gruppe Γ dann noch in einem technischen Sinn „hinreichend klein" ist - was auch stets durch Übergang zu einem Normalteiler $\Gamma' < \Gamma$ von endlichem Index erreicht werden kann - erhält man die glatte Kompaktifizierung durch Hinzufügen von endlich vielen disjunkten glatten elliptischen Kurven.

Im Rahmen einer allgemeinen Theorie von „offenen" algebraischen Flächen können diese „elliptisch" kompaktifizierten Ballquotienten wiederum durch eine Proportionalitätsbedingung charakterisiert werden. In dieser Theorie gelten mit geeignet definierten „logarithmischen" Invarianten $\bar{\kappa}$, $\bar{c}_1^2$, $\bar{c}_2$ wieder analoge Aussagen wie im kompakten Fall; vor allem übertragen sich die Ungleichung $c_1^2 \leq 3c_2$ und die Charakterisierung von Ballquotienten: Wie F. SAKAI [1980] mit algebraisch-geometrischen Mitteln und R. KOBAYASHI [1984] mit Methoden der komplexen Differentialgeometrie gezeigt haben, gilt für eine Fläche vom logarithmisch allgemeinen Typ (d.h. mit $\bar{\kappa} = 2$) die Ungleichung

$$\bar{c}_1^2 \leq 3\bar{c}_2 .$$

Der differentialgeometrische Beweis liefert wieder die schärfere Aussage, daß die Gleichheit die Ballquotienten charakterisiert. Bei der Suche nach solchen Flächen hilft uns eine logarithmische Version des relativen Proportionalitätssatzes: Wir erhalten Punkt- und Geradenbedingungen, und in einigen Fällen können wir zu geeigneten Verzweigungsdaten dann auch Überlagerungen finden, die (elliptisch) kompaktifizierte Ballquotientenflächen sind (siehe Kap. 5).

Die Quotienten nach Gittergruppen, die nicht frei auf dem Ball operieren, können in der Theorie der „V-Mannigfaltigkeiten" und noch allgemeiner der "orbifolds" untersucht werden. Die CHERNschen Zahlen werden dann so modifiziert, daß der Einfluß der lokalen Decktransformationen berücksichtigt wird. Für diese modifizierten Invarianten gelten wieder Ungleichungen wie im „absoluten" Fall, die von Y. MIYAOKA (algebraisch-geometrisch) und von R. KOBAYASHI (differentialgeometrisch) bewiesen wurden. In seiner Diplomarbeit [1985] hat K. IVINSKIS diese Aspekte diskutiert und eine schöne Anwendung auf singuläre Ballquotienten, die durch „Wurzelziehen" aus Geradenkonfigurationen entstehen, angegeben.

Die wohl allgemeinste Form der MIYAOKA-YAU-Ungleichung, bei der auch Quotienten- und Spitzensingularitäten sowie Verzweigungsorte berücksichtigt sind, wurde zusammen mit der entsprechenden Aussage über die Gleichheit kürzlich von R. KOBAYASHI, I. NARUKI und F. SAKAI angekündigt; wir diskutieren diesen Satz in Anhang B.3,E. Dieser Satz hat für die Konstruktion von Ballquotienten als verzweigte GALOIS-Überlagerungen mit vorgegebenem Verzweigungsverhalten eine ganz entscheidende Bedeutung: Wenn die Verzweigungsdaten „hyperbolisch" sind, folgt bereits die Existenz einer solchen Überlagerungsfläche.

Kapitel 1
Konstante verzweigte Überlagerungen und Chernsche Zahlen

Wir betrachten Überlagerungen von algebraischen Flächen, die längs endlich vieler glatter Kurven in der Basisfläche mit konstanter lokaler Verzweigungsordnung zyklisch verzweigt sind (siehe 1.1,B bzw. 1.2,C-D für die genaue Beschreibung in lokalen Koordinaten). Dabei interessieren wir uns besonders für die Beziehungen zwischen den charakteristischen Zahlen der beiden Flächen (CHERNsche Zahlen c_1^2 und c_2) bzw. der Verzweigungskurven (EULER- und Selbstschnittzahl) und für die Frage, wann die Überlagerungsfläche ein Ballquotient ist (vgl. Einführung).

In Abschnitt 1.1 diskutieren wir zunächst den einfachen Fall, daß die Verzweigungskurven in der Basisfläche - die wir stets als glatt voraussetzen - sich nur in gewöhnlichen Doppelpunkten schneiden („reguläre Verzweigung"); die Überlagerungsfläche ist dann ebenfalls glatt. In diesem Fall können die Beziehungen zwischen den charakteristischen Zahlen durch einfache Formeln vom HURWITZ-Typ ausgedrückt werden.

Geometrisch weitaus interessanter ist der „singuläre" Fall, wo für die Verzweigungskurve auch gewöhnliche Mehrfachpunkte als Schnittpunkte zugelassen werden; über diesen „singulären Schnittpunkten" liegen dann auch Singularitäten der Überlagerungsfläche. Diese kompliziertere singuläre Situation kann aber durch einmaliges Aufblasen in der singulären Punkten wieder in den einfachen regulären Fall überführt werden. Mit dieser Regularisierung, die wir in Abschnitt 1.2 behandeln, können wir in Abschnitt 1.3 die Formeln für die charakteristischen Zahlen auf den (regularisierten) singulären Fall übertragen.

Als Standardbeispiele zur Illustration der Formeln betrachten wir zum einen den Fall, daß die Basisfläche die projektive Ebene ist und alle

Verzweigungskurven projektive Geraden sind („Geradenkonfiguration"), und zum anderen den Fall, daß die Basis eine abelsche Fläche ist und der Verzweigungsort aus elliptischen Kurven besteht („elliptische Konfiguration"). In Abschnitt 1.4 diskutieren wir zwei Beispiele von Überlagerungen mit elliptischer Verzweigungskonfiguration, deren besonderes Interesse darin liegt, daß wir in beiden Fällen Ballquotienten als (regularisierte) Überlagerungsflächen erhalten. Für Geradenkonfigurationen zeigen wir in Abschnitt 1.5, daß stets die „KUMMERsche Überlagerung" existiert, die algebraisch durch Wurzelziehen aus den Geradengleichungen beschrieben wird.

1.1 REGULÄR KONSTANT VERZWEIGTE ÜBERLAGERUNGEN

<u>A. Die reguläre Ausgangskonfiguration:</u> Wir gehen von einer vorgegebenen *verzweigten Überlagerung* $\pi : X \to S$ von *algebraischen Flächen* aus (d.h. X und S sind glatte kompakte komplex-algebraische Flächen und π ist eine surjektive holomorphe Abbildung mit endlichen Fasern). Der *Verzweigungsort* in S ist eine Kurve L, von der wir voraussetzen, daß sie *einfache normale Überkreuzungen* hat, d.h. daß die irreduziblen Komponenten L_j $(j = 1,\dots,k)$ glatte Kurven sind, die sich in allgemeiner Lage schneiden. Damit treten als Singularitäten nur gewöhnliche Doppelpunkte auf, wobei die beiden lokalen Zweige stets zu verschiedenen globalen irreduziblen Komponenten gehören sollen.

<u>B. Das Verzweigungsverhalten:</u> Wir setzen voraus, daß sich das Verzweigungsverhalten wie folgt beschreiben läßt: Zu jedem Punkt $p \in L$ und zu jedem Urbildpunkt $q \in \pi^{-1}(p)$ gibt es lokale komplexe Koordinatensysteme (u,v) für S und (x,y) für X mit folgender Eigenschaft: Ist p ein regulärer Punkt von L, so gilt $L = (u=0)$ bei p und $\pi^{-1}(L) = (x=0)$ bei q sowie $(u,v) = \pi(x,y) = (x^n,y)$; ist p ein Doppelpunkt von L, so gilt $L = (uv=0)$ bei p und $\pi^{-1}(L) = (xy=0)$ bei q sowie $(u,v) = \pi(x,y) = (x^n,y^n)$. Längs jeder Komponente liegt also lokal n-fache zyklische Verzweigung - unabhängig von den ande-

ren Komponenten - vor. Eine verzweigte Überlagerung π, die diese Voraussetzungen erfüllt, nennen wir längs der Verzweigungskonfiguration L regulär mit konstanter (lokaler) Verzweigungsordnung n verzweigt (oder kurz *regulär konstant* n *-fach verzweigt*).

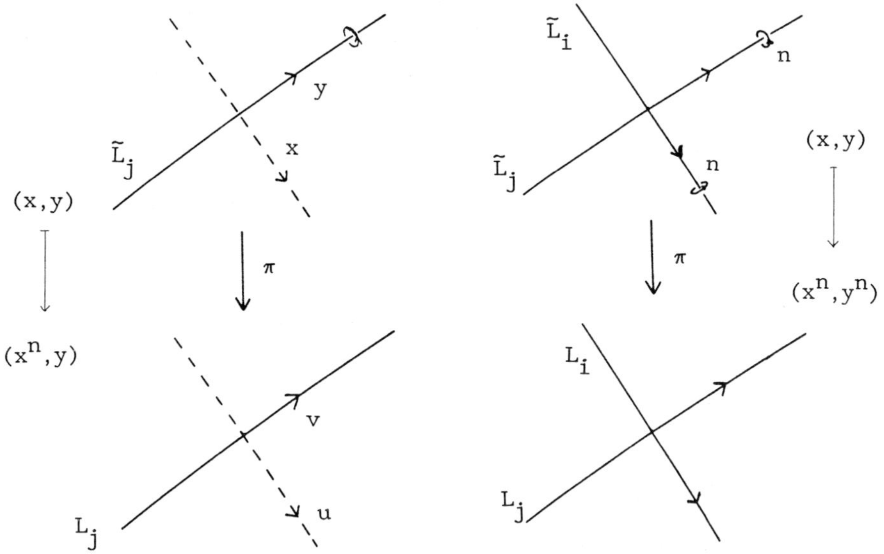

Es sei angemerkt, daß diese lokale Beschreibung bis auf die geforderte Gleichheit der Exponenten (d.h. der lokalen Verzweigungsordnungen n) längs aller Komponenten der Verzweigungskurve bereits aus der Voraussetzung folgt, daß die Flächen X und S glatt (d.h. singularitätenfrei) sind (s. C.1.4). Wenn π eine *GALOIS-Überlagerung* ist (d.h. wenn die Gruppe der Decktransformationen transitiv auf den Fasern operiert), so brauchen wir die lokale Beschreibung oben nur für jeweils einen Urbildpunkt $q \in \pi^{-1}(p)$ eines Verzweigungspunktes p nachzuprüfen.

<u>C. Folgerungen:</u> Aus der lokalen Beschreibung ergibt sich sofort, daß die (reduzierte) *Urbildkurve* $\pi^{-1}(L)$ in X ebenfalls normale Überkreuzungen hat; über den regulären Punkten von L liegen die regulären Punkte von $\pi^{-1}(L)$, und dort hängen jeweils lokal n Blätter der Überlagerung π zusammen; über Doppelpunkten von L liegen nur Doppelpunkte der Urbildkurve, und in jedem hängen lokal n^2 Blätter

zusammen. Wenn wir π auf die Verzweigungskonfiguration beschränken, so liegen die regulären Punkte von $\pi^{-1}(L)$ unverzweigt über den regulären Punkten von L, während in einem Doppelpunkt auf jeder der beiden Komponenten lokal n-fache Verzweigung vorliegt.

Wenn wir mit $N := \text{Grad}\ \pi$ den globalen *Überlagerungsgrad* (also die Blätterzahl) bezeichnen, so erhalten wir als Anzahl der Urbildpunkte eines Punktes $p \in S$ offenbar

$$\bullet(1)\quad |\pi^{-1}(p)| = \begin{cases} N, & \text{falls } p \text{ nicht in } L \text{ liegt;} \\ N/n, & \text{falls } p \text{ ein regulärer Punkt von } L \text{ ist;} \\ N/n^2, & \text{falls } p \text{ ein Doppelpunkt von } L \text{ ist.} \end{cases}$$

Da längs der beiden lokalen Zweige der Kurve L durch einen Doppelpunkt die Verzweigungen unabhängig voneinander sind und da weiter nach der Voraussetzung an L diese lokalen Zweige auch global zu verschiedenen irreduziblen Komponenten L_j gehören, sind die Urbildkurven $\tilde{L}_j := \pi^{-1}(L_j)$ stets glatt. Sie bestehen im allgemeinen aus mehreren (disjunkten) Komponenten, die in dem für uns besonders wichtigen Fall einer GALOIS-Überlagerung durch die Decktransformationen transitiv permutiert werden.

Für eine gegebene regulär konstant n-fach verzweigte Überlagerung $\pi : X \to S$ wollen wir nun *Beziehungen zwischen den CHERNschen Zahlen* $c_2 = e$ und $c_1^2 = K^2$ der beiden Flächen untersuchen und insbesondere Formeln angeben, mit denen wir charakteristische Daten für die Überlagerungsfläche X durch Daten der Basisfläche S und der Verzweigungskonfiguration L sowie durch den globalen und den lokalen Überlagerungsgrad N und n ausdrücken.

D. Berechnung der EULER-Zahl: Wegen der bekannten *Additivitätseigenschaft* der EULER-Zahl e gilt auch in unserem zweidimensionalen Fall eine Formel vom HURWITZ-Typ: Da sich e bei unverzweigten Überlagerungen mit der Blätterzahl multipliziert, erhalten wir zunächst

$$e(X) = N\cdot e(S \setminus L) + (N/n)\cdot e(L \setminus \text{Sing}\ L) + (N/n^2)\cdot e(\text{Sing}\ L)\ .$$

Auf die rechte Seite können wir nochmals die Additivität anwenden: Mit den Bezeichnungen $\check{L}$ für das singularitätenfreie Modell (die Normalisierung) der Kurve L und $t_2 := |\mathrm{Sing}\, L|$ für die Anzahl der Doppelpunkte gilt $e(L) = e(\check{L}) - t_2$, und daher ergibt sich durch Umformung der Ausdruck

$$(n^2/N)\cdot e(X) = n^2\cdot(e(S) - e(\check{L}) + t_2) + n\cdot(e(\check{L}) - 2t_2) + t_2 .$$

Da die irreduziblen Komponenten L_j von L nach Voraussetzung glatt sind, ist $\check{L}$ die disjunkte Vereinigung der L_j, und wir erhalten die Darstellung als quadratisches Polynom

•(2) $$(n^2/N)\cdot e(X) = n^2\cdot(e(S) - \sum_{j=1}^{k} e(L_j) + t_2) + n\cdot(\sum_{j=1}^{k} e(L_j) - 2t_2) + t_2 .$$

E. Kanonische Divisoren: Wir bezeichnen mit K_S bzw. K_X wie üblich die kanonischen Divisoren(-klassen) der Basisfläche S bzw. der Überlagerungsfläche X. Zwischen diesen besteht nach A.1(1) die Beziehung

$$K_X = \pi^* K_S + J_\pi ,$$

wobei J_π den JACOBI-Divisor der Abbildung π, d.h. den Nullstellendivisor der (von S nach X angehobenen) lokalen holomorphen 2-Formen $\pi^*(du \wedge dv)$ bezeichnet. Aus der lokalen Beschreibung erhalten wir die Darstellungen

•(3) $$J_\pi = (n-1)\cdot\pi^{-1}(L) ,$$
$$\pi^* L = n\cdot\pi^{-1}(L)$$

in $\mathrm{Pic}(X)$, wobei wir die reduzierten Kurven L bzw. $\pi^{-1}(L)$ als Divisoren auffassen. Damit können wir J_π in der Form $\pi^*((n-1)/n)\cdot L$ schreiben, in der der rationale Divisor durch das Anheben ganzzahlige Koeffizienten erhält, und wir erhalten so die Formel

•(4) $$K_X = \pi^*(K_S + \frac{n-1}{n}\cdot L) .$$

F. Berechnung der Selbstschnittzahl eines kanonischen Divisors: Aus der Darstellung (4) von K_X läßt sich K_X^2 wie gewünscht durch Daten in S ausdrücken. Dazu benutzen wir, daß sich die Schnittzahl zweier

Divisoren beim Anheben mit dem Abbildungsgrad multipliziert (vgl. dazu A.1(2)). Daher gilt die Formel

$$K_X^2 = N\cdot(K_S + \frac{n-1}{n}\cdot L)^2 ,$$

aus der sich das folgende quadratische Polynom in n (analog zu (2)) ergibt:

$$\bullet(5) \qquad (n^2/N)\cdot K_X^2 = n^2(K_S + L)^2 - 2n(K_S + L)\cdot L + L^2 .$$

Auf die glatten Komponenten L_j des Verzweigungsorts $L = \sum L_j$ in S (als Divisor aufgefaßt) können wir die *Adjunktionsformel*

$$\bullet(6) \qquad K_S\cdot L_j + L_j^2 + e(L_j) = 0$$

anwenden (vgl. [B-P-VdV: II.11,p.68]); durch Summation folgt daraus die Version

$$K_S\cdot L + L^2 + e(\check{L}) = 2t_2 ,$$

die ganz allgemein für eine beliebige Kurve L mit Doppelpunkten gilt. Damit können wir die Formel (5) so umformen, daß die Terme L^2 entfallen; wir erhalten dann das quadratische Polynom

$$\bullet(7) \qquad (n^2/N)\cdot K_X^2 = n^2\cdot(K_X^2 + K_S\cdot L - e(\check{L}) + 2t_2) + 2n\cdot(e(\check{L}) - 2t_2) + 2t_2 - K_S\cdot L - e(\check{L}) .$$

Wir merken hier an, daß die Koeffizienten $e(S\setminus L)$ bzw. $(K_S + L)^2$ der quadratischen Terme in den Polynomen (2) bzw. (5) genau die logarithmischen CHERNschen Zahlen $\bar{c}_2$ bzw. $\bar{c}_1^2$ der offenen Fläche $S\setminus L$ bzw. des Paares (S,L) sind (siehe Anhang A.2,C).

<u>G. Die Proportionalitätsabweichung:</u> Wir haben schon in der Einführung angekündigt, daß wir versuchen wollen, von bekannten Flächen ausgehend durch Konstruktion von Überlagerungen mit einfachem Verzweigungsverhalten zu interessanten Beispielen für Flächen vom allgemeinen Typ zu gelangen. Dabei ist es eines unserer wesentlichen Ziele, solche Flächen zu erhalten, deren CHERNsche Zahlen der Proportionalitätsbedingung

$$\bullet(8) \qquad c_1^2 = 3c_2 \qquad (\text{oder } K^2 = 3e\ )$$

genügen, denn eine derartige Fläche ist ein (glatter kompakter) Ballquotient (vgl. Absatz G in der Einführung und Anhang B.2,F). Wir haben daher für eine glatte Fläche Y die *Proportionalitätsabweichung*

$$\bullet(9) \qquad \mathrm{Prop}(Y) := 3e(Y) - K_Y^2 = 3c_2 - c_1^2$$

eingeführt, mit der wir den Proportionalfall (8) gerade durch die Verschwindungsbedingung $\mathrm{Prop}(Y) = 0$ charakterisieren. Aus den oben hergeleiteten quadratischen Polynomen (2) für $e(X)$ und (7) für K_X^2 erhalten wir sofort das quadratische Polynom

$$\bullet(10) \qquad (n^2/N)\cdot \mathrm{Prop}(X) = n^2\cdot(\mathrm{Prop}(S) - K_S\cdot L - 2e(\check{L}) + t_2) + n\cdot(e(\check{L}) - 2t_2) + t_2 + K_S\cdot L + e(\check{L}) .$$

Wir können die Proportionalitätsabweichung natürlich auch mit Hilfe der Invarianten $\mathrm{sign} = (c_1^2 - 2c_2)/3$ und $\chi = (c_1^2 + c_2)/12$ (s. Anhang A.1,C-D) ausdrücken: es gilt

$$\begin{aligned} \mathrm{Prop} &= e - 3\cdot \mathrm{sign} \\ &= 4\cdot(e - 3\chi) \\ &= 4\cdot(9\chi - K^2) \\ &= 4\cdot(\chi - \mathrm{sign}) . \end{aligned}$$

Wir werden jedoch nur die Darstellung mit CHERNschen Zahlen benutzen. Für zwei wichtige Standard-Beispielklassen geben wir jetzt die quadratischen Polynome für e, K^2 und Prop explizit an.

<u>H. Beispiel (i): Geradenkonfigurationen in der projektiven Ebene:</u> Es sei S die projektive Ebene $\mathbb{P}_2$ und L eine Konfiguration von Geraden $L_1, \ldots, L_k$ in allgemeiner Lage. Für eine längs L regulär konstant n-fach verzweigte Überlagerungsfläche X gilt dann:

$$\bullet(11) \qquad \begin{aligned} (n^2/N)\cdot e(X) &= ((k-2)(k-3)/2)\cdot n^2 - k(k-3)n + k(k-1)/2, \\ (n^2/N)\cdot K_X^2 &= (n(k-3)-k)^2, \\ (n^2/N)\cdot \mathrm{Prop}(X) &= (k(k-3)/2)\cdot(n-1)^2. \end{aligned}$$

Dies folgt aus (2,7,10) mit den bekannten Werten $e(S) = 3$, $K_S^2 = 9$, also $\mathrm{Prop}(S) = 0$, sowie $K_S\cdot L_j = -3$ und $e(L_j) = 2$ und mit der kombinatorischen Formel $t_2 = k(k-1)/2$ (vgl. 2.1(1)). Wir werden in Abschnitt 1.5 zeigen, daß für $k \geq 3$ zu jedem $n \geq 2$ eine solche Überlagerung vom Grad $N = n^{k-1}$ existiert.

<u>I. Beispiel (ii): Elliptische Konfigurationen in abelschen Flächen:</u> Jetzt sei S eine abelsche Fläche (d.h. ein zweidimensionaler komplexer Torus, der projektiv-algebraisch ist, z.B. das kartesische Produkt von zwei elliptischen Kurven), und weiter seien alle Komponenten L_j der Verzweigungskonfiguration L glatte elliptische Kurven (also eindimensionale Tori). In diesem Fall werden unsere Formeln besonders einfach: Da das Tangentialbündel eines Torus trivial ist, gilt $e(S) = e(L_j) = 0$ und $K_S = 0$, und wir erhalten

$$\bullet(12) \qquad \begin{aligned} (n^2/N)\cdot e(X) &= t_2\cdot(n-1)^2, \\ (n^2/N)\cdot K_X^2 &= 2t_2\cdot(n-1)^2, \\ (n^2/N)\cdot \mathrm{Prop}(X) &= t_2\cdot(n-1)^2. \end{aligned}$$

In beiden Fällen gilt also für die Überlagerungsfläche X die strikte Ungleichung $K^2 < 3e$ (sogar $K^2 \leq 2e$), sobald $k \geq 4$ bei (i) bzw. $t_2 > 0$ bei (ii) (und natürlich stets $n \geq 2$) erfüllt ist.

<u>J. Die charakteristischen Zahlen für die Verzweigungskurven:</u> Nach der Diskussion der Flächeninvarianten wollen wir noch die charakteristischen Zahlen $e(C)$ (EULER-Zahl) und C^2 (Selbstschnittzahl) für die Bild- und Urbildkurven des Verzweigungsortes in Beziehung zueinander setzen. Dazu bezeichnen wir wieder die reduzierte volle Urbildkurve einer Komponente L_j von L mit

$$\tilde{L}_j := \pi^{-1}(L_j) .$$

Wie erwähnt, ist die Einschränkung $\pi\colon \tilde{L}_j \longrightarrow L_j$ eine (N/n)-blättrige verzweigte Überlagerung, die genau über den Schnittpunkten von L_j mit den anderen Konfigurationsgeraden n-fach verzweigt ist. Die EULER-Zahl ergibt sich daher nach der HURWITZ-Formel (Additivitätseigenschaft!) zu

$$\bullet(13) \qquad \begin{aligned} e(\tilde{L}_j) &= (N/n)\cdot(e(L_j) - (1-\tfrac{1}{n})\tau_{j,2}) = \\ &= (N/n^2)\cdot(n\cdot e(L_j) - (n-1)\cdot\tau_{j,2}) , \end{aligned}$$

wobei $\tau_{j,2}$ die Anzahl der Doppelpunkte auf L_j bezeichnet. Aus der

Darstellung $\pi^* L_j = n \cdot \tilde{L}_j$ (vgl. (3)) folgt für die Selbstschnittzahl mit A.1(2) die Formel

•(14) $$(\tilde{L}_j)^2 = (N/n^2) \cdot L_j{}^2 .$$

K. Die relative Proportionalitätsabweichung: Wir haben in Absatz G mit Hilfe der „globalen" Proportionalitätsabweichung $\mathrm{Prop} = 3e - K^2$ die notwendige Bedingung $\mathrm{Prop} = 0$ für Ballquotienten ausgedrückt. Aus dem relativen Proportionalitätssatz für Kurven in Ballquotienten erhalten wir weitere notwendige Bedingungen, die wir auf die Verzweigungskurven einer GALOIS-Überlagerung anwenden können (vgl. Absatz K der Einführung und Anhang B.1,I): Für eine glatte Kurve F in einer kompakten Ballquotientenfläche Y, die unter einem (nichttrivialen) Automorphismus von Y punktweise fest bleibt, gilt die Proportionalität

$$e(F) = 2F^2 .$$

Definieren wir daher die relative Proportionalitätsabweichung für eine glatte Kurve C in der kompakten Fläche Y durch

•(15) $$\begin{aligned} \mathrm{prop}\ C &:= 2C^2 - e(C) \\ &= 3C^2 + K_Y \cdot C \\ &= -2K_Y \cdot C - 3e(C) , \end{aligned}$$

so wird damit die Aussage des relativen Proportionalitätssatzes durch $\mathrm{prop}(F) = 0$ ausgedrückt. Nun werden die Komponenten der Urbildkurven $\tilde{L}_j$ der Verzweigungskurven L_j einer konstant verzweigten GALOIS-Überlagerung $X \to S$ unter den Decktransformationen transitiv ineinander überführt, und weiter bleibt jede Komponente unter einer geeigneten nichttrivialen Decktransformation punktweise fest. Somit ergibt sich eine notwendige Bedingung dafür, daß X eine Ballquotientenfläche ist: Für alle $j = 1,\ldots,k$ gilt

$$\mathrm{prop}\ \tilde{L}_j = 0 \quad .$$

Mit den eben hergeleiteten Formeln (13,14) für die charakteristischen Zahlen (EULER- und Selbstschnittzahl) erhalten wir für die relative Proportionalitätsabweichung den Ausdruck

$$\bullet(16)\qquad \operatorname{prop}\tilde{L}_j = (N/n^2)\cdot(2L_j^2 - n\cdot e(L_j) + (n-1)\cdot\tau_{j,2}) = (N/n^2)\cdot(\operatorname{prop} L_j - (n-1)\cdot(e(L_j) - \tau_{j,2})) .$$

<u>L. Beispiele:</u> Für unsere beiden Standardbeispiele von oben (Absätze H und I) ergeben sich explizit folgende Werte für die charakteristischen Zahlen und die Proportionalitätsabweichung:

(i) Reguläre Geradenkonfigurationen in der projektiven Ebene:

$$\bullet(17)\qquad \begin{aligned} e(\tilde{L}_j) &= -(N/n^2)\cdot((n-1)(k-3) - 2),\\ (\tilde{L}_j)^2 &= N/n^2,\\ \operatorname{prop}\tilde{L}_j &= (N/n^2)\cdot(n-1)\cdot(k-3)\ ; \end{aligned}$$

(ii) Reguläre elliptische Kurvenkonfigurationen auf abelschen Flächen:

$$\bullet(18)\qquad \begin{aligned} e(\tilde{L}_j) &= -(N/n^2)\cdot(n-1)\cdot\tau_{j,2}\,,\\ (\tilde{L}_j)^2 &= 0,\\ \operatorname{prop}\tilde{L}_j &= (N/n^2)\cdot(n-1)\cdot\tau_{j,2}\,. \end{aligned}$$

In beiden Fällen gilt somit $\operatorname{prop}\tilde{L}_j > 0$, sobald $k \geq 4$ bei (i) bzw. $t_2 > 0$ bei (ii) (und natürlich $n \geq 2$) erfüllt ist. Wir hatten oben in Absatz I bereits gesehen, daß dann die globale Proportionalitätsabweichung $\operatorname{Prop} X$ ebenfalls strikt positiv ist.

1.2 SINGULÄR KONSTANT VERZWEIGTE ÜBERLAGERUNGEN UND REGULARISIERUNG

Im ersten Abschnitt (1.1, H, I) haben wir reguläre Geradenkonfigurationen in der projektiven Ebene und „elliptische" Kurvenkonfigurationen auf abelschen Flächen als Standardbeispiele betrachtet und haben dabei aus den Formeln gefolgert, daß eine regulär verzweigte echte Überlagerung nur eine Fläche mit $c_1^2 \leq 2c_2$ sein kann. In beiden Fällen können wir aber dadurch in den interessanteren Bereich $c_1^2 > 2c_2$ kommen, daß wir eine etwas kompliziertere Situation betrachten: Wir lassen zu, daß die Verzweigungskurve L und die Überlagerungsfläche X „gutartige" Singularitäten haben, deren Auflösung uns wieder in den oben betrachteten regulären Fall zurückführt. Dieser geänderte Ansatz liefert uns dann eine recht einfache Methode, aus den Ergebnissen des Abschnittes 1.1 die Formeln über Geradenkonfigurationen in der projektiven Ebene und verzweigte Überlagerungen abzuleiten, die in dem Artikel von HIRZEBRUCH [1983:§§2,3] angegeben sind.

A. Die singuläre Ausgangskonfiguration: Wir gehen wieder von einer vorgegebenen verzweigten Überlagerung $\pi : X \to S$ mit einer glatten Basisfläche S aus, wobei aber die Verzweigungskurve L in S *gewöhnliche Mehrfachpunkte* (mit beliebigen Vielfachheiten $r \geq 2$) und die Überlagerungsfläche X dazu passend gewisse normale Singularitäten (s. C,D) haben kann. Wir setzen also voraus, daß die irreduziblen Komponenten L_j $(j=1,..,k)$ von L weiterhin glatt sind, aber neben den gewöhnlichen Doppelpunkten der regulären Situation lassen wir jetzt auch zu, daß *„singuläre Schnittpunkte"* auftreten, d.h. solche Punkte p_ν, in denen sich $r_\nu \geq 3$ glatte Zweige mit getrennten Tangenten schneiden.

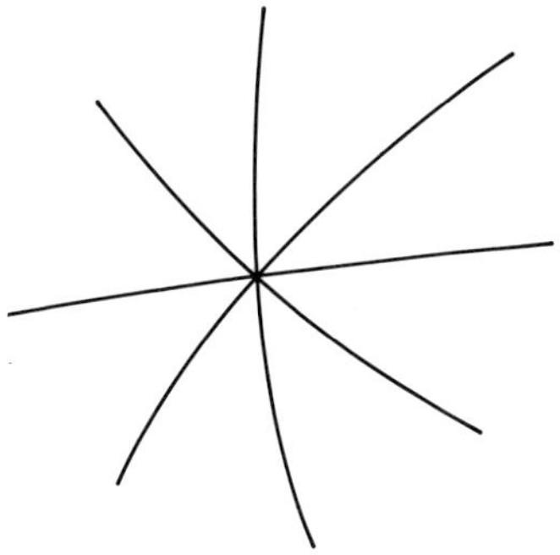

$p_\nu = p$: singulärer Schnittpunkt,
$r_\nu = r$ Zweige
(hier $r = 4$)

Über den einfachen Punkten und über den Doppelpunkten soll das lokale Verzweigungsverhalten so sein, wie wir es eben (in 1.1,B) beschrieben haben (d.h. regulär konstant n-fach verzweigt); insbesondere liegen dort keine Singularitäten der Überlagerungsfläche.

B. Verzweigungsverhalten in den singulären Schnittpunkten: Ist $p = p_\nu$ ein r-facher Punkt von L mit $r = r_\nu \geq 3$ und ist q ein Urbildpunkt, so soll - analog zur Situation bei Doppelpunkten - lokal bei p

und bei q über jedem der r glatten Zweige von L durch p stets n -fache zyklische Verzweigung vorliegen, und zwar, wie anschließend präzisiert wird, jeweils „unabhängig" von den anderen Zweigen. Daraus ergibt sich dann sofort, daß q ein normaler singulärer Punkt ist.

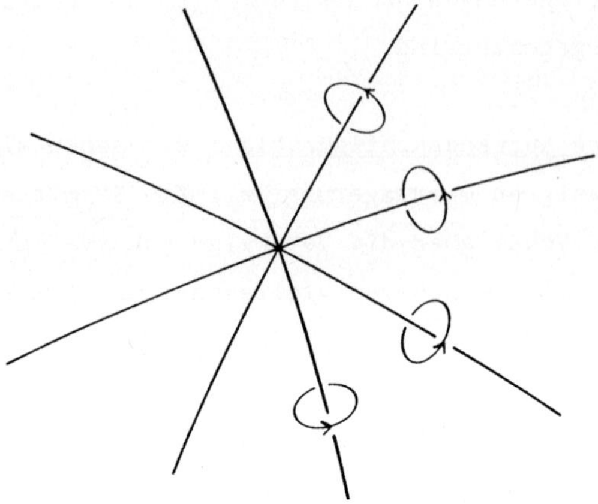

<u>C. Algebraische Beschreibung:</u> Die Zweige von L in p sind in lokalen Koordinaten (u,v) durch holomorphe Gleichungen $f_1 = 0,\dots,f_r = 0$ gegeben, deren lineare Anteile $\ell_1,\dots,\ell_r$ paarweise linear unabhängig sind, weil p ein gewöhnlicher r-facher Punkt ist. Wir können nun das geforderte Verzweigungsverhalten algebraisch so beschreiben, daß der *analytische lokale Ring* $\mathcal{O}_{X,q}$ aus dem lokalen Ring $\mathcal{O}_{S,p}$, also dem Ring $\mathbb{C}\{u,v\}$ der konvergenten Potenzreihen in (u,v), durch *Adjunktion* der n-ten Wurzeln

•(1) $$\mathcal{O}_{X,q} \simeq \mathcal{O}_{S,p}(\sqrt[n]{f_1}, \dots, \sqrt[n]{f_r})$$

entsteht. Übrigens gilt diese Beschreibung als endliche „KUMMERsche" Ringerweiterung auch im Fall $r \leq 2$; sie zeigt dann algebraisch, daß über allen einfachen Punkten und Doppelpunkten von L stets reguläre Punkte der Überlagerungsfläche X liegen: Wir können das Koordinatensystem (u,v) bei p (unten) so wählen, daß $u = f_1$ sowie $v = f_2$ (falls $r = 2$) gilt. Dann sind $x = \sqrt[n]{f_1}$ und $y = v$ (für $r = 1$) bzw. $y = \sqrt[n]{f_2}$ (für $r = 2$) Ortsuniformisierende in q (oben), und $\mathcal{O}_{X,q}$ ist der reguläre lokale Ring $\mathbb{C}\{x,y\}$. Dagegen ist für $r \geq 3$ (und natürlich $n \geq 2$) der lokale Ring $\mathcal{O}_{X,q}$ nicht regulär!

<u>D. Geometrische Realisierung:</u> Zu dieser endlichen Ringerweiterung gehört eine endliche holomorphe Abbildung $\pi : (V,0) \to (U,0)$ von einer *normalen Flächensingularität* $(V,0)$ in $\mathbb{C}^r$ auf eine offene Nullumgebung U in $\mathbb{C}^2$, so daß die Beschränkungen der Koordinatenfunktionen $z_1, \ldots, z_r$ auf die Fläche V den Relationen

$$z_j^n = f_j \circ \pi \qquad (j = 1,..,r)$$

genügen: Wir können wieder die Koordinaten so wählen, daß $f_1 = \ell_1 = u$ und $f_2 = \ell_2 = v$ gilt, und erhalten damit das System von $r-2$ holomorphen Gleichungen

$$\bullet(2) \qquad z_j^n = f_j(z_1^n, z_2^n) , \qquad j = 3,\ldots,r .$$

Durch dieses Gleichungssystem wird in einer Umgebung des Nullpunktes im Zahlenraum $\mathbb{C}^r$ die komplexe Fläche V mit einer isolierten Singularität in 0 definiert. Weil die Anzahl der Gleichungen mit der Kodimension von V in $\mathbb{C}^r$ übereinstimmt, ist $(V,0)$ ein vollständiger Durchschnitt; somit ist die Singularität 0 in V normal, da sie in V die Kodimension 2 hat (siehe etwa KAUP-KAUP [Ka-Ka: 74.3,p.315]).

Die lokale holomorphe Abbildung

$$\bullet(3) \qquad \pi : (V,0) \to (U,0) \; ; \; (z_1,\ldots,z_r) \to (z_1^n, z_2^n) = (u,v)$$

hat dann das gewünschte Verzweigungsverhalten. Wir fordern nun, daß dieses Modell die verzweigte Überlagerung $\pi : X \to S$ lokal (bezüglich p und q) beschreibt, d.h. daß es ein kommutatives Diagramm

$$\begin{array}{ccc} (X,q) & \xleftarrow{\;\simeq\;} & (V,0) \\ \pi \downarrow & & \downarrow \pi \\ (S,p) & \xleftarrow{\;\simeq\;} & (U,0) \end{array}$$

(von komplexen Raumkeimen und holomorphen Abbildungen) gibt, in dem die horizontalen Pfeile biholomorph sind.

Der lokale Überlagerungsgrad von π bei q ist n^r; in dem singulären Punkt q hängen n^r lokale Blätter zusammen. Bezeichnet wieder

$N := \text{Grad}\,\pi$ den globalen Überlagerungsgrad, so liegen über p also

$$\bullet(4) \qquad |\pi^{-1}(p)| = N/n^r$$

singuläre Urbildpunkte.

Wie in dem vorhin betrachteten regulären Fall folgt aus unserer Voraussetzung über das Schnittverhalten, daß alle Komponenten der Urbildkurve $\pi^{-1}(L)$ glatt sind.

E. Regularisierung: Unser eigentliches Ziel ist nicht die Untersuchung der singulären Überlagerungsflächen, sondern ihrer singularitätenfreien Modelle. Dazu können wir die im ersten Abschnitt entwickelten Methoden benutzen, denn wir können die gesamte singuläre Überlagerung in die vorher beschriebene reguläre Form transformieren: Indem wir unten in den störenden singulären Schnittpunkten p_ν von L (d.h. mit Vielfachheit $r_\nu \geq 3$) und oben in den zugehörigen singulären Urbildpunkten aufblasen, erhalten wir ein kommutatives Diagramm

$$\bullet(5) \qquad \begin{array}{lcccl} \text{(singulär)} & X & \xleftarrow{\quad\tau\quad} & \hat{X} & \text{(glatt)} \\ & \pi \downarrow & & \downarrow \hat{\pi} & \text{(regulär)} \\ & S & \xleftarrow{\quad\sigma\quad} & \hat{S} & \\ & \cup & & \cup & \\ \text{(singulär)} & L & & \hat{L} & \text{(regulär)} . \end{array}$$

Wir diskutieren nun diese beiden Regularisierungsschritte.

F. Beseitigung der singulären Schnittpunkte: Durch *Aufblasen* von S in allen singulären Schnittpunkten p_ν erhalten wir eine glatte algebraische Fläche $\hat{S}$ mit einer holomorphen Abbildung $\sigma : \hat{S} \to S$. Das reduzierte volle Urbild *(totale Transformierte)* $\hat{L} := \sigma^{-1}(L)$ des Verzweigungsortes in $\hat{S}$ ist eine Kurvenkonfiguration, die nur noch einfache normale Überkreuzungen, also keine singulären Schnittpunkte, aufweist: Durch das Aufblasen in einem r_ν -fachen Punkt p_ν werden die lokalen Zweige von L durch p_ν getrennt und zu $r = r_\nu$ disjunkten glatten Kurvenstücken auseinandergezogen. So erhalten wir aus L die *strikte* oder *eigentliche Transformierte* $L' := \cup L_j'$, die nur noch normale Überkreuzungen (in den „alten" Doppelpunkten von L) hat, während die durch das Aufblasen getrennten lokalen Zweige die für p_ν eingesetzte *rationale Ausnahmekurve* E_ν transversal schneiden.

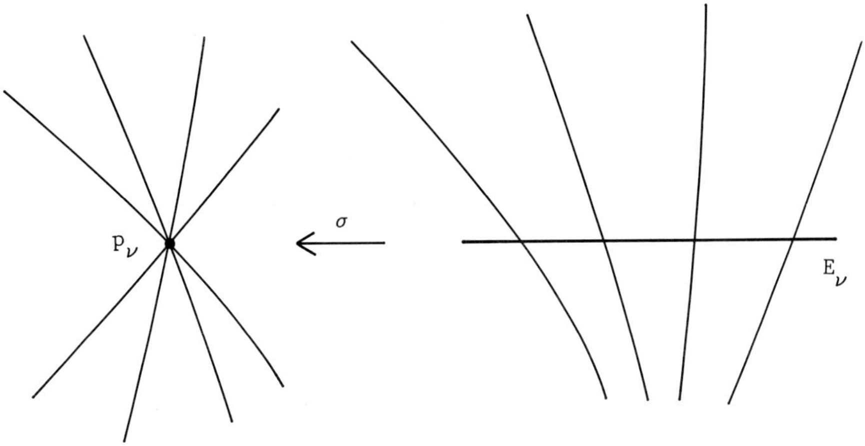

r_ν -facher Punkt (hier $r_\nu = 4$) — r_ν gewöhnliche Doppelpunkte

Wir können das reduzierte volle Urbild $\hat{L} = L' \cup E$ (mit $E := \cup E_\nu$) als Divisor $\sum L_j' + \sum E_\nu$ auffassen, wobei alle Kurven mit Vielfachheit 1 gezählt werden. In dem nach $\hat{S}$ angehobenen Divisor σ^*L hat dagegen E_ν die Vielfachheit r_ν, d.h. es gilt

•(6) $$\sigma^*L = L' + \sum_\nu r_\nu E_\nu .$$

<u>G. Auflösung der Singularitäten der Überlagerungsfläche:</u> Wir haben oben diskutiert, wie die Singularität von X in einem Urbildpunkt q über dem singulären Schnittpunkt p von L (mit Vielfachheit $r \geq 3$) als komplexer Flächenkeim (V,0) in $\mathbb{C}^r$ geometrisch realisiert wird. Anhand dieser Darstellung ist nun leicht zu sehen, daß diese Singularität durch einmaliges Aufblasen des umgebenden Raumes $\mathbb{C}^r$ im Nullpunkt aufgelöst wird. Geometrisch bedeutet dieser Prozess, daß wir anstelle des Punktes $0 \in V \subset \mathbb{C}^r$ (bzw. $q \in X$) die projektive Basiskurve F des affinen Tangentialkegels in V (bzw. X) einsetzen. Diese Kurve ist

in $\mathbb{P}_{r-1}$ (mit den homogenen Koordinaten $(z_1:z_2:\ldots:z_r)$) durch das System der r-2 homogenen Gleichungen n-ten Grades

$$\bullet(7) \qquad z_j^n = \ell_j(z_1^n, z_2^n) \; ; \quad j = 3,..,r$$

gegeben (Initialformen, d.h. homogene Bestandteile kleinsten Grades, des Systems (2)), und dieses kann äquivalent zu einem Gleichungssystem der Form

$$\sum_{j=1}^{r} a_{ij} z_j^n = 0 \ , \quad i = 1,..,r-2 \ , \qquad \text{mit } a_{ij} \neq 0$$

umgeformt werden, wobei die Matrix (a_{ij}) den Rang r-2 hat. Damit haben wir die Kurve F als glatten vollständigen Durchschnitt von r-2 (verallgemeinerten) FERMAT-Hyperflächen vom Grad n in $\mathbb{P}_{r-1}$ dargestellt, die den Grad n^{r-2} hat; insbesondere folgt daraus, daß F in der entstehenden glatten Fläche $\hat{V}$ (bzw. $\hat{X}$) die Selbstschnittzahl $F^2 = -n^{r-2}$ hat.

__H. Verzweigungsverhalten nach der Regularisierung:__ Aus der lokalen Beschreibung (3) der singulären Überlagerung folgt nun, daß wir die Einschränkung $\pi\colon V\backslash 0 \to U\backslash 0$ kanonisch zu einer endlichen holomorphen Abbildung $\hat{\pi} : (\hat{V},F) \to (\hat{U},E)$ zwischen den im Nullpunkt aufgeblasenen Flächen(-keimen) fortsetzen können und daß $\hat{\pi}$ längs der „lokalen" Verzweigungskonfiguration $\hat{L} \cap \hat{U}$ regulär konstant n -fach verzweigt ist. Wir können diese „lokale Regularisierung" mit dem kommutativen Diagramm von Flächenkeimen

$$\begin{array}{ccccccc}
(X,q) & \xleftarrow{\;\simeq\;} & (V,0) & \xleftarrow{\;\tau\;} & (\hat{V},F) & \xrightarrow{\;\simeq\;} & (\hat{X},F) \\
\downarrow & \text{singulär} & \downarrow & & \downarrow & \text{regulär} & \downarrow \\
(S,p) & \xleftarrow{\;\simeq\;} & (U,0) & \xleftarrow{\;\sigma\;} & (\hat{U},E) & \xrightarrow{\;\simeq\;} & (\hat{S},F)
\end{array}$$

beschreiben, wobei die mittleren horizontalen Pfeile die Aufblaseabbildungen sind.

Aus der lokalen Beschreibung (2,3) folgt noch, daß über jedem der r lokalen Zweige $(f_j=0)$ von L durch p jeweils genau n^{r-2} glatte Kurvenzweige der Urbildkurve $\pi^{-1}(L)$ durch den singulären Punkt q liegen. Diese Zweige haben paarweise verschiedene Tangentenrichtungen; sie werden daher durch das Aufblasen getrennt und zu je n^{r-2} glatten disjunkten Kurvenstücken auseinandergezogen, welche dann die oben eingesetzte Kurve F transversal schneiden.

1.3 C H E R N SCHE ZAHLEN UND PROPORTIONALITÄTSABWEICHUNG

Wir haben in Abschnitt 1.1 die sehr einfache Situation einer regulär konstant verzweigten Überlagerung betrachtet und Formeln hergeleitet, um die CHERNschen Zahlen $c_2 = e$ und $c_1^2 = K^2$ sowie die Proportionalitätsabweichung $\mathrm{Prop} = 3e - K^2$ der Überlagerungsfläche durch Invarianten der Basisfläche und der Verzweigungskonfiguration auszudrücken (siehe 1.1(2,7,10)). Nachdem wir durch die eben beschriebene Regularisierung den komplizierteren singulären Fall in diese einfache Situation transformiert haben, können wir nun diese elementaren Formeln auf die regularisierte Überlagerungsfläche anwenden; wir müssen dazu nur noch die erforderlichen Daten der regularisierten Verzweigungskonfiguration mit den Daten der singulären Ausgangskonfiguration ausdrücken.

<u>A. Konfigurationsdaten nach der Regularisierung:</u> Wir bezeichnen mit

•(1) $$t_r = t_r(L) := |\{p \in L\,;\ r_p = r\}| \quad (r \geq 2)$$

die *Anzahl der r-fachen Punkte* der singulären Verzweigungskonfiguration L; zur Vereinfachung führen wir noch die (gewichteten) Summen

•(2) $$f_0 := \sum_{r\geq 2} t_r\,, \qquad f_1 := \sum_{r\geq 2} r\cdot t_r$$

ein, auf deren geometrische Bedeutung wir in Absatz 2.2,A kurz eingehen werden. Damit ergibt sich für die Anzahl s der singulären Schnittpunkte der Ausdruck

$$s := \sum_{r\geq 3} t_r = f_0 - t_2\,,$$

und insgesamt erhalten wir die folgenden Formeln für die Daten der regularisierten Konfiguration:

•(3) (a) $e(\hat{S}) = e(S) + \sum_{r\geq 3} t_r = e(S) + f_0 - t_2$;

(b) $e(L^{\Diamond}) = e(\check{L}) + 2\sum_{r\geq 3} t_r = e(\check{L}) + 2(f_0-t_2)$;

(c) $t_2(\hat{L}) = t_2(L) + \sum_{r\geq 3} r\cdot t_r = f_1 - t_2$;

(d) $K^2_{\hat{S}} = K^2_S - \sum_{r\geq 3} t_r = K^2_S - f_0 + t_2$;

(e) $K_{\hat{S}}\cdot\hat{L} = K_S\cdot L + \sum_{r\geq 3}(r-1)t_r = K_S\cdot L + f_1 - f_0 - t_2$.

Die Formeln (a) und (b) folgen wieder sofort aus der *Additivität* der EULER-Zahl: Jede für einen singulären Schnittpunkt p_ν eingesetzte Ausnahmekurve E_ν hat die EULER-Zahl 2 und erhöht somit die EULER-Zahl der Fläche um $e(E_\nu)-e(\{p_\nu\}) = 1$; die Normalisierung $L^{\Diamond}$ von $\hat{L}$ ist die disjunkte Vereinigung $\check{L} \dot{\cup} E$ der glatten Kurven L_j und der (disjunkten) Ausnahmekurven E_ν. Auch (c) ist klar, da aus einem r_ν-fachen Punkt p_ν genau r_ν gewöhnliche Doppelpunkte auf E_ν hervorgehen. Für (d) und (e) benutzen wir die Beziehungen

•(4) $$K_{\hat{S}} = \sigma^* K_S + E \quad (\text{mit } E := \sum E_\nu)$$

für den kanonischen Divisor der σ-transformierten Basisfläche sowie

•(5) $$\hat{L} = L' + E = \sigma^* L - \sum_{r_\nu\geq 3}(r_\nu-1)\cdot E_\nu$$

für den Divisor der (reduzierten) transformierten Verzweigungskonfiguration. (Da offenbar E der JACOBI-Divisor J_σ der Aufblaseabbildung $\sigma : \hat{S} \to S$ ist, ergibt sich die Formel (4) aus A.1(1), und (5) folgt unmittelbar aus 1.2(6).) Damit erhalten wir (d) und (e) durch Ausmultiplizieren, wenn wir noch folgendes berücksichtigen: Für die eingesetzten Ausnahmekurven gilt $E_\nu^2 = -1$ sowie $E_\nu\cdot E_\mu = 0$ für $\nu \neq \mu$, und für alle von S nach $\hat{S}$ angehobenen Divisoren gilt $\sigma^* D\cdot E_\nu = 0$ sowie $\sigma^* D_1\cdot\sigma^* D_2 = D_1\cdot D_2$ (die Schnittzahl ändert sich nach A.1(2) beim Anheben nicht, da σ eine Abbildung vom Grad 1 ist).

Die Sonderrolle, die die Zahl t_2 der Doppelpunkte in diesen Formeln spielt, erklärt sich daraus, daß Doppelpunkte bei der Regularisierung nicht aufgeblasen werden.

<u>B. CHERNsche Zahlen und Proportionalitätsabweichung der regularisierten Überlagerungsfläche:</u> Wie angekündigt, können wir nun die Formeln (2,7, 10) aus 1.1 auf die regularisierte Überlagerung anwenden; wir erhalten folgende quadratische Polynome (in der lokalen Verzweigungsordnung n):

$$\bullet(6)\qquad (n^2/N)\cdot e(\hat{X}) = n^2\cdot(e(S) - e(\check{L}) + f_1 - f_0) + n\cdot(e(\check{L}) - 2(f_1 - f_0)) + f_1 - t_2 \;;$$

$$(n^2/N)\cdot K^2_{\hat{X}} = n^2\cdot(K_S^2 + K_S\cdot L - e(\check{L}) + 3f_1 - 4f_0) + 2n\cdot(e(\check{L}) - 2(f_1 - f_0)) - K_S\cdot L - e(\check{L}) + f_1 - f_0 + t_2 \;;$$

$$(n^2/N)\cdot \mathrm{Prop}(\hat{X}) = n^2\cdot(\mathrm{Prop}(S) - 2e(\check{L}) - K_S\cdot L + f_0) + n\cdot(e(\check{L}) - 2(f_1 - f_0)) + K_S\cdot L + e(\check{L}) + 2f_1 + f_0 - 4t_2 \;.$$

Wir illustrieren die Formeln anhand der beiden Standardbeispiele, die wir bereits in der regulären Situation betrachtet haben.

<u>C. Beispiel (i): Geradenkonfigurationen in der projektiven Ebene:</u> Es sei wieder S die projektive Ebene $\mathbb{P}_2$ und L eine Konfiguration von (paarweise verschiedenen) projektiven Geraden $L_1, \ldots, L_k$ (mit beliebigem Schnittverhalten). Mit den eben eingeführten Bezeichnungen gilt

$$\bullet(7)\qquad (n^2/N)\cdot e(\hat{X}) = n^2(3 - 2k + f_1 - f_0) + 2n(k - f_1 + f_0) + f_1 - t_2 \,,$$

$$(n^2/N)\cdot K^2_{\hat{X}} = n^2(9 - 5k + 3f_1 - 4f_0) + 4n(k - f_1 + f_0) + k + f_1 - f_0 + t_2 \,,$$

$$(n^2/N)\cdot \mathrm{Prop}(\hat{X}) = n^2(f_0 - k) + 2n(k - f_1 + f_0) + 2f_1 + f_0 - k - 4t_2 \;.$$

Wir notieren noch, daß in diesem Beispiel die Klasse des kanonischen Divisors in $\hat{X}$ die Darstellung $K = \hat{\pi}^*(K')$ hat, wobei K' die rationale Divisorenklasse

$$K' := (k-3-k/n)\cdot\sigma^*H + \textstyle\sum_\nu (2-r_\nu + (r_\nu-1)/n)\cdot E_\nu$$

in $\hat{\mathbb{P}}_2$ und H die Hyperebenenschnittklasse in $\mathbb{P}_2$ ist.

<u>D. Beispiel (ii): Elliptische Konfigurationen in abelschen Flächen:</u> Jetzt sei S eine abelsche Fläche und L eine Konfiguration von glatten elliptischen Kurven $L_1,\ldots, L_k$. In diesem Fall werden die Formeln wieder recht einfach; explizit erhalten wir

•(8)
$$\begin{aligned}
(n^2/N)\cdot e(\hat{X}) &= n^2(f_1-f_0) - 2n(f_1-f_0) + f_1 - t_2\\
&= (n-1)^2(f_1-f_0) + f_0 - t_2\ ,\\
(n^2/N)\cdot K^2_{\hat{X}} &= n^2(3f_1-4f_0) - 4n(f_1-f_0)\\
&\qquad + f_1 - f_0 + t_2\ ,\\
(n^2/N)\cdot \mathrm{Prop}\ \hat{X} &= n^2 f_0 - 2n(f_1-f_0) + 2f_1 + f_0 - 4t_2\ .
\end{aligned}$$

Für beide Beispielklassen werden wir (in 1.4 bzw 3.1) spezielle Konfigurationen finden, bei denen zu einer geeignet gewählten lokalen Verzweigungsordnung $n \geq 2$ Überlagerungen existieren, die der Bedingung $\mathrm{Prop} = 0$ mit $K^2 = 3e > 9$ genügen; nach A.1,Q sind diese Flächen dann vom allgemeinen Typ und somit Ballquotienten.

<u>E. Die charakteristischen Zahlen der Verzweigungskurven:</u> Genau wie im regulären Fall (vgl. 1.1,J-K) wollen wir die charakteristischen Zahlen $e(C)$ und C^2 (EULER- und Selbstschnittzahl) sowie die relative Proportionalitätsabweichung $\mathrm{prop}\ C = 2\cdot C^2 - e(C)$ (Absatz 1.1,H) für die Bild- und Urbildkurven des Verzweigungsortes einer konstant verzweigten Überlagerung noch in Beziehung zueinander setzen.

Wir betrachten die rationale Ausnahmekurve $E_\nu = \sigma^{-1}(p_\nu)$, die wir beim Aufblasen für einen $r = r_\nu$ -fachen Punkt eingesetzt haben, mit ihrem vollen Urbild $\tilde{E}_\nu := \hat{\pi}^{-1}(E_\nu)$. Dieses besteht aus genau N/n^r glatten disjunkten Komponenten, die als Auflösungskurven der singulären Urbildpunkte über p_ν entstehen (vgl. 1.2(4)); alle diese Komponenten sind daher zu der in 1.2,G beschriebenen Kurve F isomorph. Aus den charakteristischen Zahlen

•(9)
$$e(F) = n^{r-2}(n(2-r)+r) ,$$
$$F^2 = -n^{r-2} ,$$
$$\text{prop } F = n^{r-2}\cdot((r-2)(n-1) - 4)$$

ergeben sich für das volle Urbild $\tilde{E}_\nu$ sofort die Werte

•(10)
$$e(\tilde{E}_\nu) = (N/n^2)\cdot(n(2-r)+r) ,$$
$$(\tilde{E}_\nu)^2 = -N/n^2 ,$$
$$\text{prop } \tilde{E}_\nu = (N/n^2)\cdot((r-2)(n-1) - 4) .$$

(Diese Formeln sind übrigens auch für $r = 2$ richtig, aber in unserer Situation ist das Aufblasen in Doppelpunkten überflüssig.)

Für die vollen Urbildkurven $\tilde{L}_j := \hat{\pi}^{-1}(L_j')$ der (strikten Transformierten der) Konfigurationskurven ergibt sich

•(11)
$$e(\tilde{L}_j) = (N/n)\cdot[e(L_j) - (1-\tfrac{1}{n})(\sigma_j + \sum_{j\neq i} L_i'\cdot L_j')]$$
$$= (N/n^2)\cdot(n\cdot e(L_j) - (n-1)\cdot\tau_j) ,$$
$$(\tilde{L}_j)^2 = (N/n^2)\cdot(L_j^2 - \sigma_j) = (N/n^2)\cdot(L_j')^2 ,$$
$$\text{prop } \tilde{L}_j = (N/n^2)\cdot(2L_j^2 - 2\sigma_j - n\cdot e(L_j) + (n-1)\cdot\tau_j)$$
$$= (N/n^2)\cdot[\text{prop } L_j + (n-1)\cdot(\tau_j - e(L_j)) - 2\sigma_j]$$

aus den Formeln 1.1(13,14), wobei wir mit σ_j die Anzahl der singulären Schnittpunkte und $\tau_j = \sigma_j + \tau_{j,2}$ die Gesamtzahl aller Schnittpunkte auf L_j bezeichnen.

Für unsere beiden Standardbeispiele von oben geben wir die Werte noch explizit an.

Beispiel (i) **(Geradenkonfigurationen in der projektiven Ebene)**:

•(12)
$$e(\tilde{L}_j) = -(N/n^2)\cdot((n-1)(\tau_j-2) - 2) ;$$
$$(\tilde{L}_j)^2 = -(N/n^2)\cdot(\sigma_j-1) ;$$
$$\text{prop } \tilde{L}_j = (N/n^2)\cdot((n-1)(\tau_j-2) - 2\sigma_j) ;$$

Beispiel (ii) **(Elliptische Konfigurationen auf abelschen Flächen)**:

$$\bullet(13)\qquad \begin{aligned} e(\tilde{L}_j) &= -(N/n^2)\cdot(n-1)\tau_j\ ; \\ (\tilde{L}_j)^2 &= -(N/n^2)\cdot\sigma_j\ ; \\ \operatorname{prop}\tilde{L}_j &= (N/n^2)\cdot((n-1)\tau_j - 2\sigma_j)\ . \end{aligned}$$

F. Die Proportionalitätsbedingung für singuläre Schnittpunkte (Punkt-Bedingung): Wenn die regularisierte Überlagerungsfläche $\hat{X}$ ein Ballquotient ist, gilt für jede Komponente des Verzweigungsdivisors $\hat{\pi}^{-1}(\hat{L})$ die relative Proportionalität $\operatorname{prop} = 0$. Wenden wir diese Aussage auf die Komponenten von $\tilde{E}_\nu$, also auf die Kurve F (aus Absatz E) an, so gilt demnach $\operatorname{prop} F = 0$, d.h. $e(F) = 2F^2$. Wenn wir nun die Werte $e(F) = n^{r-2}(2n-(n-1)r)$ und $F^2 = -n^{r-2}$ aus (9) einsetzen, so ergibt sich sofort die Beziehung

$$\bullet(14)\qquad (n-1)(r-2) = 4$$

zwischen der Vielfachheit r eines singulären Schnittpunktes und der lokalen Verzweigungsordnung n , die nur genau in den drei Fällen

$$\bullet(15)\qquad \begin{array}{cccccc} r & : & 3 & 4 & 6 \\ n & : & 5 & 3 & 2 \end{array}$$

zutrifft. Damit haben wir eine notwendige Bedingung an n und r , die „Punktbedingung", gefunden, die wir explizit formulieren wollen:

Es sei $X \to S$ eine singuläre konstant n-fach verzweigte Überlagerung mit der zugehörigen Regularisierung $\hat{X} \to \hat{S}$.

$$\begin{array}{ccc} X & \longleftarrow & \hat{X} \\ \downarrow & & \downarrow \\ S & \longleftarrow & \hat{S} \end{array}$$

Die regularisierte Fläche $\hat{X}$ kann nur dann ein Ballquotient sein, wenn eine der drei folgenden Bedingungen (mit den Bezeichnungen t_r für die Anzahl der r-fachen Punkte $(r\geq 2)$ und $s := \sum_{r\geq 3} t_r$ für die Gesamtzahl aller singulären Schnittpunkte der Verzweigungskurve L in S) erfüllt ist:

•(16) $t_r = 0$ für $r \neq 2, 3$, d.h. $s = t_3 > 0$, und $n = 5$;
$t_r = 0$ für $r \neq 2, 4$, d.h. $s = t_4 > 0$, und $n = 3$;
$t_r = 0$ für $r \neq 2, 6$, d.h. $s = t_6 > 0$, und $n = 2$.

G. Die Proportionalitätsbedingung für die Verzweigungskurven (Kurvenbedingung): Die Proportionalitätsbedingung $\operatorname{prop} \tilde{L}_j = 0$ für die vollen Urbilder der Verzweigungskurven L_j ist nach (11) äquivalent zu

$$\operatorname{prop} L_j + (n-1)(\tau_j - e(L_j)) - 2\sigma_j = 0 .$$

Für unsere beiden Standardbeispiele geben wir diese „Kurvenbedingung" in den drei Fällen, in denen die Punktbedingung (14) erfüllt ist, noch explizit an. Da jeweils $\operatorname{prop} L_j = 0$ gilt, erhalten wir bei

Beispiel i) (Geradenkonfigurationen in der projektiven Ebene):

$$n = 5,\ r = 3: \quad 2\tau_{j,2} + \tau_{j,3} = 4,$$
$$n = 3,\ r = 4: \quad \tau_{j,2} = 2,$$
$$n = 2,\ r = 6: \quad \tau_{j,2} = \tau_{j,6} + 2;$$

Beispiel ii) (elliptische Konfigurationen auf abelschen Flächen):

$$n = 5,\ r = 3: \quad 2\tau_{j,2} + \tau_{j,3} = 0,$$
$$n = 3,\ r = 4: \quad \tau_{j,2} = 0,$$
$$n = 2,\ r = 6: \quad \tau_{j,2} = \tau_{j,6}.$$

Damit können wir sofort sehen, daß es keine singuläre Konfiguration von elliptischen Kurven auf einer abelschen Fläche gibt, bei der für $n = 5$ die Punkt- und die Geradenbedingungen erfüllt sind. Dagegen gibt es für die beiden anderen möglichen lokalen Verzweigungsordnungen $n = 3$ bzw. $n = 2$ sogar Konfigurationen, zu denen wir tatsächlich Ballquotienten als verzweigte Überlagerungen konstruieren können; wir werden diese Beispiele im folgenden Abschnitt 1.4 betrachten.

Für Geradenkonfigurationen auf der projektiven Ebene gibt es Beispiele mit $n = 5$ und mit $n = 3$: Wir werden in 3.1 zwei singuläre Konfigurationen zu $n = 5$ und eine zu $n = 3$ angeben, bei denen Ballquotienten als verzweigte Überlagerungen existieren; wir werden auch sehen, daß es keine weiteren Beispiele mit diesen lokalen Verzweigungsordnungen gibt. Andererseits ist uns aber für die Ebene kein Beispiel einer singulären Geradenkonfiguration bekannt, das den Proportionalitätsbedingungen mit $n = 2$ genügt.

1.4 ZWEI BALLQUOTIENTEN ALS VERZWEIGTE ÜBERLAGERUNGEN ABELSCHER FLÄCHEN

Wir haben in Abschnitt 1.3,D Formeln für die CHERNschen Zahlen einer Fläche hergeleitet, die durch Regularisierung aus einer konstant verzweigten Überlagerung einer abelschen Fläche S mit Verzweigung längs einer Konfiguration von elliptischen Kurven entsteht. Eine besonders interessante Klasse von Konfigurationen erhalten wir dadurch, daß wir von einer elliptischen Kurve T (d.h. von einem eindimensionalen komplexen Torus) mit komplexer Multiplikation ausgehen und in der abelschen Produktfläche $S = T \times T$ die Graphen von Endomorphismen betrachten, die durch die komplexe Multiplikation gegeben werden. Legen wir speziell die beiden elliptischen Kurven $T(\rho)$ und $T(i)$ zugrunde, auf denen die komplexe Multiplikation nichttriviale Automorphismen (von der Ordnung 6 bzw. 4) definiert, so erhalten wir mit geeignet gewählten Verzweigungskonfigurationen und -ordnungen zwei Überlagerungsflächen vom allgemeinen Typ mit $c_1^2 = 3c_2$, die also Ballquotienten sind.

Für die hier benutzten Ergebnisse über elliptische Kurven und Funktionen sowie über komplexe Multiplikation verweisen wir auf die umfangreiche Literatur, z. B. auf HARTSHORNE [Har: IV.4, insbes. pp. 326-332] und auf den Abschnitt über elliptische Funktionen im Buch von HURWITZ-COURANT [Hu-Cou] als klassische Referenz.

<u>A. Beispiel I: Die Fläche</u> $S = S(\rho)$ <u>und die Grundkonfiguration mit Vierfachpunkt:</u> Wir gehen von der elliptischen Kurve

$$T = T(\rho) := \mathbb{C}/\Gamma_\rho \quad \text{mit} \quad \Gamma_\rho := \mathbb{Z} \oplus \mathbb{Z}\cdot\rho \quad \text{und} \quad \rho := e^{2\pi i/6}$$

aus. Wegen $\rho^3+1 = (\rho+1)(\rho^2-\rho+1) = 0$ und $\rho+1 \neq 0$ gilt $\rho^2 = \rho-1$;

da also die Multiplikation mit ρ das Gitter Γ_ρ (bijektiv) in sich überführt, hat die Kurve $T(\rho)$ komplexe Multiplikation mit dem Ring $\mathbb{Z}[\rho]$ $(= \mathbb{Z} \oplus \mathbb{Z}\cdot\rho)$ der ganzen Zahlen des Zahlkörpers $\mathbb{Q}(\rho) = \mathbb{Q}(\sqrt{-3})$ (EISENSTEINsche ganze Zahlen). Insbesondere induziert diese Multiplikation mit ρ auf T einen Automorphismus der Ordnung 6, der geometrisch durch die Drehung des Fundamentalparallelogramms dargestellt wird. Wir merken an, daß $\rho - 1$ eine *Einheit* des Ringes $\mathbb{Z}[\rho]$ ist.

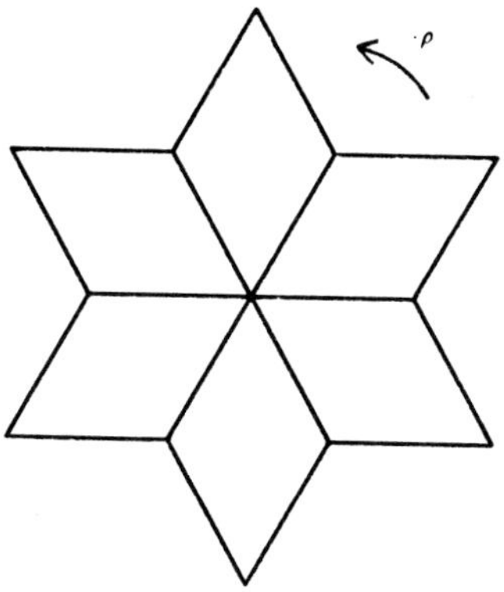

Nun betrachten wir die abelsche Produktfläche

$$S = S(\rho) = T(\rho) \times T(\rho)$$

mit den globalen Koordinaten $(u,v) \in \mathbb{C}^2$, die modulo Gittervektoren definiert sind, und in S die vier elliptischen Kurven

•(1) $T_0 : (v=0), \quad T_\infty : (u=0), \quad T_1 : (v=u), \quad T_\rho : (v=\rho u).$

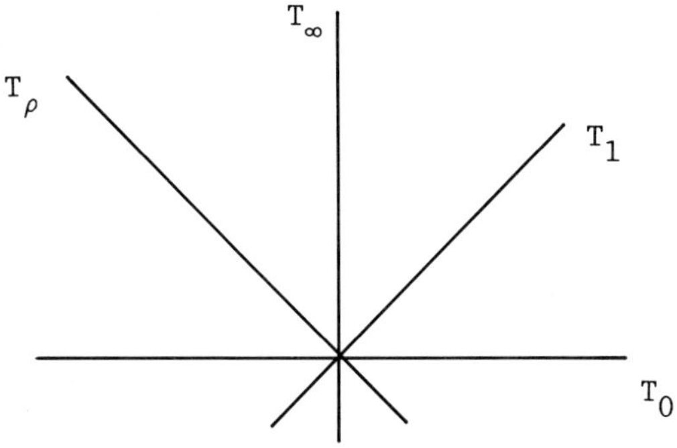

Die Konfiguration der drei Kurven T_0, T_∞ und T_1 (Achsenkreuz und Diagonale) existiert offenbar auf jeder abelschen Produktfläche $S = T \times T$ (wobei T eine beliebige elliptische Kurve ist), und sie hat nur einen einzigen Schnittpunkt (gewöhnlicher Tripelpunkt) im Nullpunkt. Nehmen wir dann den Graphen $(v = \alpha \cdot u)$ einer Homothetie $z \to \alpha \cdot z$ (mit einem Faktor $\alpha \neq 0, 1$ aus dem Ring $End(T) \subset \mathbb{C}$ der Endomorphismen) noch dazu, so erhalten wir eine Konfiguration von vier elliptischen Kurven mit einem gewöhnlichen Vierfachpunkt im Nullpunkt. Dabei werden im allgemeinen noch zusätzliche Doppelpunkte auftreten; in unserem Fall führt aber die spezielle Wahl von $\alpha = \rho$ dazu, daß es keine weiteren Schnittpunkte gibt: Diese vierte Kurve T_ρ schneidet offensichtlich die v-Achse T_∞ nur im Nullpunkt. Sie kann aber auch die u-Achse T_0 und die Diagonale T_1 in keinem weiteren Punkt treffen, denn die beiden Gleichungen $v = \rho u = 0$ bzw. $v = \rho u = u$ für die Koordinaten der Schnittpunkte haben nur die triviale Lösung $u = v = 0$, weil ρ und $\rho - 1$ Einheiten sind. Für die erhaltene Kurvenkonfiguration L_1 gilt also

$$f_0 = t_4 = 1 , \quad f_1 = 4 \quad \text{und} \quad t_2 = 0 ,$$

so daß damit die Punkt- und die Kurvenbedingungen für $n = 3$ erfüllt sind. Setzen wir die Werte in die rechte Seite der Formel 1.3(8) für die globale Proportionalitätsabweichung ein, so erhalten wir das quadratische Polynom

$$(n^2/N) \cdot \mathrm{Prop}(\hat{X}) = n^2 - 6n + 9 = (n-3)^2 .$$

Falls wir also zu dieser Konfiguration eine passende Überlagerung mit $n = 3$ konstruieren könnten, so würden wir eine Fläche mit $c_1^2 = 3c_2 = 39 \cdot N/9$ (nach 1.3(8)) erhalten; eine solche Fläche wäre also nach A.1,S ein Ballquotient. Diese Folgerung trifft natürlich auch für jede elliptische Kurvenkonfiguration L auf S mit

$$f_1 = 4f_0 > 0 \quad \text{und} \quad t_2 = 0$$

zu, da die Invarianten lediglich mit f_0 zu multiplizieren sind.

Zu der Kurve $T(\rho)$ merken wir noch ergänzend an, daß sie als einzige elliptische Kurve einen Automorphismus der Ordnung 6 mit Fixpunkt hat. Nun erhält man aus der Betrachtung der FERMAT-Kubik als RIEMANNsche

Fläche zu $\sqrt[3]{z^3+1}$ einen Automorphismus der Ordnung 3 mit den drei Verzweigungspunkten ρ , ρ^3 , ρ^5 als Fixpunkten; weiter liefert die Abbildung $z \to 1/z$ einen Automorphismus der Ordnung 2, der $\rho^3 = -1$ fest läßt und die Punkte ρ und ρ^5 vertauscht. Damit ist T isomorph zur FERMAT-Kubik (vgl. [Har: IV; 4.6.2, 4.7, 4.20.2, pp. 320, 321,331]).- Übrigens ist $T(\rho)$ auch die einzige elliptische Kurve T mit komplexer Multiplikation, für die auf der abelschen Produktfläche $S = T \times T$ eine solche Konfiguration aus vier elliptischen Kurven mit $f_0 = t_4 = 1$ existiert (dies folgt aus der Schnittzahlformel (8), die wir bei unserem zweiten Beispiel in Absatz G diskutieren werden).

Wir gehen also von dieser Grundkonfiguration L_1 aus den vier elliptischen Kurven T_0 , T_∞ , T_1 , T_ρ auf der Fläche S aus und wollen nun für jedes $n \geq 2$ eine Kurvenkonfiguration L_n mit den kombinatorischen Daten $f_1 = 4f_0 > 0$ und $t_2 = 0$ konstruieren, zu der eine singuläre konstant n-fach längs L_n verzweigte Überlagerung $X_n \to S$ existiert. Wie wir gesehen haben, erhalten wir dann für $n = 3$ als Regularisierung dieser Fläche einen Ballquotienten. Zur Konstruktion des Funktionenkörpers der Fläche X_n benutzen wir die WEIERSTRASSsche σ-Funktion.

<u>B. Exkurs: Die WEIERSTRASSsche σ-Funktion, elliptische Funktionen und n-Teilungspunkte:</u> Für ein Gitter $\Gamma \subset \mathbb{C}$ stellt das unendliche Produkt

$$\sigma(z) := \sigma_\Gamma(z) := z \cdot \prod_{\gamma \in \Gamma^*} (1 - z/\gamma) \cdot \exp(z/\gamma + z^2/2\gamma^2)$$

(mit $\Gamma^* := \Gamma \setminus \{0\}$ sowie $\exp(z) := e^z$) eine ganze holomorphe Funktion, die WEIERSTRASSsche σ-Funktion, dar. Diese Funktion hat genau in den Gitterpunkten einfache Nullstellen, sie ist ungerade (d.h. es gilt $\sigma(-z) = -\sigma(z)$), und bei der Substitution $z \to z+\gamma$ mit einem Gittervektor γ transformiert sie sich wie folgt: Ist (γ_1, γ_2) eine Gitterbasis, so gibt es Konstanten η_1 , η_2 mit

$$\sigma(z+\gamma_i) = -\sigma(z) \cdot \exp(\eta_i(z+\gamma_i/2)) \qquad (i = 1,2)$$

(Die η_i sind durch das Transformationsgesetz $\zeta(z+\gamma_i) = \zeta(z)+\eta_i$ der WEIERSTRASSschen ζ-Funktion zum Gitter Γ definiert; für sie gilt $\eta_i/2 = \zeta(\gamma_i/2)$ und die LEGENDREsche Relation $\eta_1\gamma_2 - \eta_2\gamma_1 = 2\pi i$.)

Dieses Transformationsverhalten erklärt die Rolle der σ-Funktion in der Theorie der elliptischen Funktionen: Zu gegebenen komplexen Zahlen $a_1,\ldots,a_k$, $b_1,\ldots,b_k$ (die nicht notwendig paarweise verschieden sind) existiert bekanntlich eine elliptische Funktion mit Nullstellen in den a_i und Polstellen in den b_j genau dann, wenn

$$\sum_{i=1}^{k} a_i \equiv \sum_{j=1}^{k} b_j \pmod{\Gamma}$$

gilt. Durch Addition von Gittervektoren können wir sogar stets

$$\sum_{i=1}^{k} a_i = \sum_{j=1}^{k} b_j$$

annehmen, und mit dieser Normierung ist dann jede solche elliptische Funktion ein konstantes Vielfaches von

$$\prod_{i=1}^{k} \sigma(z-a_i) \Big/ \prod_{j=1}^{k} \sigma(z-b_j) \, .$$

Wir betrachten nun für $n \geq 2$ die meromorphe Funktion

•(2) $$F_n(z) := \sigma(n\cdot z)/\sigma(z)^{n^2} \, .$$

Im Fundamentalparallelogramm $\Pi := \{t_1\gamma_1+t_2\gamma_2;\ 0\leq t_i<1\}$ hat die Zählerfunktion genau n^2 einfache Nullstellen, und zwar genau in den Punkten $z\in\Pi$, für die $n\cdot z$ ein Gitterpunkt ist. Als Bildpunkte auf dem Torus erhalten wir daher genau die Elemente der Ordnung n in der induzierten Gruppenstruktur, d.h. die Untergruppe $U_n(T)$ der *n-Teilungspunkte*; es folgt, daß die Nullstellensumme ein Gitterpunkt ist. Die Nennerfunktion hat einen n^2-fachen Pol in $z = 0$; also ist auch die Polstellensumme ein Gitterpunkt. Somit gibt es (bis auf Multiplikation mit Konstanten) genau eine elliptische Funktion mit diesen Null- und Polstellen, und tatsächlich zeigt die Betrachtung des Transformationsverhaltens, daß F_n eine solche elliptische Funktion ist. Der zugehörige Divisor auf der elliptischen Kurve T besteht aus allen n-Teilungspunkten $z \neq 0$ mit Vielfachheit 1 und aus dem Nullpunkt mit der Vielfachheit $-(n^2-1)$.

<u>C. Die Verzweigungskonfiguration:</u> Wir kehren nun zur Betrachtung der Fläche $S = S(\rho) = T(\rho) \times T(\rho)$ von oben (mit $T(\rho) = \mathbb{C}/(\mathbb{Z} \oplus \mathbb{Z}\rho)$) zurück. Den Körper $\mathbb{C}(S)$ der meromorphen Funktionen auf S identifizieren wir kanonisch mit dem Körper derjenigen meromorphen Funktionen

$f(u,v)$ auf $\mathbb{C}^2$, die in beiden Variablen u und v elliptisch bezüglich des Gitters Γ sind. Wir können nun in die elliptische Funktion $F_n(z)$ aus (2) die definierenden Linearformen $\ell_\iota(u,v)$ der vier Kurven T_ι der Grundkonfiguration (1) einsetzen und erhalten so die meromorphen Funktionen

$$\bullet(3) \qquad \begin{aligned} f_{0,n}(u,v) &:= F_n(v) , & f_{\infty,n}(u,v) &:= F_n(u) , \\ f_{1,n}(u,v) &:= F_n(v-u) , & f_{\rho,n}(u,v) &:= F_n(v-\rho u) \end{aligned}$$

auf S. Um die Null- und Polstellendivisoren dieser Funktionen zu bestimmen, betrachten wir die Untergruppe $U_n(S)$ der n-Teilungspunkte von S. Diese Gruppe hat n^4 Elemente und operiert durch Translation („Parallelverschiebung") auf S. Wir bilden nun für jede der vier Kurven T_ι aus (1) die Gesamtheit

$$T_{\iota,n} := U_n(S) + T_\iota \quad (\text{mit } \iota = 0,\infty,1,\rho)$$

aller Bildkurven von T_ι unter diesen Parallelverschiebungen. Die Ausgangskurve T_ι selbst ist eine zu T isomorphe Untergruppe von S, und ihr Durchschnitt mit $U_n(S)$ ist genau die Untergruppe $U_n(T_\iota)$ ihrer eigenen n-Teilungspunkte. Da nun diese Gruppe (der Ordnung n^2) natürlich jede zu T_ι parallele Kurve nur in sich verschiebt, besteht $T_{\iota,n}$ aus genau n^2 disjunkten glatten elliptischen Kurven.

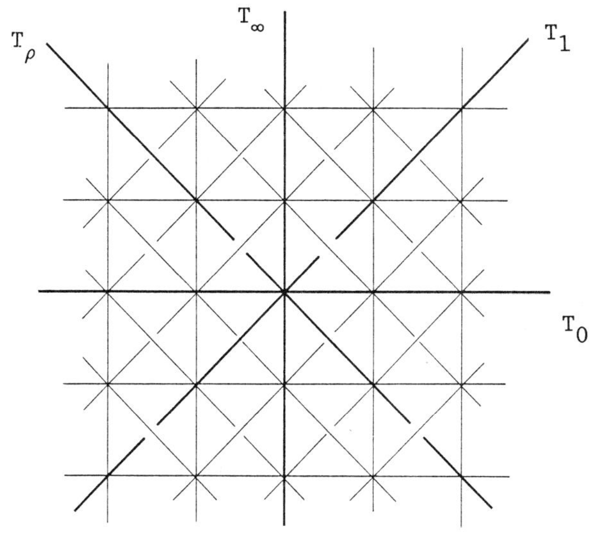

Mit diesen Kurven können wir dann die Null- und Polstellendivisoren der meromorphen Funktionen $f_{\iota,n}$ ausdrücken: es gilt offenbar

$$(f_{\iota,n}) = T_{\iota,n} - n^2 T_\iota = (T_{\iota,n} - T_\iota) - (n^2-1)\cdot T_\iota \qquad (\iota = 0,\infty,1,\rho) ,$$

wobei $T_{\iota,n}$ als reduzierter Divisor aufgefaßt wird. Die Konfiguration

$$L_n := U_n + L_1 = T_{0,n} \cup T_{\infty,n} \cup T_{1,n} \cup T_{\rho,n}$$

aller Kurven, die aus der Grundkonfiguration durch Parallelverschiebung mit den Elementen aus $U_n(S)$ hervorgehen, besteht aus $4n^2$ glatten elliptischen Kurven, die sich in jedem der n^4 Teilungspunkte der Ordnung n zu jeweils vier Kurven paarweise transversal schneiden. Es gibt offensichtlich keine weiteren Schnittpunkte, und daher gilt

•(4) $$t_4(L_n) = n^4 , \quad t_r(L_n) = 0 \quad \text{für} \quad r \neq 4 ;$$
$$f_0(L_n) = n^4 , \quad f_1(L_n) = 4n^4 ,$$

also $f_1 = 4f_0 > 0$ und $t_2 = 0$ wie gewünscht.

D. Die singuläre Überlagerungsfläche: Wir konstruieren nun zunächst ein algebraisches Modell einer Überlagerung von S, die längs dieser Konfiguration L_n lokal n-fach verzweigt ist, indem wir aus jeder der meromorphen Funktionen $f_{\iota,n}$ die n-te Wurzel ziehen. Wir betrachten also die KUMMERsche Körpererweiterung

$$K = \mathbb{C}(S)(\sqrt[n]{f_{0,n}}, \sqrt[n]{f_{\infty,n}}, \sqrt[n]{f_{1,n}}, \sqrt[n]{f_{\rho,n}}) \quad : \quad \mathbb{C}(S) ,$$

die eine GALOIS-Erweiterung vom Grad $N = n^4$ mit Gruppe $(\mathbb{Z}/n\mathbb{Z})^4$ ist. Da die Radikanden auf S keine Unbestimmtheitsstellen haben, können wir diese Erweiterung durch die algebraische Varietät

•(5) $$X'_n := \{((u,v);(z_0,z_\infty,z_1,z_\rho)) \in S \times (\mathbb{P}_1)^4 ; \; z_\iota^n = f_{\iota,n}(u,v) \quad \text{für} \quad \iota = 0,\infty,1,\rho\}$$

mit der Projektion $\pi' : X'_n \to S$ als singuläres Modell im RIEMANNschen Sinne geometrisch realisieren. Offenbar hat die Projektion π' schon das gewünschte Verzweigungsverhalten; die Fläche X'_n ist jedoch nicht normal: Weil die Polstellendivisoren der $f_{\iota,n}$ die Vielfachheit n^2-1 haben, treten genau in den Urbildern der Kurven T_0, T_∞, T_1, T_ρ der

Ausgangskonfiguration L_1 nichtisolierte Singularitäten auf. Aus der lokalen Betrachtung folgt aber, daß die Fläche in diesen Singularitäten überall lokal irreduzibel ist, da n und n^2-1 teilerfremd sind: Über einem Punkt aus L_1 ist X'_n in geeigneten lokalen Koordinatensystemen (r,s) für S und $(t_1,..,t_4)$ für $(\mathbb{P}_1)^4$ durch

$$t_1^n = \ell_1^{n^2-1} \quad , \quad t_2^n = \ell_2 \quad , \quad t_3 = t_4 = 0$$

gegeben, falls der Punkt kein Vierfachpunkt für L_n (also keiner der n-Teilungspunkte) ist, und anderenfalls durch

$$t_1^n = \ell_1^{n^2-1} \quad , \quad t_2^n = \ell_2^m \quad , \quad t_3^n = \ell_3^m \quad , \quad t_4^n = \ell_4^m$$

mit $m = 1$ oder $m = n^2-1$ (dabei sind $\ell_1(r,s),..,\ell_4(r,s)$ paarweise linear unabhängige Linearformen). Wir können daher ohne Änderung des Verzweigungsverhaltens zur Normalisierung X_n übergehen und haben so eine singulär konstant n-fach verzweigte Überlagerung zu (S,L_n) wie in 1.2 konstruiert.

<u>E. Berechnung der CHERNschen Zahlen der regularisierten Fläche:</u> Wir können nun die Invarianten der regularisierten Überlagerungsfläche $\hat{X}_n$ mit den Formeln 1.3(8) berechnen. Wenn wir dort die Konfigurationsdaten $f_0 = n^4$, $f_1 = 4n^4$, $t_2 = 0$ aus (4) einsetzen, ergeben sich die Werte

•(6)
$$\begin{aligned} c_2(\hat{X}_n) &= n^6(3n^2-6n+4) , \\ c_1^2(\hat{X}_n) &= n^6(8n^2-12n+3) , \\ \mathrm{Prop}(\hat{X}_n) &= n^6(n^2-6n+9) = n^6(n-3)^2 . \end{aligned}$$

Damit erhalten wir für $n = 3$ eine Fläche mit $c_1^2 = 3c_2 = 39\cdot 729$ als 81-blättrige verzweigte Überlagerung der in den 81 Teilungspunkten der Ordnung 3 aufgeblasenen abelschen Fläche S . Da $c_1^2 > 9$ gilt, ist $\hat{X}_3$ vom allgemeinen Typ (s. A.1,Q) und damit nach der in der Einführung bzw. im Anhang B.2,F zitierten Charakterisierung ein Ballquotient.

<u>F. (Beispiel II): Die Fläche S(i) und die Grundkonfiguration mit Sechsfachpunkt:</u> Wir gehen diesmal von der elliptischen Kurve

$$T = T(i) := \mathbb{C}/(\mathbb{Z} \oplus i\mathbb{Z})$$

mit komplexer Multiplikation mit dem Ring $\mathbb{Z}[i] = \mathbb{Z} \oplus i \cdot \mathbb{Z}$ der ganzen GAUSSschen Zahlen aus. Die Multiplikation mit i definiert einen Automorphismus der Ordnung 4. In der abelschen Produktfläche

$$S = S(i) := T(i) \times T(i)$$

(mit globalen Koordinaten (u,v), die modulo Gittervektoren definiert sind) betrachten wir die Konfiguration der sechs elliptischen Kurven

$$T_\iota : (\ell_\iota(u,v)=0) ,$$

die durch die Linearformen

•(7) $$\ell_\iota(u,v) = u,\ v-iu,\ v-\xi u,\ u-\bar{\xi}v,\ u-v,\ v \quad (\text{mit } \xi := 1+i)$$

gegeben sind. Offenbar schneiden sich alle Kurven im Nullpunkt paarweise transversal; der Nullpunkt ist also ein gewöhnlicher sechsfacher Punkt der Konfiguration. Daneben muß es aber noch weitere Schnittpunkte geben, wie wir durch Anwendung der folgenden Formel sehen.

<u>G. Eine Schnittzahlformel</u> für elliptische Kurven in abelschen Produktflächen mit komplexer Multiplikation: Es sei $T = \mathbb{C}/\Gamma$ eine elliptische Kurve mit komplexer Multiplikation. In der abelschen Produktfläche $S = T \times T$ (mit Koordinaten (u,v) modulo $\Gamma \times \Gamma$) betrachten wir die elliptischen Kurven

$$T_{\alpha,\beta} : (\alpha \cdot u + \beta \cdot v = 0) ,$$

die durch Linearformen definiert werden, deren Koeffizienten α, β im Ring R der komplexen Multiplikation liegen und primitiv sind. Für die Schnittzahl solcher Kurven gilt

•(8) $$T_{\alpha,\beta} \cdot T_{\gamma,\delta} = N(\Delta) \quad \text{mit} \quad \Delta = \alpha\delta - \beta\gamma .$$

Dabei bezeichnet $N(\Delta) := \Delta\Delta'$ die Norm und $'$ die Konjugation in dem zugehörigen imaginär-quadratischen Zahlkörper der komplexen Multiplikation (vgl. [Har:IV.4.19, p. 330]).

Der <u>Beweis</u> der Formel ist für $\Delta = 0$ trivial, weil dann $T_{\gamma,\delta} = T_{\alpha,\beta}$ gilt und die elliptische Kurve $T_{\alpha,\beta}$ in S die Selbstschnittzahl 0

hat. Im Fall $\Delta \neq 0$ ist sofort zu sehen, daß die Schnittzahl gleich der Anzahl der Lösungen der Gleichung $\Delta \cdot u \equiv 0$ modulo Γ ist. Diese Zahl ist gleich dem Index $[\Gamma : \Delta\Gamma]$ des Untergitters $\Delta \cdot \Gamma$ im Gitter Γ. Nun können wir den Index auch geometrisch interpretieren, nämlich als Anzahl der Γ-Gitterpunkte in einem Fundamentalparallelogramm $\tilde{\Pi}$ des Untergitters $\Delta\Gamma$, oder auch als das Verhältnis der Flächeninhalte $\mathrm{vol}(\tilde{\Pi})/\mathrm{vol}(\Pi)$, wobei Π ein Fundamentalparallelogramm für das Gitter Γ ist. Offenbar können wir $\tilde{\Pi} = \Delta \cdot \Pi = \{\Delta \cdot u;\ u \in \Pi\}$ wählen. Wenn wir die komplexe Homothetie $\mathbb{C} \to \mathbb{C}$, $u \to \Delta \cdot u$ als reellen Isomorphismus Δ der GAUSSschen Ebene auffassen, so gilt $\det_{\mathbb{R}}\Delta = \Delta\bar{\Delta} = |\Delta|^2$ und weiter $|\Delta|^2 = N(\Delta)$, denn die Konjugationen Δ' und $\bar{\Delta}$ stimmen überein. Damit folgt die Behauptung aus der Transformationsformel

$$\mathrm{vol}(\Delta \cdot \Pi) = \det_{\mathbb{R}}\Delta \cdot \mathrm{vol}(\Pi) = N \cdot \mathrm{vol}(\Pi) .$$

(Zu dieser Schnittzahlformel vgl. auch HOLZAPFEL [1986a:(II.5)])

<u>H. Die Doppelpunkte der Konfiguration:</u> Mit dieser Formel erhalten wir die Schnittzahlen der sechs Kurven T_ι wie folgt:

	$(u=0)$	$(v=iu)$	$(v=\xi u)$	$(u=\bar{\xi}v)$	$(u=v)$	$(v=0)$
$(u=0)$	0	1	1	2	1	1
$(v=iu)$	1	0	1	1	2	1
$(v=\xi u)$	1	1	0	1	1	2
$(u=\bar{\xi}v)$	2	1	1	0	1	1
$(u=v)$	1	2	1	1	0	1
$(v=0)$	1	1	2	1	1	0

Wir sehen also, daß jede Kurve außerhalb des sechsfachen Punktes noch genau eine zweite Kurve schneidet, und zwar in genau einem Punkt. Die Konfiguration hat damit noch genau drei gewöhnliche Doppelpunkte, und zwar den Punkt $(\xi/2,0)$ - dieser liegt offenbar auf $(v=0)$ und wegen $\xi \cdot \xi/2 = i \equiv 0 \bmod \Gamma$ auch auf $(v=\xi u)$ - sowie die beiden Punkte $(0,\xi/2)$ auf $(u=0, u=\bar{\xi}v)$ bzw. $(\xi/2,\xi/2)$ auf $(u=v, v=iu)$; die zusätzlichen Schnittpunkte sind also spezielle 2-Teilungspunkte.

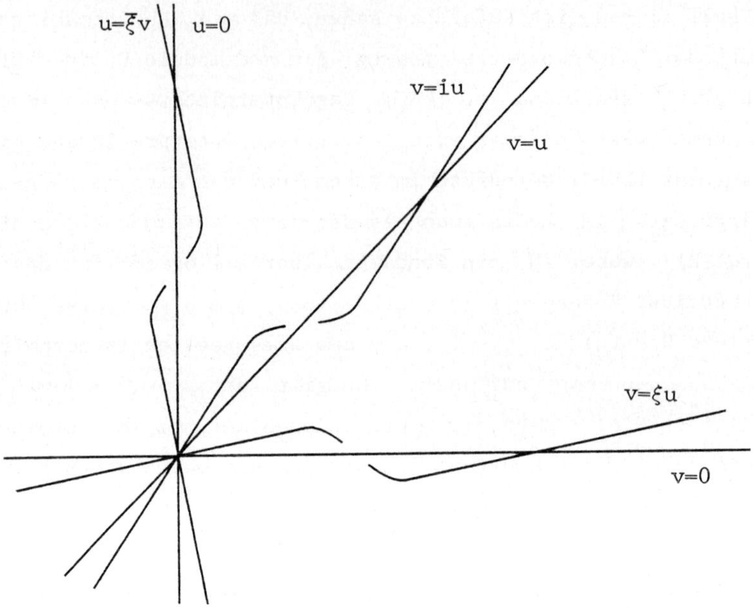

Damit sind die Punkt- und Kurvenbedingungen für $n = 2$ erfüllt; für die Anzahl der Mehrfachpunkte der Konfiguration ergeben sich die Werte

$$t_2 = 3 \ , \ t_6 = 1 \ \text{und} \ t_r = 0 \ \text{sonst.}$$

Setzen wir zugehörigen Größen

$$f_0 = 4 \ , \ f_1 = 12 \ , \ t_2 = 3$$

wie beim ersten Beispiel wieder in die rechte Seite der Formel 1.3(8) für die Proportionalitätsabweichung ein, so erhalten wir diesmal das quadratische Polynom

$$(n^2/N)\cdot \mathrm{Prop}(\hat{X}) \ = \ 4n^2 - 16n + 16 \ = \ 4(n-2)^2 \ .$$

Falls wir also zu dieser Konfiguration - oder zu einer anderen Konfiguration von elliptischen Kurven auf einer abelschen Fläche mit

$$f_1 = 3f_0 = 4t_2 > 0$$

- eine passende Überlagerung mit $n = 2$ konstruieren könnten, so würden wir damit eine Fläche mit $c_1^2 = 3c_2 = (9t_2)\cdot N$ erhalten; eine solche Fläche wäre also wegen $c_1^2 > 9$ wiederum ein Ballquotient.

<u>I. Die Verzweigungskonfiguration:</u> Ausgehend von der Grundkonfiguration L_1 aus den sechs elliptischen Kurven T_ι konstruieren wir jetzt für jedes $n \geq 2$ eine Konfiguration L_n von $6n^2$ elliptischen Kurven auf der abelschen Fläche S mit $f_1 = 3f_0 = 4t_2 > 0$, die Verzweigungsort einer singulären konstant n-fach verzweigten Überlagerung $X_n \to S$ ist. Dazu folgen wir genau dem ersten Beispiel; wir benutzen also wiederum die WEIERSTRASSsche σ-Funktion (zum Gitter $\Gamma = \mathbb{Z} \oplus i\cdot\mathbb{Z}$) und die elliptische Funktion

$$F_n(z) := \sigma(n\cdot z)/(\sigma(z))^{n^2} ,$$

deren Eigenschaften wir bereits diskutiert haben. Durch Einsetzen der Linearformen $\ell_\iota(u,v)$ aus (7) erhalten wir die sechs Funktionen

•(9) $$f_{\iota,n}(u,v) := F_n(\ell_\iota(u,v)) .$$

Jede dieser Funktionen ist meromorph auf S; ihr Divisor ergibt sich wie oben: Durch Translation mit der Gruppe U_n der n-Teilungspunkte von S entsteht aus jeder der elliptischen Kurven $T_\iota : (\ell_\iota(u,v)=0)$ die reduzible Kurve

$$T_{\iota,n} := U_n + T_\iota$$

mit n^2 glatten disjunkten Komponenten $(\ell_\iota(u,v) = t)$ (wobei t die n-Teilungspunkte der elliptischen Kurve T durchläuft), und damit gilt

$$(f_{\iota,n}) = T_{\iota,n} - n^2\cdot T_\iota = (T_{\iota,n} - T_\iota) - (n^2-1)\cdot T_\iota .$$

Aus der Grundkonfiguration L_1 entsteht so durch Verschiebung mit U_n die Kurvenkonfiguration

$$L_n = \bigcup_\iota T_{\iota,n} ,$$

die aus $6n^2$ glatten elliptische Kurven besteht. In jedem der n^4 Teilungspunkte der Ordnung n liegt ein gewöhnlicher sechsfacher Punkt. Daneben gibt es noch gewöhnliche Doppelpunkte: Ist (t_1,t_2) ein n-Teilungspunkt, so liegt der Punkt $(t_1,t_2) + (\xi/2n,0)$ auf den Kurven $(v=t_2)$ und $(v-\xi u = t_2-\xi t_1-i/n)$. Analog erhalten wir durch Addition von $(0,\xi/2n)$ bzw. $(\xi/2n,\xi/2n)$ zu (t_1,t_2) Punkte auf den entsprechenden Kurven; die Doppelpunkte der Konfiguration sind also spezielle Teilungspunkte der Ordnung $2n$. Insgesamt ergeben sich für die Konfiguration L_n die numerischen Daten

•(10) $$t_2 = 3n^4 \;,\; t_6 = n^4 \;,\; f_0 = 4n^4 \;,\; f_1 = 12n^4 \;;$$

wie gesucht gilt also $f_1 = 3f_0 = 4t_2 > 0$.

J. Die Invarianten der Überlagerungsfläche: Wie im ersten Beispiel betrachten wir jetzt für jede lokale Verzweigungsordnung $n \geq 2$ die KUMMERsche Körpererweiterung $K:\mathbb{C}(S)$ vom Grad $N = n^6$, die durch Adjunktion der sechs Radikale $\sqrt[n]{f_{\iota,n}}$ zum Körper $\mathbb{C}(S)$ der meromorphen Funktionen auf S entsteht, als algebraisches Modell der Überlagerung. Durch Normalisieren des zugehörigen RIEMANNschen Gebildes

$$X'_n := \{((u,v),(z_\iota)) \in S \times (\mathbb{P}_1)^6 \;;\; z_\iota^n = f_{\iota,n}(u,v)\}$$

erhalten wir eine singuläre konstant n-fach verzweigte Überlagerung X_n zu (S,L_n). Mit der in 1.2,E beschriebene Regularisierung wird X_n in die Fläche $\hat{X}_n$ überführt. Mit den Formeln 1.3(8) ergeben sich aus den Konfigurationsdaten (10) die Werte

•(11) $$\begin{aligned} c_2(\hat{X}_n) &= n^8(8n^2-16n+9) \;, \\ c_1^2(\hat{X}_n) &= n^8(20n^2-32n+11) \;, \\ \mathrm{Prop}(\hat{X}_n) &= 4n^8(n-2)^2 \;. \end{aligned}$$

Damit erhalten wir für $n = 2$ die Fläche $\hat{X}_2$ mit $c_1^2 = 3c_2 = 27\cdot 256$, also eine Ballquotientenfläche, als 64-blättrige Überlagerung der in den 16 Teilungspunkten der Ordnung 2 aufgeblasenen abelschen Fläche S.

Die Methode, die wir bei diesen beiden Beispielen benutzt haben, läßt sich natürlich auch bei beliebigen elliptischen Kurvenkonfigurationen $L = L_1$ durch den Nullpunkt einer abelschen Produktfläche S anwenden: Man erhält zu jeder lokalen Verzweigungsordnung $n \geq 2$ eine neue elliptische Konfiguration L_n, zu der eine konstant n-fach verzweigte Überlagerung X_n existiert. Wir werden diesen Ansatz jedoch nicht weiter verfolgen, sondern uns vor allem mit Geradenkonfigurationen in der projektiven Ebene und den zugehörigen Überlagerungen befassen.

1.5 BEISPIEL: GERADENKONFIGURATIONEN UND DIE ZUGEHÖRIGEN K U M M E R SCHEN ÜBERLAGERUNGEN DER PROJEKTIVEN EBENE

Wir wollen in diesem Abschnitt zeigen, daß zu jeder Konfiguration L von Geraden in der komplex-projektiven Ebene, die nicht alle durch einen Punkt gehen, und zu jeder lokalen Verzweigungsordnung n stets eine Überlagerungsfläche $X = X_n(L)$ existiert, die längs L konstant n -fach verzweigt ist. Wir nennen diese Flächen KUMMERsche Überlagerungen (der projektiven Ebene), weil ihr Funktionenkörper eine KUMMERsche Erweiterung des Funktionenkörpers der projektiven Ebene ist; wir erhalten sie, indem wir wie im vorigen Abschnitt das algebraische Modell - d.h. die KUMMERsche Körpererweiterung $K : \mathbb{C}(\mathbb{P}_2)$ - durch ein RIEMANNsches Gebilde geometrisch realisieren (und dieses ggf. noch regularisieren).

<u>A. Konstruktion der Überlagerungsfläche:</u> Es sei L eine beliebige Konfiguration von k Geraden in der komplex-projektiven Ebene. Wir setzen lediglich voraus, daß die Konfiguration *kein Büschel* ist, d.h. daß nicht alle Geraden durch einen Punkt gehen; es gilt also

$$k \geq 3 \quad \text{und} \quad t_k = 0 \ .$$

Wir können jetzt für jede lokale Verzweigungsordung $n \geq 2$ ein algebraisches Modell einer längs L konstant (lokal) n-fach verzweigten Überlagerung der projektiven Ebene angeben: Die Geraden L_j der Konfiguration seien durch Linearformen $\ell_j(z_0,z_1,z_2) = 0$ ($j = 1,\dots,k$) gegeben. Wir adjungieren nun zu dem rationalen Funktionenkörper $\mathbb{C}(\mathbb{P}_2) = \mathbb{C}(z_1/z_0, z_2/z_0)$ die n-ten Wurzeln der gebrochen-linearen Funktionen $\ell_1/\ell_k, \dots, \ell_{k-1}/\ell_k$. Der so erhaltene algebraische Funktionenkörper

•(1) $$K = \mathbb{C}(\mathbb{P}_2)(\sqrt[n]{\ell_1/\ell_k}, \dots, \sqrt[n]{\ell_{k-1}/\ell_k})$$

ist eine KUMMERsche Erweiterung von $\mathbb{C}(\mathbb{P}_2)$ vom Grad

•(2) $$N = n^{k-1}$$

mit GALOIS-Gruppe $(\mathbb{Z}/n\mathbb{Z})^{k-1}$. Offenbar ist K von der speziellen Wahl der Nennerfunktion ℓ_k unabhängig. Da die Linearformen ℓ_j nach Voraussetzung keine gemeinsame Nullstelle haben, erhalten wir eine geometrische Realisierung („Modell") des Funktionenkörpers $K : \mathbb{C}(\mathbb{P}_2)$ durch das RIEMANNsche Gebilde

$$\bullet(3) \quad X_n = X_n(L) := \{(u,w) \in \mathbb{P}_2 \times \mathbb{P}_{k-1} \; ; \; w_i^n \cdot \ell_j(u) = w_j^n \cdot \ell_i(u) \quad \text{für} \quad 1 \le i < j \le k\}$$

im doppelt-projektiven Raum mit der Projektion π auf den ersten Faktor.

<u>B. Darstellung als vollständiger Durchschnitt:</u> Durch die zweite Projektion können wir X_n mit einer Untervarietät von $\mathbb{P}_{k-1}$ identifizieren, die vollständiger Durchschnitt von $k-3$ Hyperflächen vom Grad n ist. Offenbar ist nämlich X_n das Faserprodukt

$$\begin{array}{ccc} X_n & \xrightarrow{\;pr_2|X\;} & \mathbb{P}_{k-1} \\ \pi \downarrow & & \downarrow \varphi_n \\ \mathbb{P}_2 & \xrightarrow[\;\iota\;]{} & \mathbb{P}_{k-1} \end{array}$$

mit den Abbildungen

$$\iota : \mathbb{P}_2 \to \mathbb{P}_{k-1} , \quad u \to (\ell_1(u):\ldots:\ell_k(u))$$

und

$$\varphi_n : \mathbb{P}_{k-1} \to \mathbb{P}_{k-1} , \quad (w_1:\ldots:w_k) \to (w_1^n:\ldots:w_k^n) .$$

Die projektiv-lineare Abbildung ι ist die Einbettung der Ebene in $\mathbb{P}_{k-1}$ als projektiv-linearer Teilraum. Dieser Teilraum $\iota(\mathbb{P}_2)$ kann in $\mathbb{P}_{k-1}$ durch $k-3$ homogene lineare Gleichungen (Linearformen) $\lambda_j(w_1,\ldots,w_k) = 0$, $j = 1,\ldots,k-3$ beschrieben werden. Nun ist X_n isomorph zum vollen Urbild $\varphi_n^{-1}(\iota(\mathbb{P}_2))$, und dieses ist durch die $k-3$ homogenen Gleichungen $\lambda_j(w_1^n,\ldots,w_k^n)$ definiert.

Wir merken an, daß das Koordinatensystem $(w_1:\ldots:w_n)$ geometrisch ausgezeichnet ist: Die Koordinatenhyperebenen $(w_j = 0)$ sind genau die irreduziblen Komponenten des Verzweigungsortes der Abbildung φ_n , und ihre Urbilder unter der Einbettung ι sind die Verzweigungsgeraden L_j . Weiter bemerken wir, daß die Fläche X_n nach dem Satz von LEFSCHETZ über die Homotopiegruppen von Hyperflächenschnitten einfach zusammenhängend ist (für den glatten Fall siehe etwa SHAFAREVICH [Sha:

IX,§4.1,p.401]; die Aussage im singulären Fall folgt z.B. aus einem allgemeineren Resultat von L. KAUP [1976: 3.6, 3.7]). Im singulären Fall ist jedoch die regularisierte Fläche $\hat{X}_n$ im allgemeinen nicht mehr einfach zusammenhängend.

Wie die Beschreibung in lokalen Koordinaten zeigt, ist die Fläche X_n genau in den Urbildpunkten über den singulären Schnittpunkten der Geradenkonfiguration singulär und somit (als zweidimensionaler vollständiger Durchschnitt mit isolierten Singularitäten) normal (vgl. 1.2,D). Weiter ist X_n genau dann singularitätenfrei, wenn die Konfiguration regulär ist, also wenn die Geraden in allgemeiner Lage zueinander sind. In diesem Abschnitt wollen wir nur noch mit einigen kurzen Bemerkungen auf den regulären Fall eingehen. Der singuläre Fall wird erst in Kapitel 3 diskutiert, da wir vorweg im folgenden Kapitel 2 einige grundlegende kombinatorische Eigenschaften von Geradenkonfigurationen und eine Reihe von Beispielen betrachten wollen.

<u>C. Geradenkonfigurationen in allgemeiner Lage:</u> Die kleinste mögliche Geradenkonfiguration, die kein Büschel ist, erhalten wir für $k = 3$, nämlich ein Dreiseit. Dieses können wir als Koordinatendreiseit wählen; die Überlagerungsfläche X_n ist dann für jedes $n \geq 2$ die projektive Ebene mit der Überlagerungsabbildung

$$\mathbb{P}_2 \to \mathbb{P}_2 \ , \ (z_0:z_1:z_2) \to (z_0^n:z_1^n:z_2^n) \ .$$

Die Formeln 1.1(11) liefern die bekannten Werte $e = 3$, $K^2 = 9$ und $\mathrm{Prop} = 0$.

Im Fall $k = 4$ beachten wir, daß die Automorphismengruppe der projektiven Ebene auf Quadrupeln von Punkten bzw. von Geraden in allgemeiner Lage transitiv operiert. Daher können wir als Verzweigungskonfiguration das Koordinatendreiseit $u_0 \cdot u_1 \cdot u_2 = 0$ mit der zusätzlichen vierten Geraden $u_0 + u_1 + u_2 = 0$ wählen. Für die Überlagerungsfläche X_n ergibt sich so die Darstellung als FERMAT-Fläche n-ten Grades

$$(z_0^n + z_1^n + z_2^n + z_3^n = 0) \quad \text{in } \mathbb{P}_3$$

mit der Einschränkung der Projektion

$$\mathbb{P}_3 \to \mathbb{P}_2 \ , \ (z_0:z_1:z_2:z_3) \to (z_0^n:z_1^n:z_2^n)$$

auf X_n als Überlagerungsabbildung. Die klassischen Formeln für die CHERNschen Zahlen einer glatten Fläche vom Grad n im projektiven Raum $\mathbb{P}_3$ ergeben die Werte

$$c_1^2 = n(n-4)^2 \ , \ c_2 = n(n^2-4n+6)$$

in Übereinstimmung mit 1.1(11). Daher gilt für $n \geq 5$ stets die Ungleichung

$$0 < c_1^2(X_n) < c_2(X_n) \ .$$

Für $n = 4$ erhalten wir $c_1^2 = 0$, und tatsächlich gilt sogar $K_X = 0$, wie sofort aus 1.1(4) mit der rationalen Darstellung

$$K_S = -\tfrac{3}{4}\cdot\sum L_j$$

für den kanonischen Divisor der projektiven Ebene folgt.

Für $k \geq 5$ erhalten wir einen glatten vollständigen Durchschnitt von $k-3$ (verallgemeinerten) FERMAT-Hyperflächen mit Multigrad $(n,\ldots,n)$. Nun lassen sich die Invarianten dieser Flächen (für beliebigen Multigrad) durch explizite Formeln angeben (siehe [Hir: App. I, § 22.1, p. 159-161]), wobei in unserem Fall die Werte für c_1^2 und c_2 natürlich mit 1.1(11) übereinstimmen. Insbesondere erhalten wir stets die Ungleichung

$$0 \leq c_1^2(X_n) < 2c_2 \ ;$$

die Gleichheit $c_1^2 = 0$ gilt genau für $n=2$, $k=6$. Die Darstellung

$$K_S = -\tfrac{1}{2}\cdot\sum L_j$$

liefert auch in diesem Fall $K_X = 0$. - Da die Gruppe $\mathrm{Aut}(\mathbb{P}_2)$ auf Konfigurationen von $k \geq 5$ Geraden in allgemeiner Lage nicht mehr transitiv operiert, hängen die zugehörigen Überlagerungsflächen von Parametern („Moduli") ab.

Wir werden bei der Klassifikation der KUMMERschen Überlagerungen in Abschnitt 3.2 erneut auf diese Flächen zurückkommen.

Kapitel 2
Geradenkonfigurationen: Kombinatorik und Beispiele

In diesem Kapitel diskutieren wir Konfigurationen von Geraden (englisch "arrangements of lines") in der Ebene. Wir behandeln in Abschnitt 2.1 zunächst die Aspekte, die in beliebigen projektiven Ebenen gelten. Insbesondere betrachten wir dort neben den grundlegenden kombinatorischen Invarianten auch die speziellen Typen von singulären Konfigurationen, die bei der Klassifikation der KUMMER-Überlagerungen in Abschnitt 3.2 eine Ausnahmerolle spielen.

Geradenkonfigurationen in der reell-projektiven Ebene sind natürlich für unsere geometrische Anschauung besonders interessant; sie werden in Abschnitt 2.2 behandelt. Die Geraden definieren eine Zerlegung der Ebene in Zellen, aus der wir durch einfache Anwendung der EULERschen Polyederformel Ungleichungen für die kombinatorischen Invarianten der Konfiguration erhalten; so ergibt sich beispielsweise die Aussage, daß bei einer solchen reellen Konfiguration stets Doppelpunkte auftreten, sofern nicht alle Geraden durch einen Punkt laufen. Die Konfigurationen, bei denen alle Zellen der Zerlegung Dreiecke sind, heißen simplizial; besonders schöne und für unsere Untersuchungen interessante simpliziale Konfigurationen ergeben sich aus den platonischen Körpern.

Im nächsten Abschnitt 2.3 betrachten wir Beispiele von komplexen Konfigurationen, die nicht durch reelle Geraden darstellbar sind, nämlich die HESSE- und die CEVA-Konfigurationen. Beide gehören zu der Klasse der Konfigurationen, die durch Spiegelungsgruppen definiert sind und die wir im letzten Abschnitt 2.4 diskutieren. Hier treten auch neben den schon bekannten reellen „platonischen" Konfigurationen noch zwei weitere interessante komplexe Konfigurationen auf, die zu den berühmten ebenen Kollineationsgruppen G_{168} und G_{360} gehören.

2.1 GERADENKONFIGURATIONEN IN PROJEKTIVEN EBENEN

A. Elementare kombinatorisch-geometrische Daten und Formeln: Wir betrachten in einer projektiven Ebene endlich viele (paarweise verschiedene) Geraden L_j $(j = 1,..,k)$ und sämtliche Schnittpunkte. Dieses System nennen wir eine *Konfiguration* (englisch/französisch "arrangement") von Geraden. (Den Bezug zu dem strengeren Konfigurationsbegriff der klassischen projektiven Geometrie diskutieren wir im Absatz H am Schluß dieses Abschnittes). Wie in 1.3(1) bezeichnen wir mit t_r (für $r \geq 2$) die Anzahl der r-fachen Punkte der Konfiguration, d.h. der Punkte, durch die genau r Geraden gehen. Für r Geraden, die sich in allgemeiner Lage schneiden, gibt es genau $\binom{r}{2} = r(r-1)/2$ Schnittpunkte; zählen wir also jeden r-fachen Punkt mit dieser Vielfachheit, so erhalten wir als Gesamtzahl

•(1) $$\sum_{r\geq 2}\binom{r}{2}\cdot t_r = \binom{k}{2} \qquad (= k(k-1)/2) \quad .$$

Für jede Gerade L_j bezeichen wir die Anzahl der r-fachen Punkte der Konfiguration, die auf L_j liegen, mit $\tau_{j,r}$. Nun gilt offensichtlich einerseits für jeden festen Index j die Gleichheit

•(2) $$k - 1 = \sum_{r\geq 2}(r-1)\cdot\tau_{j,r} \ ,$$

da L_j von jeder anderen Gerade in genau einem Punkt geschnitten wird, und andererseits auch für jede feste Vielfachheit r die Gleichheit

•(3) $$\sum_{j=1}^{k}\tau_{j,r} = r\cdot t_r \ .$$

Summieren wir daher beide Seiten der Gleichung (2) über alle j, so erhalten wir - bis auf den Faktor $1/2$ - wieder die Formel (1).

Wie in Abschnitt 1.2 nennen wir einen Schnittpunkt p_ν von mindestens drei Geraden - d.h. mit Vielfachheit $r = r_\nu \geq 3$ - *singulär*. Weiter bezeichnen wir mit

$$s := \sum_{r\geq 3} t_r$$

die Gesamtzahl aller singulären Schnittpunkte p_ν der Konfiguration, mit

$$\sigma_j := \sum_{r\geq 3}\tau_{j,r}$$

die Anzahl aller singulären Schnittpunkte, die auf der Geraden L_j liegen, und mit

$$\tau_j := \sum_{r\geq 2} \tau_{j,r} = \tau_{j,2} + \sigma_j$$

die Gesamtzahl aller (regulären und singulären) Schnittpunkte auf L_j. Es ist bei späteren Anwendungen zweckmäßig, auch die Inzidenzrelation zwischen den singulären Schnittpunkten p_ν und den Geraden L_j durch ein Symbol anzudeuten; wir benutzen dafür

•(4) $$\nu \sim j \;:\Longleftrightarrow\; j \sim \nu \;:\Longleftrightarrow\; p_\nu \in L_j \;.$$

Weiter erinnern wir an die in 1.3(2) eingeführten gewichteten Summen

$$f_0 := \sum_{r\geq 2} t_r \;; \qquad f_1 := \sum_{r\geq 2} r\cdot t_r ,$$

(vgl. auch 2.2,A). Aus der Formel (3) folgt unmittelbar die Beziehung

•(5) $$\sum_{j=1}^{k} \sum_{r\geq 2} \tau_{j,r} = \sum_{j=1}^{k} \tau_j = f_1 \;.$$

B. Reguläre und singuläre Konfigurationen: Wir nennen eine Konfiguration *singulär*, wenn singuläre Schnittpunkte auftreten; anderenfalls heißt sie *regulär* (oder auch Konfiguration von Geraden in *allgemeiner Lage*). Für eine reguläre Konfiguration gilt offenbar

•(6) $$t_2 = k(k-1)/2 = f_0 \;, \quad f_1 = 2f_0 = k(k-1) \;;$$
$$\tau_{j,2} = k-1 \;, \quad \sigma_j = 0 \quad \text{für alle} \quad j = 1,\dots,k \;.$$

C. Eine Ungleichung für singuläre Konfigurationen: Wir wollen die folgende kombinatorische Aussage beweisen:

Zwischen den Vielfachheiten r_ν der singulären Schnittpunkte p_ν einer Geradenkonfiguration, ihrer Anzahl s und der Anzahl k der Geraden besteht die Ungleichung

•(7) $$\sum_{\nu=1}^{s} r_\nu \leq k + \binom{s}{2} \;,$$

und die Gleichheit gilt genau dann, wenn die folgenden Bedingungen erfüllt sind:

i) Die Punkte p_ν sind in allgemeiner Lage;

ii) Je zwei der Punkte sind durch eine Konfigurationsgerade verbunden;

iii) Jede Konfigurationsgerade enthält mindestens einen der Punkte p_ν .

Der *Beweis* ist nicht schwierig: Wir bezeichnen mit k_σ die Gesamtzahl der σ-fachen Geraden (d.h. der Geraden, auf denen genau σ singuläre Schnittpunkte liegen), und mit $\kappa_{\nu,\sigma}$ die Anzahl der σ-fachen Geraden durch p_ν . Dann gelten offenbar (mit den Abkürzungen $k_{\geq 2} := \sum_{\sigma\geq 2} k_\sigma$ bzw. $\kappa_{\nu,\geq 2} := \sum_{\sigma\geq 2} \kappa_{\nu,\sigma}$) die folgenden Beziehungen:

•(8)
$$k = k_0 + k_1 + k_{\geq 2} ,$$
$$r_\nu = \kappa_{\nu,1} + \kappa_{\nu,\geq 2} ,$$
$$\sum_{\nu=1}^{s} \kappa_{\nu,1} = k_1 .$$

Weiter erhalten wir aus (5) durch Dualisieren sofort die Gleichung

•(9)
$$\sum_{\nu=1}^{s} \kappa_{\nu,\geq 2} = \sum_{\sigma\geq 2} \sigma\cdot k_\sigma ,$$

mit der wir aus (8) durch Aufsummieren zunächst einmal die Beziehung

•(10)
$$\sum_{\nu=1}^{s} r_\nu = \sum_{\nu=1}^{s} (\kappa_{\nu,1} + \kappa_{\nu,\geq 2}) = k_1 + \sum_{\sigma\geq 2} \sigma k_\sigma$$
$$= k_1 + k_{\geq 2} + \sum_{\sigma\geq 2} (\sigma-1)\cdot k_\sigma$$

folgern können. Nun gilt offenbar für $\sigma \geq 2$ die Abschätzung

•(11)
$$\sigma-1 \leq \binom{\sigma}{2} ,$$

wobei die Gleichheit genau für $\sigma = 2$ eintritt. Wenn wir jetzt noch die Gleichung (1) dualisieren, liefert uns das die Abschätzung

•(12)
$$\sum_{\sigma\geq 2} \binom{\sigma}{2}\cdot k_\sigma \leq \binom{s}{2} ,$$

und dabei gilt die Gleichheit genau dann, wenn die Konfiguration sämtliche Verbindungsgeraden dieser Punkte enthält. Aus der Gleichung (10) folgt mit den Abschätzungen (11,12) sofort die Ungleichung

•(13)
$$\sum_{\nu=1}^{s} r_\nu \leq k - k_0 + \binom{s}{2}$$

mit den Aussagen i) und ii) über die Gleichheit, und daraus ergibt sich dann unmittelbar die Behauptung (7) sowie die Aussage iii) ($k_0 = 0$) über die Gleichheit.

Im Abschnitt 3.3 werden wir aus Ungleichungen für die CHERNschen Zahlen mit Hilfe der Formeln 1.3(7) weitere Ungleichungen für die kombinatorischen Invarianten von Geradenkonfigurationen herleiten, die teilweise auch in beliebigen projektiven Ebenen gelten (siehe 3.3(2,3,7)).

D. Spezielle singuläre Konfigurationen: Büschel und Fast-Büschel: Wir wollen unter den singulären Konfigurationen einige spezielle Fälle, in in denen Punkte mit hoher Vielfachheit auftreten, besonders erwähnen. Zunächst nennen wir den Extremfall, daß alle Geraden durch einen Punkt laufen: hier gibt es einen k-fachen Punkt (mit $k \geq 3$) als einzigen Schnittpunkt.

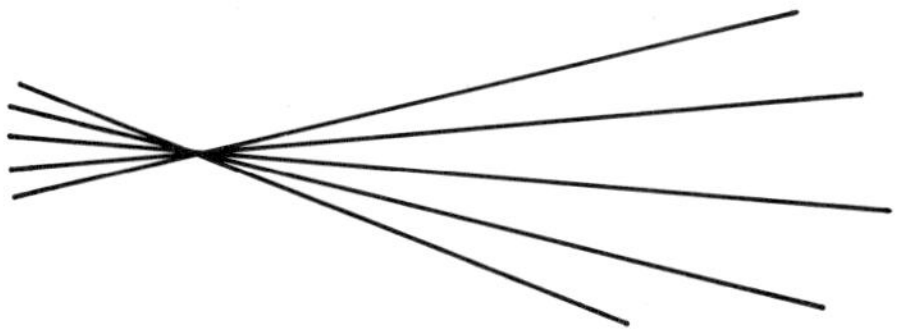

Eine solche Konfiguration heißt *Büschel* (engl. pencil); für sie gilt

•(14) $t_k = f_0 = 1$, $f_1 = k$, $t_r = 0$ für $r \neq k$;

$\tau_{j,k} = 1$ sowie $\tau_{j,r} = 0$ für $r \neq k$ $(j = 1,\ldots,k)$.

Offenbar sind Büschel durch die Bedingung $t_k \neq 0$ mit $k \geq 3$ charakterisiert.

Die Konfiguration mit einem $(k-1)$-fachen Punkt (mit $k \geq 4$) bestehen aus einem Büschel von $k-1$ Geraden und einer *Transversalen* (d.h. einer Geraden, die nicht durch das Büschelzentrum läuft). Solche Konfigurationen heißen *Fast-Büschel* (engl. "near-pencil"), die Transversale in einem Fast-Büschel nennen wir auch die *Basisgerade*.

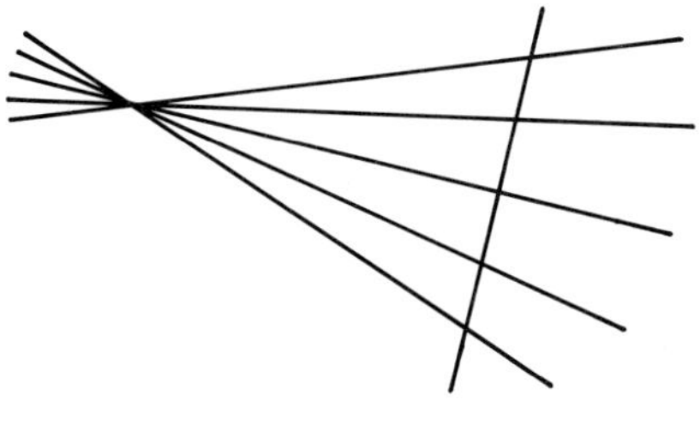

Die kombinatorischen Daten sind wieder sofort anzugeben: es gilt

•(15) $t_2 = k-1\ ,\quad t_{k-1} = 1\ ,\quad t_r = 0\quad \text{für}\quad r \neq 2,\ k-1\ ;$

$f_0 = k\ ,\quad f_1 = 3(k-1)\ ;$

$\tau_{j,2} = \tau_{j,k-1} = 1\quad \text{für}\ j = 1,\ldots,k-1\ ;$

$\tau_{k,2} = k-1\ ,\quad \tau_{j,r} = 0\quad \text{sonst}\ .$

Fast-Büschel werden offensichtlich durch die Ungleichung $t_{k-1} \neq 0$ (mit $k \geq 4$) charakterisiert.

<u>E. Einfach erweiterte Fast-Büschel:</u> Bei der Klassifikation der KUMMERschen Überlagerungen der komplex-projektiven Ebene (siehe Abschnitt 3.2) spielen noch drei weitere Typen von speziellen singulären Konfigurationen eine Ausnahmerolle.

Der erste Typ sind die Konfigurationen mit einem $(k-2)$-fachen Punkt (mit $k \geq 5$) als einzigem singulären Schnittpunkt. Diese erhalten wir, indem wir ein Fast-Büschel aus $k-1$ Geraden durch eine zusätzliche Transversale so erweitern, daß der Schnittpunkt der beiden Transversalen nicht auf einer Büschelgerade liegt. (Wenn sich die Transversalen und eine Büschelgerade in einem Tripelpunkt schneiden, ergibt das ein spezielles „verbundenes Doppelbüschel", siehe Absatz G unten).

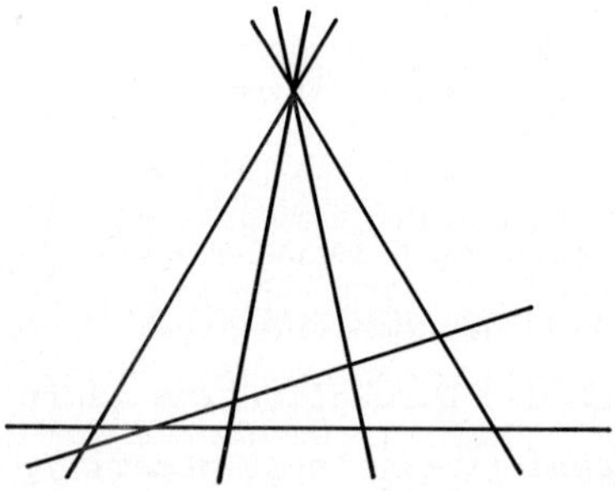

Die kombinatorischen Daten der Konfiguration haben die folgenden Werte:

•(16) $t_2 = 2k-3\ ,\quad t_{k-2} = 1\ ,\quad t_r = 0\quad \text{für}\quad r \neq 2,\ k-2\ ;$

$f_0 = 2k-2\ ,\quad f_1 = 5k-8\ .$

Dieser Fall wird durch die Bedingungen $t_{k-2} = 1$ (mit $k \geq 5$) und $t_3 = 0$ für $k > 5$ charakterisiert.

<u>**F. Doppelt erweiterte Fast-Büschel:**</u> Der zweite Typ sind die Konfigurationen mit $k \geq 6$, die einen $(k-3)$-fachen Punkt und sonst nur noch höchstens Tripelpunkte haben. Eine Konfiguration dieses Typs entsteht, indem wir zu einem Fast-Büschel aus $k-2$ Geraden zwei weitere Transversalen hinzufügen. Sofern sich alle drei Transversalen in einem gemeinsamen Punkt schneiden, darf dieser nicht auf einer der Büschelgeraden liegen, da es keine Vierfachpunkte (bis auf das Büschelzentrum im Fall $k = 7$) gibt; anderenfalls handelt es sich wieder um ein verbundenes Doppelbüschel). Je nach der Anzahl t_3^* der Tripelpunkte auf den drei Transversalen sind die vier Fälle $t_3^* = 0, 1, 2, 3$ zu unterscheiden, wobei der Fall $t_3^* = 1$ noch in zwei Unterfälle (Tripelpunkt auf oder außerhalb der Büschelgeraden) aufgeteilt werden kann.

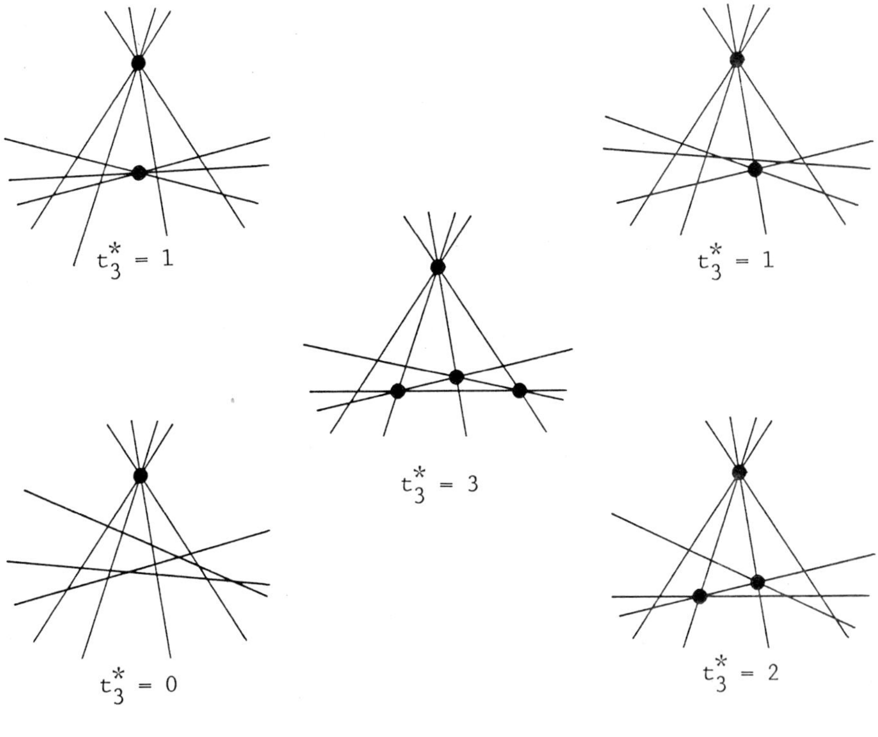

Die Charakterisierung dieser Konfigurationen sowie die explizite Bestimmung der kombinatorischen Daten für die verschiedenen Fälle bleibt dem Leser überlassen.

<u>G. Verbundene Doppelbüschel:</u> Die Konfigurationen dieses dritten Typs enthalten genau zwei singuläre Punkte p_1, p_2, und zwar mit „komplementären" Vielfachheiten $(r_1 + r_2 = k+1)$, so daß jede Gerade durch einen der beiden Punkte läuft und p_1 und p_2 durch eine Gerade der Konfiguration (die „Achse") verbunden sind. Die gesamte Konfiguration besteht also aus zwei Büscheln von r_1-1 bzw. r_2-1 Geraden zusammen mit der Verbindungsgerade der beiden Büschelzentren p_1 und p_2. (Ohne die Achse bilden die Geraden durch p_ν natürlich nur im Fall $r_\nu \geq 4$ ein Büschel im genauen Sinn unserer Definition aus Abs. D.)

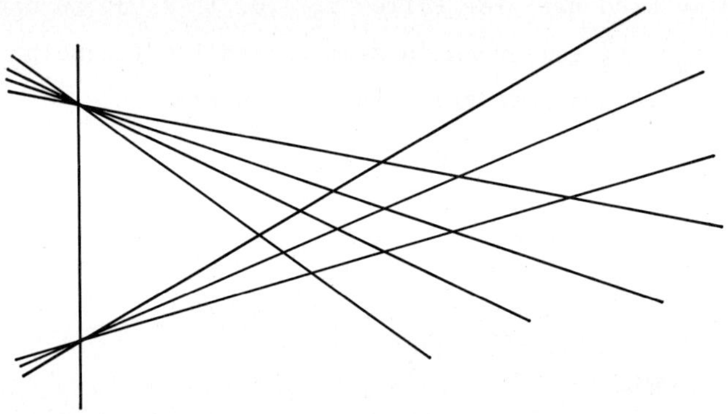

Wir geben einige kombinatorische Daten (mit $r' := r_1$, $r'' := r_2$) explizit an:

•(17) $$t_2 = (r'-1)(r''-1)\ ,\ t_r{}' = t_r{}'' = 1\quad (r' \neq r'')$$
$$\text{bzw. } t_r{}' = 2\quad (r' = r'')\ ,\ t_r = 0 \quad \text{sonst} ;$$
$$f_0 = (r'-1)(r''-1) + 2\ ,\ f_1 = 2(r'-1)(r''-1) + r' + r'' .$$

Diese Konfiguration wird durch die Bedingung charakterisiert, daß $\sigma_j = \tau_j = 2$ für einen Index j gilt.

<u>H. Die Beziehung zum klassischen Konfigurationsbegriff der projektiven Geometrie:</u> In der klassischen ebenen projektiven Geometrie bezeichnet man ein System von p Punkten und g Geraden als eine *ebene Konfiguration*, wenn durch jeden der Punkte die gleiche Anzahl γ von Geraden hindurch geht und wenn auf jeder der Geraden die gleiche Anzahl π von Punkten liegt. Diese Inzidenzverhältnisse werden kurz mit dem Symbol (p_γ, g_π) (im Fall $p = g$, $\pi = \gamma$ auch nur (p_γ)) ausgedrückt; offenbar

gilt $p \cdot \gamma = g \cdot \pi$. Neben den Konfigurationspunkten kann es noch weitere Schnittpunkte der Konfigurationsgeraden geben, die als *Diagonalpunkte* bezeichnet werden. Die Konfiguration heißt punktvollständig, wenn alle Schnittpunkte von Konfigurationsgeraden auch Konfigurationspunkte sind. Entsprechend sind *Diagonalen* und Geradenvollständigkeit durch Dualisieren definiert: Die Verbindungsgeraden von Konfigurationspunkten, die selbst keine Konfigurationsgeraden sind, heißen Diagonalen; die Konfiguration heißt geradenvollständig, wenn alle Verbindungsgeraden der Konfigurationspunkte selbst Konfigurationsgeraden sind.

Eine reguläre Konfiguration im Sinne unserer Definition (k Geraden in allgemeiner Lage) ist im klassischen Sinn eine Konfiguration vom Typ (p_γ, g_π) mit $p = \binom{k}{2}$, $\gamma = 2$, $g = k$, $\pi = k-1$; sie ist punktvollständig, aber für $k \geq 4$ nicht geradenvollständig. In den folgenden Abschnitten werden wir einigen weiteren Beispielen von klassischen Konfigurationen begegnen. - Da aus dem Zusammenhang stets hervorgeht, ob „Konfiguration" im Sinne der allgemeinen Definition aus Absatz A oder in dem strengen klassischen Sinn gemeint ist, sind (hoffentlich) keine Mißverständnisse zu befürchten.

2.2 REELLE UND SIMPLIZIALE KONFIGURATIONEN UND PLATONISCHE KÖRPER

<u>A. Die Zellenzerlegung der reellen Ebene:</u> Wir betrachten in diesem Abschnitt Geradenkonfigurationen (in dem allgemeinen Sinn aus 2.1,A) in der reell-projektiven Ebene. Für eine solche Konfiguration L von k Geraden haben die in 1.3(2) eingeführten gewichteten Summen

$$f_0 := \sum_{r \geq 2} t_r \,, \quad f_1 := \sum_{r \geq 2} r \cdot t_r$$

die folgende geometrische Bedeutung: Sofern L kein Büschel ist, zerlegen die Geraden der Konfiguration die Ebene in (affin) konvexe polygonale Zellen. Dabei ist f_0 bzw. f_1 die Anzahl der 0-Zellen (Ecken) bzw. der 1-Zellen (Kanten): für f_0 ist das offensichtlich; für f_1 folgt es sofort mit der Formel 2.1(5). Bezeichnen wir entsprechend mit f_2 die Anzahl der 2-Zellen (Flächen), so gilt

•(1) $$f_0 - f_1 + f_2 = e(\mathbb{P}_2(\mathbb{R})) = 1$$

nach der bekannten Formel für die EULER-Charakteristik, und wir erhalten somit die Gleichung

$$f_2 = \sum_{r\geq 2} (r-1)\cdot t_r + 1 .$$

Wir bezeichnen nun mit p_s die Anzahl der 2-Zellen mit genau s Seiten (und Ecken). Offenbar gelten die Beziehungen

•(2) $$f_2 = \sum p_s \ ; \quad f_1 = \tfrac{1}{2}\cdot\sum s\cdot p_s ,$$

und daraus folgt sofort die Identität

•(3) $$\sum_{r\geq 2}(3-r)\cdot t_r + \sum(3-s)\cdot p_s = $$
$$= 3f_0 - f_1 + 3f_2 - 2f_1 = 3\cdot e(\mathbb{P}_2(\mathbb{R})) = 3 .$$

(Die Formeln bleiben auch richtig, wenn L ein Büschel ist: In diesem Fall treten nur „Zweiseite" auf; es gilt $f_2 = f_1 = p_2 = k$.)

<u>B. Ungleichungen für die Anzahl der Zellen und der Schnittpunkte:</u> Wir setzen jetzt wieder voraus, daß die Konfiguration L kein Büschel ist, so daß also *keine* Zweiseite auftreten. Aus den Relationen (2) folgt dann die Ungleichung

•(4) $$2f_1 \geq 3f_2 ,$$

und damit erhalten wir aus (3) sofort die äquivalente Ungleichung

•(5) $$f_1 \leq 3\cdot(f_0 - 1) .$$

Weiter können wir aus (3) leicht folgern, daß in dieser Situation notwendig Doppelpunkte, also reguläre Schnittpunkte, auftreten müssen, da wir sofort die Ungleichung

•(6) $$t_2 \geq 3 + \sum_{r\geq 4}(r-3)\cdot t_r$$

erhalten.

<u>C. Doppelpunkte, einfache Geraden und das Obstgartenproblem:</u> Aus dieser Ungleichung, deren Beweis von MELCHIOR (1940) stammt, ergibt sich durch Dualisieren die Antwort auf eine alte Frage über die Verbindungsgeraden

einer ebenen Punktkonfiguration: Sind k Punkte in der reellen Ebene gegeben, die nicht kollinear sind, so gibt es notwendig „einfache" Geraden, d.h. Verbindungsgeraden, auf denen nur genau zwei der Punkte liegen. In dieser Form wurde die Aussage von SYLVESTER vermutet (1893); eine verwandte Fragestellung wurde bereits 1821 als „Obstgartenproblem" ("orchard problem") formuliert:

Können die Bäume in einem Obstgarten so gepflanzt werden, daß mit je zwei Bäumen mindestens noch ein dritter in einer Reihe steht?

(Zum Obstgartenproblem verweisen wir auf den Artikel von BURR, GRÜNBAUM und SLOANE [1974]).

Die Abschätzung $t_2 \geq 3$, die sich aus der oben bewiesenen Ungleichung von MELCHIOR ergibt, ist mehrfach verschärft worden. So zeigen KELLY und MOSER auf drei Seiten die Ungleichung $t_2 \geq 3k/7$ [1958: Thm.3.6]; dagegen erfordert der Beweis der Verschärfung $t_2 \geq [k/2]$, den HANSEN (1981) gibt, über 100 Seiten! Für gerade Werte $k = 2m \geq 6$ ist HANSENs Abschätzung die bestmögliche, wie das Beispiel der Konfiguration $A_1(2m)$ (siehe D) zeigt, die genau m Doppelpunkte hat. Für ungerade Werte von k vermutet GRÜNBAUM [Grün: Conj. 2.5, p. 18] sogar die untere Schranke $t_2 \geq 3 \cdot [k/4]$ für $k \neq 3, 5, 13$.

Wie wir im folgenden Abschnitt 2.3 am Beispiel der dualen HESSE-Konfiguration sehen werden, gilt die Ungleichung (6) für komplex-projektive Geradenkonfigurationen nicht: Doppelpunkte brauchen nicht aufzutreten; das Obstgartenproblem kann also in der komplexen Ebene gelöst werden. Wir werden aber in 3.4, Abs. G,I zwei andere Ungleichungen herleiten, die zeigen, daß bei doppelpunktfreien komplexen Konfigurationen zumindestens Tripelpunkte auftreten müssen. Beide Aussagen sind bei Geradenkonfigurationen über Körpern endlicher Charakteristik falsch, wie uns das Beispiel der Konfiguration aller Geraden in $\mathbb{P}_2(\mathbb{F}_q)$ (mit $q \geq 3$) zeigt, die nur (q+1)-fache Punkte hat (vgl. 3.3,J).

<u>D. Simpliziale Konfigurationen:</u> In den oben hergeleiteten Ungleichungen (4, 5, 6) für reelle Konfigurationen gilt die Gleichheit nach (2) genau dann, wenn in der Zellenzerlegung keine 2-Zellen mit $s \geq 4$ Ecken vorkommen.

Solche Konfigurationen, bei denen also nur Dreiecke - d.h. zweidimensionale Simplizes - als Zellen auftreten, heißen *simplizial*; die zugehörige Zellenzerlegung ist dann eine Triangulierung der reell-projektiven Ebene. Diese besonders interessante Klasse von Konfigurationen ist von B. GRÜNBAUM sehr intensiv untersucht worden. In seinem Artikel [1971: Appendix] (siehe auch [Grün: 2.1] und GRÜNBAUM-SHEPHARD [1984]) hat er alle bekannten simplizialen Konfigurationen ("simplicial arrangements") in einem „Katalog" aufgeführt. Dieser enthält die unendlichen Serien $A_0(k)$ $(k \geq 3)$ und $A_1(k)$ $(k = 2m \geq 6$ oder $k = 4m+1 \geq 9)$ sowie 90 „sporadische" Konfigurationen $A_i(k)$. Dabei bezeichnet $A_0(k)$ ein reelles Fast-Büschel (bzw. ein Dreiseit für $k = 3$), $A_1(2m)$ ein regelmäßiges m-Seit mit seinen m Symmetrieachsen und $A_1(4m+1)$ die Konfiguration $A_1(4m)$ zusammen mit der unendlich fernen Geraden.

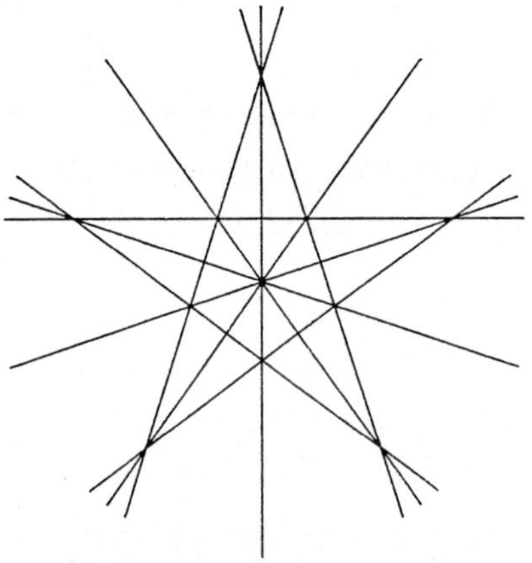

$A_1(10)$

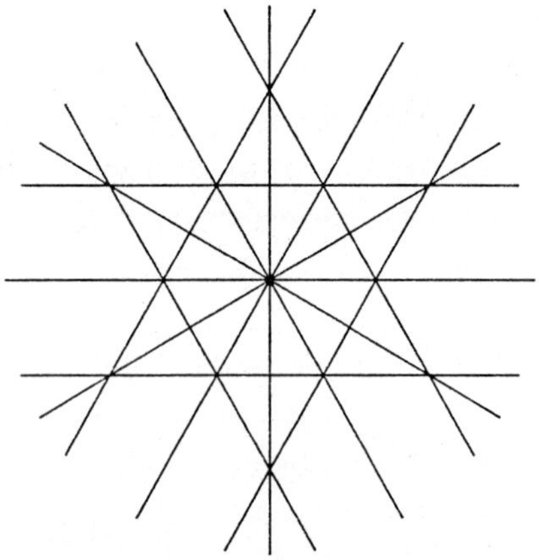

$A_1(12)$

(Nach einer Mitteilung von GRÜNBAUM sind die Typen $A_2(17)$ und $A_7(17)$ aus seinem Katalog isomorph. Der 90. Typ $A_7(16)$ findet sich in [Grün: Fig. 2.3, p.7]. In dem Artikel von GRÜNBAUM und SHEPHARD werden die Konfigurationen mit $A_i^2(k)$ bezeichnet.)

Viele der sporadischen Konfigurationen hängen mit platonischen Körpern und ihren Symmetrieebenen zusammen; wir werden auf die drei „Grundkonfigurationen" (zum Tetraeder, Oktaeder/Würfel und Dodekaeder/Ikosaeder) gleich genauer eingehen.

E. Platonische Körper und zugehörige simpliziale Konfigurationen: Wir erhalten drei schöne simpliziale Konfigurationen, indem wir einen der fünf platonischen Körper (regelmäßige Polyeder) und die Konfiguration seiner Symmetrieebenen betrachten. Diesen Ebenen durch den Mittelpunkt des Polyeders (den wir als Nullpunkt wählen) im affinen Raum sind Geraden in der projektiven Ebene folgendermaßen zugeordnet: Wir projizieren den Körper vom Mittelpunkt aus auf eine umbeschriebene Sphäre. Dabei gehen die Kanten des Polyeders in Stücke von Großkreisbögen über, die eine regelmäßige Zellenzerlegung der Sphäre liefern. Die Symmetrieebenen schneiden die Sphäre in Großkreisen, die dann die Zellen baryzentrisch unterteilen, so daß wir eine (geodätische) Triangulierung der Sphäre erhalten. Das Bild dieser Großkreisbogenkonfiguration unter der kanonischen Projektion der Sphäre auf die reell-projektive Ebene ist eine simpliziale Geradenkonfiguration. Diese können wir auch unmittelbar geometrisch sehen, nämlich indem wir die Spur der Konfiguration der Symmetrieebenen auf (dem projektiven Abschluß) einer affinen Ebene betrachten, die nicht durch den Nullpunkt geht. Unter diesen Ebenen sind natürlich die Seitenebenen des Polyeders sowie die Normalebenen zu den Verbindungsachsen von antipodischen Eckpunktpaaren (d.h. die Seitenebenen des dualen Polyeders) geometrisch ausgezeichnet; die entstehende affine Geradenkonfiguration ist dann besonders symmetrisch. Natürlich gehören zu den beiden Paaren von zueinander dualen Polyedern (Würfel/Oktaeder, Dodekaeder/Ikosaeder) die gleichen Konfigurationen. Wir diskutieren nun die einzelnen Fälle.

F. Die Tetraederkonfiguration $A_1(6)$ (vollständiges Viereck): Die sechs Kanten eines regelmäßigen Tetraeders liegen auf sechs Ebenen durch den Nullpunkt, und diese sind genau sämtliche Symmetrieebenen. Auf dem Tetraeder bzw. der umbeschriebenen Sphäre schneiden sich die Ebenen in Paaren von Diametralpunkten, von denen vier Paare auf je drei Ebenen liegen (Eckpunkte bzw. gegenüberliegende Flächenmitten) und drei Paare auf je zwei Ebenen (Kantenmitten). Die zugehörigen Verbindungsgeraden (Schnittgeraden der Ebenen) sind die dreizähligen bzw. die zweizähligen Symmetrieachsen des Tetraeders.

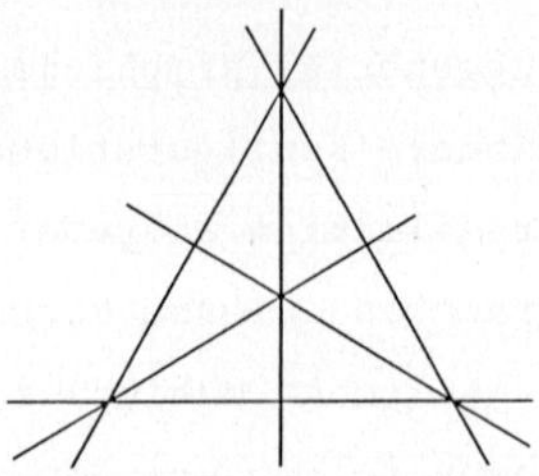

Die zugehörige Bildkonfiguration in der Ebene besteht aus einem regelmäßigen Dreiseit mit seinen Symmetrieachsen; es handelt sich also um die Konfiguration $A_1(6)$. Die kombinatorischen Daten sind

$$\bullet(7) \qquad k = 6\ ,\quad t_2 = 3\ ,\quad t_3 = 4\ ;\quad f_0 = 7\ ,\quad f_1 = 18\ ;$$
$$\tau_{j,2} = 1\ ,\quad \tau_{j,3} = 5\ ,\quad \tau_{j,r} = 0 \quad \text{für} \quad r \geq 4 \quad (j = 1,\ldots,6).$$

Diese Konfiguration besteht aus sämtlichen Verbindungsgeraden der vier Dreifachpunkte, und diese sind in allgemeiner Lage (d.h. keine drei sind kollinear). Nun operiert die projektiv-lineare Gruppe $\mathbb{P}GL_3$ auf der projektiven Ebene vierfach transitiv, sofern es sich um Punkte in allgemeiner Lage handelt. Die Tetraederkonfiguration $A_1(6)$ ist damit projektiv-linear äquivalent zu jedem *vollständigen Viereck*, d.h. zur Konfiguration $(4_3,6_2)$ von vier Punkten in allgemeiner Lage und ihren sechs Verbindungsgeraden.

Diese Konfiguration ist bereits durch die kombinatorischen Daten $k=6$, $t_2=3$, $t_3=4$ eindeutig bestimmt: Je zwei Tripelpunkte müssen durch eine Gerade verbunden sein, und aus den Formeln 2.1(6, 7) folgt sofort, daß auf jeder Gerade genau zwei Tripelpunkte liegen. Damit sind diese vier Punkte in allgemeiner Lage, und die Konfiguration besteht genau aus den sechs Verbindungsgeraden.

G. Die Oktaederkonfiguration $A_1(9)$ (erweitertes vollständiges Viereck): Das Oktaeder (und der dazu duale Würfel) hat neun Symmetrieebenen. Die zwölf Kanten bilden drei Quadrate, die auf drei „Kantenebenen" liegen. Diese Ebenen schneiden sich auf dem Oktaeder bzw. der unbeschriebenen Sphäre in den drei Paaren von diametral gegenüberliegenden Eckpunkten; die Verbindungsgeraden dieser Eckpunktpaare sind genau die vierzähligen Symmetrieachsen des Oktaeders. Durch jede dieser Achsen gehen noch zwei weitere Symmetrieebenen, welche die dritte „Kantenebene" in den Kantenmitten schneiden - die sechs Verbindungsgeraden der Schnittpunkte sind zweizählige Achsen -; untereinander schneiden sich je drei dieser sechs zusätzlichen Ebenen auf dem Oktaeder bzw. der Sphäre in den vier Paaren von Flächenmitten (mit dreizähligen Verbindungsgeraden).

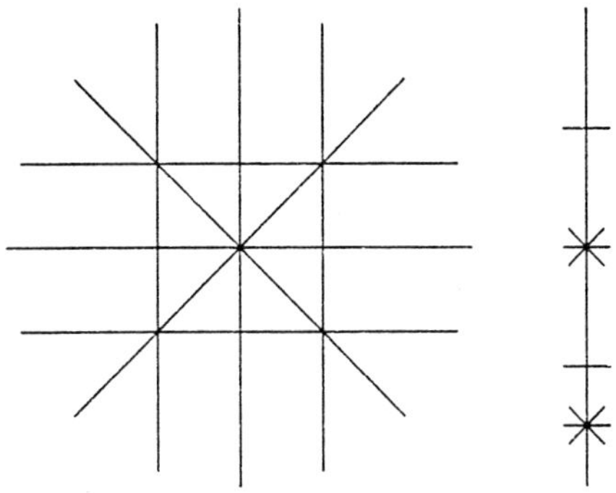

$A_1(9) = A_1(8) \cup \ell_\infty$

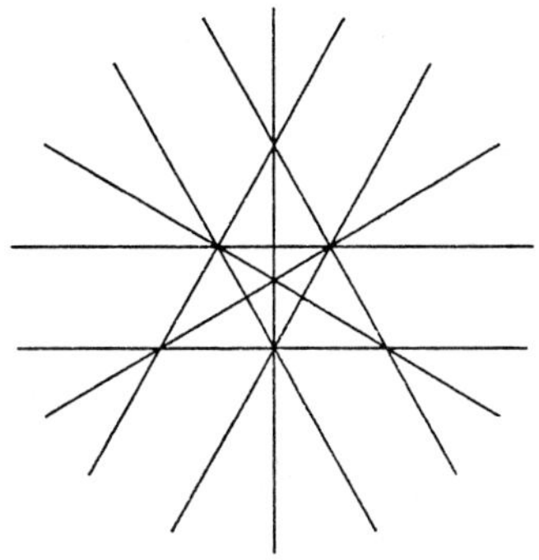

$A_1(9) = A_1(6) \cup A_0(3)$

Die zugehörige Bildkonfiguration in der Ebene besteht - je nach Wahl einer vier- oder dreizähligen Achse zum affinen Nullpunkt, d.h. einer Seitenfläche des Würfels oder des Oktaeders als Bildebene - aus einem regelmäßigen Viereck (Quadrat) mit seinen Symmetrieachsen und der unendlich fernen Gerade oder aus zwei regelmäßigen Dreiseiten, von denen eines dem anderen umbeschrieben ist, mit ihren gemeinsamen Symmetrieachsen. Die erste Beschreibung zeigt, daß es sich um die Konfiguration $A_1(9) = A_1(8) \cup \ell_\infty$ handelt; die kombinatorischen Daten sind:

•(8) $k = 9$, $t_2 = 6$, $t_3 = 4$, $t_4 = 3$; $f_0 = 13$, $f_1 = 36$;

$\tau_{j,2} = 1$, $\tau_{j,3} = 2$, $\tau_{j,4} = 1$ $(j = 1,\ldots,6)$,

$\tau_{j,2} = 2$, $\tau_{j,3} = 0$, $\tau_{j,4} = 2$ $(j = 7, 8, 9)$.

Wie die zweite Beschreibung sofort zeigt, ist die Oktaederkonfiguration die Erweiterung des vollständigen Vierecks $A_1(6)$, die sich durch die Hinzunahme der „Diagonalen" (im Sinne des klassischen Konfigurationsbegriffes aus 2.1,H) ergibt. Auch diese Konfiguration ist durch ihre kombinatorischen Daten k, t_2, t_3, t_4 projektiv eindeutig bestimmt.

<u>H. Die Ikosaederkonfiguration</u> $A_1(15)$: Die 30 Kanten eines Ikosaeders liegen paarweise parallel auf den 15 Symmetrieebenen, und durch diese 15 Ebenen wird auf dem Ikosaeder die erste baryzentrische Unterteilung definiert.

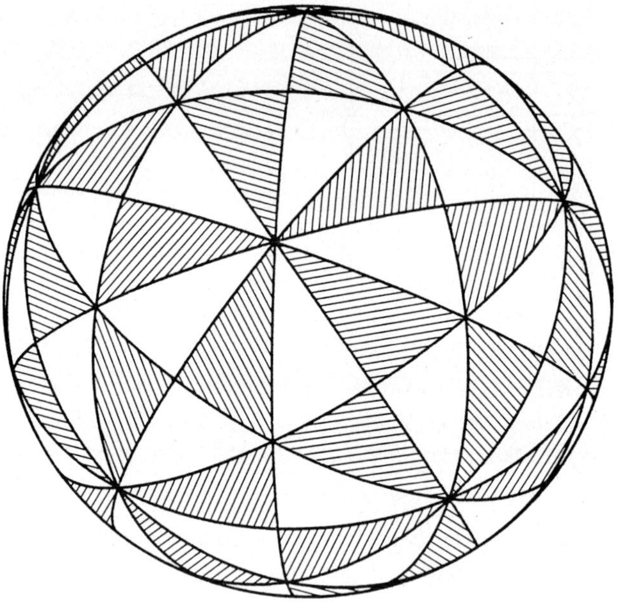

Die Bildkonfiguration in der Ebene besteht aus 15 Geraden, die sich in 6 Fünffachpunkten, 10 Dreifachpunkten und 15 Doppelpunkten schneiden; auf jeder Gerade liegen je zwei Fünffach-, zwei Dreifach- und zwei Doppelpunkte. Diesen Schnittpunkten entsprechen auf dem Ikosaeder 6 Paare von Eckpunkten, 10 Paare von Flächen- sowie 15 Paare von Kantenmittelpunkten in antipodaler Lage; die Verbindungsgeraden dieser Punktepaare sind genau die fünfzähligen, dreizähligen bzw. zweizähligen Symmetrieachsen. Wir erhalten also die kombinatorischen Daten

•(9) $k = 15$, $t_2 = 15$, $t_3 = 10$, $t_5 = 6$; $f_0 = 31$, $f_1 = 90$;
$\tau_{j,2} = \tau_{j,3} = \tau_{j,5} = 2$.

Wählen wir als affinen Nullpunkt den Bildpunkt (Spurpunkt) einer fünfzähligen Symmetrieachse, so erhalten wir als Bildkonfiguration ein regelmäßiges Fünfseit mit seinen fünf Symmetrieachsen und mit den fünf Diagonalen (die ihrerseits wieder ein regelmäßiges Fünfseit bilden). In GRÜNBAUMs Liste wird die Konfiguration mit $A_1(15)$ bezeichnet.

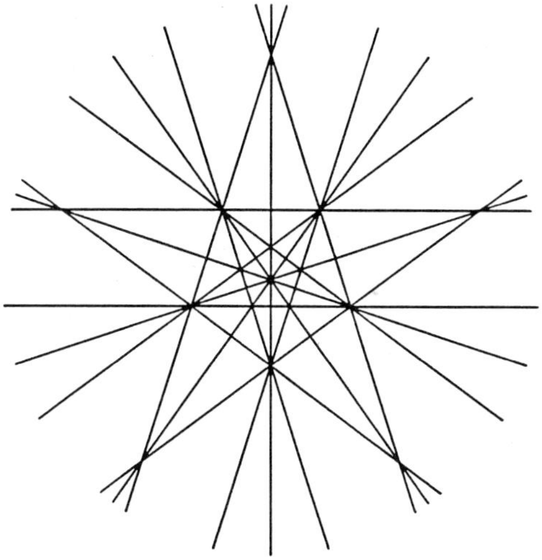

I. <u>Die erweiterten Oktaeder-Würfel-Konfigurationen</u> $A_3(12)$ <u>und</u> $A_2(13)$:
Wenn wir die Oktaederkonfiguration $A_1(9)$ als erweiterte Tetraederkonfiguration auffassen und den gleichen Erweiterungsschritt nochmals ausführen, so erhalten wir eine neue simpliziale Konfiguration

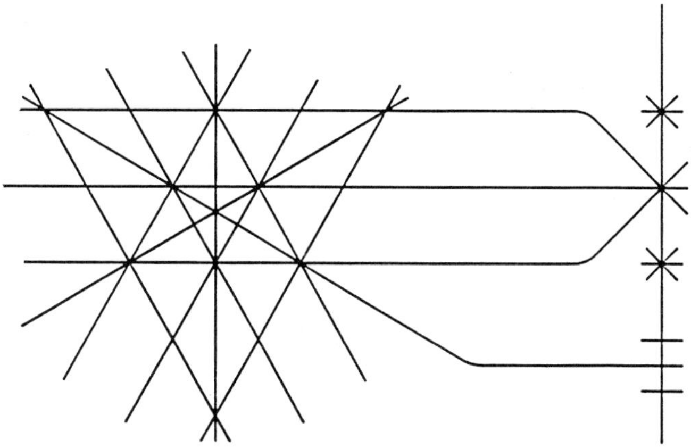

mit den kombinatorischen Daten

•(10) $k = 12$, $t_2 = 9$, $t_3 = 7$, $t_4 = 6$; $f_0 = 22$, $f_1 = 63$.

In GRÜNBAUMs Liste ist das die Konfiguration $A_3(12)$. Wir können diese Konfiguration auch folgendermaßen beschreiben: Wir betrachten einen Würfel mit einem einbeschriebenen oder umbeschriebenen Oktaeder und dazu sämtliche Seitenebenen des Würfels und des Oktaeders sowie sämtliche (gemeinsamen) Symmetrieebenen.

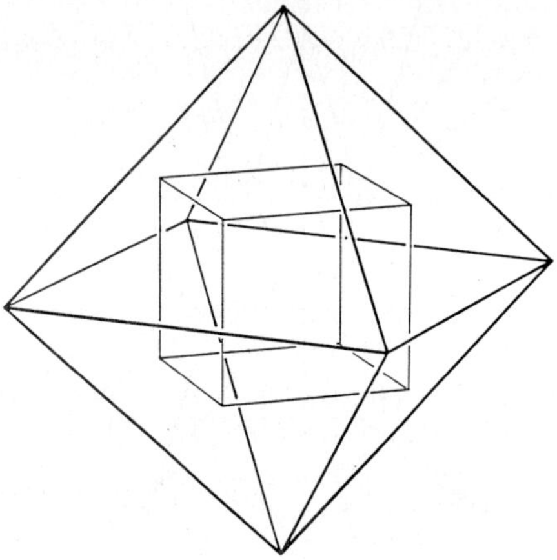

Die Schnittgeraden einer beliebigen Seitenebene des Oktaeders mit den übrigen Ebenen dieser Konfiguration bilden dann genau den affinen Teil der Geradenkonfiguration $A_3(12)$.

Wir können zu dieser Konfiguration noch die unendlich ferne Gerade hinzunehmen; in der geometrischen Interpretation ist das der Schnitt einer Seitenebene des Oktaeders mit der dazu parallelen Symmetrieebene. Die entstehende Geradenkonfiguration ist wieder simplizial; ihre kombinatorischen Daten sind:

•(11) $k = 13$, $t_2 = 12$, $t_3 = 10$, $t_4 = 6$; $f_0 = 28$, $f_1 = 78$.

Diese Konfiguration wird in GRÜNBAUMs Listen als $A_2(13)$ verzeichnet.

2.3 BEISPIELE KOMPLEXER KONFIGURATIONEN: DIE HESSE- UND DIE CEVA-KONFIGURATIONEN

Als Beispiele für komplexe Konfigurationen betrachten wir zunächst drei Konfigurationen, die durch die Wendepunktstruktur der glatten kubischen Kurven in der komplex-projektiven Ebene bestimmt sind und die mit dem HESSEschen Büschel zusammenhängen, nämlich die eigentliche HESSE- (oder *Wendelinien-*) Konfiguration, die dazu duale (*Fluchtlinien-*) Konfiguration und die durch Zusammensetzen aus den beiden entstehende *erweiterte* Konfiguration. Anschließend behandeln wir die CEVA-Konfigurationen.

Für die Diskussion der drei HESSE-Konfigurationen benötigen wir einige klassische Ergebnisse über das HESSEsche Büschel und die Wendepunkte der glatten kubischen Kurven. Als Referenz verweisen wir auf das Buch über algebraische Kurven von BRIESKORN und KNÖRRER [Bri-Knö: 7.3].

__A. Exkurs: Das HESSEsche Büschel und die Wendepunktkonfiguration der kubischen Kurven:__ Die (r-fachen) Wendepunkte einer glatten ebenen algebraischen Kurve C sind genau die (r-fachen) Schnittpunkte mit der zu C gehörigen HESSEschen Kurve H_C (vgl. [Bri-Knö: 7.3, Satz 1, p.374]). Ist C durch die homogene Gleichung $f(z_0,z_1,z_2) = 0$ definiert, so ist die HESSEsche durch $H_f(z) := \det(\partial^2 f/\partial z_i \partial z_j) = 0$ gegeben; nach dem Satz von BEZOUT hat daher eine Kurve n-ten Grades genau $3n(n-2)$ Wendepunkte (mit Vielfachheit gezählt). Ist C eine Kubik, so auch H_C; wir erhalten also neun Wendepunkte. Da die Wendetangente in einem Wendepunkt „dreipunktig" schneidet, kann es sich nur um einfache Wendepunkte mit paarweise verschiedene Wendetangenten handeln. Diese neun Punkte sind dann die Basispunkte des Büschels, das von der Kurve und ihrer HESSEschen erzeugt wird. Nun kann die Gleichung einer glatten ebenen Kubik C durch eine Koordinatentransformation in die HESSEsche Normalform

$$f_\lambda(z) = z_0^3 + z_1^3 + z_2^3 + \lambda z_0 z_1 z_2 = 0 \quad \text{mit} \quad \lambda^3 \neq -27$$

überführt werden (vgl. [Bri-Knö: 7.3, Satz 4, p. 379]), und damit ist $C = C_\lambda$ eine Kurve des „HESSEschen Büschels", das von der FERMAT-Kubik und der zugehörigen HESSEschen erzeugt wird. Da dann mit der Kurve C

auch ihre HESSEsche H_C zu diesem Büschel gehört, haben alle glatten kubischen Kurven des HESSE-Büschels die gleichen Wendepunkte.

Im HESSE-Büschel treten genau vier singuläre Kubiken $C_\lambda : (f_\lambda = 0)$ auf, nämlich das Koordinatendreiseit $C_\infty : (z_0 z_1 z_2 = 0$, d.h. $\lambda = \infty)$ und drei weitere Dreiseite C_λ mit $\lambda^3 = -27$ („zerfallende Kubiken"). Wir betrachten nun die zwölf Geraden, aus denen diese vier Dreiseite bestehen. Da je zwei der Dreiseite sich genau in den neun Basispunkten des HESSE-Büschels schneiden, liegen auf jeder der Geraden drei der neun Wendepunkte, und durch jeden Wendepunkt geht je eine Gerade aus einem der vier Dreiseite. Damit sind je zwei Wendepunkte durch eine Gerade verbunden, und diese schneidet eine beliebige Büschelkurve in einem dritten Wendepunkt. Die Geraden heißen auch die *Wendelinien* und die Dreiseite entsprechend die *Wendedreiseite*.

Die geometrische Aussage, daß der dritte Schnittpunkt einer kubischen Kurve mit der Verbindungsgerade zweier beliebiger Wendepunkte wieder ein Wendepunkt ist, läßt sich auch aus der Gruppenstruktur erklären, die durch die Isomorphie mit einem eindimensionalen komplexen Torus gegeben ist. Diese Isomorphie zu $T = \mathbb{C}/\Gamma$ wird durch die affine Parametrisierung $t \to (x,y) := (\wp(t), \wp'(t))$ vermittelt, die für $t \neq 0$ durch die WEIERSTRASSsche $\wp$-Funktion zum Gitter Γ gegeben ist und die durch $0 \to (0:0:1) = (1:\wp(0):\wp'(0))$ projektiv fortgesetzt wird. Mit der so übertragenen Gruppenstruktur läßt sich das Additionstheorem der $\wp$-Funktion (vgl. etwa HURWITZ-COURANT [Hu-Cou: II.1.§8, p. 169-171]) geometrisch so interpretieren: Die *Summe der drei Schnittpunkte mit einer Geraden ist* der unendlich ferne Punkt $(0:0:1)$ der Kubik, d.h. der Bildpunkt für $t = 0$ und somit *das Nullelement*. Wie wir schon erwähnt haben, sind die Wendepunkte einer Kurve genau die Punkte, in denen die Tangente „dreipunktig" schneidet. Daher ist zunächst einmal der unendlich ferne Punkt der Kubik ein Wendepunkt mit der unendlich fernen Gerade $(w = 0)$ als Wendetangente (wobei diese geometrische Aussage sich auch analytisch aus der LAURENT-Entwicklung der $\wp$-Funktion ergibt). Weiter sind die Wendepunkte wegen dieses Schnittverhaltens genau die Drei-Teilungspunkte, d.h. die Elemente der Ordnung 3 in der Gruppenstruktur. Da diese Punkte eine Untergruppe $U_3(T)$ des

Torus bilden, ist unsere geometrische Aussage klar, denn die Summe von zwei solchen Dreiteilungspunkten ist dann natürlich ein dritter. Die Untergruppe $U_3(T)$ ist isomorph zur additiven Gruppe des Vektorraumes $(\mathbb{F}_3)^2$, und daher entsprechen die Wendepunkte den Punkten und ihre Verbindungsgeraden, die Wendelinien, den Geraden der affinen Ebene über $\mathbb{F}_3$.

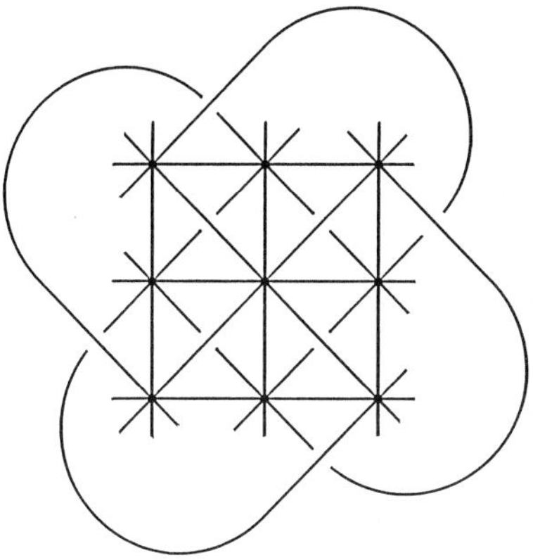

B. Die HESSE-Konfiguration (Wendelinien-Konfiguration): Die Geradenkonfiguration, die von den zwölf Wendelinien gebildet wird, nennen wir die (eigentliche) HESSE-Konfiguration. Die zwölf Eckpunkte der Wendedreiseite sind Doppelpunkte; die neun Wendepunkte sind Vierfachpunkte; nach der Formel 2.1(1) gibt es daneben keine weiteren Schnittpunkte. Damit erhalten wir die kombinatorischen Daten

•(1) $k = 12$, $t_2 = 12$, $t_4 = 9$, $t_r = 0$ sonst;
$f_0 = 21$, $f_1 = 60$;
$\tau_{j,2} = 2$, $\tau_{j,4} = 3$, $\tau_{j,r} = 0$ sonst.

Im Sinne des klassischen kombinatorisch- geometrischen Konfigurationsbegriffs (2.1,H) bilden die neun Wendepunkte mit den zwölf Wendelinien eine Konfiguration von Typ $(9_4, 12_3)$; die Eckpunkte der Wendedreiseite sind die Diagonalpunkte.

C. Projektive Eindeutigkeit der HESSE-Konfiguration: Wir wollen zeigen, daß die HESSE-Konfiguration durch ihre kombinatorischen Daten $k = 12$, $t_2 = 12$, $t_4 = 9$ eindeutig (bis auf projektiv-lineare Äquivalenz) bestimmt ist. Dazu sei $L = (L_1,\dots,L_{12})$ eine Konfiguration mit diesen Daten und L_j eine der Geraden.

Zunächst folgt aus den Formeln 2.1(2, 3) sofort, daß auf L_j genau $\tau_{j,4} = 3$ Vierfach- und $\tau_{j,2} = 2$ Doppelpunkte liegen: Da nur die vier Fälle $(\tau_{j,4},\tau_{j,2}) = (0,11)$, $(1,8)$, $(2,5)$ und $(3,2)$ auftreten können, gilt stets $\tau_{j,2} \geq 2$; wegen $\sum \tau_{j,2} = 2\cdot t_2 = 24$ muß daher $\tau_{j,2} = 2$ für $j = 1,\dots, 12$ zutreffen.

Da somit auf jeder Geraden drei Vierfachpunkte liegen, ist jeder Vierfachpunkt mit acht weiteren - also mit allen übrigen - durch eine Konfigurationsgerade verbunden. Wir können daraus folgendes schließen:

Die zwei Geraden L_j und L_k, die L_i in einem Doppelpunkt schneiden, treffen sich auch in einem Doppelpunkt. (Wäre dieser Schnittpunkt p nämlich ein Vierfachpunkt, so müßten die beiden anderen Geraden L_m, L_n durch p die Gerade L_i in Vierfachpunkten schneiden, aber dann wären der Punkt p und der dritte Vierfachpunkt auf L_i nicht durch eine Konfigurationsgerade verbunden.)

Die zwölf Geraden der Konfiguration bilden also vier Dreiseite, deren Eckpunkte die zwölf Doppelpunkte sind und die sich in den neun Vierfachpunkten schneiden. Wählen wir das Koordinatensystem so, daß eines der Dreiseite das Koordinatendreiseit ist und daß die Vierfachpunkte A_i, B_j, C_k die Koordinaten $(1:-\alpha_i:0)$, $(0:1:-\beta_j)$, $(-\gamma_k:0:1)$ mit α_i, β_j, $\gamma_k \neq 0$ und $\alpha_1 = \beta_1 = 1$ haben, so können wir dann den Satz des MENELAOS von Alexandria anwenden, der besagt:

Drei Punkte $(1:-\alpha:0)$, $(0:1:-\beta)$, $(-\gamma:0:1)$ mit $\alpha, \beta, \gamma \neq 0$ sind genau dann kollinear, wenn $\alpha\cdot\beta\cdot\gamma = 1$ gilt.

(Der Beweis ist elementar, s. Absatz H.) Aus diesem Satz folgt dann sofort, daß $\alpha_i^3 = \beta_j^3 = \gamma_k^3 = 1$ gilt; damit sind die Koordinaten der neun Punkte A_i, B_j, C_k eindeutig bestimmt, und unsere Behauptung ist bewiesen.

Aus dem Beweis folgt übrigens auch, daß die Konfiguration L nicht in der reell-projektiven Ebene darstellbar ist, da notwendig Schnittpunkte mit nicht-reellen Koordinaten auftreten.

<u>D. Die Perspektivlage der Wendedreiseite:</u> Wir betrachten weiterhin die vier Wendedreiseite (zerfallende Kubiken) C_∞ bzw. C_λ (mit $\lambda^3 = -27$) im HESSEschen Büschel. Die Koordinaten der zwölf Eckpunkte sind (1:0:0), (0:1:0) und (0:0:1) (für C_∞) sowie $(1:\varepsilon\zeta:\varepsilon^2\zeta)$ mit $\varepsilon^3 = 1$ (für C_λ mit $\lambda = -3\zeta$ und $\zeta^3 = 1$). Damit ist unmittelbar zu sehen, daß auf jeder der drei Verbindungsgeraden $z = \varepsilon \cdot y$ (mit $\varepsilon^3 = 1$) des Punktes (1:0:0) mit den Eckpunkten eines der drei Dreiseite C_λ auch noch jeweils ein Eckpunkt der beiden anderen Dreiseite liegt. In klassischer Terminologie ausgedrückt, sind die drei Dreiseite C_λ in *„perspektiver Lage"* mit dem Punkt (1:0:0) als gemeinsamem *Fluchtpunkt* (Zentrum der Perspektivlinien). Aus Symmetriegründen gilt das natürlich auch mit den Punkten (0:1:0) bzw. (0:0:1) . Nun sind nach dem Eindeutigkeitsbeweis alle vier Dreiseite gleichberechtigt, und damit sehen wir, daß die Gesamtkonfiguration die bemerkenswerte Eigenschaft hat, daß je drei Dreiseite bezüglich jedem Eckpunkt des vierten in perspektiver Lage sind: Verbindet man einen beliebigen Eckpunkt eines Dreiseits mit den drei Eckpunkten eines zweiten, so liegt auf jeder der drei Verbindungsgeraden auch noch je ein Eckpunkt des dritten und des vierten Dreiseits.

<u>E. Die duale HESSE-Konfiguration (Fluchtlinien-Konfiguration):</u> Das System dieser *„Fluchtlinien"* der vier Wendedreiseite bildet demnach eine Konfiguration von neun Geraden, die sich genau in den zwölf Eckpunkten der Dreiseite zu je dreien schneiden; diese „Fluchtpunkte" sind also Tripelpunkte für die Fluchtlinien. Nach der Formel 2.1(1) gibt es keine weiteren Schnittpunkte. Wir nennen diese Konfiguration der Fluchtlinien die duale HESSE-Konfiguration; ihre kombinatorischen Daten sind:

•(2) $k = 9$, $t_3 = 12$, $t_r = 0$ sonst; $f_0 = 12$, $f_1 = 36$,
$\tau_{j,3} = 4$, $\tau_{j,r} = 0$ sonst .

Die Fluchtpunkte und -linien bilden auch im klassischen Sinn eine Konfiguration, nämlich vom Typ $(12_3, 9_4)$. Da keine Doppelpunkte auftreten (und da die Konfiguration kein Büschel ist), kann sie (ebenso wie die Wendelinien-Konfiguration) nicht durch Geraden in der reell-projektiven Ebene dargestellt werden.

Wir bemerken noch, daß die beiden Konfigurationen in folgendem Sinne *geometrisch* zueinander *dual* sind: Wir können jedem Eckpunkt eines Dreiseits die gegenüberliegende Seite zuordnen und umgekehrt. Dabei entspricht der Verbindungsgerade von zwei Eckpunkten verschiedener Dreiseite (Fluchtlinie) der Wendepunkt, der der Schnittpunkt der zugehörigen Gegenseiten ist, und in der Tat schneiden sich die vier Gegenseiten zu den auf einer Gerade gelegenen Eckpunkten im gleichen Wendepunkt. Im klassischen kombinatorisch-geometrischen Sinn besteht die duale HESSE-Konfiguration $(12_3, 9_4)$ (Fluchtpunkte und -linien) genau aus den „Diagonalpunkten" der Ausgangskonfiguration $(9_4, 12_3)$ (Wendepunkte und -linien) und aus den Verbindungsgeraden, die keine Wendelinien sind; umgekehrt wird die Wendelinien-Konfiguration genau von den Diagonalen der Fluchtlinien-Konfiguration gebildet.

F. Projektive Eindeutigkeit der dualen HESSE-Konfiguration: Wir wollen zeigen, daß auch die duale HESSE-Konfiguration durch ihre kombinatorischen Daten $k = 9$, $t_3 = 12$ bereits bis auf projektiv-lineare Äquivalenz eindeutig bestimmt ist. Diese Aussage können wir natürlich mit dem Dualitätsprinzip der projektiven Geometrie aus der Eindeutigkeit der HESSE-Konfiguration folgern, sie läßt sich aber auch auf direktem Wege elementar-geometrisch beweisen:

(i) Da jede Gerade die acht anderen schneidet und da nur Tripelpunkte als Schnittpunkte auftreten, liegen auf jeder Gerade genau $8/2 = 4$ der Punkte. Somit ist jeder Tripelpunkt mit $3 \cdot 3 = 9$ weiteren durch Geraden der Konfiguration verbunden und mit den beiden verbleibenden nicht. Wir gehen von einem Tripelpunkt P_1 aus und nennen diese zwei Punkte P_2 und P_3.

(ii) Die Verbindungsgerade P_2P_3 gehört nicht zur Konfiguration: Wenn P_1, P_2, P_3 kollinear sind, ist das klar. Sind nun P_1, P_2, P_3 nicht kollinear, so schneiden die drei Konfigurationsgeraden durch P_1 die Gerade P_2P_3 in drei weiteren Punkten; falls also P_2P_3 eine Konfigurationsgerade wäre, lägen auf ihr mehr als vier Mehrfachpunkte.

(iii) Wir zeigen nun, daß die Punkte P_1, P_2, P_3 nicht kollinear sind: Anderenfalls können wir die Koordinaten so wählen, daß es sich um die drei Punkte (0:1:0), (0:1:1) und (0:0:1) auf der unendlich fernen Gerade ($z_0 = 0$) handelt. Die Tripel der Konfigurationsgeraden durch P_1, P_2, P_3 bilden dann in der affinen Ebene ($z_0=1$) Tripel von Geraden, die jeweils zur z_1 -Achse bzw. zur z_2 -Achse bzw. zur Diagonale parallel sind. Nun ist leicht zu sehen, daß diese mindestens 10 Schnittpunkte haben müssen, und damit ergibt sich ein Widerspruch.

(iv) Die zwölf Punkte bilden also vier Tripel von nicht kollinearen Punkten, deren Verbindungsgeraden nicht zu der Konfiguration gehören. Wir erhalten damit vier Dreiseite, deren Eckpunkte die Konfigurationspunkte sind; je drei dieser Dreiseite sind bezüglich jedem Eckpunkt des vierten in perspektiver Lage, wobei die drei Konfigurationsgeraden durch diesen Punkt die Fluchtlinien sind. Wir können nun leicht zeigen, daß diese vier Dreiseite (bei geeigneter Koordinatenwahl) genau die Wendedreiseite im HESSEschen Büschel sind, so daß also die Konfigurationspunkte und -geraden als die zugehörigen Fluchtpunkte und -linien genau die duale HESSE-Konfiguration bilden. Dazu wählen wir eines als Koordinatendreiseit $z_0z_1z_2 = 0$ und betrachten den affinen Teil der gegebenen Konfiguration (von neun Geraden mit zwölf Tripelpunkten) in der Karte ($z_0 = 1$) . Dieser Teil besteht aus je drei parallelen Geraden ($z_1 = a_i$) bzw. ($z_2 = b_j$) und den drei Geraden ($z_2/z_1 = c_k$) (mit a_i, b_j, $c_k \neq 0$); die zehn affinen Schnittpunkte liegen dann im Koordinatenursprung sowie in den neun Punkten (a_i,b_j), die die Eckpunkte der drei anderen Dreiseite sind. Wir können ohne Einschränkung $a_1 = b_1 = c_1 = 1$ setzen. Es ist nun leicht zu sehen, daß $a_i^3 = b_j^3 = 1$ gelten muß; wir erhalten also genau die Koordinaten der Eckpunkte der drei Wendedreiseite C_λ mit $\lambda^3 = -27$ im HESSEschen Büschel.

<u>G. Die erweiterte HESSE-Konfiguration:</u> Die dritte Konfiguration erhalten wir, indem wir die Geraden der Ausgangskonfiguration (Wendelinien) und die der dualen Konfiguration (Fluchtlinien der Wendedreiseite) zu einer Konfiguration von 21 Geraden zusammenfassen. Dabei werden die Eckpunkte der Wendedreiseite zu Fünffachpunkten; die Wendepunkte bleiben Vierfachpunkte; zusätzlich kommen noch für jede der zwölf Wendelinien die Schnittpunkte mit den drei Fluchtlinien, die durch den gegenüberliegenden Eckpunkt des Wendedreiseits laufen, hinzu. Wir erhal-

ten damit $12 \cdot 3 = 36$ neue Doppelpunkte; weitere Schnittpunkte gibt es nicht. Die kombinatorischen Daten für dieser erweiterte HESSE-Konfiguration sind:

•(3) $k = 21$, $t_2 = 36$, $t_4 = 9$, $t_5 = 12$, $t_r = 0$ sonst ;

$f_0 = 57$, $f_1 = 168$;

$\tau_{j,2} = 3$, $\tau_{j,4} = 3$, $\tau_{j,5} = 2$ (Wendelinien) ;

$\tau_{j,2} = 4$, $\tau_{j,4} = 0$, $\tau_{j,5} = 4$ (Fluchtlinien) ;

$\tau_{j,r} = 0$ sonst .

<u>H. Exkurs: Die Sätze von CEVA und MENELAOS:</u> Wir gehen von vier Punkten P_1, P_2, P_3, Q in allgemeiner Lage in der Ebene aus. Die Geraden durch P_j $(j=1,2,3)$ bilden jeweils ein Büschel $L_{j,\tau}$, wobei jede Büschelgerade einem Punkt einer projektiven Gerade $\mathbb{P}_1 = \mathbb{C} \cup \{\infty\}$ entspricht. Wir können die Parametrisierung für die drei Büschel $L_{j,\tau}$ so wählen, daß (bei zyklischer Indizierung) der Punkt P_{j+1} auf der Büschelgeraden $L_{j,0}$, der Punkt P_{j+2} auf $L_{j,\infty}$ und der Punkt Q auf $L_{j,1}$ liegt.

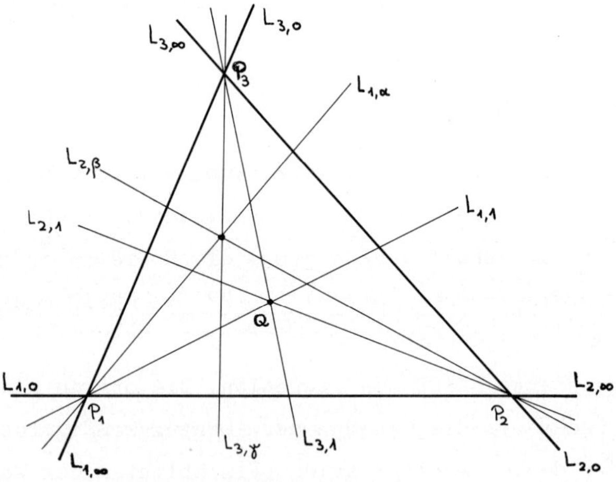

Dadurch ist die Parametrisierung eindeutig festgelegt, und der <u>Satz von CEVA</u> besagt dann:

Drei Geraden $L_{1,\alpha}$, $L_{2,\beta}$ und $L_{3,\gamma}$ (mit $\alpha,\beta,\gamma \neq 0, \infty$) sind genau dann konkurrent (d.h. sie schneiden sich in einem Punkt), wenn $\alpha\beta\gamma = 1$ gilt.

Der *Beweis* ist elementar: Durch geeignete Wahl der Koordinaten können wir annehmen, daß die Büschelzentren P_1, P_2, P_3 die Eckpunkte des Koordinatendreiseits sind und daß der feste Punkt Q die Koordinaten (1:1:1) hat. Die Behauptung ergibt sich unmittelbar, weil in diesen Koordinaten die Gerade $L_{j,\tau}$ durch die Linearform $\tau z_{j+1} - z_{j+2} = 0$ gegeben ist.

Die duale Situation beschreibt der <u>Satz des MENELAOS von Alexandria</u>, den wir bereits beim Beweis der projektiven Eindeutigkeit der HESSE-Konfiguration benutzt haben: Wir gehen von vier Geraden G, L_1, L_2, L_3 in allgemeiner Lage aus. Jede der drei Geraden L_j (j = 1, 2, 3) wird durch $\tau_j \in \mathbb{P}_1 = \mathbb{C} \cup \{\infty\}$ so parametrisiert, daß (bei zyklischer Indizierung) der Schnittpunkt mit L_{j+1} durch $\tau_j = 0$, mit L_{j+2} durch $\tau_j = \infty$ und mit G durch $\tau_j = 1$ gegeben ist. Die Parametrisierung ist dadurch eindeutig bestimmt. Ist dann je ein Punkt auf L_1, L_2, L_3 durch seinen Parameterwert α, β, γ $(\neq 0, \infty)$ gegeben, so gilt:

Die drei Punkte sind genau dann kollinear (d.h. sie liegen auf einer Geraden), wenn $\alpha\beta\gamma = 1$ gilt.

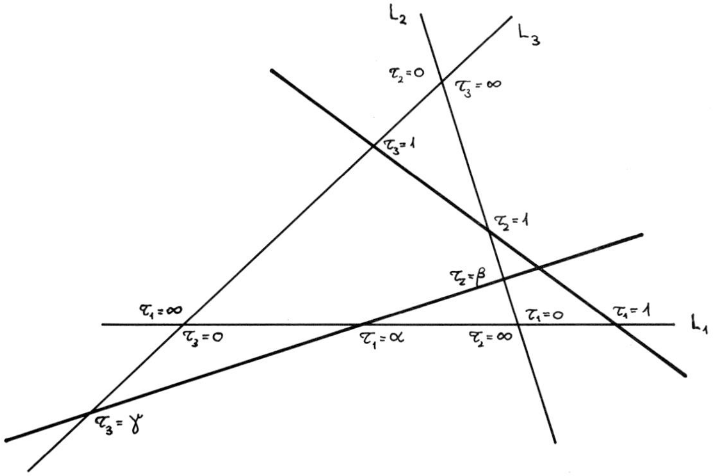

Der Satz des MENELAOS ist eine singuläre Variante des Satzes, daß in der additiven Gruppenstruktur einer glatten kubischen Kurve mit einem Wendepunkt als Nullpunkt die Summe von drei Punkten genau dann Null ist, wenn die Punkte kollinear sind (Absatz A): Durch die Parametrisierung können wir die Punkte des Dreiseits $L_1 L_2 L_3$ ohne die drei Doppelpunkte (d.h. die regulären Punkte einer zerfallenden kubischen Kurve) mit den Elementen der Gruppe $\mathbb{C}^* \times \mathbb{Z}/(3)$ identifizieren. Der Satz von MENELAOS besagt dann, daß das Produkt von drei Elementen, die auf verschiedenen Seiten liegen, in dieser Gruppenstruktur genau dann das neutrale Element ist, wenn die Punkte kollinear sind.

<u>I. Die Konfiguration CEVA(q) :</u> In der Situation des Satzes von CEVA betrachten wir nun für jede feste Zahl $q \geq 2$ alle Geraden aus jedem der drei Büschel, deren Büschelparameter eine q-te Einheitswurzel ist (also die Geraden $L_{j,\tau}$ mit $j = 1, 2, 3$ und $\tau^q = 1$). Wir erhalten so eine Konfiguration aus $k = 3q$ Geraden, die wir CEVA(q) nennen. Da die q-ten Einheitswurzeln eine Gruppe bilden, folgt aus dem Satz von CEVA, daß durch jeden Schnittpunkt von zwei Geraden aus verschiedenen Büscheln stets noch eine Gerade des dritten Büschels läuft. Damit erhalten wir q^2 Tripelpunkte; daneben gibt es natürlich noch die drei Zentren der Büschel, die q-fache Punkte sind. Auf jeder Gerade liegen q Tripelpunkte und ein q-facher Punkt; damit ergeben sich die kombinatorischen Daten

•(4) $k = 3q\,,\ t_3 = q^2\,,\ t_q = 3\,,\ t_r = 0$ für $r \neq 3$ und $r \neq q$,

$f_0 = q^2 + 3\,,\ f_1 = 3q(q+1)\ ;$

$\tau_{j,3} = q\,,\ \tau_{j,q} = 1\,,\ \tau_{j,r} = 0$ sonst

(mit der naheliegenden Interpretation $t_3 = 3^2+3 = 12$ und $\tau_{j,3} = 3+1 = 4$ für $q = 3$). Im kombinatorischen Sinn bilden die Geraden und die Schnittpunkte der Geraden aus verschiedenen Büscheln (d.h. ohne die Büschelzentren) eine Konfiguration vom Typ $((q^2)_3, (3q)_q)$.

Wie die kombinatorischen Daten zeigen, erhalten wir für $q = 2$ und $q = 3$ wohlbekannte Konfigurationen: CEVA(2) ist die Tetraederkonfiguration $A_1(6)$, d.h. das vollständige Viereck; CEVA(3) ist die duale HESSE- (Fluchtlinien-) Konfiguration. - Da die CEVA-Konfigurationen keine Büschel sind und da für $q \geq 3$ keine Doppelpunkte auftreten, kann nur CEVA(2) durch reelle Geraden dargestellt werden.

J. Die erweiterten CEVA-Konfigurationen CEVA(q,s) : Es liegt nahe, auch die Geradenkonfigurationen CEVA(q,s) (mit $1 \le s \le 3$) zu betrachten, die aus den Konfigurationen CEVA(q) entstehen, indem noch eine, zwei oder drei der Verbindungsgeraden der Büschelzentren hinzugenommen werden; die Gesamtzahl der Geraden ist dann $k = 3q + s$. Wir geben die vollständigen kombinatorischen Daten hier nur für die maximal erweiterte Konfiguration CEVA(q,3) an: es gilt

•(5) $k = 3q+3\,,\quad t_2 = 3q\,,\quad t_3 = q^2\,,\quad t_{q+2} = 3\,,\quad t_r = 0$ sonst;

$$f_0 = q^2 + 3q + 3\,,\quad f_1 = 3q^2 + 9q + 6\,;$$

$\tau_{j,2} = 1\,,\quad \tau_{j,3} = q\,,\quad \tau_{j,q+2} = 1$ (alte Geraden) ,

$\tau_{j,2} = q\,,\quad \tau_{j,3} = 0\,,\quad \tau_{j,q+2} = 2$ (neue Geraden) ,

$\tau_{j,r} = 0$ sonst .

Offenbar ist CEVA(2,3) die bereits aus 2.2,G bekannte Oktaederkonfiguration $A_1(9)$; die Konfiguration CEVA(3,3) besteht aus einem der vier Wendedreiseite im HESSEschen Büschel und den neun Fluchtlinien. Unter den erweiterten Konfigurationen CEVA(q,s) sind nur die drei mit $q = 2$ reell und offenbar auch simplizial; bei ihnen handelt es sich genau um die Konfigurationen $A_1(k)$ für $k = 7, 8, 9$ (mit den Bezeichnungen aus GRÜNBAUMs Katalog).

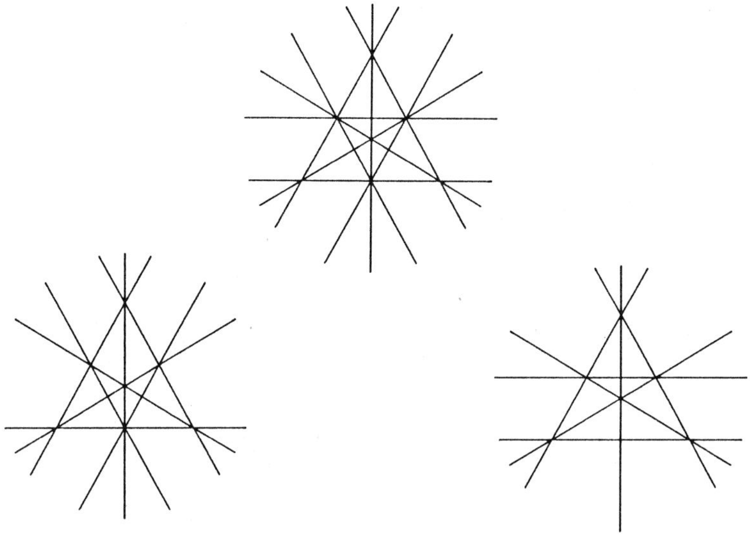

2.4 SPIEGELUNGSGRUPPEN UND GERADENKONFIGURATIONEN

A. Spiegelungen, Spiegelungsgruppen und Geradenkonfigurationen: Eine „Spiegelung" ist eine orthogonale bzw. unitäre Transformation g auf einem euklidischen bzw. unitären Vektorraum V der (reellen bzw. komplexen) Dimension d, die endliche Ordnung hat und für die 1 ein Eigenwert der Vielfachheit $d-1$ ist. Der zugehörige Eigenraum ist eine lineare (reelle bzw. komplexe) Hyperebene in V; diese heißt Spiegelungshyperebene oder kurz *Spiegel*. Eine endliche Untergruppe G von $O(V)$ bzw. $U(V)$ heißt *Spiegelungsgruppe*, wenn sie von den Elementen erzeugt wird, die Spiegelungen sind. - Wir können reelle Spiegelungen bzw. Spiegelungsgruppen auf einem euklidischen Vektorraum V natürlich auch als komplexe Spiegelungen bzw. Spiegelungsgruppen auf der Komplexifizierung $V \otimes \mathbb{C}$ auffassen. Da reelle Spiegelungen stets die Ordnung 2 haben, können Spiegelungen höherer Ordnung nur im Komplexen auftreten.

Zu einer Spiegelungsgruppe auf einem *dreidimensionalen* Vektorraum V gehört eine Geradenkonfiguration: Die Spiegel sind Ebenen durch den Nullpunkt von V, und diesen entsprechen projektive Geraden in der (reell- bzw. komplex-) projektiven Ebene $\mathbb{P}(V)$.

B. Reduzible Spiegelungsgruppen und zugehörige Geradenkonfigurationen: Eine Spiegelungsgruppe G auf dem Raum V heißt *reduzibel*, wenn es einen nichttrivialen G-invarianten Teilraum U (d.h. mit $0 \neq U \neq V$) gibt, anderenfalls irreduzibel. Im reduziblen Fall ist mit U auch das orthogonale Komplement invariant, und eine Spiegelung g induziert auf einem der beiden Teilräume wieder eine Spiegelung, auf dem anderen die Identität. Ist V dreidimensional, so können bei geeignet gewählten Koordinaten nur die Spiegelungshyperebenen $\ell_j(z_1,z_2) = 0$ bzw. $z_3 = 0$ auftreten, wobei die Linearformen $\ell_j(z_1,z_2)$ genau die Spiegel der induzierten Operation auf der (z_1,z_2)-Ebene $(z_3 = 0)$ definieren. Damit erhalten wir als zugehörige Geradenkonfigurationen nur die fünf Typen Gerade, Achsenkreuz, Dreiseit, Büschel oder Fast-Büschel.

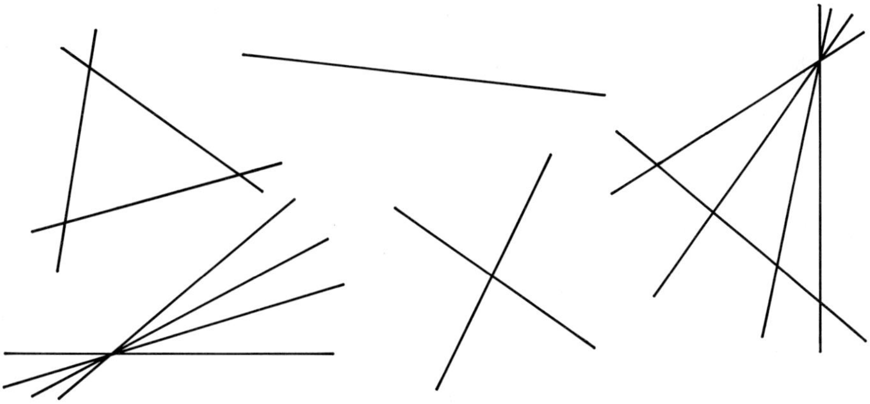

C. Platonische Körper und reelle dreidimensionale Spiegelungsgruppen:
Die Spiegelungen an den Symmetrieebenen der platonischen Körper Tetraeder, Oktaeder/Würfel und Ikosaeder/Dodekaeder erzeugen drei irreduzible reelle dreidimensionale Spiegelungsgruppen, deren zugehörigen Geradenkonfigurationen wir bereits im Abschnitt 2.2 kennengelernt haben.

Nun ist das Produkt zweier Spiegelungen im euklidischen Raum eine Drehung um die Schnittgerade der beiden Symmetrieebenen, und das Produkt von d Spiegelungen an paarweise aufeinander senkrecht stehenden Ebenen des d-dimensionalen Raumes ist die antipodische Abbildung. Damit ist klar, daß die genannten Spiegelungsgruppen die *vollen* Symmetriegruppen der platonischen Körper sind; sie heißen dementsprechend die *volle Tetraeder-*, *Oktaeder-* bzw. *Ikosaedergruppe* und werden hier mit T, O, I bezeichnet. Die jeweiligen Untergruppen der orientierungstreuen Symmetrien (*reine* Symmetriegruppen), die in der vollen Gruppe den Index 2 haben, bezeichnen wir mit T^+, O^+, I^+. Die Ordnung der Gruppen ist in allen Fällen leicht anzugeben, indem wir die induzierten Operationen auf der Menge der Kanten der jeweiligen platonischen Körper betrachten: Diese Operationen sind stets transitiv, und weiter bleibt eine Kante bei der Drehung um die zweizählige Achse durch die Kantenmitte invariant und bei der Spiegelung an der durch die Kante verlaufenden Symmetrieebene punktweise fest. Daraus folgt nun sofort, daß die Ordnung der reinen bzw. vollen Symmetriegruppen jeweils das Doppelte bzw. Vierfache der Kantenzahl ist, und wir erhalten so für die Gruppen T^+, O^+, I^+ bzw. T, O, I die Ordnungen $12, 24, 60$ bzw. $24, 48, 120$.

<u>D. Die Tetraedergruppe:</u> Die Operation der Tetraedergruppe auf den vier Eckpunkten des Tetraeders zeigt sofort, daß die volle Gruppe T zur vollen symmetrischen Gruppe S_4 und die reine Gruppe T^+ zur alternierenden Gruppe A_4 isomorph ist; dabei entsprechen die Spiegelungen den Transpositionen und die Drehungen um dreizählige Achsen den Dreierzyklen.

<u>E. Die Oktaedergruppe:</u> Einem Oktaeder (bzw. Würfel) kann ein Tetraeder auf zwei verschiedene Arten so einbeschrieben werden, daß jede Symmetrie des Tetraeders auch eine Symmetrie des Oktaeders bzw. Würfels ist. Damit ist die (reine bzw. volle) Tetraedergruppe eine Untergruppe vom Index 2 der entsprechenden Oktaedergruppe.

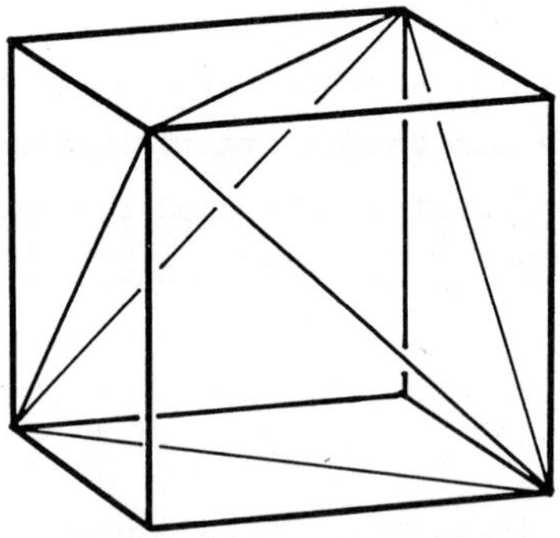

Wie die Operation der reinen Oktaedergruppe auf den vier dreizähligen Symmetrieachsen des Oktaeders bzw. Würfels zeigt, ist auch O^+ zur symmetrischen Gruppe S_4 isomorph. Die volle Oktaedergruppe O wird von O^+ und der antipodischen Abbildung (Zentralsymmetrie) erzeugt. Somit ist O das direkte Produkt von O^+ mit Z_2, der zyklischen Gruppe der Ordnung 2.

<u>F. Die Ikosaedergruppe:</u> Dem Dodekaeder kann ein Würfel (auf fünf verschiedene Arten) so einbeschrieben werden, daß jede der zwölf Würfel-

kante eine Diagonale in einer der zwölf Seitenflächen des Dodekaeders ist. Die gemeinsame reine Symmetriegruppe besteht dann genau aus den reinen Symmetrien eines Tetraeders, das dem Würfel einbeschrieben ist, d.h. T^+ ist auch Untergruppe von I^+ .

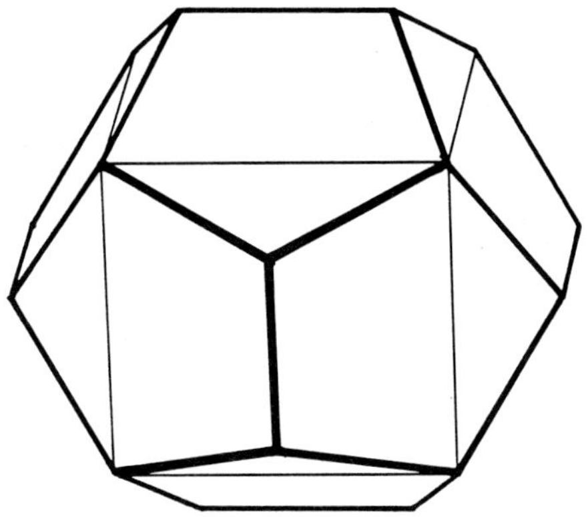

Mit der induzierten Operation der reinen Ikosaedergruppe auf den fünf einbeschriebenen Würfeln ist es nicht schwer zu sehen, daß I^+ isomorph zu der alternierenden Gruppe A_5 ist (vgl. etwa [DVal: 2.11, p. 29]; für einen etwas anderen Beweis siehe z.B. [Cox: §3.6, p. 50]). Ähnlich wie oben sieht man sofort, daß die volle Ikosaedergruppe I das direkte Produkt von I^+ mit Z_2 (Zentralsymmetrie) ist.

<u>G. Die induzierte Operation der reinen Gruppen auf</u> $\mathbb{P}_1(\mathbb{C})$: Die reinen Symmetriegruppen $G^+ = T^+$, O^+ und I^+ operieren (effektiv) auf der Sphäre S^2 als Gruppen von (strikt) konformen Abbildungen. Mit der Identifikation $S^2 = \mathbb{P}_1(\mathbb{C})$ (RIEMANNsche Zahlenspäre) können wir sie auch als Untergruppen der Gruppe $\mathrm{Aut}(\mathbb{P}_1) = \mathbb{P}GL_2(\mathbb{C})$ der gebrochen-linearen Transformationen auffassen. Der Quotientenraum $\mathbb{P}_1/G^+$ ist natürlich wieder rational; die Abbildung $\mathbb{P}_1 \to \mathbb{P}_1/G^+ \simeq \mathbb{P}_1$ ist genau längs der Bahnen der Kantenmitten, der Flächenmitten und der Eckpunkte verzweigt; die jeweiligen Verzweigungsordnungen sind 2,3,3 für die Gruppe T^+ bzw. 2,3,4 für O^+ bzw. 2,3,5 für I^+ .

Außer diesen Gruppen gibt es nur noch zwei unendliche Serien von endlichen Untergruppen von $Aut(\mathbb{P}_1)$, nämlich die zyklischen Gruppen Z_m, die bei geeigneter Koordinatenwahl durch Multiplikation mit den m-ten Einheitswurzeln auf $\mathbb{P}_1 = \mathbb{C} \cup \{\infty\}$ operieren, und die „Diedergruppen", die daraus durch Erweiterung mit $z \to 1/z$ entstehen. (Die zugehörigen Urbilder in der Gruppe $SU(2)$ unter der zweiblättrigen Überlagerungsabbildung $SU(2) \to \mathbb{P}SU(2) \simeq Aut(\mathbb{P}_1)$ sind die „binären Polyedergruppen", die uns im Anhang B2,G erneut begegnen.)

H. Irreduzible komplexe Spiegelungsgruppen und die Klassifikation von SHEPHARD und TODD: Die irreduziblen komplexen Spiegelungsgruppen wurden von SHEPHARD und TODD [1954] klassifiziert. Ihre Liste [:Table VII, p.301] umfaßt 37 Klassen, darunter drei unendliche Serien (Nr. 1-3), 19 zweidimensionale Spiegelungsgruppen (Nr. 4-22), je fünf drei- und vierdimensionale (Nr. 23-27 bzw. 28-32) sowie noch fünf weitere in den Dimensionen $d = 5, 6, 6, 7, 8$ (Nr. 33-37).

Die Serie Nr. 1 besteht aus den symmetrischen Gruppen S_{d+1} ($d \geq 1$), die auf $\mathbb{R}^d$ als Symmetriegruppen des d-dimensionalen Standardsimplex operieren. Für $d = 3$ erhalten wir die volle Tetraedergruppe T und damit die Konfiguration $A_1(6)$. Die Serie Nr. 2, die wir anschließend noch genauer diskutieren, besteht aus den Gruppen $G(m,p,d)$, die auf $\mathbb{C}^d$ (bzw. auf $\mathbb{R}^d$ im Fall $m = 2$) operieren. In dieser Serie treten nochmals die volle Tetraedergruppe T und zusätzlich die Oktaedergruppe O auf; auch die anderen dreidimensionalen Gruppen $G(m,p,3)$ mit $m \geq 3$ liefern nur uns bereits bekannte Geradenkonfigurationen, nämlich die reinen sowie die erweiterten CEVA-Konfigurationen CEVA(m) bzw. CEVA(m,3) .

Die Serie Nr. 3, die aus den zyklischen Gruppen Z_m der m-ten Einheitswurzeln mit der eindimensionalen Standardoperation besteht, und auch die eigentlichen zweidimensionalen Spiegelungsgruppen (Nr. 4-22) sind für die Untersuchung von Geradenkonfigurationen nicht weiter von Interesse. Wir merken zu den zweidimensionalen Gruppen lediglich an, daß als die induzierten Gruppen von projektiven Transformationen auf der RIEMANNschen Sphäre $\mathbb{P}_1(\mathbb{C})$ nur die reinen Tetraeder-, Oktaeder- bzw. Ikosaedergruppen auftreten.

<u>I. Die Gruppen</u> $G(m,p,d)$: Die Serie Nr. 2 besteht aus den Gruppen $G(m,p,d)$ mit $m \geq 2$, $p|m$, $d \geq 2$, die von den folgenden zwei Typen von Spiegelungen $x \to x'$ auf $\mathbb{C}^d$ erzeugt werden: Der erste Typ ist die für jedes Paar i, j mit $i \neq j$ durch

$$x_i' = \vartheta \cdot x_j \ , \ x_j' = \vartheta^{-1} \cdot x_i \ , \ x_k' = x_k \quad (\text{mit } k \neq i,j)$$

gegebene Spiegelung; der zweite Typ, der nur im Fall $p < m$ auftritt, ist für jedes $j \leq d$ durch $x_j' = \varphi \cdot x_j$, $x_k' = x_k$ (mit $k \neq j$) gegeben. Dabei ist ϑ eine m-te und φ eine m/p-te Einheitswurzel; das allgemeine Element der Gruppe hat daher die Gestalt $x \to x'$ mit

$$x_j' = \vartheta^{\nu_j} \cdot x_{\sigma(j)} \ , \ \sum \nu_j \equiv 0 \mod p \quad \text{und} \quad \sigma \in S_d \ .$$

Die Spiegelungen des ersten Typs haben die Ordnung 2; die Spiegel sind die Hyperebenen $x_i = \vartheta \cdot x_j$; die Spiegelungen des zweiten Typs haben die Ordnung m/p und als Spiegel die Koordinatenhyperebenen $x_j = 0$. Somit gibt es $m \cdot \binom{d}{2}$ Spiegel des ersten Typs sowie d Spiegel des zweiten, falls $p < m$ gilt; die Ordnung der Gruppe ist $m^d \cdot d!/p$.

Wir betrachten nun im Fall $d = 3$ die zugehörige projektive Geradenkonfiguration. Diese enthält stets die $3m$ Geraden $x_j = \vartheta \cdot x_i$ des ersten Typs sowie im Fall $p < m$ noch zusätzlich die drei Geraden $x_j = 0$ des Koordinatendreiseits, und somit handelt es sich genau um die bereits bekannten Konfigurationen CEVA(m) bzw. CEVA(m,3) .

Die Gruppen $G(m,p,d)$ sind genau dann reelle Spiegelungsgruppen, wenn $m = 2$ gilt. Die dreidimensionale Gruppe $G(2,2,3)$ der Ordnung 24 kann sofort mit der vollen Tetraedergruppe T identifiziert werden, indem man etwa den Punkt $(1,1,1)$ und seine Bilder unter der Gruppenoperation betrachtet. Wie wir bereits wissen, ist die Konfiguration CEVA(2) das vollständige Viereck $A_1(6)$, d.h. die Tetraederkonfiguration. Analog erweist sich $G(2,1,3)$ als die volle Oktaedergruppe O, und CEVA(2,3) ist das erweiterte vollständige Viereck $A_1(9)$, d.h. die Oktaederkonfiguration.

<u>J. Die dreidimensionalen Spiegelungsgruppen (Nr. 23-27):</u> Um die irreduziblen Spiegelungsgruppen auf einen dreidimensionalen Vektorraum zu bestimmen, die nicht zu den Serien Nr. 1 und 2 gehören, gehen SHEPHARD

und TODD von den induzierten Gruppen $G' = \mathbb{P}G$ von „Kollineationen" (d.h. projektiv-lineare Transformationen) auf der projektiven Ebene („*ebene Kollineationsgruppen*") aus. Den Spiegelungen entsprechen Kollineationen endlicher Ordnung, die eine projektive Gerade punktweise fest lassen und die noch einen Fixpunkt außerhalb dieser Gerade haben; solche Abbildungen werden klassisch „*Homologien*" oder auch „*Perspektivitäten*" genannt. Die so entstehenden ebenen Kollineationsgruppen sind seit langem bekannt; sie werden klassisch durch ihre Ordnung indiziert und mit G_{60}, G_{168}, G_{216} und G_{360} bezeichnet.

K. Die Gruppe G_{60} : Diese Gruppe ist die Kollineationsgruppe $I' = \mathbb{P}(I)$, die zur vollen Ikosaedergruppe I gehört; sie ist die einzige reelle Gruppe unter den oben genannten. Aus unserer Beschreibung in Absatz F ist klar, daß I' zur reinen Gruppe $I^+ \simeq A_5$ isomorph ist. Umgekehrt gehört zu G_{60} nur genau eine euklidische Spiegelungsgruppe, nämlich die volle Gruppe I (Nr. 23 in der SHEPHARD-TODD-Liste).

L. Exkurs: Die Gruppe G_{168} : Die ebene Kollineationsgruppe G_{168} ist zuerst von Felix KLEIN im Rahmen seiner Untersuchungen von elliptischen Modulfunktionen (im Anschluß an seine Arbeiten über das Ikosaeder und die Auflösung der Gleichung 5. Grades) betrachtet worden. Für die folgenden Ergebnisse verweisen wir insbesondere auf KLEINs Originalartikel „Über die Transformationen siebenter Ordnung der elliptischen Funktionen" [1878]. Eine sehr detaillierte Darstellung gibt R. FRICKE in seiner Ausarbeitung [Kl-Fr] von KLEINs Vorlesungen über Modulfunktionen; weiter erwähnen wir die Lehrbücher der Algebra von H. WEBER [We] und R. FRICKE [Fr].

M. Die Modulgruppe: Ausgangspunkt unserer Diskussion der Gruppe G_{168} ist die „Modulgruppe"

$$\Gamma = \mathbb{P}SL_2(\mathbb{Z}) = SL_2(\mathbb{Z})/\{\pm 1\} ,$$

die durch gebrochen-lineare Transformationen

$$\begin{pmatrix} a & b \\ c & d \end{pmatrix} \cdot z = \frac{az+b}{cz+d}$$

auf der oberen Halbebene $H := \{z \in \mathbb{C} \; ; \; \mathrm{Im}(z) > 0\}$ effektiv operiert. Der Bahnenraum H/Γ, der die Isomorphieklassen von elliptischen Kurven parametrisiert, ist zu $\mathbb{C} = \mathbb{P}_1 \setminus \{\infty\}$ isomorph, wobei der Isomorphismus durch die elliptische Modulfunktion J vermittelt wird. Diese Funktion ist Γ-invariant und holomorph auf H mit einem einfachen Pol in ∞ und definiert daher auch einen Isomorphismus $\overline{H/\Gamma} \to \mathbb{P}_1$. Die unendlichblättrige Überlagerung $H \to H/\Gamma$ ist längs der Bahnen $\Gamma \cdot i$ und $\Gamma \cdot \rho$ (mit $\rho = e^{2\pi i/3}$) mit der Ordnung 2 bzw. 3 verzweigt und sonst unverzweigt:
Für $S = \begin{pmatrix} 0 & -1 \\ 1 & 0 \end{pmatrix}$ bzw. $T = \begin{pmatrix} 1 & 1 \\ 0 & 1 \end{pmatrix}$ gilt $S(z) = -1/z$, also $S(i) = i$ und $S^2 = \mathrm{id}$, bzw. $T(z) = z+1$ und damit $ST(\rho) = \rho$ sowie $(ST)^3 = \mathrm{id}$. Die beiden Transformationen S und T erzeugen die Modulgruppe.

<u>N. Hauptkongruenzuntergruppen, Modulargruppen und Modularkurven:</u> Für jede natürliche Zahl $N \geq 1$ ist die „Hauptkongruenzuntergruppe zur Stufe N"

$$\Gamma(N) = \{\begin{pmatrix} a & b \\ c & d \end{pmatrix} \in PSL_2(\mathbb{Z}); \; a \equiv d \equiv 1 \pmod N, \; b \equiv c \equiv 0 \pmod N\}$$

ein Normalteiler der Modulgruppe. Die zugehörige Restklassengruppe $\Gamma_N := \Gamma/\Gamma(N)$, die wir die „Modulargruppe" zur Stufe N nennen, hat für $N \geq 3$ die Ordnung

$$\mu(N) = \frac{1}{2} \cdot N^3 \cdot \prod_{p|N} (1 - 1/p^2)$$

(Produkt über die Primteiler). Ist $N = p$ eine Primzahl, so ist Γ_p die Gruppe $\mathbb{P}SL_2(\mathbb{F}_p)$, die für $p \geq 5$ einfach ist. Die Ordnung dieser Gruppe (für $p \geq 3$) ist $\mu(p) = (p-1)p(p+1)/2$; wir erhalten so für $p = 5$ bzw. $p = 7$ (nicht-zyklische) einfache Gruppen der Ordnung 60 bzw. 168.

Der Bahnenraum $H/\Gamma(N)$ ist eine offene Kurve (nichtkompakte RIEMANNsche Fläche), und die natürliche Abbildung $H/\Gamma(N) \to H/\Gamma \simeq \mathbb{C}$ ist eine $\mu(N)$-blättrige verzweigte Überlagerung mit der Modulargruppe Γ_N als GALOIS-Gruppe. Diese offene Kurve $H/\Gamma(N)$ kann durch endlich viele Punkte („Spitzen") kompaktifiziert werden. Wir erhalten damit eine (glatte kompakte) Kurve $C_{(N)}$, die „Modularkurve" zur Stufe N, mit einer effektiven Γ_N-Operation, und eine Fortsetzung der natürlichen

Abbildung von oben zu einer verzweigten GALOIS-Überlagerung

$$C_{(N)} \to \mathbb{P}_1 = \mathbb{C} \cup \{\infty\} .$$

Da S und $ST = \begin{pmatrix} 0 & -1 \\ 1 & 1 \end{pmatrix}$ nicht in der Hauptkongruenzuntergruppe liegen, tritt längs $\Gamma \cdot i$ und $\Gamma \cdot \rho$ (als Γ_N - Bahnen der Punkte $\Gamma(N) \cdot i$ und $\Gamma(N) \cdot \rho$ in $H/\Gamma(N)$ aufgefaßt) wiederum Verzweigung der Ordnung 2 bzw. 3 auf. Mit Hilfe der Abbildungen $z \to \exp(2\pi iz)$ bzw. $w \to \exp(2\pi iw/N)$ kann man $H/\langle T\rangle$ bzw. $H/\langle T^N\rangle$ mit der punktierten Einheitskreisscheibe identifizieren und damit sofort sehen, daß über ∞ Verzweigungspunkte der Ordnung N liegen. Die HURWITZ-Formel liefert dann die EULER-Zahl der Modularkurve $C = C_{(N)}$; für eine Primzahl p ergibt sich

$$e = \mu(p) \cdot (-1 + \tfrac{1}{2} + \tfrac{1}{3} + \tfrac{1}{p}) = -(p^2-1)(p-6)/12 .$$

Für $p = 5$ ergibt sich $e = 2$; die Kurve ist somit rational. Dagegen erhalten wir für $p \geq 7$ Kurven mit $e < 0$, also vom allgemeinen Typ.

O. Die Normalkurve und die Kollineationsdarstellung der Modulargruppe: Wir betrachten nun den Fall $p = 7$. Die Modularkurve $C = C_{(7)}$ hat die EULER-Zahl $e = -4$ und somit das Geschlecht $g = 3$. Zu der Operation der Modulargruppe Γ_7 auf der Kurve gehört eine lineare Operation auf dem dreidimensionalen Vektorraum $H^{1,0} = H^0(C, \Omega^1_C)$ der holomorphen 1-Formen und somit auch auf der projektiven Ebene $\mathbb{P}(H^{1,0})$.

Wie KLEIN in [-:§3] zeigt, ist C nicht hyperelliptisch, und daher definiert die kanonische Abbildung Φ_K eine Einbettung der Modularkurve in diese projektive Ebene (als Kurve vierten Grades). Diese Kurve wird bei KLEIN als „Normalkurve" bezeichnet. Bezüglich der Operationen von Γ_7 auf der Kurve C bzw. auf $\mathbb{P}(H^{1,0})$ ist die Einbettung Φ_K natürlich äquivariant, so daß die Gruppe auch auf der ganzen Ebene effektiv operiert. Damit ist die einfache Gruppe $\Gamma_7 = \mathbb{P}SL_2(\mathbb{F}_7)$ als ebene Kollineationsgruppe G_{168} dargestellt.

(Wendet man diese Konstruktion auf $p = 5$ und $C_{(5)} = \mathbb{P}_1$ an und ersetzt dabei die Garbe $\Omega^1 = \mathcal{O}(-2)$ durch $(\Omega^1)^* = \mathcal{O}(2)$, so ist der Raum der globalen Schnitte (holomorphe Vektorfelder) wieder dreidimensional; jetzt definieren die globalen Schnitte die „antikanonische" Einbettung

$\Phi_{-K} : \mathbb{P}_1 \to \mathbb{P}_2$ als ebene Quadrik, und wir erhalten die Darstellung der einfachen Gruppe Γ_5 als ebene Kollineationsgruppe G_{60}.)

<u>P. Zur Struktur der Gruppe</u> G_{168} : Die Gruppenstruktur untersucht KLEIN in [-:§1] anhand der Beschreibung als Modulargruppe $\Gamma_7 = \Gamma/\Gamma(7)$. Die Modulgruppe Γ wird natürlich auch von den beiden Elementen S und ST mit der Relation $S^2 = (ST)^3 = 1$ erzeugt; in Γ_7 gilt noch zusätzlich für $T = S(ST)$ die Relation $T^7 = 1$. Die Zerlegung in Konjugationsklassen ergibt folgendes Bild: Neben der Identität gibt es drei Klassen [S], $\left[\begin{smallmatrix} 2 & 2 \\ -2 & 2 \end{smallmatrix}\right]$ und $\left[\begin{smallmatrix} 2 & -2 \\ 2 & 2 \end{smallmatrix}\right]$ aus je 21 Elementen der Ordnungen 2, 4, 4 , weiter die Klasse [ST] aus 56 Elementen der Ordnung 3 sowie die beiden Klassen [T] und $\left[\begin{smallmatrix} 1 & 0 \\ 1 & 1 \end{smallmatrix}\right]$ aus je 24 Elementen der Ordnung 7. Um einzusehen, daß die Gruppe von den 21 Elementen der Ordnung 2 erzeugt wird, benutzen wir zunächst, daß sie Untergruppen enthält, die zur reinen Oktaedergruppe isomorph sind. (KLEIN gibt eine solche Gruppe G''_{24} explizit an). Da eine Untergruppe vom Oktaedertyp zur symmetrischen Gruppe S_4 isomorph ist, wird sie natürlich von den in ihr enthaltenen Elementen der Ordnung 2 erzeugt; weiter enthält sie Elemente der Ordnung 3. Da diese in Γ_7 zu ST konjugiert sind, gibt es eine solche Gruppe, die ST enthält. Somit ist auch ST ein Produkt von Elementen der Ordnung 2, und da S und ST die Gruppe Γ_7 erzeugen, folgt die Behauptung.

<u>Q. Geometrie der kanonischen Quartik und die</u> G_{168} <u>-Operation:</u> Aus der projektiven Geometrie ist bekannt, daß eine ebene Kurve vierten Grades genau 24 (= 168/7) Wendepunkte, 56 (= 168/3) Berührpunkte ihrer 28 Doppeltangenten sowie 84 (= 168/2) sextaktische Punkte (Punkte, in denen ein Kegelschnitt die Quartik mit Vielfachheit 6 schneidet) besitzt. Ist die Quartik unter einer endlichen Kollineationsgruppe invariant, so muß die Operation solche speziellen Punkte jeweils ineinander überführen. Daher werden die Verzweigungspunkte der Ordnung 7, 3, 2 der Modularkurve $C_{(7)}$ unter Φ_K genau auf diese speziellen Punkte der Normalkurve abgebildet, und diese bilden jeweils eine Bahn unter der G_{168} -Operation. (Die Bahnen der „allgemeinen" Punkte bestehen natürlich aus 168 Elementen.) Da die zu den Wendepunkten gehörigen Wendetan-

genten ebenfalls transitiv ineinander überführt werden, gilt das auch für die 24 einfachen Schnittpunkte der Wendetangenten mit der Normalkurve; sie bilden ebenfalls eine Bahn unter der G_{168}-Operation und können daher wiederum nur Wendepunkte sein. Nun muß die zyklische Gruppe der Ordnung 7, die einen Wendepunkt festhält, dann auch die zugehörige Wendetangente invariant lassen und somit den Schnittpunkt mit der Kurve ebenfalls als Fixpunkt haben. Das System aller Wendepunkte mit fester Fixgruppe und der zugehörigen Wendetangenten besteht somit aus einem oder mehreren Zykeln gleicher Länge.

Um die Länge dieser Zykel zu bestimmen, betrachten wir nun die schöne Darstellung der Modularkurve durch ein symmetrisches Kreisbogenpolygon aus 14 Kreisbogendreiecken mit den Winkeln $\pi/7$, $\pi/7$, $\pi/7$ in der Einheitskreisscheibe, wobei die orientierten freien Randkomponenten γ_j gemäß $\gamma_{2j+1} \sim \gamma_{2j+6}^{-1}$ $(j=0,..,7)$ miteinander verheftet werden. In den Eckpunkten stoßen jeweils 7 Spitzen aneinander, die nach dem angegebenen Schema identifiziert werden. Die Zeichnung haben wir Felix KLEINs Originalarbeit [1878] entnommen.

Die Drehung um $2\pi/7$ um den Mittelpunkt repräsentiert ein Gruppenelement der Ordnung 7, das außer dem Bild des Mittelpunktes noch zwei weitere Fixpunkte hat, nämlich genau die beiden Punkte, die durch die Identifikation der Ecken mit geradem bzw. ungeradem Index entstehen. Daraus folgt, daß jeder Wendepunkt- Wendetangenten- Zyklus in der Normalkurve aus genau drei Gliedern besteht, die ein Dreieck bzw. Dreiseit bilden. (In der Beschreibung als Modularkurve $C_{(7)}$ bilden die durch ∞, $2/7$, $3/7$ repräsentierten Punkte das zu T gehörige Fixpunkttripel, und diese drei Punkte werden durch eine Transformation der Ordnung 3 vertauscht: Die Transformation $U \equiv \binom{2\ 0}{0\ 4}$ (mod 7) hat in der Modulargruppe Γ_7 die Ordnung 3; für die Repräsentanten $U_1 = \binom{2\ \ 7}{7\ 25}$ von U bzw. $U_2 = \binom{3\ \ -7}{7\ -16}$ von $-U^2$ in Γ gilt offensichtlich $U_1 \cdot \infty = 2/7$ bzw. $U_2 \cdot \infty = 3/7$).

Das Kreisbogenpolygon tritt bei der Darstellung der Gruppe G_{168} als Quotient T/N der hyperbolischen Dreiecksgruppe $T := T(2,3,7)$ nach dem einzigen Normalteiler N vom Index 168 auf. Die Dreiecksgruppe T operiert auf der Einheitskreisscheibe $\mathbb{B}_1$. Das Polygon ist ein Funda-

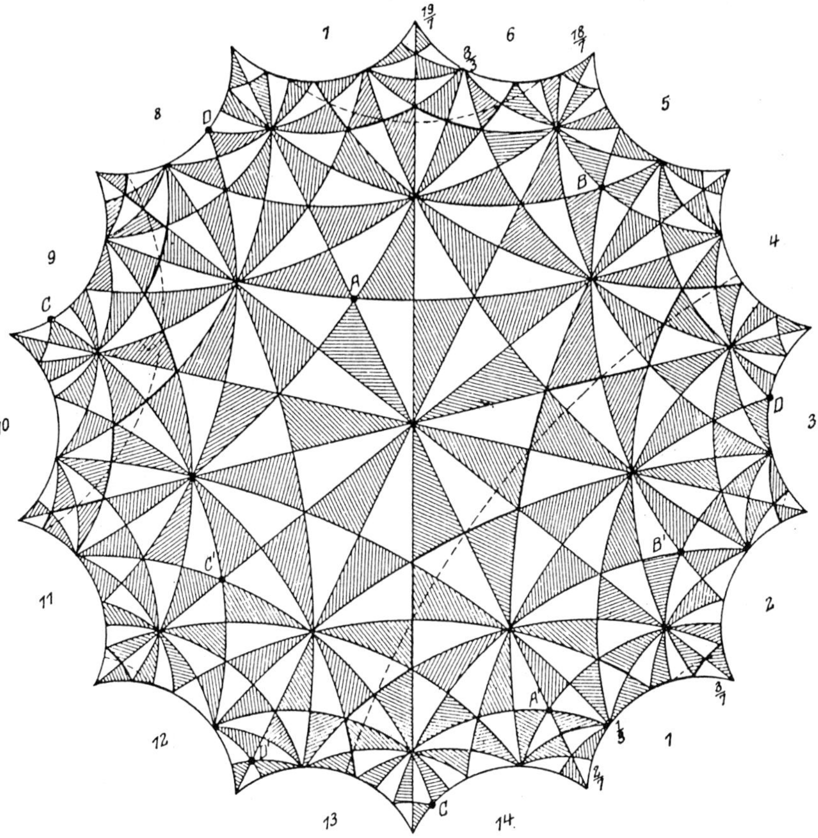

Hauptfigur.

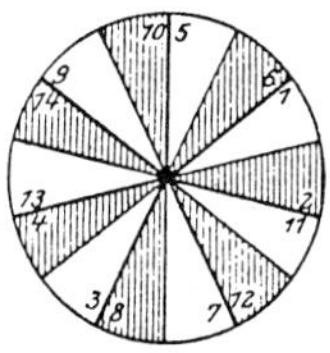

Ecken der einen Art.

Zusammengehörigkeit der Kanten:

1	an	6
3	"	8
5	"	10
7	"	12
9	"	14
11	"	2
13	"	4

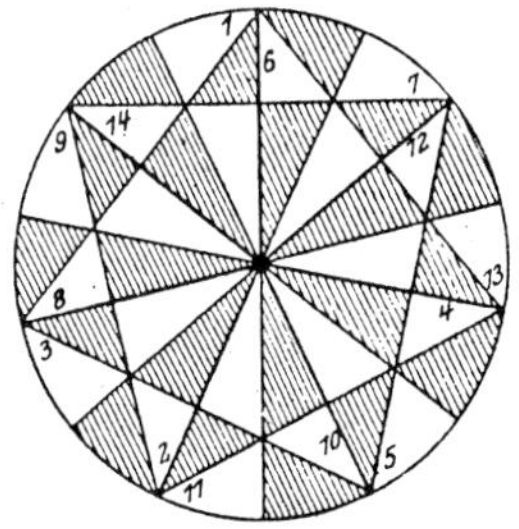

Ecken der anderen Art.

Felix KLEIN: Über die Transformationen siebenter Ordnung
[1878] der elliptischen Funktionen.
Gesammelte Mathematische Abhandlungen Band 3, LXXXIV, Seite 126

mentalbereich für N, und der Bahnenraum $\mathbb{B}_1/N$ ist wieder die Modularkurve $C_{(7)}$. Für eine Diskussion dieser Gesichtspunkte verweisen wir auf das Buch von W. MAGNUS [:II.5-7, insbes. p. 94] und natürlich auf [Kl-Fr I: II,6,§8, p.369 ff].

R. Die KLEINsche Quartik und die Matrixdarstellung der Gruppe G_{168} : Wählen wir nun eines dieser Wendedreiseite als Koordinatendreiseit, so folgt leicht, daß die Normalkurve die Gleichung

$$x^3y + y^3z + z^3x + \alpha xyz(x+y+z) = 0$$

haben muß. Die von T induzierte Kollineation der Ordnung 7 kann nur von der Form

$$(x:y:z) \to (\zeta^a x:\zeta^b y:\zeta^c z) \quad \text{mit} \quad \zeta = e^{2\pi/7}$$

sein. Aus der Invarianz der Gleichung folgt $a = k,\ b = 4k,\ c = 2k$ mit $k \not\equiv 0 \bmod 7$ sowie $\alpha = 0$, also die Gleichung

$$f(x,y,z) = x^3y + y^3z + z^3x = 0$$

(KLEINsche Quartik). Aus der Forderung, daß die Gleichung $f(x,y,z) = 0$ auch unter einer Kollineation der Ordnung 2 (Involution) invariant ist, leitet KLEIN in [-:§5] für eine spezielle Involution S die explizite Matrixdarstellung

$$S = (i/\sqrt{7})\cdot\begin{pmatrix} \zeta-\zeta^6 & \zeta^2-\zeta^5 & \zeta^4-\zeta^3 \\ \zeta^2-\zeta^5 & \zeta^4-\zeta^3 & \zeta-\zeta^6 \\ \zeta^4-\zeta^3 & \zeta-\zeta^6 & \zeta^2-\zeta^5 \end{pmatrix}$$

her (vgl. die detaillierte Diskussion in [Kl-Fr I: III,6,§5, p.704]). Die Gruppe G_{168} wird damit als die Untergruppe von U(3) dargestellt, die von den Matrizen S ,

$$T = \begin{pmatrix} \zeta & 0 & 0 \\ 0 & \zeta^4 & 0 \\ 0 & 0 & \zeta^2 \end{pmatrix} \quad \text{und} \quad U = \begin{pmatrix} 0 & 0 & 1 \\ 1 & 0 & 0 \\ 0 & 1 & 0 \end{pmatrix}$$

(mit der Determinante +1) erzeugt wird. Als Involution kann S nur die Eigenwerte −1, −1, 1 haben; somit ist S zwar keine Spiegelung, aber die induzierte Kollineation ist eine Homologie („harmonische Perspektivität"). Da diese Aussage sinngemäß für alle 21 Transformationen der Ordnung 2 gilt, ist die Gruppe G_{168} von Homologien erzeugt. Die zugehörige unitäre Spiegelungsgruppe auf $\mathbb{C}^3$ erhalten wir, indem wir die Matrixgruppe noch durch die Zentralsymmetrie $-I_3$ erweitern. Diese Gruppe der Ordnung 336 ist die Nr. 24 der Liste von SHEPHARD und TODD.

<u>S. Die G_{168} -Konfiguration (der 21 Perspektivitätsachsen):</u> Außer den 21 Involutionen enthält die Gruppe G_{168} keine weiteren Homologien: Da ein Schnittpunkt der Fixgerade („Achse") einer Homologie mit der Kurve ein Fixpunkt der entsprechenden Ordnung ist, kämen nur noch die Ordnungen 3 oder 7 in Frage. Die Elemente der Ordnung 3 unserer Matrixgruppe haben die Eigenwerte $e^{2\pi i/3}$, $e^{4\pi i/3}$, 1 ; die der Ordnung 7 sind zu T oder T^{-1} konjugiert und haben die Eigenwerte ζ^k, ζ^{2k}, ζ^{4k} mit $\zeta = e^{2\pi i/7}$ und $k = 1$ oder $k = -1$. Damit besteht die zur Gruppe G_{168} gehörige Geradenkonfiguration in der projektiven Ebene genau aus den Fixgeraden („Perspektivitätsachsen") der 21 Involutionen. Die Bildpunkte der Verzweigungspunkte der Ordnung 2 auf der Kurve C können nur die Schnittpunkte mit den Perspektivitätsachsen sein. Da es genau 84 derartige Verzweigungspunkte gibt, sind die 21 Achsen paarweise verschieden; sie schneiden die Kurve transversal, und die Schnittpunkte sind genau die 84 sextaktischen Punkte.

Das Schnittverhalten der Perspektivitätsachsen untereinander kann man an der Gruppenstruktur ablesen. Die Untergrupe der Transformationen, die den Schnittpunkt von zwei Achsen festlassen, kann kein Element der Ordnung 7 enthalten, da ein solches Element und eine beliebige Involution schon die gesamte Gruppe erzeugen; sie liegt daher in einer Untergruppe der G_{168}, die zur reinen Oktaedergruppe isomorph ist. Damit kann diese Fixgruppe nur die Ordnung 24, 12, 8, 6 oder 4 haben. Wie die genauere Untersuchung zeigt, kommen nur die Ordnungen 8 oder 6 vor; der Schnittpunkt liegt dann auf den Achsen von 4 bzw. 3 Involutionen. Damit erhalten wir 21 Vierfach- und 28 Dreifachpunkte; wegen der Gleichheit $21 \cdot 20 = 21 \cdot 4 \cdot 3 + 28 \cdot 3 \cdot 2$ kann es keine weiteren Schnittpunkte geben. Da auf allen Achsen jeweils die gleiche Zahl τ_4 von Vierfach- bzw. τ_3 von Dreifachpunkten liegt, erhalten wir also die kombinatorischen Daten

$$k = 21, \quad t_3 = 28, \quad t_4 = 21, \quad t_r = 0 \quad \text{für} \quad r \neq 3,4 \ ; \quad \tau_3 = \tau_4 = 4 \ .$$

Für die Details verweisen wir auf die sorgfältige Diskussion im Buch von H. WEBER [We:§134-136, p. 508-517]. Im kombinatorischen Sinne ist die Konfiguration der 21 Vierfachpunkte und der Geraden vom Typ (21_4) und die der 28 Dreifachpunkte und der Geraden vom Typ $(28_3, 21_4)$. Wir bemerken noch, daß durch jeden Vierfachpunkt auch vier der 28 Doppeltangenten der Quartik verlaufen.

Da die G_{168} -Konfiguration keine Doppelpunkte hat, kann sie natürlich nur in der komplexen Ebene dargestellt werden. Interessanterweise läßt sich aber die Teilkonfiguration (21_4) reell darstellen, wie B. GRÜNBAUM [1987] gezeigt hat; dabei treten natürlich noch Doppelpunkte (und auch Tripelpunkte auf der unendlich fernen Geraden) auf.

<u>T. Die HESSEsche Gruppe</u> G_{216} <u>und die HESSE-Konfigurationen:</u> Die ebene Kollineationsgruppe G_{216} steht in enger Beziehung zu der HESSEschen Konfiguration $(9_4, 12_3)$ der zwölf Wendedreiseite einer glatten ebenen Kubik (vgl. Abschnitt 2.3,A-B) und auch wieder zur Modulgruppe Γ. Dazu diskutieren wir zunächst die Konstruktion der elliptischen Modulfläche zur Stufe N .

Jeder Zahl $\tau \in H$ können wir die elliptische Kurve $\mathbb{C}/\Gamma$ zum Gitter $\Gamma = \Gamma_\tau := \langle\tau, 1\rangle = \{n_1\tau + n_2;\ n_1,\ n_2 \in \mathbb{Z}\} \subset \mathbb{C}$ zuordnen. Nun fassen wir $\tau \in H$ als Modulparameter und $z \in \mathbb{C}$ als Punkt der elliptischen Kurve $\mathbb{C}/\Gamma_\tau$ zu τ auf und identifizieren im Produkt $H \times \mathbb{C}$ die Punkte

$$(\tau, z) \quad \text{und} \quad (\tau', z') \quad \left(\text{mit} \quad \tau' := \frac{a\tau+b}{c\tau+d} \quad \text{und} \quad z' := \frac{1}{c\tau+d}\cdot(z+n_1\tau+n_2)\ \right)$$

für $\begin{pmatrix} a & b \\ c & d \end{pmatrix} \in \Gamma(N)$ (mit $N \geq 3$) und $n_1, n_2 \in \mathbb{Z}$. Der Identifikationsraum ist eine nichtkompakte glatte Fläche $X = X_{(N)}$, die über der offenen Kurve $H/\Gamma(N)$ elliptisch gefasert ist. Dabei werden zwei N-Teilungspunkte $z = (r_1\tau + r_2)/N$ bzw. $z' = (s_1\tau' + s_2)/N$ in den Fasern über τ bzw. τ' (mit $r_i, s_j \in \mathbb{Z}$) genau dann identifiziert, wenn $(s_1, s_2)\begin{pmatrix} a & b \\ c & d \end{pmatrix} \equiv (r_1, r_2) \pmod N$ gilt. Da wir nur mit Transformationen aus der Hauptkongruenzuntergruppe operieren, folgt daraus $r_1 \equiv s_1$ und

$r_2 \equiv s_2 \pmod N$. Somit erhalten wir in natürlicher Weise N^2 globale Schnitte, die in jeder Faser genau die N-Teilungspunkte ausschneiden.

Diese offene Fläche X (die „universelle Familie der elliptischen Kurven mit Teilungspunktstruktur zur Stufe N") kann nun (glatt) kompaktifiziert werden, indem über jeder der $\mu(N)/N$ Spitzen der Modularkurve $C_{(N)}$ jeweils ein Zyklus aus N glatten rationalen (−2)-Kurven (d.h. eine Ausnahmefaser vom Typ I_N) eingesetzt wird; die kompaktifizierte Fläche $\overline{X} = \overline{X}_{(N)}$ ist die *elliptische Modulfläche* zur Hauptkongruenzuntergruppe der Stufe N. Wir können die Situation durch folgendes Diagramm darstellen:

$$\begin{array}{ccccc} H \times \mathbb{C} & \longrightarrow & X_{(N)} & \subset & \overline{X}_{(N)} \\ \downarrow & & \downarrow & & \downarrow \\ H & \longrightarrow & H/\Gamma(N) & \subset & C_{(N)} \end{array} .$$

Jede der $\mu(N)/N$ Ausnahmefasern der elliptischen Faserung über den Spitzen hat die EULER-Zahl N. Mit dem Additivitätsprinzip ist sofort zu sehen, daß die Fläche $\overline{X}$ die EULER-Zahl $e = c_2 = \mu(N)$ hat.

Die N^2 globalen Schnitte der offenen Fläche X bilden bezüglich der Addition in den Fasern eine zu $\mathbb{Z}/N \times \mathbb{Z}/N$ isomorphe Gruppe. Die Menge der regulären Punkte jeder Ausnahmefaser kann mit dem Produkt $\mathbb{C}^* \times \mathbb{Z}/N$ identifiziert werden und trägt somit ebenfalls eine Gruppenstruktur. Die globalen Schnitte können nun so in die Ausnahmefasern hinein fortgesetzt werden, daß jede Komponente von genau N Schnitten jeweils in den N-ten Einheitswurzeln getroffen wird.

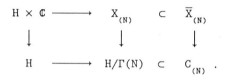

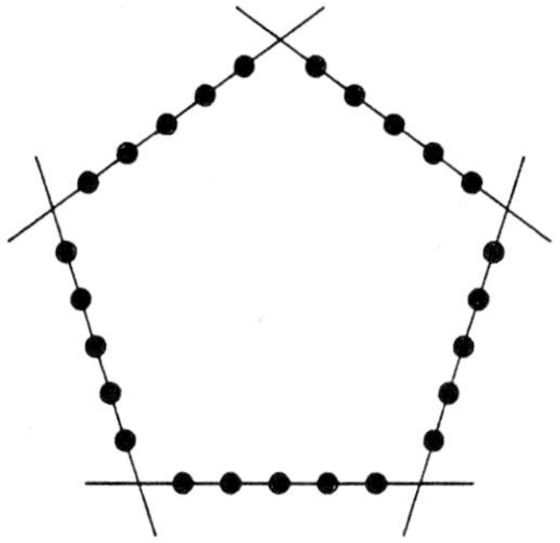

Nun ist das semidirekte Produkt G' von $SL_2(\mathbb{Z}/N\cdot\mathbb{Z})$ und $(\frac{1}{N}\cdot\mathbb{Z}/\mathbb{Z})^2$ eine Gruppe der Ordnung $2N^2\cdot\mu(N)$, die durch fasertreue Automorphismen auf der offenen elliptischen Modulfläche operiert. Diese Gruppe enthält einen Normalteiler A' der Ordnung $2N^2$, der aus den N^2 Translationen und den Spiegelungen an den Schnitten gebildet wird. Die zugehörige Restklassengruppe G'/A' ist zur Modulargruppe Γ_N - mit der kanonischen induzierte Operation auf der offenen Basiskurve $H/\Gamma(N)$ - isomorph. Die Operation der Gruppe G' auf der offenen Modulfläche kann auf die Kompaktifizierung fortgesetzt werden.

Betrachten wir nun den Fall $N = 3$, so erhalten wir $N^2 = 9$ Schnitte in $\overline{X} = \overline{X}_{(3)}$; die Basiskurve $C_{(3)} = \overline{H/\Gamma(3)}$ der elliptischen Modulfläche ist rational; es gibt $\mu(3)/3 = 4$ Ausnahmefasern aus je drei rationalen (-2)-Kurven; die EULER-Zahl ist $\mu(3) = 12$. Wir kennen bereits eine elliptische Fläche mit diesen Eigenschaften, nämlich die in den neun Basispunkten des HESSEschen Büschels aufgeblasene Ebene $\hat{\mathbb{P}}_2$ mit der Abbildung auf den Büschelparameter λ (vgl. 2.3,A). Man kann nun zeigen, daß die neun Schnitte in $\overline{X}$ rationale (-1)-Kurven sind und daß die beiden Flächen fasertreu isomorph sind. Damit operiert die Gruppe G' der Ordnung 216 natürlich auch auf $\hat{\mathbb{P}}_2$, und da die neun Schnitte bei dieser Operation invariant sind, erhalten wir nach deren Kontraktion eine induzierte Operation von G' als ebene Kollineationsgruppe G_{216}.

Es ist klar, daß die Wendelinien- und die Fluchtlinienkonfiguration bei der Gruppenoperation invariant sind. Wir betrachten nun den Normalteiler A' der Gruppe G' als Untergruppe G_{18}. Diese Gruppe enthält neun Involutionen, die jeweils der Spiegelung an einem Schnitt entsprechen und die somit den Wendepunkt, der bei der Kontraktion aus diesem Schnitt entsteht, als isolierten Fixpunkt haben. Die zugehörige Fixgerade ist dann genau die Fluchtlinie, die unter der geometrischen Dualität der Wendelinien- und der Fluchtlinien-Konfiguration (siehe 2.3,E) diesem Wendepunkt entspricht. Diese neun Involutionen erzeugen den Normalteiler G_{18} ; die Restklassengruppe G_{216}/G_{18} ist die Modulargruppe $\Gamma_3 = \mathbb{P}SL_2(\mathbb{F}_3)$, und diese ist zur reinen Tetraedergruppe $T^+ \simeq A_4$ isomorph. Der von einem Dreierzyklus erzeugten zyklischen Untergruppe entspricht in der Gruppe G_{216} eine Untergruppe der Ordnung 54, die genau ein Wendedreiseit invariant läßt, und in dieser Untergruppe gibt es ein Element der Ordnung 3, das die drei Wendepunkte auf einer Gerade festhält. (Man kann dazu die Identifikation der Wendepunkte- Wendelinien-Konfiguration mit der affinen Ebene über dem Körper $\mathbb{F}_3$ aus 2.3,A benutzen, unter der die Gruppe G' mit der Gruppe der Affinitäten identifiziert wird.) Diese Kollineation hält dann die gesamte Wendelinie fest und ist somit eine Homologie. Zu jeder Wendelinie gibt es ein Paar aus zwei solchen Homologien; es ist klar, daß diese zusammen mit den neun Involutionen die Gruppe G_{216} erzeugen.

Nun erzeugt aber bereits das System der Homologien der Ordnung 3 die Kollineationsgruppe. Wenn man diese Erzeugenden durch Spiegelungen auf $\mathbb{C}^3$ repräsentiert, so hat die davon erzeugte unitäre Spiegelungsgruppe die Ordnung $3 \cdot 216 = 648$, und diese Gruppe ist die Nr. 25 der Liste von SHEPHARD und TODD. (Die Gruppe G_{216} erhalten wir als Quotienten nach der Untergruppe der Skalarmatrizen.) Will man nun auch die Involutionen durch Spiegelungen darstellen, so muß wie im Fall der G_{168} noch die Zentralsymmetrie $-I_3$ hinzugenommen werden. Die dann entstehende unitäre Spiegelungsgruppe der Ordnung 1296 ist die Nr. 26 der Liste von SHEPHARD und TODD. Die zugehörigen Geradenkonfigurationen sind also die eigentliche HESSE- (Wendelinien-) Konfiguration (bei Nr. 25) und die erweiterte HESSE-Konfiguration (bei Nr. 26), die wir in Abschnitt 2.3 bereits eingehend diskutiert haben.

<u>U. Die VALENTINER-Gruppe G_{360} und die zugehörige Geradenkonfiguration:</u>
Die ebene Kollineationsgruppe G_{360} wurde 1889 von H. VALENTINER gefunden; ihre Theorie zeigt starke Analogien zu der KLEINschen Gruppe G_{168}. Wir wollen hier einige Aspekte skizzieren; für eine eingehende Diskussion verweisen wir auf das „Lehrbuch der Algebra", Bd. 2 von R. FRICKE [Fr: Abschn. II, Kap. 3, p. 241-294].

Man betrachtet gebrochen-lineare Transformationen der Form

$$\begin{pmatrix} A & C \\ -\overline{C} & \overline{A} \end{pmatrix} \cdot z = \frac{Az + C}{-\overline{C}z + \overline{A}}$$

mit $A, \overline{A} = \alpha \pm \beta\cdot\sqrt{j}$ und $C, \overline{C} = \gamma \pm \delta\cdot\sqrt{j}$, wobei $j = (-1+\sqrt{5})/2$ gilt und $\alpha,\beta,\gamma,\delta$ ganze Zahlen des reell-quadratischen Zahlkörpers $\mathbb{Q}(j) = \mathbb{Q}(\sqrt{5})$ sind (d.h. von der Form $k + l\cdot j$ mit $k,l \in \mathbb{Z}$). Die Transformationen, deren Determinante

$$\det \begin{pmatrix} A & C \\ -\overline{C} & \overline{A} \end{pmatrix} = \alpha^2 + \gamma^2 - j\cdot(\beta^2 + \delta^2)$$

einen der Werte 1 (unimodular), 1 oder 4 (quadrimodular) bzw. 1, 4 oder 2 (dimodular) hat, bilden jeweils Gruppen, die auf der oberen Halbebene operieren. Die Elemente endlicher Ordnung haben die Ordnungen 2, 4 oder 5; es folgt daraus, daß die größte der drei Gruppen G mit der hyperbolischen Dreiecksgruppe $T(2,4,5)$ identifiziert werden kann und somit durch zwei Erzeugende S und T mit den Relationen $S^5 = T^2 = (ST)^4 = 1$ darstellbar ist.

In dieser Gruppe G liegt die „Hauptkongruenzuntergruppe dritter Stufe", d.h. die Transformationen mit $\beta, \gamma, \delta \equiv 0 \pmod 3$, als Normalteiler vom Index 360. Die Untersuchung der Struktur der Restklassengruppe $\overline{G}$ der Ordnung 360 zeigt, daß diese einfach ist und 45 Elemente der Ordnung 2 enthält. Weiter enthält $\overline{G}$ zwei Klassen von je sechs zueinander konjugierten Untergruppen vom Ikosaedertyp, und jede dieser Untergruppen ist ihr eigener Normalisator. Nun operiert die Gruppe auf der Menge der sechs Untergruppen einer Konjugationsklasse, und aus dieser Darstellung als Permutationsgruppe folgt, daß $\overline{G}$ zu der alternierenden Gruppe A_6 isomorph ist.

Der Bahnenraum $H/G \simeq \mathbb{B}_1/T(2,4,5)$ der großen Gruppe ist die projektive Gerade; die Abbildung $H \longrightarrow H/G = \mathbb{P}_1$ ist unendlichblättrig mit drei Verzweigungspunkten der Ordnung 2, 4, 5. Faktorisieren wir die obere Halbebene nach der Hauptkongruenzuntergruppe, so erhalten wir eine kompakte Kurve C, die eine 360-blättrige Überlagerung der rationalen Kurve H/G mit dem gleichen Verzweigungsverhalten darstellt; die Restklassengruppe $\overline{G}$ operiert auf C als Decktransformationsgruppe. Nach der HURWITZ-Formel hat C die EULER-Zahl

$$e(C) = 360\cdot(2 - \tfrac{1}{2} - \tfrac{3}{4} - \tfrac{4}{5}) = -18 ,$$

also das Geschlecht 10. Die induzierte Operation der Gruppe $\overline{G}$ auf $H^{1,0}$ liefert damit eine zehndimensionale lineare Darstellung sowie davon induziert eine neundimensionale Kollineationsdarstellung der Gruppe, wobei die kanonische Einbettung $\Phi_K\colon C \subset \mathbb{P}(H^{1,0}) \simeq \mathbb{P}_9$ äquivariant ist. Man kann nun aber zeigen, daß die Kurve C sogar eine Einbettung in die projektive Ebene (als glatte Kurve vom Grad $d = 6$) hat; die kanonische Einbettung ist dann die Komposition mit der VERONESE-Abbildung $\mathbb{P}_2 \subset \mathbb{P}_9$ der Ebene zum Grad 3. Damit wird die Gruppe als ebene Kollineationsgruppe G_{360} dargestellt.

Die alternierende Gruppe A_6 wird von den 45 Elementen der Ordnung 2 (Produkte $(ij)(kl)$ von je zwei vertauschbaren Transpositionen) erzeugt; diesen entsprechen in der Kollineationsgruppe G_{360} genau 45 Involutionen. Repräsentieren wir diese Involutionen durch Spiegelungen, so hat die davon erzeugte Gruppe die Ordnung $6\cdot 360 = 2160$, und diese Gruppe ist die Nr. 27 der Liste von SHEPHARD und TODD. Die Spiegelungsgruppe enthält eine Untergruppe der Ordnung 1080, die aus unimodularen Matrizen besteht und die surjektiv auf die G_{360} abgebildet wird, aber keine zur G_{360} isomorphe Untergruppe. In seinem Buch [-:II,3,§8, p. 263-268] gibt FRICKE Erzeugende für diese Matrixgruppe explizit an; dort findet sich (in [-:...,§9, p. 269]) auch die Gleichung

$$x^6 + y^6 + z^6 + \tfrac{3}{2}(\eta-3)\cdot(x^4y^2 + x^4z^2 + y^4x^2 + y^4z^2 + z^4x^2 + z^4y^2) + 6(\eta+2)\cdot x^2y^2z^2 = 0$$

(mit $\eta = \frac{1}{2}\cdot(1 - i\sqrt{15}\,)$ für die Kurve.

Außer den 45 Involutionen enthält die Gruppe G_{360} keine zusätzlichen Homologien; die zugehörige Geradenkonfiguration besteht somit aus den 45 Perspektivitätsachsen. Für neun Achsen, die eine Oktaeder-Konfiguration $A_1(9)$ bilden, sowie für zwei weitere gibt FRICKE in [-:..,§11, p. 277] Gleichungen an; die anderen Achsen entstehen aus diesen beiden durch die Transformationen einer Oktaedergruppe. Insgesamt ergeben sich die kombinatorischen Daten

$$t_3 = 120\ ,\quad t_4 = 45\ ,\quad t_5 = 36\ .$$

V. Invariantentheoretische Aspekte: Zum Abschluß unserer Diskussion der dreidimensionalen Spiegelungsgruppen sei noch auf die invariantentheoretischen Gesichtspunkte verwiesen, die sich an diesen Beispielen besonders schön aufzeigen lassen: Der Ring der invarianten Polynome für eine irreduzible (n-dimensionale) Spiegelungsgruppe G ist selbst wieder ein Polynomring, der von n invarianten Formen (d.h. homogenen Polynomen) f_j vom Grad d_j (mit $d_1 \leq d_2 \leq \ldots \leq d_n$) erzeugt wird. Die Grade d_j (und auch die Formen f_j der niedrigsten Grade) sind eindeutig bestimmt; es gelten die Relationen

$$\prod d_j = |G| \ , \quad \sum(d_j-1) = a \quad \text{(Anzahl der Spiegelungen)}.$$

Für unsere dreidimensionalen Gruppen erhalten wir die folgende Tabelle:

S-T-Nr	$\|G\|$	(d_1, d_2, d_3)	proj. Gruppe G'
23	120	(2, 6, 10)	$G_{60} \simeq I^+ \simeq A_5 \simeq \mathbb{P}SL_2(\mathbb{F}_5)$
24	336	(4, 6, 14)	$G_{168} \simeq \Gamma_7 = \mathbb{P}SL_2(\mathbb{F}_7)$
25	648	(6, 9, 12)	$G_{216} \simeq Aff_2(\mathbb{F}_3)$
26	1296	(6, 12, 18)	G_{216}
27	2160	(6, 12, 30)	$G_{360} \simeq A_6 = \mathbb{P}SL_2(\mathbb{F}_9)$.

Die Formen f_j bzw. die dadurch definierten ebenen Kurven haben eine interessante geometrische Bedeutung. So ist beispielsweise die Fundamentalinvariante f_1 der G_{168} die definierende Gleichung der Normalkurve (KLEINsche Quartik) und f_2 die zugehörige HESSEsche, und die 24 Schnittpunkte der Quartik und der Sextik sind die Wendepunkte. Die Form f_3 definiert eine Kurve (vom Grad 14), deren 56 Schnittpunkte mit der Normalkurve die Berührpunkte der Doppeltangenten sind. Das Produkt F der Gleichungen der Spiegelebenen ist zwar keine Invariante, wohl aber das Quadrat, und so erhält man eine Relation der Form

$$F^2 + \alpha f_3^3 + \beta f_2^7 \equiv 0 \pmod{f_1} .$$

(Die zugehörige Flächensingularität $x^2 + y^3 + z^7 = 0$ in $\mathbb{C}^3$ wird von E. BRIESKORN [1981] eingehend diskutiert.)

Wir können auf diese Gesichtspunkte der Invariantentheorie hier nicht weiter eingehen; zur Einführung verweisen wir auf die Lecture Notes von T.A. SPRINGER [Spr].

W. Höherdimensionale Spiegelungsgruppen: Auch höherdimensionale Spiegelungsgruppen liefern Geradenkonfigurationen, denn auf jedem dreidimensionalen Durchschnitt H von Spiegelungs-Hyperebenen der Gruppe in $\mathbb{C}^n$ bilden die Schnitte von H mit den übrigen Spiegeln eine Konfiguration von Ebenen durch den Ursprung, zu der dann in der projektiven Ebene $\mathbb{P}(H)$ eine Geradenkonfiguration gehört.

Ein Beispiel, das auch (im Rahmen der in Teil II zu behandelnden gewichteten Theorie) zu Ballquotienten führt, ist die vierdimensionale euklidische Spiegelungsgruppe der Ordnung 1152 (Nr. 28), zu der die Kollineationsgruppe G_{576} auf $\mathbb{P}_3$ gehört (WEYL-Gruppe der halbeinfachen LIE-Algebra F_4): Die projektiven Spiegel bilden eine Konfiguration von 24 Ebenen im reellen projektiven Raum $\mathbb{P}_3(\mathbb{R})$, die in der Liste der dreidimensionalen simplizialen Ebenenkonfigurationen von GRÜNBAUM und SHEPHARD [1984] die Bezeichnung $A_1^3(24)$ hat. Auf jeder der 24 Ebenen liegt die Geradenkonfiguration $A_2(13)$ (siehe 2.2,I). Ein anderes euklidisches Beispiel mit einer besonders schönen Geradenkonfiguration ist die Spiegelungsgruppe der Ordnung 14400 (Nr. 30) auf $\mathbb{R}^4$ mit der zugehörigen Kollineationsgruppe G_{7200} : Die Spiegel bilden die Konfiguration $A_1^3(60)$ aus 60 Ebenen; auf jeder wird die Geradenkonfiguration $A_1(31)$ induziert (s. Zeichnung).

Während die vierdimensionalen Spiegelungsgruppen auf diesem Wege stets zu einer eindeutig bestimmten Geradenkonfiguration führen, hängt die Konfiguration bei den verbleibenden Gruppen (Nr. 33 - 37) von der Wahl des dreidimensionalen Durchschnittes H ab. Eine Liste der kombinatorischen Daten, die uns Peter ORLIK mitgeteilt hat, gibt für die einzige achtdimensionale Spiegelungsgruppe (mit der Ordnung $192\cdot 10!$) genau acht verschiedene Geradenkonfigurationen an, darunter auch die beiden simplizialen Konfigurationen $A_3(19)$ (siehe Zeichnung) und $A_1(19)$ (Zeichnung: s. 5.7,H) aus GRÜNBAUMs Katalog.

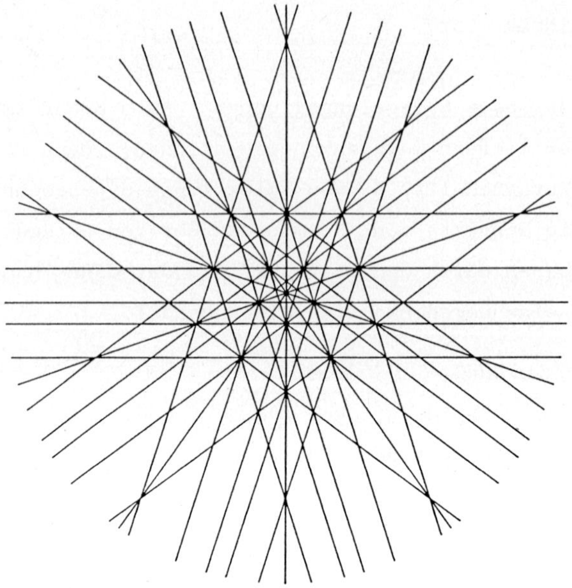

$A_1(31)$

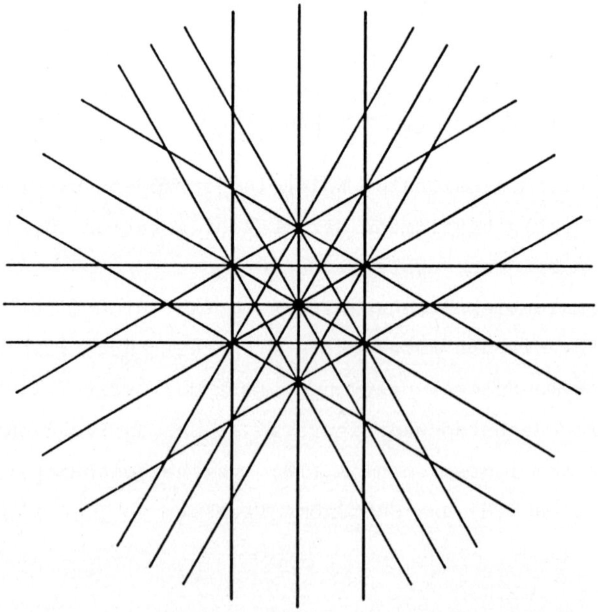

$A_3(19)$

Kapitel 3
Geradenkonfigurationen und Kummersche Überlagerungen der projektiven Ebene

Nach der Diskussion von Geradenkonfigurationen in der projektiven Ebene kehren wir zur Betrachtung von algebraischen Flächen zurück. Dazu greifen wir die Konstruktion der KUMMERschen Überlagerungen der komplex-projektiven Ebene aus Abschnitt 1.5 auf. Dort haben wir für jede Konfiguration L aus k Geraden L_j $(j = 1,\ldots,k)$ in der Ebene, die kein Büschel ist, und für jede lokale Verzweigungsordnung n eine konstant n-fach längs L verzweigte Überlagerungsfläche $X = X_n(L)$ angegeben, die wie folgt konstruiert wird: Wir betrachten zunächst als algebraisches Modell die KUMMERsche Erweiterung

$$K = \mathbb{C}(\mathbb{P}_2)(\sqrt[n]{\ell_1/\ell_k},\ldots,\sqrt[n]{\ell_{k-1}/\ell_k})$$

des rationalen Funktionenkörpers $\mathbb{C}(\mathbb{P}_2) = \mathbb{C}(z_1/z_0\,,\,z_2/z_0)$ durch die n-ten Wurzeln der gebrochen-linearen Funktionen ℓ_j/ℓ_k, wobei die Linearform $\ell_j(z_0,z_1,z_2) = 0$ die Gerade L_j definiert. Dieses algebraische Modell wird dann durch das RIEMANNsche Gebilde

$$X_n = X_n(L) := \{\ (u,w) \in \mathbb{P}_2 \times \mathbb{P}_{k-1}\ ;\quad w_i^n\cdot\ell_j(u) = w_j^n\cdot\ell_i(u) \quad \text{für} \quad 1 \le i < j \le k\ \}$$

geometrisch realisiert, das über die zweite Projektion mit einem vollständigen Durchschnitt von $k-3$ verallgemeinerten FERMAT-Hyperflächen n-ten Grades in $\mathbb{P}_{k-1}$ identifiziert werden kann. Die Betrachtung in lokalen Koordinaten zeigt, daß die erste Projektion $\pi\colon X_n(L) \to \mathbb{P}_2$ das geforderte lokale Verzweigungsverhalten hat; der globale Überlagerungsgrad ist $N = n^{k-1}$; genau über den singulären Schnittpunkten der Konfiguration liegen normale Singularitäten.

Für die regularisierte Überlagerungsfläche $\hat{X}_n(L)$ haben wir in 1.3(7) drei quadratische Polynome in der Variablen n angegeben, mit denen wir die CHERNschen Zahlen $c_2 = e$ und $c_1^2 = K^2$ sowie die Proportionalitätsabweichung $\mathrm{Prop} = 3c_2 - c_1^2$ - bis auf den Faktor $N/n^2 = n^{k-3}$ - in Abhängigkeit von den kombinatorischen Daten k, t_2, f_0, f_1 der Geradenkonfiguration ausdrücken. In diesem Kapitel wollen wir die Betrachtungen aus Abschnitt 1.5 weiterführen und insbesondere den singulären Fall systematischer untersuchen.

3.1 DREI BEISPIELE VON BALLQUOTIENTENFLÄCHEN

Wir wollen in diesem Abschnitt die Fälle diskutieren, in denen KUMMERsche Überlagerungen einer Geradenkonfiguration zu Ballquotientenflächen führen. Wir erinnern daran, daß die Überlagerungsfläche vom allgemeinen Typ sein muß und daß dann die Bedingung $\mathrm{Prop} = 0$ notwendig und auch hinreichend ist. Mit den Ergebnissen aus 1.1,H bzw. 1.5,C scheiden daher reguläre Geradenkonfigurationen (d.h. allgemeine Lage) aus. Die Möglichkeiten für singuläre Schnittpunkte und für die lokale Verzweigungsordnung n sind durch die Punktbedingung eingeschränkt, die wir in Abschnitt 1.3,F aus dem relativen Proportionalitätssatz gefolgert hatten: Alle singulären Schnittpunkte der Verzweigungskonfiguration L haben die gleiche Vielfachheit r; nur die Werte $r = 3, 4, 6$ sind zulässig; die zugehörigen Verzweigungsordnungen sind dann $n = 5, 3, 2$.

<u>A. Die Geradenbedingung</u> prop $\tilde{L}_j = 0$: Wir gehen von einer singulären Geradenkonfiguration L aus, die der Punktbedingung prop $\tilde{E}_\nu = 0$ in allen singulären Schnittpunkten genügt (s. oben). Die Geradenbedingung prop $\tilde{L}_j = 0$ für die Urbildkurven der Geradenkonfigurationsgeraden ist nach 1.3(12) gleichbedeutend mit der Gleichung

$$(n-1)(\tau_j - 2) = 2\sigma_j ,$$

wobei τ_j bzw. σ_j die Gesamtzahl aller (regulären oder singulären) bzw. aller singulären Schnittpunkte auf L_j bezeichnet. Da die Punktbedingung erfüllt ist, gibt es nur Doppel- und r-fache Punkte (d.h. es gilt $\sigma_j = \tau_{j,r}$), und es gilt die Beziehung 1.3(14): $(n-1)(r-2) = 4$. Damit kann die Geradenbedingung in die Form

$$(r-4)\tau_{j,r} - 2\tau_{j,2} + 4 = 0$$

gebracht werden, aus der wir mit der Relation $(r-1)\tau_{j,r} + \tau_{j,2} = k-1$ aus 2.1(2) die einfachere äquivalente Bedingung

•(1) $$\tau_{j,2} + \tau_{j,r} = (k+3)/3$$

erhalten. Durch Summation über alle Geraden ergibt sich dann mit der Formel $\sum_j \tau_{j,r} = r\cdot t_r$ (s. 2.1(3)) schließlich die Relation

•(2) $$f_1 = k(k+3)/3,$$

in der nur noch „globale" Konfigurationsdaten auftreten. Mit diesen „lokalen" und „globalen" Formen der Geradenbedingung haben wir weitere notwendige Bedingungen dafür gefunden, daß eine längs einer singulären Geradenkonfiguration konstant verzweigte Überlagerung der projektiven Ebene eine Ballquotientenfläche sein kann.

B. Ein kombinatorisches Kriterium für Ballquotienten: Die eben hergeleitete „globale" Form (2) der Geradenbedingung ist auch hinreichend dafür, daß die KUMMERsche Überlagerungsfläche $\hat{X}_n(L)$ ein Ballquotient ist, sofern sie nur vom allgemeinen Typ ist. Aus den Formeln 1.3(7,10, 12) läßt sich nämlich durch Umformung mit Hilfe der kombinatorischen Identitäten 2.1(2,3,5) für eine beliebige singuläre Geradenkonfiguration leicht die Relation

•(3) $$\text{Prop}\ \hat{X} = \tfrac{1}{2}(n-1)\cdot\sum_j \text{prop}\ \tilde{L}_j - \tfrac{1}{2}(n+1)\cdot\sum_\nu \text{prop}\ \tilde{E}_\nu$$

herleiten. Wenn alle Punktbedingungen $\text{prop}\ \tilde{E}_\nu = 0$ erfüllt sind, ist damit die globale Proportionalität $\text{Prop}\ \hat{X} = 0$ äquivalent dazu, daß

$$\sum_j \text{prop}\ \tilde{L}_j = 0$$

gilt. Diese Gleichung können wir wie oben umformen und in die Form

$$\sum_j ((r-4)\tau_{j,r} - 2\tau_{j,2} + 4) = 0$$

bringen, die wieder zu der „globalen" Version (2): $f_1 = k(k+3)/3$ äquivalent ist.

<u>C. Geradenkonfigurationen mit Dreifachpunkten:</u> Wir betrachten zunächst den Fall einer Geradenkonfiguration, die nur Dreifachpunkte als singuläre Schnittpunkte hat. Die Bedingung (2) wird zu

•(4) $$2t_2 + 3t_3 = k(k+3)/3.$$

Nach der Formel 2.1(1) für die (gewichtete) Anzahl der Schnittpunkte einer Geradenkonfiguration gilt weiter

$$t_2 + 3t_3 = k(k-1)/2 \;;$$

durch Subtraktion erhalten wir daher

$$t_2 = -k(k-9)/6.$$

Da trivialerweise $t_2 \geq 0$ gelten muß, sind nur zwei Fälle mit $t_3 \geq 1$ möglich:

$$k = 6, \quad t_2 = 3, \quad t_3 = 4 \quad \text{(Fall I)} \;;$$

$$k = 9, \quad t_2 = 0, \quad t_3 = 12 \quad \text{(Fall III)}.$$

(Die Bezeichnung I und III ist so gewählt, daß sie mit der bei HIRZEBRUCH [1983] und ISHIDA [1983 a,b] übereinstimmt; Fall II ist eine Konfiguration mit Vierfachpunkten.) In jedem der beiden Fälle gibt es bis auf projektiv-lineare Äquivalenz genau eine Geradenkonfiguration mit diesen kombinatorischen Daten:

Im Fall I handelt es sich um die Tetraederkonfiguration $A_1(6)$, d.h. das *vollständige Viereck* (vgl. 2.2,F), im Fall III um die *duale HESSE-Konfiguration* (*Fluchtlinien* der Wendedreiseite im HESSEschen Büschel), die auch die Konfiguration CEVA(3) ist (vgl. Absätze E und I in 2.3).

<u>D. Zwei Ballquotientenflächen (Beispiele I und III):</u> Setzen wir die zulässige lokale Verzweigungsordnung $n = 5$ in das quadratische Polynom 1.3(7) für $(n^2/N)\cdot\text{Prop}\,\hat{X}$ ein, so können wir bei einer Konfiguration mit Dreifachpunkten die rechte Seite umformen:

•(5) $$\begin{aligned}(25/N)\cdot\text{Prop}\,\hat{X} &= 36f_0 - 8f_1 - 16k - 4t_2 \\ &= 4(4t_2 + 3t_3 - 4k).\end{aligned}$$

Demnach ist bei beiden Konfigurationen I und III für die zugehörige KUMMERsche Überlagerungsfläche $\hat{X} = \hat{X}_5(L)$ die Bedingung $\text{Prop}\,\hat{X} = 0$

erfüllt. Die Berechnung der CHERNschen Zahlen mit den quadratischen Polynomen 1.3(7) für $e(\hat{X})/n^{k-3}$ bzw. $K_{\hat{X}}^2/n^{k-3}$ liefert

$$e = 15\cdot 125, \quad K^2 = 45\cdot 125 \quad \text{für } \hat{X}_I \ ;$$
$$e = 5^6\cdot 111, \quad K^2 = 5^6\cdot 333 \quad \text{für } \hat{X}_{III} \ ;$$

damit sind beide Flächen vom allgemeinen Typ (wegen $K^2 > 9$, s. A.1,Q) und somit Ballquotienten. Die Fläche $\hat{X}_I$ ist eine 5^5-blättrige verzweigte Überlagerung der in vier Punkten in allgemeiner Lage aufgeblasenen Ebene; die Fläche $\hat{X}_{III}$ ist eine 5^8-blättrige verzweigte Überlagerung der Ebene, die in den zwölf Eckpunkten der Wendedreiseite im HESSEschen Büschel aufgeblasen ist.

<u>E. Geradenkonfigurationen mit Vierfachpunkten:</u> Wir betrachten jetzt den Fall einer Geradenkonfiguration, deren singuläre Schnittpunkte stets die Vielfachheit $r = 4$ haben. Mit den beiden Bedingungen

$$\begin{aligned} 2t_2 + 4t_4 &= k(k+3)/3, \\ t_2 + 6t_4 &= k(k-1)/2 \end{aligned}$$

aus (2) bzw. 2.1(1) erhalten wir die Gleichheit

$$t_2 = k, \quad t_4 = k(k-3)/12.$$

Die letzte Bedingung liefert dann $k \geq 12$ sowie $k \equiv 0$ oder $k \equiv 3 \mod 12$. Für $k = 12$ erhalten wir die kleinste Lösung:

$$k = 12, \quad t_2 = 12, \quad t_4 = 9 \quad \text{(Fall II)}.$$

Zu diesen kombinatorischen Daten gibt es wiederum - bis auf kombinatorische Äquivalenz - genau eine Geradenkonfiguration, nämlich die HESSE-Konfiguration (der zwölf Wendelinien, vgl. 2.3,I).

<u>F. Die Beispielfläche II :</u> Die Fläche $\hat{X}_{II} := \hat{X}_3(L)$ zu dieser Konfiguration genügt der Proportionalitätsbedingung $\operatorname{Prop} \hat{X} = 0$; die Berechnung der CHERNschen Zahlen liefert $e = 3^{10}\cdot 16$ und $K^2 = 3^{10}\cdot 48$. Damit ist auch diese KUMMERsche Überlagerungsfläche $\hat{X}_{II}$ eine Ballquotientenfläche, und zwar eine 3^{11} (=177147) -blättrige verzweigte Überlagerung der in den neun Wendepunkten einer glatten kubischen Kurve aufgeblasenen projektiven Ebene.

<u>G. Die Einzigkeit des Beispiels II:</u> Wir wollen zeigen, daß es keine weitere singuläre Geradenkonfiguration L gibt, bei der nur Doppel- und Vierfachpunkte auftreten und die der Bedingung $f_1 = k(k+3)/3$ genügt. Dazu wollen wir aus der Annahme, daß eine solche Konfiguration $L = (L_1,\ldots,L_k)$ mit $k \geq 15$ existiert, einen Widerspruch herleiten.

(i) Da die zugehörige KUMMERsche Überlagerung vom allgemeinen Typ und somit eine Ballquotientenfläche sein müßte, folgt aus (1) mit 2.1(2) (siehe A) sofort

$$\tau_{j,2} = 2, \quad \tau_{j,4} = (k-3)/3.$$

(ii) Wir blasen nun die Ebene in allen Vierfachpunkten auf und betrachten in $\hat{\mathbb{P}}_2 := \sigma^{-1}(\mathbb{P}_2)$ die strikte Transformierte $L' = \sum_j L'_j$ des Divisors $L = \sum_j L_j$. Da auf jeder Gerade L_j genau zwei Doppelpunkte von L liegen, besteht L' aus (evtl. mehreren) Zykeln von glatten rationalen Kurven. Offenbar gilt für die EULER-Zahl

$$e(L') = k = t_2$$

sowie für die Schnittzahlen

•(6) $$L'_j \cdot L' = (L'_j)^2 + 2 \quad (= 2 - k/3).$$

(iii) Zu dem Paar $(\hat{\mathbb{P}}_2, L')$ bzw. zu der offenen Fläche $\hat{\mathbb{P}}_2 \setminus L'$ gehören logarithmische CHERNsche Zahlen, die nach A.2(4) durch

$$\bar{c}_2 := c_2(\hat{\mathbb{P}}_2, L') = e(\hat{\mathbb{P}}_2) - e(L') = 3 + t_4 - t_2,$$
$$\bar{c}_1^2 := c_1^2(\hat{\mathbb{P}}_2, L') = \bar{K}^2$$

gegeben sind; dabei bezeichnet

$$\bar{K} := \hat{K} + L' \quad \text{mit} \quad \hat{K} := K_{\hat{\mathbb{P}}_2}$$

den logarithmisch kanonischen Divisor des Paares. Um dessen Selbstschnittzahl auszurechnen, wenden wir die Adjunktionsformel auf eine Komponente L'_j an: Aus $\hat{K}\cdot L'_j + (L'_j)^2 = -2$ folgt mit (6) die Relation

$$\hat{K}\cdot L'_j = -L'\cdot L'_j\,,$$

die zu $\bar{K}\cdot L'_j = 0$ äquivalent ist, und daraus durch Summation

$$\bar{K}\cdot L' = 0.$$

Daher können wir die Selbstschnittzahl wie folgt ausdrücken:

$$\bullet(7) \qquad \overline{K}^2 = \overline{K}\cdot\hat{K} + \overline{K}\cdot L' = \overline{K}\cdot\hat{K} - \overline{K}\cdot L'$$
$$= \overline{K}\cdot(\hat{K} - L') = \hat{K}^2 - (L')^2 .$$

Die Berechnung von $(L')^2$ ist einfach: es gilt

$$\bullet(8) \qquad (L')^2 = \sum_j (L_j')^2 + \sum_{i\neq j} L_i'\cdot L_j' = k - 4t_4 + 2t_2 = -4t_4 + 3t_2 .$$

Mit $\hat{K}^2 = 9 - t_4$ erhalten wir aus (7) und (8) sofort

$$\overline{K}^2 = 9 + 3t_4 - 3t_2 = 3\cdot(3 + t_4 - t_2) .$$

Also gilt für die logarithmischen CHERNschen Zahlen des Paares $(\hat{\mathbb{P}}_2, L')$ bzw. der offenen Fläche $\hat{\mathbb{P}}_2 \setminus L'$ die Proportionalität

$$\overline{c}_1^2 = 3\overline{c}_2 .$$

(iv) Nach diesen Vorarbeiten kann die Einzigkeit bewiesen werden, indem wir zeigen: Falls es eine solche Konfiguration mit $k \geq 15$ gäbe, so wäre das Paar $(\hat{\mathbb{P}}_2, L')$ vom logarithmisch allgemeinen Typ (siehe Anhang A.2,B). Aus der Proportionalität $\overline{c}_1^2 = 3\overline{c}_2$ folgt dann, daß $(\hat{\mathbb{P}}_2, L')$ die Kompaktifizierung eines offenen Ballquotienten wäre (vgl. Absatz L der Einleitung bzw. Anhang B.3,B). Nach den Resultaten von J. HEMPERLY [1972] und R.-P. HOLZAPFEL (siehe etwa [1981b: 2.3] und die dort erwähnte Literatur) besteht aber der Kompaktifizierungsdivisor eines offenen Ballquotienten aus glatten elliptischen Kurven oder gewissen („elliptischen") Bäumen rationaler Kurven, also niemals aus Zykeln rationaler Kurven.

(v) Wir zeigen zunächst, daß der logarithmisch kanonische Divisor $\overline{K}$ numerisch effektiv ist, d.h. daß für jede (ohne Einschränkung irreduzible und reduzierte) Kurve $\overline{C}$ in der aufgeblasenen Ebene $\hat{\mathbb{P}}_2$ die Abschätzung $\overline{K}\cdot\overline{C} \geq 0$ gilt.

Für die Ausnahmekurven E_ν, die beim Aufblasen der Vierfachpunkte p_ν entstehen, ist das klar: es gilt

$$\overline{K}\cdot E_\nu = \hat{K}\cdot E_\nu + L'\cdot E_\nu = -1 + 4 = 3 > 0.$$

Nun sei $\overline{C}$ eine irreduzible Kurve in $\hat{\mathbb{P}}_2$, die nicht vom Aufblasen der

Vierfachpunkte herkommt. Für die Bildkurve $C := \sigma(\overline{C})$ in der Ebene sei d der Grad und $s_\nu := \overline{C}\cdot E_\nu$ die Vielfachheit in einem Vierfachpunkt p_ν der Konfiguration. Da $\overline{C}$ die eigentliche Transformierte der Bildkurve C unter σ ist, gilt in der Divisorenklassengruppe $\mathrm{Pic}(\hat{\mathbb{P}}_2)$ die Gleichung

$$\overline{C} = \sigma^*(C) - \sum_\nu s_\nu\cdot E_\nu \;=\; \sigma^*(d\cdot H) - \sum_\nu s_\nu\cdot E_\nu\,,$$

wobei $H \in \mathrm{Pic}(\mathbb{P}_2)$ die Hyperebenenklasse (d.h. eine Gerade) bezeichnet. Für den Divisor L' folgt aus $L_j' = \sigma^*(H) - \sum_{\nu\sim j} E_\nu$ durch Aufsummieren

$$L' = \sigma^*(k\cdot H) - 4\cdot\sum_\nu E_\nu \;,$$

und mit $\hat{K} \;=\; \sigma^*(K_{\mathbb{P}_2}) + \sum_\nu E_\nu \;=\; \sigma^*(-3H) + \sum_\nu E_\nu$ ergibt sich

$$\overline{K} \;=\; \hat{K} + L' \;=\; \sigma^*((k-3)\cdot H) - 3\cdot\sum_\nu E_\nu\,.$$

Damit erhalten wir die Schnittzahl

$$\overline{K}\cdot\overline{C} \;=\; d(k-3) - 3\cdot\sum_\nu s_\nu\,.$$

Um zu zeigen, daß $\overline{K}$ numerisch effektiv ist, muß also die Ungleichung

$$\bullet(9) \qquad d\cdot(k-3) \ge 3\cdot\sum_\nu s_\nu$$

bewiesen werden. Dazu betrachten wir die $(k\times t_4)$-Inzidenzmatrix

$$A = (a_{j,\nu}) \quad \text{mit} \quad a_{j,\nu} \;:=\; \begin{cases} 0 & p_\nu \notin L_j\,, \\ s_\nu & p_\nu \in L_j\,. \end{cases}$$

Offenbar gilt für die Zeilen- bzw. Spaltensummen dieser Matrix

$$\sum_\nu a_{j,\nu} \le L_j\cdot C = d \quad \text{bzw.} \quad \sum_j a_{j,\nu} = 4s_\nu\,,$$

und daraus folgt für die Doppelsumme

$$\sum_{j,\nu} a_{j,\nu} \;=\; 4\cdot\sum_\nu s_\nu \;\le\; d\cdot k,$$

also

$$\sum_\nu s_\nu \le d\cdot k/4.$$

Für $k \ge 12$ gilt aber $k/4 \le (k-3)/3$, und damit ist die Ungleichung (9) gezeigt.

(vi) Wie sofort zu sehen ist, hat dieser numerisch effektive Divisor $\overline{K}$ für $k \geq 15$ (strikt) positive Selbstschnittzahl, denn mit den Werten aus Absatz E erhalten wir für $\overline{c}_2 = \overline{K}^2/3$ den Wert

$$t_4 - t_2 + 3 \quad = \quad (k-3)(k-12)/12.$$

(vii) Wir benutzen nun noch einige Ergebnisse einer Arbeit von SAKAI [1980], in der die ENRIQUES-Klassifikation der glatten algebraischen Flächen auf Paare übertragen wird (vgl. Anhang A.2,C). Wie sofort zu sehen ist, ist das Paar $(\hat{\mathbb{P}}_2, L')$ minimal, und der Divisor L' ist semi-stabil. Da $\overline{K}$ numerisch effektiv ist und $\overline{K}^2 > 0$ für $k \geq 15$ gilt, ist das Paar $(\hat{\mathbb{P}}_2, L')$ vom logarithmisch allgemeinen Typ. (Für $k = 12$, d.h. wenn L die HESSEsche (Wendelinien-) Konfiguration ist, gilt $\overline{\kappa} = 1$; vgl. SAKAI [-:3.15].)

(viii) Nach (iv) ist damit die Einzigkeit wie behauptet gezeigt.

Die drei eben beschriebenen Ballquotientenflächen sind unter mehreren Gesichtspunkten weiter untersucht worden. Wir wollen hier nur kurz auf einige Ansätze und Ergebnisse hinweisen.

<u>H. Gefaserte Struktur:</u> Die Flächen $\hat{X}$ haben in naheliegender Weise gefaserte Strukturen über Kurven: Zunächst ist die in den singulären Schnittpunkten aufgeblasene Ebene $\hat{\mathbb{P}}_2$ über jeder der Ausnahmekurven $E_\nu \simeq \mathbb{P}_1$ gefasert, wobei die allgemeinen Fasern genau die (strikten Transformierten der) Geraden $L \simeq \mathbb{P}_1$ durch p_ν sind, die sonst keinen singulären Schnittpunkt treffen. Die Komponenten der zugehörigen Urbildkurven in $\hat{X}$ sind dann KUMMERsche Überlagerungen dieser Geraden. Durch die STEIN-Faktorisierung (siehe z.B. [Gr-Re: 10, §6] oder [Har: III,11.5]) der zusammengesetzten Abbildung $\hat{X} \to \hat{\mathbb{P}}_2 \to \mathbb{P}_1$ erhalten wir eine Darstellung der Überlagerungsfläche $\hat{X}$ als Faserraum

$$\begin{array}{ccc} & & \hat{X} \\ & \swarrow & \downarrow \\ & & \hat{\mathbb{P}}_2 \\ & & \downarrow \\ R & \longrightarrow & \mathbb{P}_1 = E_\nu \end{array}$$

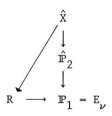

über einer glatten Kurve R, wobei die oben erwähnten Komponenten die allgemeinen Fasern bilden. Die Basiskurve R ist ihrerseits wieder eine KUMMERsche Überlagerung der Geraden $\mathbb{P}_1 = E_\nu$.

Weitere Faserungen erhält man z.B. für je vier singuläre Schnittpunkte in allgemeiner Lage: Das Büschel der Kegelschnitte durch diese Punkte definiert wieder eine Projektion $\hat{\mathbb{P}}_2 \to \mathbb{P}_1$.

Für die KUMMER-Überlagerungen zum vollständigen Viereck können wir somit fünf verschiedene Faserungen angeben. Mit Hilfe dieser Faserungen der Ballquotientenfläche $\hat{X}_I$ hat A. SOMMESE gezeigt, daß es Flächen vom allgemeinen Typ gibt, deren CHERN-Quotient $\gamma = c_1^2/c_2$ eine beliebig vorgegebene rationale Zahl im Intervall $[2,3]$ ist (3.4,O).

Auch für $\hat{X}_{II}$ findet man noch eine weitere Faserung: Die singulären Schnittpunkte der HESSE-Konfiguration sind ja genau die Basispunkte des HESSEschen Büschels; die aufgeblasene Ebene $\hat{\mathbb{P}}_2$ ist durch die Abbildung auf den Büschelparameter λ über $\mathbb{P}_1$ in die elliptischen Kurven dieses Büschels gefasert; die Wendedreiseite sind die Ausnahmefasern (vgl. 2.3,A und 2.4,T). Durch die STEIN-Faktorisierung der Komposition $\hat{X} \to \hat{\mathbb{P}}_2 \to \mathbb{P}_1$ erhält man wieder eine Faserung $\hat{X} \to C$ über einer glatten Kurve C mit zusammenhängenden Fasern.

<u>I. Weitere Ballquotientenflächen als freie Quotienten:</u> Die GALOIS-Gruppe G einer KUMMERschen Überlagerung $\hat{X} \to \hat{\mathbb{P}}_2$ ist zu $(\mathbb{Z}/n\cdot\mathbb{Z})^{k-1}$ isomorph (siehe 1.5,A). Wenn nun $\hat{X}$ ein Ballquotient ist, auf dem eine Untergruppe H der GALOIS-Gruppe frei operiert, so ist die Quotientenfläche $\hat{X}/H$ selbst wiederum ein Ballquotient und auch eine verzweigte Überlagerung von $\hat{\mathbb{P}}_2$ mit dem richtigen lokalen Verzweigungsverhalten, aber jetzt mit kleinerem Grad $N = n^{k-1}/\operatorname{ord}(H)$. Für $\hat{X}_I$ hat M.-N. ISHIDA [1983a: §6, Bsp. 1-5] mehrere Beispiele solcher Untergruppen angegeben. Vier von diesen Gruppen (Beispiel 1-4) haben die Ordnung 25, so daß sich für die zugehörigen „freien Quotienten" der Überlagerungsgrad $N = 125$ ergibt; insbesondere können so die von M. INOUE [1981], R. LIVNÉ [1981] und E. HORIKAWA sowie von HIRZEBRUCH [1982] konstruierten Beispiele von Ballquotientenflächen einheitlich dargestellt werden. In Beispiel Nr. 5 hat H die Ordnung 125, damit gilt $N = 25$; hier

liegt über jedem Doppelpunkt von $\hat{L}$ also nur noch ein Punkt in $\hat{X}_I/H$!

<u>J. Berechnung der Irregularität:</u> In der Arbeit [1983a] hat ISHIDA für die drei Beispielflächen und für die oben erwähnten freien Quotienten von $\hat{X}_I$ die Irregularität $q = h^{1,0}$ berechnet; er erhält die Werte

$$q(\hat{X}_I) = 30, \quad q(\hat{X}_{III}) = 96, \quad q(\hat{X}_{II}) = 154$$

sowie $q = 10, 6, 4, 2$ und 0 für die freien Quotienten. Der Fall $q=0$ tritt bei Beispiel 4 ein; dort hat H die Ordnung 25, und somit gilt $e = 75$ und $K^2 = 225$. Für sein Beispiel Nr. 5 mit $\mathrm{Ord}(H) = 125$, d.h. mit EULER-Zahl $e = 15$, erhält er die Irregularität $q = 2$.

Die von ISHIDA dargestellte Methode ist generell zur Berechnung der Irregularität der KUMMERschen Überlagerung $\hat{X}_n(L)$ zu einer singulären Geradenkonfiguration anwendbar. Für das vollständige Viereck (Konfiguration I) gilt $q = 5\cdot\binom{n-1}{2}$, wie M. GLÄSER [1983] (s. ZUO [....]) gezeigt hat. Die in Absatz H angegebenen fünf Faserungen von $\hat{X}$ haben alle dieselbe Basiskurve R, nämlich die FERMAT-Kurve n-ten Grades. Die Basis hat die EULER-Zahl $e = n(3-n)$ und damit das Geschlecht $g = \binom{n-1}{2}$, und man kann zeigen, daß die auf $\hat{X}$ zurückgeholten globalen 1-Formen von R unter den verschiedenen Projektionen unabhängig sind und sämtliche 1-Formen auf der Fläche liefern. Allgemeiner erhält Kang ZUO im Rahmen seiner Dissertation [in Vorbereitung] das Resultat, daß $q(\hat{X}_n(L))$ wie n^{r-1} wächst, wobei r die größte auftretende Vielfachheit eines singulären Schnittpunktes ist. Falls sämtliche Primfaktoren von n genügend groß sind, gilt

$$q(\hat{X}_n(L)) = q_L(n)$$

für ein Polynom q_L vom Grad $r-1$. Die 1-Formen auf $\hat{X}$ erhält man auch im allgemeinen Fall im wesentlichen durch Projektionen auf Kurven.

<u>K. Der Fall $r=6$, $n=2$ (Konfigurationen mit Sechsfachpunkten):</u> Zum Abschluß unserer Diskussion bleibt der Fall einer singulären Geradenkonfiguration L, die nur Sechsfachpunkte als singuläre Schnittpunkte hat, zu erörtern. Aus der „globalen" Form der Geradenbedingung (2):

$$f_1 = 2t_2 + 6t_6 = k(k+3)/3$$

folgt mit der Formel 2.1(1) für die Gesamtzahl der Schnittpunkte ($t_2 + 15t_6 = k(k-1)/2$), daß diese „globale" Bedingung genau dann erfüllt ist, wenn

$$t_2 = k(k+9)/12, \quad t_6 = k(k-3)/36$$

gilt. Für die Anzahl der Schnittpunkte auf den einzelnen Geraden L_j ergeben sich aus $\tau_{j,2} + \tau_{j,6} = (k+3)/3$ und $\tau_{j,2} + 5\tau_{j,6} = k-1$ (Geradenbedingung (1) sowie 2.1(2)) die Werte

$$\tau_{j,2} =: \tau_2 = (k+9)/6, \quad \tau_{j,6} =: \tau_6 = (k-3)/6.$$

Damit muß notwendig $k \equiv 3 \bmod 12$ gelten. Setzen wir $k = 12m+3$ ein, so erhalten wir

$$t_2 = 12m^2 + 15m + 3, \quad t_6 = 4m^2 + m \;;$$
$$\tau_2 = 2m + 2, \quad \tau_6 = 2m.$$

Beispiele für solche Konfigurationen sind uns nicht bekannt. Wenn sie existieren, muß $m \geq 3$ gelten, die Anzahl der Geraden ist dann mindestens 39. Das Argument dazu ist einfach: Wir wählen die Gerade L_k als unendlich ferne Gerade und betrachten die Restkonfiguration in der affinen Ebene $\mathbb{P}_2 \setminus L_k$. Aus den Geraden durch die Sechsfachpunkte auf L_k erhalten wir dann τ_6 Scharen von je fünf parallelen Geraden. Auf jeder Geraden einer Schar liegen (im Endlichen) $\tau_6 - 1$ Sechsfachpunkte; somit muß die Gesamtzahl $t_6 - \tau_6$ der affinen Sechsfachpunkte mindestens gleich $5(\tau_6 - 1)$ sein. Für die Werte $m = 1$ (d.h. $k = 15$) bzw. $m = 2$ (d.h. $k = 27$) ergibt das offensichtlich einen Widerspruch; solche Konfigurationen können nicht existieren. Dieses elementare Argument versagt für $m \geq 3$; die Frage, ob es dann solche Konfigurationen gibt, bleibt offen.

3.2 ZUR KLASSIFIKATION DER ÜBERLAGERUNGSFLÄCHEN

Wir wollen in diesem Abschnitt diskutieren, wie sich die KUMMERschen Überlagerungsflächen zu Geradenkonfigurationen der projektiven Ebene in die ENRIQUES-KODAIRA-Klassifikation der algebraischen Flächen (vgl.

Anhang A.1) einordnen. Zunächst betrachten wir den Fall einer regulären Verzweigungskonfiguration. Wie wir wissen (vgl. 1.5,B), ist dann die Überlagerungsfläche X ein glatter vollständiger Durchschnitt von $k-3$ Hyperflächen n-ten Grades in $\mathbb{P}_{k-1}$; für $k = 3$ erhalten wir die Ebene $\mathbb{P}_2$.

<u>A. Reguläre Geradenkonfigurationen und (pluri-)kanonische Divisoren:</u> Wir betrachten zunächst den Fall $k \geq 6$. Der kanonische Divisor der projektiven Ebene hat die rationale Darstellung $K_S = -\frac{1}{2}\cdot\sum_{j=1}^{6} L_j$. Mit der Formel 1.1(4) erhalten wir daher für den kanonischen Divisor der Überlagerungsfläche X die rationale Darstellung

•(1) $$K_X = \pi^*[((n-2)/2n)\cdot\sum_{j=1}^{6} L_j + ((n-1)/n)\cdot\sum_{j=7}^{k} L_j] .$$

Daraus folgt sofort, daß X für $k \geq 7$ oder $k = 6$ und $n \geq 3$ einen effektiven 2-kanonischen Divisor hat und daß $K_X^2 > 0$ gilt; für $k = 6$ und $n = 2$ gilt $K_X = 0$ (vgl. 1.5,C). Für $k = 5$ bzw. 4 erhalten wir analog mit $K_S = -\frac{3}{k}\cdot\sum L_j$ die rationalen Darstellungen

•(2) $$K_X = \pi^*((2n-5)/5n)\cdot\sum_{j=1}^{5} L_j) \quad (k=5), \quad \text{bzw.}$$

$$K_X = \pi^*((n-4)/4n)\cdot\sum_{j=1}^{4} L_j) \quad (k=4),$$

aus denen folgt: Für $k = 5$, $n \geq 3$ bzw. $k = 4$, $n \geq 5$ hat X einen effektiven 5- bzw. 4-fach kanonischen Divisor; für $k = 4$, $n = 4$ gilt $K_X = 0$; für $k = 5$, $n = 3$ bzw. $k = 4$, $n = 2, 3$ hat X einen effektiven 5- bzw. 4-fach antikanonischen Divisor. Bis auf den Sonderfall $k = n = 4$ gilt stets $K^2 > 0$.

Nun ist die Überlagerungsfläche X als vollständiger Durchschnitt einfach zusammenhängend (vgl. 1.5,B), und somit verschwindet die Irregularität $q = b_1/2$. Nach der Klassifikationstabelle in A.1 liegt daher ein minimales Modell von X in einer der folgenden Klassen:

rationale Flächen,
K3-Flächen,
eigentliche elliptische Flächen,
Flächen vom allgemeinen Typ.

<u>B. Reguläre Geradenkonfigurationen und Minimalität:</u> Die irreduziblen Komponenten der Urbildkurven $\tilde{L}_j = \pi^{-1}(L_j)$ sind jeweils isomorphe Kurven. Aus der Formel 1.1(17):

$$e(\tilde{L}_j) = -n^{k-3}((n-1)(k-3)-2)$$

für die EULER-Zahl erhalten wir für die Fälle $k \geq 7$ bzw. $k \geq 5$, $n \geq 3$ bzw. $k = 4$, $n \geq 5$ sofort, daß $e(\tilde{L}_j) \leq 0$ gilt; daher können keine rationalen Komponenten in den oben angegebenen effektiven plurikanonischen Divisoren auftreten. Nach dem Minimalitätskriterium (siehe Anhang A.1,R) sind damit die Überlagerungsflächen in diesen Fällen sowie auch in den beiden Fällen $k = 6$, $n = 2$ und $k = 4$, $n = 4$ mit trivialem kanonischen Divisor $(K_X = 0)$ minimal.

<u>C. Reguläre Geradenkonfigurationen und Klassifikation:</u> Wir haben damit das folgende Klassifikationsergebnis erhalten: Die Überlagerungsfläche X ist

i) minimal vom allgemeinen Typ für $k \geq 7$, $k \geq 5$ und $n \geq 3$, sowie $k \geq 4$ und $n \geq 5$,

ii) eine K3-Fläche (und somit minimal) für $k = 6$, $n = 2$ sowie $k = n = 4$;

iii) rational für $k = 5$, $n = 2$ bzw. $k = 4$, $n = 2, 3$.

In den beiden Fällen mit $k = 4$ handelt es sich um die glatte Quadrik $(n = 2)$ bzw. um die FERMAT-Kubik $(n = 3)$ in $\mathbb{P}_3$. Durch die Darstellung dieser speziellen Kubik als verzweigte Überlagerung der Ebene mit Verzweigung über dem Vierseit läßt sich die Geometrie dieser Fläche - die 27 Geraden, ihre 18 ECKHARDT-Punkte (Schnittpunkte von je drei Geraden), die restlichen 135−54 = 81 Schnittpunkte von je zwei Geraden - sehr schön untersuchen.

<u>D. Gewöhnliche und spezielle singuläre Geradenkonfigurationen:</u> Bei der Diskussion von regulären und singulären Geradenkonfigurationen haben wir in Abschnitt 2.1,D-G einige spezielle singuläre Beispiele explizit erwähnt, die für die Klassifikation eine Ausnahmerolle spielen. Dabei handelt es sich um die folgenden Typen:

die *Büschel* ($k \geq 3$, $t_k = 1$), die *Fast-Büschel* ($k \geq 4$, $t_{k-1} = 1$), die *einfach bzw. doppelt erweiterten Fast-Büschel* ($k \geq 5$, $t_{k-2} = 1$, $t_2 = 2k-3$ bzw. $k \geq 6$, $t_{k-3} \geq 1$ und $t_4 \neq 0$ für $k \neq 7$) sowie die *verbundenen Doppelbüschel* ($k \geq 5$, $t_k = t_{k-1} = 0$ und $\sigma_j = \tau_j = 2$ für eine der Geraden).

Wir nennen diese singulären Konfigurationen (mangels besserer Terminologie) „*speziell*" und die übrigen „*gewöhnlich*"; gewöhnliche singuläre Konfigurationen sind also durch die Bedingungen $k \geq 7$, $t_r = 0$ für $r \geq k-3$, $\tau_j \geq 3$ für sämtliche Geraden und $f_0 > t_2$ charakterisiert.

E. Die Klassifikationsschritte für gewöhnliche singuläre Geradenkonfigurationen und doppelt erweiterte Fast-Büschel: Wir können nun die Klassifikation der KUMMERschen Überlagerungsflächen zu den gewöhnlichen singulären Geradenkonfigurationen bzw. zu den doppelt erweiterten Fast-Büscheln mit den gleichen Schritten wie im regulären Fall ausführen:

Wir zeigen zunächst, daß es effektive plurikanonische Divisoren gibt, weisen dann nach, daß die Flächen minimal sind, und ordnen sie schließlich in die Klassifikationsliste ein. - Wie früher bezeichnen wir mit $\sigma\colon \hat{\mathbb{P}}_2 \to \mathbb{P}_2$ die σ-Transformation (Aufblasen) in den singulären Schnittpunkten p_ν der Konfiguration und mit $E := \sum E_\nu$ den Ausnahmedivisor.

F. Beschreibung eines effektiven bikanonischen Divisors: Wie aus der Voraussetzung an die Konfiguration L sofort folgt, können wir sechs Geraden $L_1,\ldots,L_6$ in der Konfiguration so auswählen, daß diese Teilkonfiguration $(L_j)_{j=1..6}$ nur Doppel- und Tripelpunkte hat, das heißt also, daß keine vier dieser Geraden durch einen Punkt gehen. Damit erhalten wir auf $\mathbb{P}_2$ bzw. auf der σ-transformierten Ebene $\hat{\mathbb{P}}_2$ bikanonische Divisoren $D := -\sum_{j=1}^{6} L_j$ bzw. $\hat{D} := \sigma^* D + 2E$. Der Divisor $\sigma^* D$ enthält eine Ausnahmekurve E_ν genau mit der Vielfachheit $-v_\nu$, wobei v_ν die Vielfachheit des Punktes p_ν in dem Divisor $-D = \sum_{j=1}^{6} L_j$ ist und somit nur die Werte $v_\nu = 3,2,1,0$ annehmen kann; damit ergibt sich also die Darstellung

$$\hat{D} = -\sum_{j=1}^{6} L_j' + \sum_\nu (2-v_\nu)\cdot E_\nu .$$

Nach 1.1(4) erhalten wir durch

$$\tilde{D} := \tilde{\pi}^*(\hat{D}) + 2\cdot J_{\hat{\pi}}$$

einen bikanonischen Divisor der Überlagerungsfläche $\hat{X}$. Da der Verzweigungsort der regulären Überlagerung $\hat{\pi} : \hat{X} \longrightarrow \hat{S} = \hat{\mathbb{P}}_2$ die reduzierte totale Transformierte $\hat{L} := \sigma^{-1}(L) = L' + E$ von L in $\hat{\mathbb{P}}_2$ ist (vgl. 1.2,E und 1.3(5)), hat $\tilde{D}$ die explizite Darstellung

$$\bullet(3) \qquad \tilde{D} = \hat{\pi}^*(\hat{D}) + 2\cdot J_{\hat{\pi}} = \hat{\pi}^*(\hat{D} + 2\cdot((n-1)/n)\hat{L}) =$$
$$= (n-2)\cdot\sum_{j=1}^{6}\tilde{L}_j + (2n-2)\cdot\sum_{j=7}^{k}\tilde{L}_j + \sum_{\nu}(4n - v_\nu\cdot n - 2)\cdot\tilde{E}_\nu$$

Daraus folgt sofort, daß $\tilde{D}$ ein effektiver Divisor ist (d.h. es gilt $\tilde{D} \geq 0$); genauer ist $\tilde{D}$ (strikt) positiv (d.h. es gilt $\tilde{D} > 0$) für $k \geq 7$ oder $n \geq 3$, und trivial (d.h. $\tilde{D} = 0$) nur für $k = 6$ und $n = 2$; weiter folgt, daß $\tilde{D}$ für $n \geq 3$ alle Urbildkurven $\tilde{L}_j$ und $\tilde{E}_\nu$ mit (strikt) positiver Vielfachheit enthält.

G. <u>Minimalität:</u> Aus dieser Darstellung (3) des bikanonischen Divisors $\tilde{D}$ können wir nun folgern, daß die Überlagerungsfläche $\hat{X}$ minimal ist. Für eine rationale (-1)-Kurve E gilt $K\cdot E = E^2 = -1$, und daher muß eine solche Kurve E in einem effektiven plurikanonischen Divisor mit (strikt) positiver Vielfachheit enthalten sein (vgl. die Minimalitätsaussagen im Anhang A.1). Somit genügt es zu zeigen, daß E in keiner der Urbildkurven $\tilde{C} = \tilde{L}_j$ bzw. $\tilde{C} = \tilde{E}_\nu$ als Komponente enthalten sein kann. Wie wir in Abschnitt 1.1,C gesehen haben, ist jede dieser Kurven $\tilde{C}$ glatt; ihre (disjunkten) Komponenten werden unter der Operation der GALOIS-Gruppe transitiv permutiert, sind daher paarweise isomorph und haben die gleichen Selbstschnittzahlen. Daher ist entweder jede oder keine der Komponenten von $\tilde{C}$ eine solche rationale (-1)-Kurve. Wir brauchen nun nur noch die „globale" Ungleichung $K\cdot\tilde{C} \geq 0$ zu verifizieren, und dazu können wir die Adjunktionsformel $K\cdot\tilde{C} = -\tilde{C}^2 - e(\tilde{C})$ zusammen mit den Formeln 1.3(10,12) für die charakteristischen Zahlen der Kurven benutzen. Bei den Kurven $\tilde{C} = \tilde{E}_\nu$ liefert das den Ausdruck

$$\bullet(4) \qquad K\cdot\tilde{E}_\nu = n^{k-3}\cdot((r_\nu-2)(n-1) - 1),$$

aus dem wir sofort die gewünschte Abschätzung $K\cdot\widetilde{E}_\nu \geq 0$ erhalten. Bei den Kurven $\widetilde{C} = \widetilde{L}_j$ ergibt sich die Formel

$$\bullet(5) \qquad K\cdot\widetilde{L}_j = n^{k-3}\cdot((n-1)(\tau_j-2) + \sigma_j-3),$$

wobei σ_j bzw. $\tau_j = \sigma_j + \tau_{j,2}$ die Anzahl der singulären Schnittpunkte p_ν bzw. aller Schnittpunkte auf der Gerade L_j bezeichnet. Da natürlich $\tau_j \geq \sigma_j$ gilt, folgt dann sofort für Geraden mit $\sigma_j \geq 3$ die strikte Ungleichung $K\cdot\widetilde{L}_j > 0$. Für die Geraden mit $\sigma_j \leq 2$ erhalten wir die folgenden Abschätzungen für τ_j aus unserer Voraussetzung, daß die Konfiguration L entweder eine gewöhnliche singuläre Geradenkonfiguration (a) oder ein doppelt erweitertes Fast-Büschel (b) ist:

	σ_j :	0	1	2
a)	τ_j :	≥ 6	≥ 5	≥ 3
b)	τ_j :	≥ 5	≥ 4	≥ 3.

Damit ist dann unmittelbar zu sehen, daß stets $K\cdot\widetilde{L}_j \geq 0$ gilt, so daß die Minimalität der Überlagerungsflächen in allen Fällen gezeigt ist.

Für die Klassifikation der Flächen müssen wir die Fälle $K\cdot\widetilde{C} = 0$ bzw. $K\cdot\widetilde{C} > 0$ noch genauer unterscheiden. Bei $\widetilde{C} = \widetilde{E}_\nu$ gilt die Gleichheit $K\cdot\widetilde{E}_\nu = 0$ nur genau in dem Fall $r_\nu = 3$, $n = 2$. In diesem Fall liegen über dem Tripelpunkt p_ν in der singulären Überlagerungsfläche $X_2(L)$ genau 2^{k-3} normale Singularitäten, die lokal durch die Gleichung $x^2 + y^2 + z^2 = 0$ definiert sind; es handelt sich also um gewöhnliche quadratische Doppelpunkte. Diese Singularitäten, in denen die Fläche lokal isomorph zur Spitze des quadratischen Kegels ist, werden durch einmaliges Aufblasen aufgelöst; dabei entsteht eine glatte rationale (−2)-Kurve. (In der Terminologie der Singularitätentheorie handelt es sich um den rationalen Doppelpunkt vom Typ A_1.) In allen anderen Fällen gilt die strikte Ungleichung $K\cdot\widetilde{E}_\nu > 0$. Bei $\widetilde{C} = \widetilde{L}_j$ tritt die Gleichheit $K\cdot\widetilde{L}_j = 0$ nur in genau drei Fällen ein, nämlich für $\sigma_j = 0, 1, 2$ mit $\tau_j = 5-\sigma_j$ und $n = 2$; in allen anderen Fällen erhalten wir wieder die strikte Ungleichung $K\cdot\widetilde{L}_j > 0$. Wie wir gesehen haben, können der erste und der zweite Fall nur auftreten, wenn L ein doppelt erweitertes Fast-Büschel ist (im ersten Fall sogar nur mit $k = 6$ Geraden); im dritten Fall ist zusätzlich möglich, daß es sich bei L um ein „erweitertes" verbundenes Doppelbüschel handelt und daß darin L_j wie dargestellt die „Achse" ist.

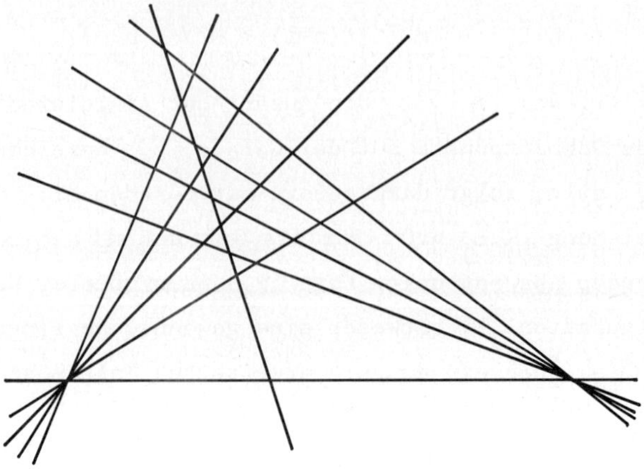

H. Klassifikation bei gewöhnlichen singulären Geradenkonfigurationen: Ist L eine solche Konfiguration, so ist die regularisierte KUMMERsche Überlagerungsfläche $\hat{X} = \hat{X}_n(L)$ stets *minimal und vom allgemeinen Typ*.

Da wir schon einen effektiven bikanonischen Divisor $\tilde{D}$ auf $\hat{X}$ gefunden haben und die Minimalität bereits bewiesen ist, brauchen wir zum Beweis nach dem im Anhang A.1,Q zitierten Kriterium nur noch zu zeigen, daß ein kanonischer Divisor positive Selbstschnittzahl hat, d.h. daß $K^2 > 0$ gilt. Für $n \geq 3$ ist das klar: In der Darstellung (3) des bikanonischen Divisors $\tilde{D}$ als Summe der Kurven $\tilde{L}_j$ und $\tilde{E}_\nu$ sind alle Koeffizienten strikt positiv, und nach (4,5) gilt $K \cdot \tilde{L}_j > 0$ und $K \cdot \tilde{E}_\nu > 0$. Für $n = 2$ haben die Kurven $\tilde{L}_j$ mit $j \geq 7$ (sowie die $\tilde{E}_\nu$ mit $v_\nu \leq 2$) in $\tilde{D}$ strikt positive Vielfachheit, und daher genügt zu zeigen, daß für (mindestens) eine dieser Kurven $K \cdot \tilde{L}_j > 0$ gilt. Nun tritt die Gleichheit $K \cdot \tilde{L}_j = 0$ nur im Fall $\sigma_j = 2$ und $\tau_j = 3$ auf, wenn also $\tilde{L}_j$ wie in der Skizze dargestellt die „Achse" des erweiterten verbundenen Doppelbüschels ist. Wir können dann zur Darstellung (3) des Divisors $\tilde{D}$ die Teilkonfiguration $(L_j)_{j=1..6}$ benutzen, die von dieser „Achse" (Verbindungsgerade der Büschelzentren) mit je zwei Geraden aus den beiden Büscheln und der zusätzlichen Geraden gebildet wird. Offenbar enthält jedes der beiden Büschel noch mindestens eine weitere Gerade L_j, und für diese gilt entweder $\sigma_j = 1$, $\tau_j \geq 5$ oder $\sigma_j = 2$, $\tau_j \geq 4$, also jedenfalls $K\cdot\tilde{L}_j > 0$ nach Formel (5).

<u>I. Die Klassifikation bei doppelt erweiterten Fast-Büscheln:</u> Ist L eine solche Konfiguration, so ist die regularisierte KUMMERsche Überlagerungsfläche $\hat{X} = \hat{X}_n(L)$ minimal und

i) vom allgemeinen Typ für $n \geq 3$;
ii) echt elliptisch für $n = 2$ und $k \geq 7$;
iii) eine K3-Fläche für $n = 2$ und $k = 6$.

Die elliptische Faserung für $n=2$ und eine analoge gefaserte Struktur für $n \geq 3$ werden wir weiter unten noch etwas genauer beschreiben.

Die Minimalität ist bereits gezeigt worden; der Teil i) wird wie eben bewiesen. Für den Beweis von ii) benutzen wir die Darstellung (3) für $\tilde{D}$ mit einer Teilkonfiguration $(L_j)_{j=1..6}$ aus drei Büschelgeraden und den drei Transversalen, die alle Tripelpunkte der Gesamtkonfiguration enthält. Für $n = 2$ ergibt sich damit die explizite Form

$$\tilde{D} = 2\cdot\textstyle\sum_{j=7}^{k} \tilde{L}_j > 0,$$

aus der natürlich $2mK > 0$ für beliebige $m \geq 1$ folgt; weiter gilt $K\cdot\tilde{L}_j = 0$ für $j \geq 7$ und somit $K^2 = 0$. Nach der Klassifikation (siehe Anhang A.1,P) muß dann $\hat{X}$ eine echt elliptische Fläche (d.h. mit kanonischer Dimension $\kappa = 1$) sein. Da im Fall iii) der bikanonische Divisor trivial ist, bleibt nur zu zeigen, daß die Fläche $\hat{X}_n(L)$ für $n = 2$ einfach zusammenhängend ist. Wir wissen, daß die zu L gehörigen normalen singulären Überlagerungsflächen X_n einfach zusammenhängend sind. Da in L nur Tripelpunkte als singuläre Schnittpunkte auftreten, sind die zugehörigen Singularitäten von X_n durch die lokale Gleichung $z_3^n = z_1^n + z_2^n$ (in $\mathbb{C}^3$) gegeben; die zugehörigen Auflösungskurven sind FERMAT-Kurven n-ten Grades, die mit der Selbstschnittzahl $-n$ eingebettet sind (vgl. 1.2(2,7)). Für $n = 2$ erhalten wir somit rationale (−2)-Kurven. Da diese einfach zusammenhängend sind, ändert sich die Fundamentalgruppe bei der Auflösung $\tau\colon \hat{X} \to X$ nicht, und damit ist die regularisierte Überlagerungsfläche $\hat{X}_2$ ebenfalls einfach zusammenhängend (z.B. BARTHEL-KAUP [1982: 3.B.3, p.110]).

Wir wollen den Spezialfall, daß L die Konfiguration $A_1(6)$ (vollständiges Viereck) ist, noch explizit erwähnen: In diesem Fall hat die singuläre Überlagerungsfläche $X_2(L)$ genau 16 gewöhnliche Doppelpunkte; deren Auflösung liefert also eine K3-Fläche mit 16 rationalen (−2)-Kurven.

<u>J. Bemerkung zu den K3-Flächen:</u> Die Aussage iii) kann auch durch ein Deformationsargument bewiesen werden. Dazu betten wir die singuläre Konfiguration L als spezielle Faser $L_{(0)}$ in eine einparametrige Familie $(L_{(t)})_{t\in\Delta}$ (mit $\Delta := \{|t|<1\}$ von Geradenkonfigurationen ein, deren allgemeine Faser $L_{(t)}$ (für $t \neq 0$) regulär ist. Zu dieser Familie $(L_{(t)})$ gehört für jedes $n \geq 2$ die Familie $X_t = X_n(L_{(t)})$ der Überlagerungsflächen, deren allgemeine Faser glatt ist. Für $n = 2$ hat die singuläre spezielle Faser nur gewöhnliche Doppelpunkte, und daher gibt es nach einem Ergebnis von M. ATIYAH [1958] einen holomorphen „Basiswechsel" $\Delta \to \Delta$, $s \to t(s)$ mit $t(0) = 0$, der nur über $t = 0$ verzweigt ist, und eine Familie $(Y_s)_{s\in\Delta}$ von glatten Flächen mit einer holomorphen Abbildung auf die induzierte Familie $(X_{t(s)})$, die faserweise die minimale Singularitätenauflösung ist. Da nun die allgemeinen Fasern $Y_s = X_{t(s)}$ (mit $s \neq 0$) der glatten Familie (Y_s) glatte K3-Flächen sind, gilt das auch für die spezielle Faser $Y_0 = \hat{X}_{2,0}$.

Dieses Deformationsargument läßt sich natürlich allgemeiner bei solchen Geradenkonfigurationen L anwenden, die nur Tripelpunkte als singuläre Schnittpunkte haben; es zeigt dann, daß die Fläche $\hat{X}_2(L)$ eine glatte Deformation der glatten KUMMERschen Überlagerungen $X_2(L^*)$ ist, die zu regulären Geradenkonfigurationen L^* mit der gleichen Anzahl k von Geraden gehören. - Das oben erwähnte Resultat von ATIYAH wurde von E. BRIESKORN [1966, 1968] auf solche Familien (X_t) von Flächen verallgemeinert, deren spezielle Faser X_0 beliebige rationale Doppelpunkte als Singularitäten haben kann.

<u>K. Erweiterte Büschel und gefaserte Überlagerungen:</u> Wenn in einer Konfiguration L ein singulärer Schnittpunkt p mit besonders hoher Vielfachheit r auftritt, so haben die zugehörigen KUMMERschen Überlagerungsflächen $\hat{X} = \hat{X}_n(L)$ eine ausgezeichnete holomorphe Faserraum-

struktur; dabei ist die Basiskurve die Auflösungskurve der Singularitäten über p, also eine der Komponenten der Urbildkurve $\tilde{E}_\nu$. Wir wollen hier die Fälle betrachten, wo L entweder ein Büschel aus r Geraden oder die durch $t = k-r \leq 3$ zusätzliche transversale Geraden L_{r+i} $(i=1,..,t)$ erweiterte Büschelkonfiguration und p das Büschelzentrum ist. Durch das Aufblasen der Ebene in p erhalten wir zunächst die rationale Regelfläche Σ_1, d.h. das holomorphe $\mathbb{P}_1$ -Bündel über $\mathbb{P}_1$ mit der (-1)-Kurve E als Schnitt. Die (regularisierte) Verzweigungskonfiguration $\hat{L}$ in Σ_1 besteht aus r Fasern des Bündels (d.h. Geraden der Regelschar), nämlich den strikten Transformierten $L_1', \ldots,$ L_r' der Büschelgeraden, sowie im Fall $r < k$ (d.h. wenn L ein erweitertes Büschel ist) zusätzlich aus $t+1$ Schnitten des Bündels, nämlich der (-1)-Kurve $E =: L_0$ sowie den (strikten Transformierten der) Transversalen $L_{r+1}, \ldots, L_k$. (Im Büschelfall $r = k$ gibt es keine Verzweigung längs E.) Zur Untersuchung der Überlagerungsfläche $\hat{X}$ betrachten wir zunächst die KUMMERsche Überlagerung R zu Σ_1 mit Verzweigung längs der Fasern $L_1', \ldots, L_r'$. Diese Fläche R ist wieder eine *Regelfläche*, und zwar mit der Basiskurve B, die sich als KUMMERsche Überlagerung der Kurve $E \simeq \mathbb{P}_1$ mit lokal n-facher zyklischer Verzweigung in den r Schnittpunkten mit den Geraden $L_1', \ldots, L_r'$ ergibt. Der zugehörige Überlagerungsgrad (von R über Σ_1 und auch von B über E) ist dann n^{r-1}.

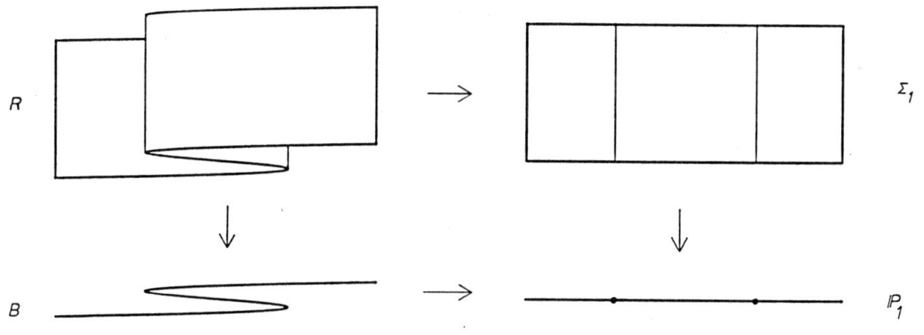

Die Basiskurve ist in R als Schnitt B_0 über L_0 mit negativer Selbstschnittzahl

$$B_0^2 = -n^{r-1}$$

eingebettet. Die HURWITZ-Formel ergibt die EULER-Zahl

•(6) $$e(B) = -n^{r-2}((n-1)(r-2)-2)$$

und somit das Geschlecht g der Basiskurve, nämlich

$g = 0$ für $r = 3,\ n = 2$;
$g = 1$ für $r = 3,\ n = 3$ oder $r = 4,\ n = 2$;
$g \geq 2$ sonst.

Daraus erhalten wir die CHERNschen Zahlen der Regelfläche R : es gilt

$$e(R) = 2\cdot e(B) = 4-4g \ ; \quad K_R^2 = 4\cdot e(B) = 8-8g.$$

Ist L ein *Büschel* (d.h. gilt $k = r$), so ist diese *Regelfläche* R schon die Überlagerungsfläche $\hat{X}$; anderenfalls (d.h. für $t = k-r > 0$) müssen wir jetzt noch zu der verzweigten Überlagerung der Regelfläche R (vom Grad n^t) übergehen, die längs der $t+1$ Urbildkurven B_j der Kurven L_j (mit $j = 0, r+1, \ldots, k$) in R lokal n-fach zyklisch verzweigt ist.

Da die Verzweigungskurven Schnitte des holomorphen $\mathbb{P}_1$ -Bündels $R \to B$ sind, ist die Fläche $\hat{X}$ ebenfalls holomorph über B gefasert. Dabei ergibt sich als Faser über einem allgemeinen Punkt $b \in B$ genau die Kurve, die KUMMERsche Überlagerung der Gerade der Regelschar über b mit lokal n-facher zyklischer Verzweigung in den $t+1$ Schnittpunkten mit den Verzweigungskurven ist. Im Fall $t = 1$ (d.h. wenn L ein *Fast-Büschel* ist) sind alle Fasern wieder projektive Geraden, und wir erhalten als KUMMERsche Überlagerungsfläche $\hat{X}_n(L)$ erneut eine *Regelfläche* $\tilde{R}$ über B. Durch die n-fache Verzweigung haben aber die Schnitte C_0 über L_0 bzw. C_{r+1} über L_{r+1} andere Selbstschnittzahlen als die entsprechenden Schnitte B_0 bzw. B_{r+1} in R; es ergibt sich jetzt

$$C_0^2 = -C_{r+1}^2 = B_0^2/n = -n^{r-2} \quad \text{und} \quad C_{r+1}^2 = -C_0^2 = B_{r+1}^2/n .$$

In den Fällen eines einfach bzw. doppelt *erweiterten Fast-Büschels* ($t = 2$ bzw. $t = 3$) können wir die Fläche $\hat{X}_n$ wiederum als verzweigte Überlagerung (vom Grad n^{t-1}) dieser neuen Regelfläche $\tilde{R}$ mit lokal n-facher zyklischer Verzweigung längs der Urbildkurven C_{r+i} der noch verbleibenden Transversalen L_{r+i} auffassen (siehe Absatz L). Betrachten wir die Fläche aber als Überlagerung von R, so sehen wir, daß die regulären Fasern KUMMERsche Überlagerungen der projektiven Gerade mit 3 bzw. 4 Verzweigungspunkten sind; singuläre Fasern treten genau über den Punkten $b \in B$ auf, über denen die Schnittpunkte der Verzweigungskurven $B_{r+1}, \ldots, B_k$ liegen. Für ein *einfach erweitertes Fast-Büschel* L haben die regulären Fasern die EULER-Zahl $e = -n(n-3)$ und damit das Geschlecht

$$g = 0 \quad \text{(rational)} \quad \text{für} \quad n = 2,$$
$$g = 1 \quad \text{(elliptisch)} \quad \text{für} \quad n = 3,$$
$$g \geq 2 \quad \text{(allgem. Typ)} \quad \text{für} \quad n \geq 4.$$

Wir werden diesen Fall anschließend genauer betrachten. - Bei einem *doppelt* erweiterten Fast-Büschel erhalten wir entsprechend für die regulären Fasern die EULER-Zahl $e = -2n^2(n-2)$ und somit das Geschlecht

$$g = 1 \quad \text{für} \quad n = 2,$$
$$g \geq 2 \quad \text{für} \quad n \geq 3.$$

Damit haben wir für $n = 2$ eine elliptische Faserung gefunden (vgl. Absatz I); die Basiskurve ist für $k \geq 8$ vom Geschlecht $g \geq 2$ (also vom allgemeinen Typ), für $k = 7$ elliptisch und für $k = 6$ rational. Bei den singulären Fasern muß noch unterschieden werden, ob die Ausgangskonfiguration L außerhalb des Büschelzentrums nur Doppelpunkte oder auch Tripelpunkte hat. Wir verzichten hier aber auf eine detaillierte Diskussion und überlassen dem Leser die Untersuchung der Einzelheiten.

L. Struktur der Überlagerungen bei einfach erweiterten Fast-Büscheln:

Für die folgende Diskussion betrachten wir die Überlagerungsfläche $\hat{X} = \hat{X}_n(L)$ als n-blättrige Überlagerung der zum Fast-Büschel $L_1, \ldots, L_{k-1}$ gehörigen Regelfläche $\tilde{R}$ über der Kurve B, die längs der Urbildkurve C_k der Transversale L_k lokal n-fach zyklisch verzweigt ist.

Die Regelfläche $\tilde{R}$ hat zwei ausgezeichnete Schnitte, nämlich die Urbildkurven C_0 bzw. C_{k-1} der Kurven $L_0 = E$ bzw. L_{k-1} unter der zusammengesetzten Überlagerung $\tilde{R} \to R \to \Sigma_1$; diese haben die charakteristischen Zahlen

$$e = -n^{k-4}((n-1)(k-4)-2) \quad \text{und} \quad C_0^2 = -C_{k-1}^2 = -n^{k-4}.$$

Die Verzweigungskurve C_k ist ein „n-*Schnitt*" der Faserung $\tilde{R} \to B$, d.h. jede Faser (Gerade der Regelschar) hat mit C_k die Schnittzahl n. Genauer liegen auf einer Gerade entweder n einfache oder ein n-facher Schnittpunkt; der letztere Fall tritt genau in den n^{k-3} einfachen Schnittpunkten der Kurven C_{k-1} und C_k auf.

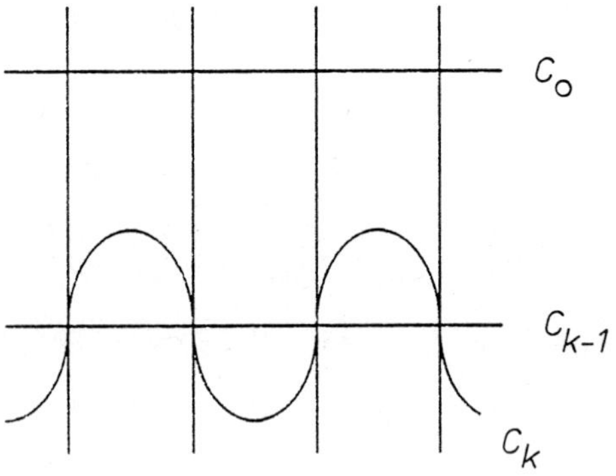

Diese Kurve C_k hat die EULER-Zahl $e(C_k) = -n^{k-3}((n-1)(k-3) - 2)$ und die Selbstschnittzahl $C_k^2 = n^{k-2}$.

Für die Fläche $\hat{X}$ ergibt sich daraus die folgende Struktur: Die Komposition $\hat{X} \to \tilde{R} \to B$ ist eine holomorphe Faserung mit zusammenhängenden Fasern. Die generischen Fasern sind die Überlagerungen von $\mathbb{P}_1$, die als RIEMANNsche Flächen zu den Funktionen $\sqrt[n]{z^n - a}$ (für $a \in \mathbb{C}^*$) gehören; sie sind also isomorph zur FERMAT-Kurve $u^n = z^n - aw^n$). Die n^{k-3} speziellen Fasern bestehen aus n projektiven Geraden mit einem gemeinsamen Schnittpunkt (das entspricht in der obigen Darstellung dem Grenzfall $a = 0$) und mit der Selbstschnittzahl $-(n-1)$ (da alle Fasern die Selbstschnittzahl 0 haben); insbesondere ist daher die Fläche $\hat{X}_2$

nicht minimal. Diese n-fachen Punkte der speziellen Fasern sind genau die n^{k-3} Schnittpunkte der Urbildkurven $\tilde{L}_{k-1}$ und $\tilde{L}_k$ der beiden Transversalen; diese Kurven sind n-Schnitte der Faserung $\hat{X} \to B$; sie haben die EULER-Zahl $e(C_k)$ und die Selbstschnittzahl n^{k-3}. Die Urbildkurve $\tilde{L}_0$ besteht aus n disjunkten isomorphen Komponenten mit den Selbstschnittzahlen $-n^{k-4}$, die (einfache) Schnitte der Faserung sind; jede dieser Komponenten schneidet genau eine der n Komponenten einer speziellen Faser.

M. Die Klassifikation bei einfach erweiterten Fast-Büscheln: Aus den soeben hergeleiteten Strukturaussagen ergibt sich die Klassifikation (in Abhängigkeit von n und k) wie folgt:

n = 2 : Die Fläche $\hat{X}_2$ ist eine in 2^{k-3} Punkten *aufgeblasene Regelfläche*; die Basiskurve B hat die EULER-Zahl $e(B) = -2^{k-4}(k-6)$ und somit das Geschlecht

$$\begin{aligned} g &= 0 \quad \text{(rational)} && \text{für} \quad k = 5, \\ g &= 1 \quad \text{(elliptisch)} && \text{für} \quad k = 6 \\ g &\geq 2 \quad \text{(allgem. Typ)} && \text{für} \quad k \geq 7. \end{aligned}$$

n = 3 : Die Fläche $\hat{X}_3$ ist eine *minimale, echt elliptische Fläche*; die Basiskurve B hat die EULER-Zahl $e(B) = -3^{k-4}(2k-10)$ und damit das Geschlecht

$$\begin{aligned} g &= 1 \quad \text{(elliptisch)} && \text{für} \quad k = 5, \\ g &\geq 2 \quad \text{(allgem. Typ)} && \text{für} \quad k \geq 6. \end{aligned}$$

n ≥ 4 : Die Fläche $\hat{X}_n$ ist eine *minimale Fläche vom allgemeinen Typ*, die über einer Basiskurve B gefasert ist. Die Basis B bzw. die allgemeine Faser F haben die EULER-Zahlen

$$\begin{aligned} e(B) &= -n^{k-4}((n-1)(k-4)-2) < 0, \\ e(F) &= -n(n-3) \qquad\qquad\quad < 0 ; \end{aligned}$$

damit sind beide Kurven vom allgemeinen Typ.

Der Beweis, daß die Überlagerungsflächen $\hat{X}$ für $n \geq 3$ minimal sind, ergibt sich sofort aus der Faserraumstruktur: Die Basiskurve B ist für $n \geq 3$ stets irrational. Da eine holomorphe Abbildung $\mathbb{P}_1 \to B$ für

$g(B) \geq 1$ konstant ist, könnte eine rationale (-1)-Kurve nur als Komponente einer Faser eingebettet sein; da die generischen Fasern irreduzibel sind, müßte es sich um eine Komponente einer singulären Faser handeln, aber diese Komponenten haben die Selbstschnittzahl $1-n \leq -2$.

Zum Beweis, daß die Flächen $\hat{X}_n$ für $n = 3$ echt elliptisch $(\kappa = 1)$ bzw. für $n \geq 4$ vom allgemeinen Typ sind, können wir das Verfahren für die doppelt erweiterten Fast-Büschel leicht abgewandelt übernehmen. Dazu fassen wir $\hat{X}_n$ als regulär verzweigte Überlagerung der Fläche $\hat{S} = \Sigma_1$ mit Verzweigung längs $\hat{L}$ auf. Die Divisorenklassengruppe $Pic(\Sigma_1)$ ist die freie abelsche Gruppe, die von den Klassen f einer Faser und s eines Schnittes (mit $s^2 = +1$) erzeugt wird; die Klasse $[E] = e$ der (-1)-Kurve ist $e = s-f$. Für die Klassen $[K]$ bzw. $[L_j]$ des kanonischen Divisors bzw. der Komponenten des Verzweigungsortes $\hat{L}$ erhalten wir in dieser Basis die Darstellungen

$$[K] = -2s-f, \quad [L_0] = [E] = e = s-f,$$

$$[L_1] = .. = [L_{k-2}] = f, \quad [L_{k-1}] = [L_k] = s.$$

Daraus ergibt sich sofort, daß der Divisor

$$D := -6(L_0 + L_{k-1} + L_k) - 5(L_1 + L_2 + L_3)$$

auf Σ_1 ein 9-fach kanonischer Divisor ist, und so erhalten wir für jedes $n \geq 3$ den $9n$ -fach kanonischen Divisor

$$\tilde{D} := \sigma^*(nD + 9(n-1)\hat{L})$$

auf $\hat{X}_n$. Offensichtlich ist dieser Divisor $\tilde{D}$ für $n \geq 3$ strikt positiv.

Zum Fall $n = 2$ wollen wir noch ergänzend anmerken, daß die Regelfläche, aus der $\hat{X}_2$ durch 2^{k-3} -faches Aufblasen entsteht, nur bis auf jeweils eine elementare Transformation (Aufblasen in einem Punkt und anschließende Kontraktion der strikten Transformierten der Gerade der Regelschar durch diesen Punkt) in den 2^{k-3} Schnittpunkten der Kurven $\tilde{L}_{k-1}$ und $\tilde{L}_k$ bestimmt ist. Unter diesen Flächen, die wir aus $\hat{X}_2$ durch Kontraktion von jeweils einer der beiden (-1)-Komponenten in den speziellen Fasern erhalten, tritt insbesondere die Produktfläche $B \times \mathbb{P}_1$ auf.

<u>N. Struktur und Klassifikation der Überlagerungsflächen bei verbundenen Doppelbüscheln:</u> Die regularisierte Verzweigungskonfiguration $\hat{L}$, die durch Aufblasen in den beiden Büschelzentren p_ν entsteht, kann durch die folgende Skizze veranschaulicht werden:

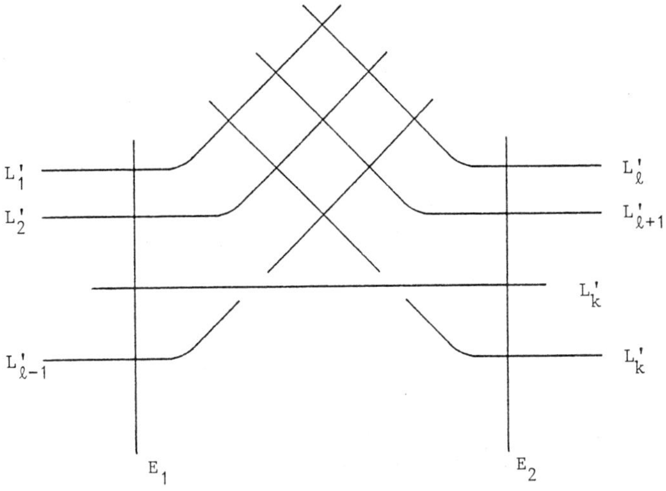

Durch das Aufblasen wird L_k' zu einer (−1)-Kurve. Die Komponenten der Urbildkurve $\tilde{L}_k$ sind wieder rational. Die Berechnung ihrer charakteristischen Zahlen mit den Formeln 1.3(12) ergibt sofort, daß $\tilde{L}_k$ aus n^{k-3} disjunkten (−1)-Kurven besteht. Diese können simultan zu glatten Punkten kontrahiert werden; die so erhaltene Fläche $\overline{X}$ ist dann eine regulär verzweigte Überlagerung der Fläche $\Sigma_0 = \mathbb{P}_1 \times \mathbb{P}_1$ mit Verzweigung längs der regulären Konfiguration $\overline{L}$, die wir aus $\hat{L}$ durch die Kontraktion der (−1)-Kurve L_k' erhalten.

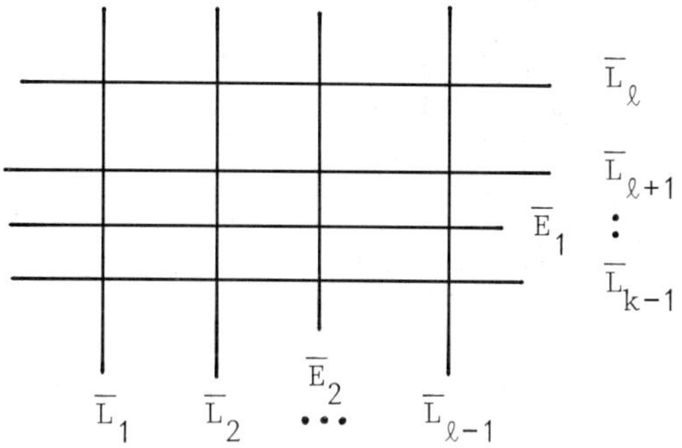

Daher ist $\overline{X}$ das kartesische Produkt $C_1 \times C_2$ der beiden Kurven C_ν, die jeweils als KUMMERsche Überlagerung zu $\overline{E}_\nu$ mit Verzweigung in den r_ν Schnittpunkten mit $\overline{E}_\mu$ $(\nu \neq \mu)$ und den dazu parallelen Geraden $\overline{L}_j$ gehören. Die HURWITZ-Formel liefert die EULER-Zahl

$$e(C_\nu) = -n^{r_\nu - 2} \cdot ((n-1)(r_\nu - 2) - 2)$$

und damit das Geschlecht

$$\begin{array}{lll} g = 0 & \text{(rational)} & \text{für } n = 2,\ r_\nu = 3\ ; \\ g = 1 & \text{(elliptisch)} & \text{für } n = 2,\ r_\nu = 4 \\ & & \text{oder } n = 3,\ r_\nu = 3\ ; \\ g \geq 2 & \text{(allgem. Typ)} & \text{für } n = 2,\ r_\nu \geq 5 \\ & & \text{oder } n = 3,\ r_\nu \geq 4 \\ & & \text{oder } n \geq 4. \end{array}$$

Daraus ergibt sich sofort die Einordnung der Produktfläche $\overline{X}$ in die ENRIQUES-Klassifikation; die Diskussion der Einzelfälle bleibt dem Leser überlassen. Wir geben nur noch die CHERNschen Zahlen explizit an:

$$e(\overline{X}) = n^{k-3}((n-1)(r_1-2)-2) \cdot ((n-1)(r_2-2)-2),$$

$$K_{\overline{X}}^2 = 2e(\overline{X}).$$

3.3 UNGLEICHUNGEN FÜR C H E R N SCHE ZAHLEN UND KOMBINATORIK VON GERADENKONFIGURATIONEN

Nachdem wir die KUMMERschen Überlagerungen in die Flächenklassifikation eingeordnet haben, können wir nun die Formeln 1.3(7) zur Berechnung von c_1^2 und c_2 aus den kombinatorischen Daten benutzen, um aus bekannten Ungleichungen für die CHERNschen Zahlen von algebraischen Flächen (insbesondere aus der berühmten Ungleichung $c_1^2 \leq 3c_2$) Ungleichungen für die kombinatorischen Invarianten von singulären Geradenkonfigurationen herzuleiten. Dabei setzen wir stets voraus, daß die jeweils betrachtete Konfiguration L kein Büschel ist, d.h. daß $t_k = 0$ gilt.

<u>A. Das quadratische Polynom:</u> In den Formeln 1.3(7) haben wir für eine beliebige Geradenkonfiguration L in der projektiven Ebene drei quadratische Polynome angegeben, mit denen die CHERNschen Zahlen $c_1^2 = K^2$ und $c_2 = e$ sowie die Proportionalitätsabweichung $Prop = 3c_2 - c_1^2$ einer längs L konstant verzweigten Überlagerungsfläche $\hat{X}_n(L)$ - bis auf den Faktor N/n^2 - als Funktion der lokalen Verzweigungsordnung n ausgedrückt werden. Nun können wir das Polynom für $Prop$ noch durch folgenden Variablentransformation vereinfachen: Indem wir $u := n-1$ setzen, erhalten wir das quadratische Polynom

•(1) $$F(u) = u^2(f_0-k) - 2u(f_1-2f_0) + 4(f_0-t_2).$$

Bei einer Konfiguration in allgemeiner Lage fallen der lineare und der konstante Term weg (vgl. 1.1(11)), da $f_0 = t_2$ und $f_1 = 2t_2$ gilt.

<u>B. Der Leitkoeffizient des quadratischen Polynoms:</u> Das Verhalten dieses Polynoms $F(u)$ für große Werte von u wird durch den Leitkoeffizienten f_0-k - und wenn dieser verschwindet, durch den Koeffizienten $-2(f_1-2f_0) \le 0$ des linearen Terms - bestimmt. Wie wir wissen, sind die regularisierten Überlagerungsflächen $\hat{X} = \hat{X}_n(L)$ für $n \ge 3$ vom allgemeinen Typ oder zumindest nicht birational äquivalent zu einer Regelfläche mit Basiskurve vom Geschlecht ≥ 2, wenn L kein Büschel oder Fast-Büschel ist. Also gilt $c_1^2 \le 3c_2$ und damit $Prop(\hat{X}_n) \ge 0$, da diese Ungleichung nicht nur für Flächen vom allgemeinen Typ, sondern für alle Flächen mit $\kappa \ge 0$ oder $c_1^2 \ge 0$ oder $c_2 \ge 0$ zutrifft (vgl. Anhänge A.1 und B.2). Für solche Flächen kann also der Leitkoeffizient nicht negativ sein, so daß wir damit die Ungleichung

•(2) $$f_0 \ge k,$$

erhalten, die offensichtlich auch für Fast-Büschel richtig ist. Diese kombinatorische Aussage gilt sogar ganz allgemein für Geradenkonfigurationen mit $t_k = 0$ in beliebigen projektiven Ebenen (vgl. Absatz E); sie läßt sich allerdings im komplexen Fall mit einem topologischen Argument auch ohne Benutzung der MIYAOKA-YAU-Ungleichung besonders leicht zeigen: Wird nämlich die komplex-projektive Ebene in sämtlichen (regulären und singulären) Schnittpunkten der Geraden aufgeblasen, so ist die Schnittform auf der mittleren Homologie der entstehenden Fläche zu der Diagonalform $(+1,-1,\dots,-1)$ vom Rang f_0+1 äquivalent. Da jede Gerade in mindestens zwei Punkten aufgeblasen wird, bilden die eigentlichen Transformierten L_i' der Konfigurationsgeraden ein System von k disjunkten glatten rationalen Kurven mit negativer Selbstschnittzahl; folglich gilt $k \le b_2^- = f_0$.

<u>C. Anwendung: Die Negativität der linearen Terme bei</u> e <u>und</u> K^2 : Wir können aus der Ungleichung (2) sofort folgern, daß für $k \ge 4$ die Koeffizienten der linearen Terme in den quadratischen Polynomen für e und K^2 aus 1.3(7) strikt negativ sind: Beide Koeffizienten sind nämlich negative Vielfache (das (-2)- bzw. (-4)-fache) von f_1-f_0-k ; die Abschätzung

•(3) $$f_1 > f_0+k$$

für $k \ge 4$ ist wegen $f_0 \ge k$ und $f_1 \ge 2f_0$ elementar: im singulären Fall gilt $f_1 > 2f_0$, im regulären $f_0 = k(k-1)/2 > k$ für $k \ge 4$.

<u>D. Positivität des Leitkoeffizienten und die Ungleichung</u> $c_1^2 \le 3c_2$: Wir wollen zeigen, daß die Fast-Büschel und das Dreiseit die einzigen Geradenkonfigurationen in der komplex-projektiven Ebene sind, für die der Leitkoeffizient $f_0 - k$ des Polynoms $F(u)$ verschwindet, d.h. daß für Konfigurationen mit $t_k = t_{k-1} = 0$ und $k \ge 4$ stets $f_0 > k$ gilt.

Diese Behauptung leiten wir durch den folgenden indirekten *Beweis* aus der Ungleichung $c_1^2 \le 3c_2$ für algebraische Flächen mit $c_1^2 \ge 0$ ab:

In einer Konfiguration mit $f_0 = k \ge 4$ müssen notwendig singuläre Schnittpunkte p_ν auftreten (vgl. 2.1(1)), und daher gilt $f_1 > 2f_0$. In dem quadratischen Polynom $F(u)$ entfällt nach Voraussetzung der Leitterm; der Koeffizient $-2(f_1-2f_0)$ des linearen Terms ist (strikt) negativ; daher müßte für alle genügend großen Werte von $n = u+1$ die Ungleichung $\mathrm{Prop}(\hat{X}_n) < 0$ erfüllt sein. Nach der Flächenklassifikation (vgl. Anhang A.1) könnte eine solche Fläche dann nur eine (evtl. noch endlich oft aufgeblasene) Regelfläche über einer Basiskurve vom Geschlecht $g \ge 2$ sein; insbesondere müßte $c_1^2(\hat{X}) < 0$ gelten. Wir zeigen nun mit rein kombinatorischen Mitteln, daß für eine Geradenkonfiguration mit $f_0 = k \geq 4$, die kein Fast-Büschel ist, die Ungleichung

•(4) $$f_1 \geq 3f_0$$

gilt. Daraus folgt aber, daß für solch eine Konfiguration der Leitkoeffizient $3f_1 - 4f_0 - 5k + 9 = 3(f_1-3f_0+3)$ des quadratischen Polynoms 1.3(7) für $c_1^2 \cdot n^2/N$ strikt positiv ist, so daß also $c_1^2(\hat{X}_n) > 0$ für alle genügend großen Werte von $n = u+1$ erfüllt wäre und sich damit im komplexen Fall ein Widerspruch ergibt.

Die Ungleichung (4) ist offensichtlich richtig, wenn keine Doppelpunkte auftreten, d.h. wenn $t_2 = 0$ gilt. Wir wollen nun zeigen, daß eine Konfiguration mit $f_0 = k \geq 4$, die (mindestens) einen Doppelpunkt enthält, schon ein Fast-Büschel ist. Dazu indizieren wir (nur für diesen Beweis) auch die Doppelpunkte mit p_ν $(\nu = s+1,\dots,f_0)$, wobei dann $r_\nu = 2$ einzusetzen ist. Da L kein Büschel ist, gibt es zu jeder Konfigurationsgeraden L_j einen (singulären oder regulären) Schnittpunkt p_ν, der nicht auf L_j liegt. Hat dieser die Vielfachheit r_ν, so gilt für die Anzahl τ_j aller Schnittpunkte auf L_j offenbar die Abschätzung

•(5) $$f_0 > \tau_j \geq r_\nu .$$

Daher erhalten wir die folgende (Un-) Gleichungskette:

•(6) $$k = \sum_{j=1}^{k}(f_0-\tau_j)/(f_0-\tau_j) = \sum_{j\neq\nu} 1/(f_0-\tau_j) \underset{(5)}{\geq} \sum_{j\neq\nu} 1/(f_0-r_\nu)$$

$$\underset{(V)}{=} \sum_{j\neq\nu} 1/(k-r_\nu) = \sum_{\nu=1}^{f_0}(k-r_\nu)/(k-r_\nu) = f_0 \underset{(2)}{\geq} k.$$

Dabei ist in $\sum_{j\neq\nu}$ über alle Paare (j,ν) mit $p_\nu \notin L_j$ zu summieren, und (V) gilt nach Voraussetzung $(f_0 = k)$. Somit muß in (5) stets die Gleichheit $r_\nu = \tau_j$ gelten, und daraus folgt nun leicht, daß alle Punkte auf L_j die gleiche Vielfachheit haben müssen, so daß die Konfiguration bereits beim Auftreten eines einzigen Doppelpunktes auf L_j ein Fast-Büschel (mit L_j als Basisgerade) sein muß.

E. Ergänzende Bemerkungen zum Leitkoeffizienten: Verschwindet der Leitkoeffizient $f_0 - k$ für eine Geradenkonfiguration in einer beliebigen projektiven Ebene und gilt außerdem $t_2 = 0$, so folgt natürlich, daß dann sämtliche Schnittpunkte p_ν die gleiche Vielfachheit $r_\nu = r \geq 3$ haben und daß auf jeder Gerade genau $\tau_j = \tau = r$ Punkte liegen. Solche Konfigurationen existieren in der projektiven Ebene $\mathbb{P}_2(\mathbb{F}_q)$ über jedem endlichen Körper: Es gibt genau $q^2 + q + 1$ Punkte und ebensoviele Geraden; jeder Punkt liegt auf genau $q+1$ Geraden, und jede Gerade enthält genau $q+1$ Punkte. Wir kommen auf diese Konfiguration noch weiter unten (Absatz J) in einem Exkurs zurück: Wir benutzen sie dort, um an einem Beispiel zu zeigen, daß die Ungleichung $c_1^2 \leq 3c_2$ über Körpern positiver Charakteristik falsch ist.

Weiter bemerken wir, daß sich mit einer kleinen Abänderung aus der oben benutzten Kette (6) ein einfacher indirekter Beweis der Ungleichung (2) $f_0 \geq k$ für Geradenkonfigurationen mit $t_k = 0$ in beliebigen projektiven Ebenen ergibt, indem lediglich die zweite Zeile durch die folgende ersetzt wird:

$$k \underset{(5)}{\geq} \sum_{j \neq \nu} 1/(f_0 - r_\nu) = \sum_{\nu=1}^{f_0} (k - r_\nu)/(f_0 - r_\nu) > \sum_{\nu=1}^{f_0} k/f_0 = k.$$

Dabei folgt das $>$ -Zeichen aus der Annahme $k > f_0$. (Dieser Beweis, den wir dem Übersichtsartikel von GRÜNBAUM [Grün: Thm. 2.6, p. 11-12] entnommen haben, wurde von BASTERFIELD und KELLY [1968: Thm. 2.1] angegeben; in deren Arbeit wird übrigens auch mit rein kombinatorisch-geometrischen Mitteln gezeigt, daß eine Geradenkonfiguration mit $f_0 = k$ in der komplex-projektiven Ebene ein Fast-Büschel ist.)

F. Positivität der Leitkoeffizienten der Polynome für e und K^2 :
Wie wir bei der Klassifikation im Abschnitt 3.2 gesehen haben, treten (evtl. aufgeblasene) Regelflächen über einer Basiskurve vom allgemeinen Typ (d.h. mit $g \geq 2$) nur in zwei Fällen als KUMMERsche Überlagerungen auf: Im ersten Fall ist L ein Fast-Büschel und n beliebig, im zweiten ist L ein einfach erweitertes Fast-Büschel, und es gilt $n = 2$. Wir wissen, daß in allen anderen Fällen die Überlagerungsflächen entweder rationale Flächen sind (vgl. die Diskussion in 3.2,C) oder die kanonische Dimension $\kappa \geq 0$ haben. Für $n \geq 4$ erhalten wir stets

Flächen vom allgemeinen Typ, und diese Flächen sind minimal, sofern L kein verbundenes Doppelbüschel ist. Daher sind ihre CHERNschen Zahlen $c_1^2 = K^2$ und $c_2 = e$ strikt positiv; wie man leicht nachrechnet, gilt das auch noch für verbundene Doppelbüschel. Wie bei dem eben betrachteten Polynom $F(u)$ folgt, daß die Leitkoeffizienten der quadratischen Polynome für e und K^2 in 1.3(7) nicht negativ sein können, sondern wegen der Negativität der linearen Terme (siehe Absatz C) sogar strikt positiv sein müssen. Damit ergeben sich also die Ungleichungen

•(7)
$$f_1 + 3 \geq f_0 + 2k ;$$
$$3f_1 + 9 \geq 4f_0 + 5k.$$

Die Gleichheit gilt genau dann, wenn L ein Fast-Büschel ist. Offenbar kann die untere Ungleichung sofort mit der schon bewiesenen Abschätzung $f_0 \geq k$ aus der oberen hergeleitet werden; die obere läßt sich auf rein kombinatorische Weise durch Induktion zeigen und gilt daher in beliebigen projektiven Ebenen.

<u>G. Eine Ungleichung für die Anzahl der Doppel- und Tripelpunkte einer komplexen Geradenkonfiguration:</u> Wie wir gesehen haben, gelten die Ungleichungen $\kappa \geq 0$ und damit $\mathrm{Prop} \geq 0$ (d.h. $c_1^2 \leq 3c_2$) für die Überlagerungsflächen bereits bei $n = 3$, falls L kein Fast-Büschel ist. Damit genügt der Wert des quadratischen Polynoms $F(u)$ in $u = n-1 = 2$ der Abschätzung

$$F(2) = 4\cdot(4f_0 - f_1 - t_2 - k) \geq 0.$$

Wenn wir darin definitionsgemäß $f_0 = \sum_{r\geq 2} t_r$ und $f_1 = \sum_{r\geq 2} r\cdot t_r$ einsetzen, können wir das wie folgt interpretieren:

Für Geradenkonfigurationen in der komplex-projektiven Ebene mit $t_k = t_{k-1} = 0$ gilt die Ungleichung

•(8) $$t_2 + t_3 \geq k + \sum_{r\geq 5}(r-4)\cdot t_r \quad (= k + t_5 + 2t_6 + 3t_7 + \ldots) .$$

Als unmittelbare Anwendung, die bereits aus der schwächeren Version

$$t_2 + t_3 > 0$$

folgt, ergibt sich die folgende Aussage: In einer doppelpunktfreien Geradenkonfiguration in der komplex-projektiven Ebene mit $t_k = 0$ treten notwendig Tripelpunkte auf. Die dualisierte Aussage können wir auch so formulieren:

Es gibt *keine* Konfiguration von k Punkten in der komplex-projektiven Ebene, die nicht kollinear sind, aber die Eigenschaft der *„Vier-Punkt-Kollinearität"* haben, d.h., daß auf jeder Verbindungsgerade von zwei Punkten noch mindestens zwei weitere Punkte liegen. - Die oben betrachtete Konfiguration der Geraden in $\mathbb{P}_2(\mathbb{F}_q)$ mit $q \geq 3$ zeigt, daß die Ungleichung (8) - auch in der schwächeren Form - in der projektiven Ebene über endlichen Körpern nicht gültig ist.

H. Anwendung: Das Problem der Drei-Punkt-Kollinearität im Raum: Wir betrachten (endliche) Punktkonfigurationen im komplex-projektiven Raum $\mathbb{P}_3(\mathbb{C})$ mit der Eigenschaft der *„Drei-Punkt-Kollinearität":* Auf jeder Verbindungsgeraden von zwei Punkten liege noch mindestens ein dritter. J.-P. SERRE hatte [1966] das Problem formuliert, ob eine solche Konfiguration notwendig planar ist, d.h. in einer Ebene liegt. Als Anwendung der obigen Ungleichung (8) hat J.M. KELLY [1986] dieses Problem mit dem folgenden indirekten Beweis gelöst.

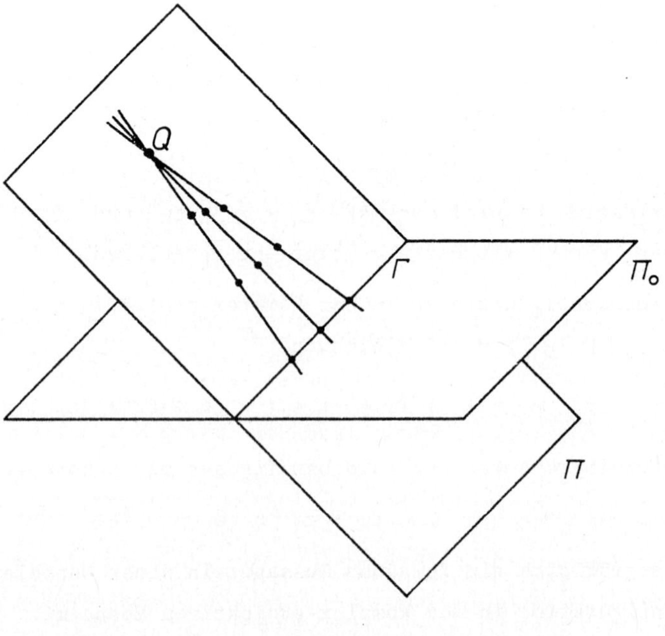

Wir wählen einen Punkt Q der Konfiguration und eine Ebene Π_0, die nicht durch Q geht, und betrachten die Zentralprojektion $\mathbb{P}_3 \setminus Q \to \Pi_0$. Die Konfiguration der Bildpunkte unter der Projektion hat wieder die Eigenschaft der Drei-Punkt-Kollinearität. (KELLY nennt Konfigurationen mit dieser Eigenschaft „SYLVESTER-GALLAI-Konfiguration"). Wenn nun alle Bildpunkte kollinear sind, also auf einer Geraden Λ_0 liegen, so liegt natürlich die Gesamtkonfiguration bereits in der durch Q und Λ_0 bestimmten Ebene. Wir nehmen daher an, daß die Bildpunkte nicht kollinear sind. Aus der Drei-Punkt-Kollinearität folgt mit der dualisierten Aussage von oben, daß es mindestens eine Gerade Γ in Π_0 gibt, auf der nur genau drei der Bildpunkte liegen. Jetzt betrachten wir die projektive Ebene Π durch den Punkt Q und diese Gerade Γ.

In dieser Ebene liegt dann eine nichttriviale Teilkonfiguration, die wieder die Eigenschaft der Drei-Punkt-Kollinearität hat. Diese gesamte Teilkonfiguration liegt auf drei Geraden Γ_a, Γ_b, Γ_c, die sich in Q schneiden - nämlich die von Q ausgehenden Projektionsgeraden durch die drei Bildpunkte -, und auf jeder der Geraden liegen außer Q noch mindestens zwei Punkte.

Es ist nun leicht zu sehen, daß eine solche Konfiguration in einer projektiven Ebene über einem Körper der Charakteristik Null nicht existieren kann. Dazu wählen wir eine der drei Geraden - etwa Γ_c - als die unendlich ferne und betrachten die Restkonfiguration in der affinen Ebene $\Pi \setminus \Gamma_c$. Diese besteht aus mindestens vier nicht-kollinearen Punkten, die auf zwei parallelen affinen Geraden G_a und G_b liegen, mit der folgenden Eigenschaft: Ist g die Verbindungsgerade zweier Konfigurationspunkte $A \in G_a$ und $B \in G_b$, so schneidet die Parallele zu g durch einen zweiten Konfigurationspunkt A' auf einer der beiden Geraden die andere Gerade ebenfalls in einem Konfigurationspunkt.

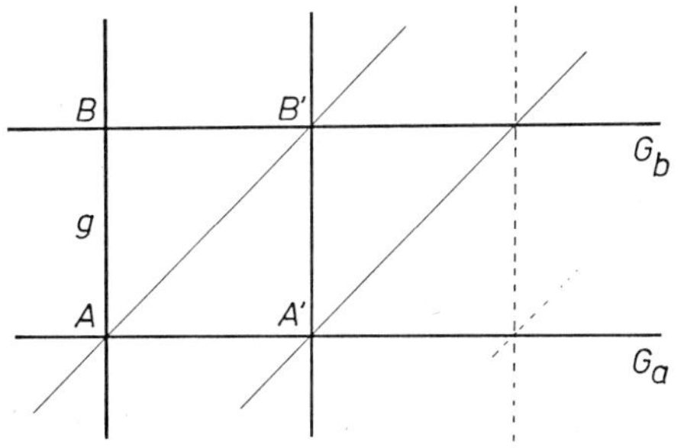

Wir können nun affine Koordinaten (x,y) so einführen, daß G_a die x-Achse $(y=0)$ und G_b die Parallele $y = 1$ ist und daß die Punkte $A = (0,0)$, $B = (0,1)$ und $A' = (1,0)$ Konfigurationspunkte sind. Dann ist induktiv sofort zu sehen, daß alle Punkte $A_j = (0,j)$ und $B_j = (1,j)$ mit ganzahligem j zur Konfiguration gehören; eine endliche Konfiguration mit dieser Eigenschaft kann also nur über einem Körper endlicher Charakteristik existieren.

Übrigens kann auch diese geometrische Aussage algebraisch als eine Aussage über Gruppenstrukturen auf (den regulären Punkten) der singulären ebenen kubischen Kurve interpretiert werden, die von drei konkurrenten Geraden gebildet wird: Wir können das Komplement des Schnittpunktes mit $\mathbb{C} \times \mathbb{Z}/3$ identifizieren, und diese Gruppe hat außer $0 \times \mathbb{Z}/3$ keine nicht-trivialen endlichen Untergruppen.

__I. Eine verschärfte Ungleichung:__ Die oben hergeleitete Ungleichung (8) kann noch verschärft werden, wenn die Ungleichung $c_1^2 \leq 3c_2$ durch die verfeinerte („logarithmische") Version ersetzt wird, die noch den Beitrag der rationalen und der elliptischen Kurven mit negativen Selbstschnittzahlen berücksichtigt. Wie wir gesehen haben, ist bei einer gewöhnlichen singulären Geradenkonfiguration L bereits die KUMMERsche Überlagerung $\hat{X}_2(L)$ zu $n = 2$ eine minimale Fläche vom allgemeinen Typ. Über jedem Tripelpunkt liegen $N/8 = 2^{k-4}$ rationale (−2)-Kurven, die von der Auflösung der quadratischen Doppelpunkte kommen, und über jedem Vierfachpunkt liegen $N/16 = 2^{k-5}$ elliptische Kurven mit der Selbstschnittzahl −4. In dieser Situation erhalten wir nach Ergebnissen von Y. MIYAOKA, R.KOBAYASHI und F. SAKAI, die wir im Anhang B.3,B diskutieren, die verfeinerte Ungleichung

•(9) $$c_1^2 + \frac{N}{4}\cdot t_4 \;\leq\; 3\cdot\left(c_2 - \frac{3N}{16}\right)\cdot t_3 \; :$$

Nach B.3(3,4,5) gilt für die dort beschriebenen modifizierten CHERNschen Zahlen $\hat{c}_1^2$ und $\hat{c}_2$ die Ungleichung $0 \leq \hat{c}_1^2 \leq 3\hat{c}_2$, und nach B.2(11) und A.2(5) sind diese Zahlen in unserer Situation durch

$$\hat{c}_1^2 = c_1^2 - \sum_{r_\nu=4} E_\nu^2 = c_1^2 + 4\cdot\frac{N}{16}\cdot t_4 \; ; \qquad \hat{c}_2 = c_2 - \frac{3}{2}\cdot\frac{N}{8}\cdot t_3$$

gegeben. - Setzen wir jetzt für c_1^2 und c_2 die Werte aus den quadratischen Polynomen 1.3(7) ein, so erhalten wir aus (9) durch Umformung das folgende Ergebnis:

Für Geradenkonfigurationen in der komplex-projektiven Ebene mit

$$t_k = t_{k-1} = t_{k-2} = 0$$

gilt die Ungleichung

•(10) $$t_2 + \frac{3}{4}\cdot t_3 \geq k + \sum_{r\geq 5}(2r-9)t_r .$$

Das angegebene Argument gilt nur unter der Voraussetzung $t_{k-3} = 0$; die Abschätzung ist aber auch für doppelt erweiterte Fast-Büschel und für verbundene Doppelbüschel mit $t_{k-3} > 0$ richtig: Die entscheidende Ungleichung

$$(0 \leq) \ \hat{c}_1^2 \leq 3\cdot\hat{c}_2$$

gilt allgemein für Flächen mit $\kappa \geq 0$ und ist somit insbesondere auf echt elliptische Flächen, K3-Flächen und Produkte von nicht-rationalen Kurven anwendbar. Dagegen ist (10) für Konfigurationen mit $t_{k-2} \neq 0$ falsch; das kleinste Beispiel erhalten wir mit $k = 8$, $t_6 = t_3 = 1$ und $t_2 = 10$:

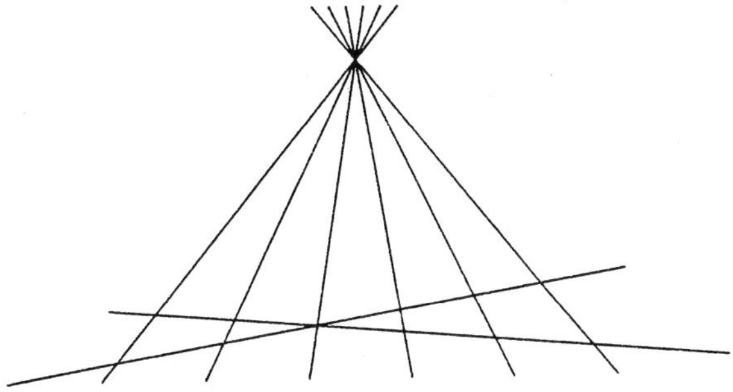

Wir notieren noch explizit die Ungleichungskette

•(11) $$t_2 + t_3 \geq t_2 + \frac{3}{4}\cdot t_3 \geq$$

$$\geq k + \sum_{r\geq 5}(2r-9)t_r \geq k + \sum_{r\geq 5}(r-4)t_r ,$$

in der wir die beiden Abschätzungen (8,10) zusammenfassen können.

<u>J. Exkurs: Die Ungültigkeit der Ungleichung</u> $c_1^2 \leq 3c_2$ <u>für Flächen in Charakteristik</u> p : Für Flächen vom allgemeinen Typ über einem algebraisch abgeschlossenen Körper positiver Charakteristik gilt die Ungleichung $c_1^2 \leq 3c_2$ im allgemeinen nicht. So hat etwa L. SZPIRO in dem Artikel [1979: 3.4.1] mit Hilfe von typischen Charakteristik-p-Methoden eine Serie von Flächen vom allgemeinen Typ mit konstantem $c_2 > 0$, aber $c_1^2 \to \infty$ beschrieben. Wir wollen nun zeigen, daß die Ungleichung bereits bei KUMMER-Überlagerungen von $\mathbb{P}_2(\bar{\mathbb{F}}_p)$ verletzt wird:

Das quadratische Polynom $F(u)$ von oben legt es nahe, die bereits in Absatz E erwähnte Geradenkonfiguration mit $f_0 = k$ in der projektiven Ebene über dem endlichen Körper $\mathbb{F}_p$ mit p Elementen zu betrachten: Man nehme *alle* Geraden in $\mathbb{P}_2(\mathbb{F}_p)$. Die dadurch gebildete Konfiguration hat $k = p^2+p+1$ Geraden und ebensoviele Schnittpunkte, alle mit der Vielfachheit $p+1$. Über dem algebraischen Abschluß $\bar{\mathbb{F}}_p$ erhalten wir also eine Geradenkonfiguration mit dem (linearen!) Polynom

•(12) $$\begin{aligned} F(u) &= -2u(p^2+p+1)(p-1) + 4(p^2+p+1) \\ &= (p^2+p+1)(4-2(p-1)u), \end{aligned}$$

also mit $F(u) < 0$ für alle p und alle $u \geq 1$ bis auf die Fälle $p = 2,\ u \leq 2$ und $p = 3,\ u = 1$. Nach 1.3(7) ergeben sich für die CHERNschen Zahlen die Werte

•(13) $$\begin{aligned} c_1^2/(n^{k-3}) &= 3n^2((p-2)k+3) - 4n(p-1)k + (p+1)k\,, \\ c_2/(n^{k-3}) &= n^2((p-2)k+3) - 2n(p-1)k + (p+1)k. \end{aligned}$$

Beide Werte sind für sämtliche Verzweigungsordnungen $n = u+1$ und für alle Primzahlen p positiv. Der CHERN-Quotient c_1^2/c_2 nähert sich für große n von oben dem Wert 3 ; für $n = 2$ erhalten wir

•(14) $$c_1^2/c_2 = 5 - 24/((p-3)k+12),$$

so daß die CHERN-Quotienten unserer Beispiele beliebig nahe an 5 herankommen. Damit ist unser Ergebnis zwar nicht so gut wie das oben zitierte, interessant ist aber, daß die positive Charakteristik hier nur durch die Existenz einer Geradenkonfiguration mit der angegebenen Kombinatorik eingeht.

<u>K. Anwendbarkeit der komplexen Formeln:</u> Wir müssen uns nun noch überlegen, inwiefern die Konstruktionen und Berechnungen aus den vorigen Kapiteln in der hier betrachteten Situation gültig bleiben. Wir setzen voraus, daß die Verzweigungsordnung n stets prim zur Charakteristik p ist. In diesem Fall zahmer Verzweigung kann man die lokale Beschreibung in analytischen Koordinaten aus Kapitel 1 mit Hilfe von ABHYANKARs Lemma (s. z.B. [Popp: p. 22]) auch algebraisch erhalten. Daher können wir die KUMMER-Überlagerung wie in 1.5 konstruieren, und da es sich um eine „gewöhnliche" singuläre Konfiguration handelt, folgt die Existenz eines effektiven plurikanonischen Divisors wie in 3.2,H.

Während man zur Berechnung von c_1^2 nur die Verzweigungsformel für den kanonischen Divisor benötigt, die in dieser Form allgemein für zahme Verzweigungen gilt, haben wir für die CHERN-Zahl c_2 die Übereinstimmung mit der topologischen EULER-Charakteristik ausgenutzt. Daß dies nicht nötig ist, zeigen z.B. ähnliche Rechnungen von B. IVERSEN [1970] auf rein algebraischem Wege (in Charakteristik 0). Einen anderen, recht allgemeinen Ansatz liefern die verallgemeinerten HURWITZ-Formeln, die wir im Anhang A.2,D diskutieren.

3.4 ZUR GEOGRAPHIE DER C H E R N SCHEN ZAHLEN

<u>A. Ungleichungen für die CHERNschen Zahlen und den CHERN-Quotienten:</u>
Für die CHERNschen Zahlen c_1^2 und c_2 einer minimalen Fläche vom allgemeinen Typ gelten die „klassischen" Ungleichungen

•(1) $$c_1^2 > 0, \quad c_2 > 0$$

(vgl. die Klassifikationstabelle im Anhang A.1,P), die NOETHER-Formel

•(2) $$c_1^2+c_2 = 12\chi \quad (= 12\cdot(1-q+p_g))$$

(die allgemein für glatte kompakte komplexe Flächen richtig ist, vgl. A.1(6)) sowie die Ungleichungen

•(3) $$c_2 \le 5c_1^2 + 36 \quad (c_1^2 \text{ gerade}),$$
$$c_2 \le 5c_1^2 + 30 \quad (c_1^2 \text{ ungerade}),$$

die mit der NOETHERschen Formel und der Abschätzung $p_g \ge \chi - 1$ sofort aus der NOETHERschen Ungleichung

$$2p_g \le c_1^2 + 4$$

folgen (vgl. [B-P-VdV: VII(3.1),p.210]). Damit erhalten wir für den „CHERN-Quotienten"

•(4) $$\gamma := c_1^2/c_2$$

die unteren Abschätzungen

•(5) $$\gamma \ge c_1^2/(5c_1^2 + 36) \quad (c_1^2 \text{ gerade}),$$
$$\gamma \ge c_1^2/(5c_1^2 + 30) \quad (c_1^2 \text{ ungerade}),$$

die uns als kleinste mögliche Werte $\gamma = 1/35,\ 1/23,\ 1/15,\ 1/14,\ 1/11$ usw. liefern. Diese werden auch tatsächlich angenommen, da es zu jeder ganzen Zahl $n \ge 1$ Flächen mit $c_1^2 = n$ gibt, für die in den Ungleichungen (3,5) die Gleichheit gilt. (Diese Flächen auf den „NOETHER-Linien" sind insbesondere von HORIKAWA genau untersucht worden und werden daher auch „HORIKAWA-Flächen" genannt; für die wichtigsten Ergebnisse verweisen wir auf [B-P-VdV:VII.10, p. 230-233].)

Die obere Schranke $\gamma \le 3$ folgt aus der Ungleichung

•(6) $$c_1^2 \le 3c_2$$

(vgl. Einführung und Anhang B.2). Die CHERNschen Zahlen auf der Grenzgeraden $c_1^2 = 3c_2$ gehören zu den Ballquotienten. Bei unseren Beispielflächen I, II, III aus 3.1 haben wir ziemlich große Werte ($c_2 = 3\cdot 5^4$, $16\cdot 3^{10}$, $111\cdot 5^6$) erhalten; ISHIDAs Betrachtung von „freien" Quotienten lieferte als kleinsten Wert $c_2 = 15$ (siehe 3.1,J).

Der kleinstmögliche Wert $c_2 = 3$, $c_1^2 = 9$ wird für die „gefälschte projektive Ebene" ("fake $\mathbb{P}_2$") angenommen, die D. MUMFORD mittels p-adischer Uniformisierung konstruiert hat [1979]. Zu dieser Fläche Y merken wir ergänzend an, daß sie nicht als verzweigte GALOIS-Überlagerung zu einer Kurvenkonfiguration auftreten kann: Die PICARD-Gruppe Pic Y ist isomorph zu $\mathbb{Z}\cdot H$, wobei H ein Hyperebenenschnitt mit $H^2 = 1$ ist; es gilt $K_Y = 3\cdot H$. Daher ist eine beliebige Kurve C vom Grad r zu $r\cdot H$ linear äquivalent und hat die charakteristischen Zahlen $C^2 = r^2$ und $e(C) = 3r-r^2$ (nach der Adjunktionsformel). Damit ergibt sich

$$\operatorname{prop} C = 2C^2 - e(C) = 3r(r-1),$$

und dieser Ausdruck kann nur in trivialer Weise verschwinden. Nach dem relativen Proportionalitätssatz enthält die Fläche Y also keine Kurven, die Verzweigungskurven einer GALOIS-Überlagerung sein können.

<u>B. Das Problem der „Geographie" der CHERNschen Zahlen:</u> Wir betrachten nun die Menge

$$D := \{ (m,n) \in \mathbb{Z}\times\mathbb{Z} \; ; \; m,n > 0, \quad m+n \equiv 0 \bmod 12, \quad m \leq 5n + 36, \quad n \leq 3m \}.$$

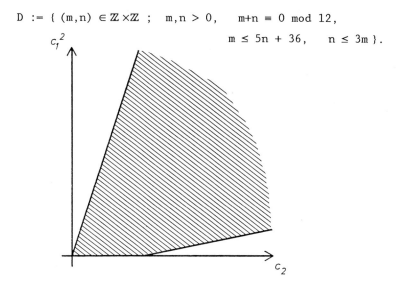

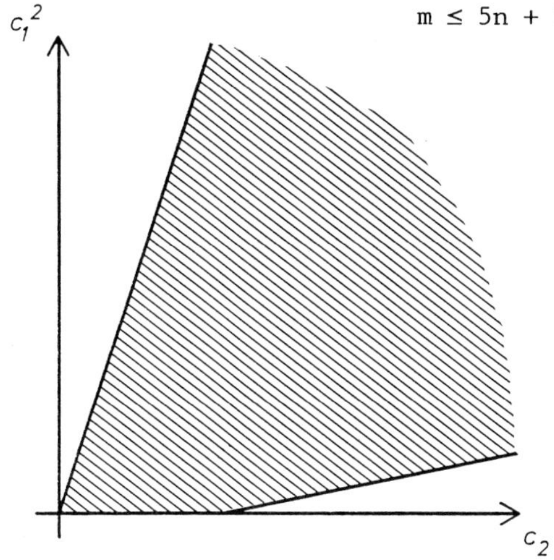

Das Grundproblem der „Geographie" der CHERNschen Zahlen ist die Frage:

- Welche Paare $(m,n) \in D$ treten als CHERNsche Zahlen $n = c_1^2$, $m = c_2$ einer minimalen Fläche vom allgemeinen Typ auf?

Als abgeschwächte Probleme formulieren wir zwei Fragen nach der „Geographie der CHERN-Quotienten":

- Auf welchen Geraden $n = \gamma m$ liegen CHERNsche Zahlen (wie oben), d.h. welche CHERN-Quotienten γ treten auf?
- Welche reellen Zahlen γ sind Häufungswerte von CHERN-Quotienten?

Wie das Beispiel der HORIKAWA-Flächen zeigt, ist $\gamma = 1/5$ der kleinste Häufungswert (mit Approximation von unten).

Bei den Untersuchungen dieser Fragen werden oft die Invarianten $c_1^2 = K^2$ und χ (anstelle von $e = 12\chi - K^2$) benutzt. Damit nehmen die Ungleichungen (1) und (3) von oben die Form

•(1') $$c_1^2 > 0, \quad \chi > 0 ;$$

•(3') $$c_1^2 \geq 2\chi - 6$$

an. Zwischen den Quotienten γ und $\alpha := c_1^2/\chi$ besteht die Beziehung

$$\gamma = \alpha/(12-\alpha), \qquad \alpha = 12\gamma/(\gamma+1) ;$$

damit entspricht der oberen Schranke $\gamma \leq 3$ die Abschätzung

•(6') $$\alpha \leq 9.$$

<u>C. Reguläre Geradenkonfigurationen und CHERNsche Zahlen:</u> Wir haben in Abschnitt 3.2,C gesehen, daß die KUMMER-Überlagerung $X_n(L)$ zu einer Geradenkonfiguration in allgemeiner Lage eine minimale Fläche vom allgemeinen Typ ist, falls $k \geq 7$ oder $k \geq 5$, $n \geq 3$ oder $k \geq 4$, $n \geq 5$ gilt. Die zugehörigen CHERNschen Zahlen

$$c_1^2 = n^{k-3}(n(k-3)-k)^2$$

$$c_2 = \frac{1}{2} n^{k-3} \cdot [(k-2)(k-3)n^2 - 2k(k-3)n + k(k-1)]$$

(nach 1.1(11), 1.5(3)) nehmen mit wachsenden n bzw. k recht schnell große Werte an. Wir geben die kleinsten auftretenden Zahlen mit dem zugehörigen Quotienten γ in der folgenden Tabelle explizit an.

(k,n)	(4,5)	(4,6)	(4,7)	(5,3)	(5,4)	(6,3)	(7,2)	(8,2)
c_1^2	5	24	63	9	144	243	16	128
c_2	55	108	189	63	288	405	80	256
γ	1/11	8/27	1/3	1/7	1/2	3/5	1/5	1/2

Aus den CHERNschen Zahlen für $X_n(L)$ ergibt sich als CHERN-Quotient der Wert

•(7) $$\gamma = \gamma_n(k) = 2 - \frac{2((k-3)n^2-k)}{(k-2)(k-3)n^2 - 2k(k-3)n + k(k-1)} .$$

Daraus erhalten wir den „asymptotischen" CHERN-Quotienten

$$\gamma_\infty(k) := \lim_{n\to\infty} \gamma_n(k) = 2 - 2/(k-2) \quad (k \text{ fest})$$

(mit monotoner Approximation von unten) sowie den Grenzwert

$$\lim_{k\to\infty} \gamma_n(k) = \lim_{k\to\infty} \gamma_\infty(k) = 2.$$

Für $k = 4$, $n \geq 5$ gilt sogar stets $\gamma_n(4) < 1$ und $\gamma_\infty(4) = 1$.

<u>D. Singuläre Geradenkonfigurationen und CHERNsche Zahlen:</u> Wenn eine singuläre Geradenkonfiguration L kein Büschel und kein Fast-Büschel ist (d.h. $t_k = t_{k-1} = 0$), so ist nach 3.2 die regularisierte KUMMERsche Überlagerung $\hat{X}_n(L)$ für $n \geq 4$ stets vom allgemeinen Typ und zusätzlich minimal, falls L nicht ein verbundenes Doppelbüschel ist. Die CHERNschen Zahlen von $\hat{X}_n(L)$ sind durch die Polynome

$$c_1^2 = n^{k-3} \cdot P(n), \qquad c_2 = n^{k-3} \cdot Q(n)$$

vom Grad $k-1$ gegeben, wobei P und Q die quadratischen Polynome

•(8) $$P(n) = n^2(3f_1+9-4f_0-5k) - 4n(f_1-f_0-k) + f_1 + k + t_2 - f_0,$$
$$Q(n) = n^2(f_1+3-f_0-2k) - 2n(f_1-f_0-k) + f_1 - t_2$$

aus den Formeln 1.3(7) bezeichnen. Damit erhalten wir für den CHERN-Quotienten γ die Darstellung als rationale Funktion

•(9) $$\gamma = \gamma_n(L) = P(n)/Q(n).$$

Der „asymptotische" CHERN-Quotient ist der Quotient

•(10) $$\gamma_\infty(L) := \lim_{n\to\infty}\gamma_n(L)$$
$$= \frac{3f_1+9-4f_0-5k}{f_1+3-f_0-2k} = 2 + \frac{f_1+3-2f_0-k}{f_1+3-f_0-2k} = 3 - \frac{f_0-k}{f_1+3-f_0-2k}$$

der Leitkoeffizienten von P und Q. Wir erhalten also genau dann für genügend große Werte von n Flächen mit $\gamma > 2$, wenn die Ungleichung

•(11) $$f_1 + 3 > 2f_0 + k$$

erfüllt ist; im Fall der Gleichheit gilt $\gamma_\infty(L) = 2$. Aus der Darstellung (9) für γ als Quotient P/Q von quadratischen Polynomen kann leicht auf das asymptotische Verhalten geschlossen werden: Der asymptotische CHERN-Quotient wird für $\gamma_\infty(L) > 2$ von oben und für $\gamma_\infty \leq 2$ von unten approximiert; dabei ist die Folge der $\gamma_n(L)$ für genügend große Werte von n streng monoton fallend bzw. wachsend. Insbesondere gilt bei einer Geradenkonfiguration mit $\gamma_\infty = 2$ stets $\gamma_n(L) < 2$: Im Fall der Gleichheit $f_1 + 3 = 2f_0 + k$ sehen wir sofort, daß für die quadratischen Polynome in (8) die Ungleichung $P(n) < 2\cdot Q(n)$ gilt, denn die Differenz

$$2Q(n) - P(n) = f_1 + f_0 - k - 3t_2 = 3\cdot(f_0 - t_2 - 1)$$

ist strikt positiv. (Die Abschätzung $f_0 \geq t_2+1$ ist klar. Im Fall der Gleichheit sei r die Vielfachheit des singulären Punktes. Damit gilt $f_1 = 2t_2 + r = 2f_0 + r - 2$, und mit der Voraussetzung $f_1 = 2f_0 + k - 3$ von oben ergibt sich dann die Vielfachheit $r = k-1$, so daß also L ein Fast-Büschel wäre.)

<u>E. Hinreichend singuläre Geradenkonfigurationen:</u> Mit den Relationen zwischen den Zahlen r_ν, s und k, die wir im Abschnitt 2.1,C hergeleitet haben, können wir die Ungleichung (11) von oben umformen. Nach 2.1(10) gilt (mit der dort eingeführten Bezeichnung k_σ für die Anzahl der Geraden, auf denen genau σ singuläre Schnittpunkte liegen)

$$f_1 - 2t_2 = \sum_{\nu=1}^{s} r_\nu = k - k_0 + \sum_{\sigma\geq 2}(\sigma-1)\cdot k_\sigma ,$$

und daraus folgt

$$f_1 - 2f_0 - k + 3 = \sum_{\nu=1}^{s}(r_\nu - 2) - k + 3 = \sum_{\sigma\geq 2}(\sigma-1)\cdot k_\sigma - k_0 - 2s + 3.$$

Damit liefert eine Geradenkonfiguration also genau dann für genügend große Werte von n Flächen mit $c_1^2 > 2c_2$, wenn die (äquivalenten) Ungleichungen

$$\bullet(12) \qquad \sum_{\nu=1}^{s} r_\nu + 3 > k + 2s \quad \text{bzw.} \quad \sum_{\sigma\geq 2}(\sigma-1)\cdot k_\sigma + 3 > 2s + k_0$$

erfüllt sind. Solche Geradenkonfigurationen wollen wir *„hinreichend singulär"* nennen. Mit der Abschätzung

$$\bullet(13) \qquad \sum_{\nu=1}^{s} r_\nu \leq k - k_0 + \binom{s}{2} \leq k + \binom{s}{2}$$

aus 2.1(13,7) ist dann sofort zu sehen, daß für eine solche hinreichend singuläre Geradenkonfiguration L die Ungleichung $2s < \binom{s}{2} + 3$ erfüllt ist, so daß L also mindestens vier singuläre Schnittpunkte enthalten muß. Insbesondere folgt damit für die speziellen singulären Konfigurationen aus 2.1, daß nur die doppelt erweiterten Fast-Büschel mit $t_3^* = 3$ (d.h. drei Tripelpunkte außerhalb des Büschelzentrums) hinreichend singulär sind.

<u>**F. Das vollständige Viereck als kleinstmögliche hinreichend singuläre Konfiguration:**</u> Im Fall $s = 4$ folgt aus (13) mit 2.1(10) (s.o.) die Abschätzung

$$\sum_{\nu=1}^{4} r_\nu - (k-k_0) = \sum_{\sigma\geq 2} (\sigma-1)\cdot k_\sigma \leq \binom{4}{2} = 6.$$

Die Ungleichung (12) ist genau dann erfüllt, wenn hier das Gleichheitszeichen und in (12) zusätzlich $k_0 = 0$ gilt, so daß sich also insgesamt $\sum_{\nu=1}^{4} r_\nu = k + 6$ ergibt. Nach 2.1(7) ist das genau dann der Fall, wenn die vier Punkte in allgemeiner Lage sind, ihre sechs Verbindungsgeraden zu der Konfiguration gehören und wenn auf jeder Konfigurationsgeraden L_j mindestens einer der Punkte p_ν liegt. Damit besteht die gesamte Konfiguration aus einem vollständigen Viereck und für $k > 6$ noch aus weiteren $k-6$ Geraden, auf denen jeweils genau einer der vier singulären Punkte liegt.

Wir merken noch an, daß es schon für $s = 5$ eine hinreichend singuläre Konfiguration gibt, die kein vollständiges Viereck enthält, wie folgendes Beispiel zeigt: In einem (regelmäßigen) Fünfseit werden die fünf „inneren" Eckpunkte durch drei Diagonalen verbunden.

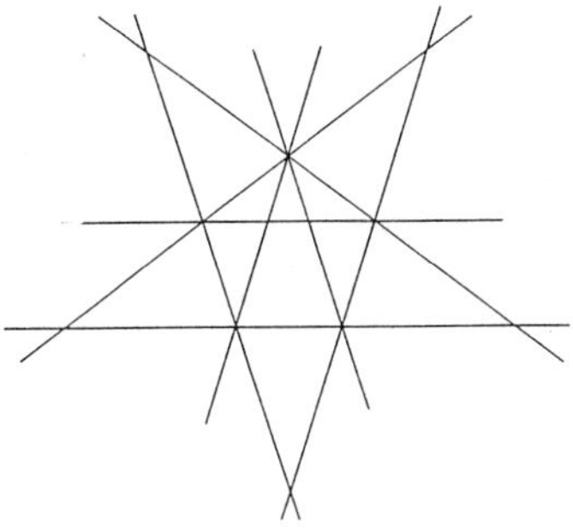

Für diese Konfiguration mit $k = 8$, $t_4 = 1$, $t_3 = 4$, $t_2 = 10$ gilt $\gamma_\infty = 17/8$.

G. Reelle Konfigurationen: Das vollständige Viereck ist die kleinste reelle simpliziale Konfiguration, die kein Fast-Büschel ist. Die kombinatorischen Daten liefern sofort den Wert $\gamma_\infty = 5/2$ als asymptotischen CHERN-Quotienten. Wir wollen jetzt zeigen, daß für eine beliebige reelle Konfiguration L stets die Ungleichung

•(14) $$\gamma_\infty(L) \le 5/2$$

gilt und daß Gleichheit genau dann eintritt, wenn die Konfiguration simplizial ist. Wie nämlich die explizite Darstellung (10) für γ_∞ sofort zeigt, ist die Behauptung äquivalent zu der Ungleichung $2(f_1+3-2f_0-k) \le$ $\le f_1+3-f_0-2k$, also zu

•(15) $$f_1 \le 3(f_0-1)$$

mit der entsprechenden Aussage über die Gleichheit, die wir bereits in 2.2(5) bewiesen haben. Als Anwendung erhalten wir, daß für eine hinreichend singuläre Konfiguration mit genau vier singulären Punkten (die also wie oben beschrieben ein vollständiges Viereck als Teilkonfiguration enthält) ebenfalls $\gamma_\infty \le 5/2$ gilt und daß die Gleichheit nur beim vollständigen Viereck eintritt. Offenbar ist nämlich eine solche Konfiguration zu einer reellen Konfiguration kombinatorisch äquivalent, so daß sich die Ungleichung (14) überträgt. In der dazu äquivalenten Abschätzung

$$t_2 \ge \sum_{\nu=1}^{4} (r_\nu-3) + 3$$

aus 2.2(2) gilt beim vollständigen Viereck die Gleichheit, da die Konfiguration simplizial ist. Wenn man nun zusätzliche Geraden hinzufügt (wobei ja keine neuen singulären Schnittpunkte entstehen dürfen), so nimmt bei jedem Schritt die rechte Seite um höchstens 1 und die linke um mindestens 3 zu; die so entstehenden erweiterten Konfigurationen sind also nicht mehr simplizial.

H. Komplexe Konfigurationen: Wie wir bereits im Abschnitt 2.2,D bei der Diskussion der Doppelpunkte von reellen Konfigurationen gesehen haben, gilt die zu $f_1 \le 3(f_0-1)$ äquivalente Ungleichung 2.2(2) und somit auch die Abschätzung $\gamma_\infty \le 5/2$ nicht für komplexe Konfigurationen. Betrachten wir die Beispiele für Konfigurationen ohne Doppelpunkte, die wir in den Abschnitten 2.3, E und I, sowie 2.4 diskutiert haben, so erhalten wir die folgenden Werte:

	k	t_3	t_4	t_5	f_0	f_1	γ_∞	γ_{max}	bei n =
CEVA(3)	9	12	-	-	12	36	$\frac{8}{3} \approx 2{,}66$	3	5
CEVA(4)	12	16	3	-	19	60	$\frac{53}{20} = 2{,}65$	2,96..	5
CEVA(5)	15	25	-	3	28	90	$\frac{92}{35} \approx 2{,}62$	2,90..	4
(G_{168})	21	28	21	-	49	168	$\frac{53}{20} = 2{,}65$	2,95..	4
(G_{360})	45	120	45	36	201	720	$\frac{285}{108} \approx 2{,}64$	2,92..	4

Wir erinnern daran, daß wir die Konfiguration CEVA(3) in 2.3,I mit der dualen (Fluchtlinien-) Konfiguration zur HESSE-(Wendelinien-) Konfiguration identifiziert haben; in der Bezeichnung aus 3.1,D ist das die Konfiguration III. Mit (G_{168}) bzw. (G_{360}) bezeichnen wir natürlich die Geradenkonfiguration, die zu der entsprechenden Spiegelungsgruppe gehört (vgl. 2.4). Für die Konfiguration CEVA(q) ergibt sich aus den kombinatorischen Daten $k = 3q$, $t_3 = q^2$, $t_q = 3$, $f_0 = q^2+3$, $f_1 = 3q(q+1)$ der Wert

$$\gamma_\infty = \frac{5}{2} + \frac{3q-6}{4q^2-6q}.$$

Für $q = 3$ erhalten wir das Maximum $\gamma_\infty = 8/3$ (s.o.).

<u>I. Die Ungleichung</u> $\gamma_\infty \leq 8/3$: Wir wollen zeigen, daß der asymptotische CHERN-Quotient für eine beliebige komplexe Geradenkonfiguration L mit $t_k = t_{k-1} = 0$ stets der Ungleichung

•(16) $$\gamma_\infty(L) \leq 8/3$$

genügt und daß die Gleichheit genau dann gilt, wenn L die Konfiguration CEVA(3) ist. Wegen der in 2.3,F gezeigten projektiven Eindeutigkeit ist diese Konfiguration bereits durch die Daten $k = 9$, $t_3 = 12$ eindeutig charakterisiert.

Wir folgen im wesentlichen dem Beweis, den A. SOMMESE in seinem Artikel [1984: (5.3), p. 220] ausgeführt hat, indem wir aus der Annahme

$\gamma_\infty \geq 8/3$ herleiten, daß dann notwendig $k = 9$, $t_3 = 12$ (und somit $\gamma_\infty = 8/3$) gilt. Die Annahme führt uns zunächst auf die Ungleichung

$$f_1 + k + 3 \geq 4f_0,$$

die wir mit der Definition von f_0 und f_1 explizit ausschreiben:

•(17) $$\sum_{r\geq 5}(r-4)t_r + k + 3 \geq 2t_2 + t_3.$$

Wir benutzen nun die Abschätzung

•(18) $$\tfrac{4}{3}\cdot t_2 + t_3 \geq \tfrac{4}{3}\cdot(k + \sum_{r\geq 5}(r-4)t_r),$$

die aus der Kette 3.3(11) folgt, und erhalten damit aus (17) durch einfache Umformung die neue Ungleichung

•(19) $$2t_2 + \sum_{r\geq 5}(r-4)t_r + k \leq 9$$

Aus der Voraussetzung $\gamma_\infty \geq 8/3$ folgt mit der Bemerkung von oben über Konfigurationen mit vier singulären Punkten ($\gamma_\infty \leq 5/2$ bei $s = 4$), daß $s \geq 5$ gelten muß. Die Annahme, daß ein Punkt mit $r_\nu \geq 5$ auftritt, führt damit sofort auf einen Widerspruch: Aus (19) folgt $k \leq 8$; somit wäre L eine der speziellen singulären Konfigurationen mit $t_{k-2} = 1$ oder $t_{k-3} \geq 1$ aus 2.1, aber für diese gilt $s \leq 4$. Falls es (mindestens) einen Doppelpunkt gibt, muß nach (19) sogar $k \leq 7$ gelten. In diesem Fall dürfen aus demselben Grund auch keine Vierfachpunkte auftreten, und es muß $k = 7$, also $t_2 = 1$, sein, da sonst wieder $t_{k-3} \geq 1$ und somit $s \leq 4$ folgt. Die Formel 2.1(1) für die Schnittpunktanzahl liefert dann

$$1 + 3t_3 = \binom{7}{2} = 21,$$

was offensichtlich unmöglich ist. Der Fall $k = 6$ scheidet ebenfalls aus; somit kann also nur $t_2 = 0$, $t_r = 0$ für $r \geq 5$ und $7 \leq k \leq 9$ gelten. Die Abschätzung (18) ergibt $3t_3 \geq 4k$, und daraus folgt mit 2.1(1) die Ungleichung

$$k(k-1)/2 = 3t_3 + 6t_4 \geq 4k + 6t_4 \geq 4k,$$

die (mit $k \leq 9$) offenbar nur für $k = 9$, $t_4 = 0$, also $t_3 = 12$ erfüllt wird.

<u>J. Die Geographie der CHERN-Quotienten:</u> Die Frage nach den Zahlen, die als CHERN-Quotienten zu minimalen Flächen vom allgemeinen Typ auftreten können, kann vollständig beantwortet werden: Sämtliche möglichen Werte werden angenommen. Den Beweis, daß alle rationalen Zahlen im Intervall $[\frac{1}{5},3]$ so vorkommen, hat uns A. SOMMESE mitgeteilt; die wesentlichen Ideen sind bereits in seinem oben erwähnten Artikel [1984: §2] enthalten. Wir werden diesen - überraschend einfachen - Beweis weiter unten ausführen; dazu reichen die bisher benutzten Methoden aus; wir danken A. SOMMESE für sein Einverständnis mit der Veröffentlichung.

Daß auch die verbleibenden Werte $\gamma = (2j-k)/(10j+k)$ (mit $j \geq 1$ und $k = 1,\ldots,6$; $k \leq 2j-1$) angenommen werden, die zu den Punkten auf den NOETHER-Linien und den dazu parallelen Geraden unterhalb der Geraden $c_1^2 = c_2/5$ entsprechen, ergibt sich aus dem folgenden weitaus stärkeren Resultat, das die Grundfrage der Geographie der CHERNschen Zahlen für einen großen Bereich der Menge D beantwortet:

Fast alle Paare $(m,n) \in D_1 := \{(m,n) \in D;\ n \leq 2m\}$ sind CHERNsche Zahlen (c_2,c_1^2) einer minimalen Fläche vom allgemeinen Typ.

Die Ausnahmefälle, für die die Frage noch offen ist, sind endlich viele Punkte $(m,n) = (4j+k,8j-k)$ mit $k = 1,2,3,5,7$ und $1 < j = (m+n)/12 < 246$, die als „weiße Flecke" auf diesem Teil der CHERN-Zahlen-„Landkarte" bleiben. Dieses Ergebnis wurde im wesentlichen von U. PERSSON [1981: Thm.2] bewiesen, der diese Flächen mit $c_2 = m$, $c_1^2 = n$ als doppelte Überlagerungen von Regelflächen konstruiert hat; allerdings konnten dabei die Punkte auf den Geraden $n = 2m-3k$ mit $k = 2$ bzw. $k = 2\ell-1$ mit $\ell \leq 8$ oder $\ell = 10$ zunächst noch nicht realisiert werden. Diese Lücken wurden von XIAO Gang (für $k \geq 9$) und von CHEN Zhijie (für $k \leq 7$ bis auf endlich viele Ausnahmen mit $j < 246$ geschlossen; für beide Ergebnisse verweisen wir auf CHENs Artikel [1987: Prop. 6.2, 6.3] (und für $j = 1$ auf [B-P-VdV: VII.11, p. 234-237).

Bei dieser Gelegenheit sei angemerkt, daß es XIAO und CHEN auch gelungen ist, größere Teile im Bereich $D_2 := \{ n > 2m \}$ auszufüllen; dabei ist besonders bemerkenswert, daß sie sogar einfach zusammenhängende Flächen bis hin zu $\gamma \sim 2,7$ konstruieren können und damit ein

Ergebnis von B. MOISEZON und M. TEICHER deutlich verbessern. Für diese Fragen verweisen wir den Leser auf U. PERSSONSs Bericht [1987: §3] und auf den Artikel von CHEN. Eine Übersicht über die verschiedenen Überlagerungsmethoden, die im Zusammenhang mit der CHERNzahlen-Geographie benutzt werden, gibt Bruce HUNT [1987]. Dort werden auch Ansätze für eine Verallgemeinerung auf den dreidimensionalen Fall entwickelt.

<u>K. Basiswechsel bei gefaserten Flächen:</u> Die Beweisidee für SOMMESEs Ergebnis, daß jede rationale Zahl γ mit $1/5 \leq \gamma \leq 3$ als CHERN-Quotient einer minimalen Fläche vom allgemeinen Typ vorkommt, besteht darin, aus bekannten gefaserten Flächen durch geeignet gewählten Basiswechsel neue Flächen mit den gewünschten CHERN-Quotienten als verzweigte Überlagerungen zu konstruieren.

Wir betrachten also eine glatte algebraische Fläche S mit einer holomorphen Faserstruktur $f : S \to B$ (d.h. einer surjektiven holomorphen Abbildung) über einer glatten zusammenhängenden Basiskurve B. Nun sei C eine weitere glatte zusammenhängende Kurve und $p : C \to B$ eine surjektive holomorphe Abbildung, so daß die singulären Werte von f und p disjunkt sind (d.h. über den Verzweigungspunkten von p in B liegen nur reguläre Fasern von f). In dem Faserproduktdiagramm

$$\begin{array}{ccc} X = S \times_B C & \xrightarrow{\pi} & S \\ \varphi \downarrow & & \downarrow f \\ C & \xrightarrow[p]{} & B \end{array}$$

ist dann X eine glatte algebraische Fläche und $\pi : X \to S$ eine verzweigte Überlagerung mit Verzweigung längs der (regulären) Fasern $F_b = f^{-1}(b)$, die über den Verzweigungspunkten des „Basiswechsels" $p: C \to B$ liegen; das Verzweigungsverhalten von π ist durch p in offensichtlicher Weise bestimmt.

<u>L. Die CHERNschen Zahlen:</u> Wir können nun mit den Methoden aus 1.1 die CHERNschen Zahlen der Überlagerungsfläche X durch Daten der Basisfläche S und der Verzweigungskurven ausdrücken. Dazu bezeichnen wir mit Ξ die Menge der singulären Punkte des Basiswechsels p in der

neuen Basis C, mit m_c die Zahl der in einem Punkt $c \in C$ zusammenhängenden Blätter von p und mit F_c die reduzierte Faser durch c. Alle regulären Fasern sind zu einer glatten Kurve F diffeomorph. Die EULER-Zahl ergibt sich mit der Additivitätseigenschaft: Bezeichnen wir noch mit M den globalen Überlagerungsgrad (Blätterzahl) von X über S (und von C über B) sowie mit m die Summe

$$m = \sum_{c \in \Xi} (m_c - 1) \quad (= M \cdot e(B) - e(C)),$$

so erhalten wir die Formel

$$\bullet(20) \qquad e(X) = M \cdot e(S) - m \cdot e(F).$$

Zur Berechnung von K_X^2 benutzen wir die Darstellungen $K_X = \pi^* K_S + J_\pi$ für den kanonischen Divisor aus A.1(1) sowie

$$J_\pi = \sum_{c \in \Xi} (m_c - 1) F_c$$

für den JACOBI-Divisor von π in X. Mit der Adjunktionsformel und der Tatsache, daß alle Fasern die Selbstschnittzahl $F^2 = 0$ haben, erhalten wir die Formel

$$\bullet(21) \qquad K_X^2 = M \cdot K_S^2 - 2m \cdot e(F).$$

<u>M. Verhalten der CHERN-Quotienten:</u> Falls die EULER-Zahlen $e(S)$ und $e(X)$ nicht verschwinden, können wir die CHERN-Quotienten für S und X bilden. Durch einfache Umformungen erhalten wir aus (20, 21) die Formel

$$\bullet(22) \qquad \gamma(X) = \gamma(S) + (\gamma(S) - 2) \cdot \frac{m \cdot e(F)}{M \cdot e(S) - m \cdot e(F)} .$$

Wir nehmen nun an, daß $e(S) > 0$ und $e(F) < 0$ gilt. Dann folgt aus dieser Formel leicht, daß die CHERN-Quotienten $\gamma(X)$ zwischen $\gamma(S)$ und 2 liegen. Im Fall $\gamma(S) \neq 2$ gilt genauer, daß $\gamma(X)$ den Wert $\gamma = a/b$ mit $2 < a/b < \gamma(S)$ bzw. $\gamma(S) < a/b < 2$ genau dann annimmt, wenn wir einen Basiswechsel $p : C \to B$ mit $M = \lambda \cdot (2b - a) \cdot e(F)$ und $m = \lambda \cdot (b \cdot K_S^2 - a \cdot e(S))$ finden können, wobei λ ein gemeinsamer Faktor ist, der für $a/b > 2$ positiv und für $a/b < 2$ negativ sein muß.

N. Beschreibung des passenden Basiswechsels: Wenn die Basiskurve B vom Geschlecht $\neq 0$, also nicht rational ist, dann kann jeder beliebig vorgegebene positive Quotient $M/m = u/v > 0$ durch einen passenden Basiswechsel realisiert werden: Zunächst gibt es zu der Kurve B eine unverzweigte u -blättrige Überlagerung $B' \to B$. (Die Homologiegruppe $H_1(B,\mathbb{Z}) \simeq \mathbb{Z}^{\oplus 2g}$ und somit auch die Fundamentalgruppe $\pi_1(B)$ haben Restklassengruppen beliebig vorgegebener endlicher Ordnung: "unbranched covering trick", vgl. [B-P-VdV: I(18.1), p.43].) Weiter gibt es eine zweiblättrige Überlagerung $C \to B'$ mit 2v Verzweigungspunkten. (Man wähle eine meromorphe Funktion f mit je v einfachen Null- und Polstellen und nehme dann die RIEMANNsche Fläche zu $\sqrt{f}$.) Die zusammengesetzte Überlagerung hat dann $M = 2u$ Blätter, und es gilt $m = 2v$.

O. Das Intervall $2 \leq \gamma \leq 3$: Die Ballquotientenfläche $S = \hat{X}_I = \hat{X}_5(L)$, die wir in Abschnitt 3.1,D als KUMMERsche Überlagerung zum vollständigen Viereck erhalten haben, ist über der FERMAT-Quintik (mit $g = 6$) gefasert; die regulären Fasern sind KUMMERsche Überlagerungen der projektiven Gerade zu $n = 5$ mit vier Verzweigungspunkten und haben somit die EULER-Zahl $e(F) = -150$. Da $\gamma(S) = 3$ gilt, liefert die eben beschriebene Methode zu jeder vorgegebenen rationalen Zahl γ mit $2 < \gamma < 3$ eine Fläche X mit dem CHERN-Quotienten $c_1^2/c_2 = \gamma$. Da die Ausgangsfläche S minimal und vom allgemeinen Typ ist, folgt das auch für die Überlagerungsfläche X: Die Minimalität ergibt sich wie bei der Diskussion der Überlagerungen zu den einfach erweiterten Fast-Büscheln in 3.2,M, da eine rationale Kurve nur als Komponenten einer Faser eingebettet sein könnte. Ausgehend von einem positiven m-kanonischen Divisor D auf S erhalten wir durch $\sigma^*D + m\cdot J_\pi$ einen entsprechenden Divisor auf X. Mit $K_X^2 > 0$ aus Formel (21) folgt, daß die Fläche X vom allgemeinen Typ ist.

P. Das Intervall $\frac{1}{5} \leq \gamma \leq 2$: Zum Beweis, daß auch jede rationale Zahl γ in diesem Intervall als CHERN-Quotient auftritt, brauchen wir nur eine minimale Fläche S vom allgemeinen Typ mit $e(S) = 5K_S^2$ zu finden, die über einer nicht-rationalen Kurve B mit regulären Fasern vom Geschlecht ≥ 2 gefasert ist. Dazu betrachten wir zunächst die doppelte

Überlagerung $Y \to \mathbb{P}_2$ der Ebene mit Verzweigung entlang einer glatten Sextik D. Blasen wir dann die Ebene in einem Punkt außerhalb von D und Y in den beiden Urbildpunkten auf, so erhalten wir eine doppelte Überlagerung $Z \longrightarrow \hat{\mathbb{P}}_2 = \Sigma_1$ der rationalen Regelfläche. Die Überlagerungsfläche Z ist durch die Komposition $Z \to \Sigma_1 \to \mathbb{P}_1$ gefasert; die regulären Fasern sind doppelte Überlagerungen von $\mathbb{P}_1$ mit sechs Verzweigungspunkten und haben damit die EULER-Zahl -2, also Geschlecht $g = 2$. Nun ist Y bekanntlich eine K3-Fläche (vgl. etwa [Gri-Har: Ch. 4.5, p. 593]), somit minimal, und daher gibt es auf Z nur die beiden (-1)-Kurven, die vom Aufblasen herkommen und die Schnitte der Faserung sind. Die gesuchte Fläche S erhalten wir dann aus der gefaserten Fläche Z wiederum durch Basiswechsel. Dazu wählen wir eine elliptische Kurve B in der Darstellung als zweiblättrige Überlagerung von $\mathbb{P}_1$ mit vier Verzweigungspunkten. Aus den Daten $e(Z) = 26$, $K_Z^2 = -2$, $e(F) = -2$, $M = 2$ und $m = 4$ erhalten wir mit den Formeln (20,21) sofort die CHERNschen Zahlen

$$e(S) = 60, \quad K_S^2 = 12$$

und damit $\gamma = 1/5$. Daß S eine minimale Fläche vom allgemeinen Typ ist, folgt wie oben. - Übrigens können wir bei der Konstruktion der K3-Fläche Y anstelle der glatten Sextik D sogar das vollständige Viereck oder eine beliebige andere reduzierte Sextik mit gewöhnlichen Doppel- und Tripelpunkten wählen; natürlich müssen wir dann die entstehenden Singularitäten der doppelten Überlagerungsfläche (vom Typ A_1 bzw. D_4) auflösen.

(21_4)

(siehe 2.4,S)

Kapitel 4
Gewichtete Konfigurationen von Kurven und verzweigte Überlagerungen algebraischer Flächen

Wir wollen in den folgenden Kapiteln die Untersuchung verzweigter Überlagerungen algebraischer Flächen fortsetzen. Die Voraussetzungen an die Basisfläche und die Verzweigungskonfiguration bleiben unge- ändert; auch die Forderung an das Verzweigungsverhalten bleibt im wesentlichen gleich. Als einzige Änderung lassen wir die Forderung konstanter lokaler Verzweigungsordnung fallen und betrachten den etwas allgemeineren Fall, daß die lokale Verzweigungsordnung längs verschiedener Komponenten der Verzweigungskonfiguration in der Basisfläche verschieden sein kann. Die Komponenten der Konfiguration werden also durch die vorgeschriebene lokale Verzweigungsordnung „gewichtet". Da wir auch wie in Abschnitt 1.2 Konfigurationen mit singulären Schnittpunkten betrachten wollen und über den beim Aufblasen eingesetzten Ausnahmekurven ebenfalls Verzweigung vorliegen kann, müssen auch diese Schnittpunkte gewichtet werden.

4.1 GEWICHTETE KURVENKONFIGURATIONEN, PASSENDE ÜBERLAGERUNGEN, CHERNSCHE ZAHLEN UND PROPORTIONALITÄTSBERECHNUNGEN

A. Gewichtete Kurvenkonfigurationen: Wir betrachten eine glatte algebraische Fläche S mit einer Konfiguration L von glatten zusammenhängenden Kurven $L_1,\ldots,L_k$. Wie in den Abschnitten 1.1 bzw. 1.2 setzen wir voraus, daß sich die Kurven L_j der Konfiguration nur in gewöhnlichen Doppelpunkten *(„reguläre Schnittpunkte")* oder in gewöhnlichen Mehrfachpunkten p_ν mit höherer Vielfachheit $r_\nu \geq 3$

(*„singuläre Schnittpunkte"*) schneiden. Wenn solche singulären Schnittpunkte auftreten, nennen wir auch die *Konfiguration* L *singulär*, und anderenfalls *regulär*.

Eine *Gewichtung* der Konfiguration L ist dadurch gegeben, daß wir jeder Kurve L_j sowie im singulären Fall zusätzlich jedem singulären Schnittpunkt p_ν eine ganze Zahl $n_j \geq 2$ bzw. $m_\nu \geq 1$ als *Gewicht* zuordnen. In den Abschnitten 4.2 und 4.3 werden wir sehen, daß in gewissen Fällen auch *negative Gewichte* oder das formale *Gewicht unendlich* (∞) sinnvoll und zulässig sind.

B. Regularisierung: Ist die Konfiguration singulär, so können wir sie wie in Abschnitt 1.2 durch Aufblasen in den singulären Schnittpunkten regularisieren. Mit $\sigma\colon \hat{S} \to S$ bezeichnen wir diese Aufblaseabbildung, mit $\hat{L} := \sigma^{-1}(L)$ die (reduzierte) volle Urbildkonfiguration, mit L' die strikte Transformierte von L, die aus den glatten Kurven $L'_1,\ldots,L'_k$ (mit $L'_j \simeq L_j$) besteht, und mit E das System der Ausnahmekurven $E_\nu = \sigma^{-1}(p_\nu)$, die vom Aufblasen der singulären Schnittpunkte kommen. Die Konfiguration $\hat{L}$ hat nur noch gewöhnliche Doppelpunkte und ist somit regulär; sie wird durch die Zahlen n_j (für L'_j) und m_ν (für E_ν) gewichtet. Die Kurven E_ν mit $m_\nu = 1$ spielen hier also eine Sonderrolle.

C. Passende gewichtet verzweigte Überlagerungen: Eine *zu der gewichteten Konfiguration* L in S (oder auch ihrer Regularisierung in $\hat{S}$) *passende Überlagerung* ist eine verzweigte Überlagerung $\hat{\pi}: \hat{X} \to \hat{S}$ durch eine glatte algebraische Fläche $\hat{X}$, die über L'_j bzw. E_ν lokal von der Ordnung n_j bzw. m_ν zyklisch verzweigt ist. Über den Kurven E_ν mit $m_\nu = 1$ liegt also keine Verzweigung vor.

Die Beschreibung des Verzweigungsverhaltens in lokalen Koordinaten läßt sich ganz leicht von der konstant verzweigten Situation in Abschnitt 1.1,B auf den gewichtet verzweigten Fall übertragen. Wir bezeichnen wieder mit $\tilde{L}_j := \hat{\pi}^{-1}(L'_j)$ und $\tilde{E}_\nu := \hat{\pi}^{-1}(E_\nu)$ die Urbildkurven in $\hat{X}$. Wie die lokale Beschreibung dann sofort zeigt, besteht jede solche Kurve aus disjunkten glatten Komponenten, und über den

Doppelpunkten von $\hat{L}$ schneiden sich die Urbildkurven der beiden Zweige transversal. In den einfachen Punkten von $\tilde{L}_j$ bzw. $\tilde{E}_\nu$ hängen n_j bzw. m_ν lokale Blätter der Überlagerung $\hat{\pi}$ zusammen, während in den Schnittpunkten von $\tilde{L}_i$ und $\tilde{L}_j$ (bzw. $\tilde{L}_j$ und $\tilde{E}_\nu$) genau je $n_i \cdot n_j$ (bzw. $n_j \cdot m_\nu$) Blätter zusammenhängen. Bezeichnen wir wieder mit $N :=$ Grad $\hat{\pi}$ den globalen Überlagerungsgrad (Blätterzahl), so nimmt die Anzahl der Urbildpunkte eines Punktes $p \in \hat{S}$ offenbar je nach der Lage zu $\hat{L}$ einen der Werte N , N/n_j bzw. N/m_ν oder $N/n_i n_j$ bzw. $N/n_j m_\nu$ an.

Die Komponenten von $\tilde{E} := \cup\, \tilde{E}_\nu$ haben negative Selbstschnittzahlen und können daher analytisch zu normalen singulären Punkten zusammengezogen werden. Die so entstehende normale Fläche X ist in natürlicher Weise eine zu der singulären gewichteten Verzweigungskonfiguration L passende singuläre verzweigte Überlagerung der Ausgangsfläche S ; ihre Singularitäten liegen über den singulären Schnittpunkten von L. Wir werden auf diese singulären Flächen aber nicht weiter eingehen.

Wie im Kapitel 1 wollen wir nun die Beziehungen zwischen den CHERNschen Zahlen $c_1^2 = K^2$ und $c_2 = e$ der Flächen, den charakteristischen Zahlen (EULER- und Selbstschnittzahl) der Verzweigungskurven sowie den globalen und den relativen Proportionalitätsabweichungen in Basis- und Überlagerungsfläche untersuchen und die Daten für X bzw. $\hat{X}$ durch Daten für S und L ausdrücken. Sämtliche Rechnungen bleiben auch für die Verzweigungsordnung 1 gültig. Um Sonderfälle auszuschließen, setzen wir aber im singulären Fall stets $n_j \geq 2$ (und $m_\nu \geq 1$) voraus. Wir diskutieren wieder zunächst den regulären Fall und anschließend den singulären. Da alles analog zu Kapitel 1 geht, führen wir hier ohne weitere Kommentare die Rechnungen durch.

<u>D. Berechnung der Invarianten (I: reguläre Verzweigungskonfiguration):</u>
Zur Abkürzung führen wir für $j = 1,\ldots,k$ die Bezeichnung

•(1) $$x_j := (n_j-1)/n_j = 1 - 1/n_j$$

ein. Als gewichtete Variante der Formel 1.1(2) erhalten wir dann für die EULER-Zahl der Überlagerungsfläche $X = \hat{X}$ die Formel

•(2) $e(X)/N =$

$$= e(S\setminus L) + \sum_{j=1}^{k} (1/n_j)\cdot e(L_j\setminus \mathrm{Sing}\ L) + \sum_{i<j} (1/n_i n_j)\cdot(L_i L_j)$$

$$= e(S) - \sum_{j=1}^{k} (1-1/n_j)\cdot e(L_j) + \sum_{i<j} (1-1/n_i)(1-1/n_j)\cdot(L_i L_j)$$

$$= e(S) - \sum_{j=1}^{k} x_j\cdot e(L_j) + \sum_{i<j} x_i x_j\cdot(L_i L_j)$$

vom HURWITZ-Typ. Die Formeln 1.1(3), die in die Beschreibung 1.1(4) des kanonischen Divisors eingehen, werden durch

•(3) $$J_\pi = \sum_{j=1}^{k} (n_j-1)\cdot\tilde{L}_j ,$$

$$\pi^* L_j = n_j\cdot\tilde{L}_j$$

ersetzt, wobei die Urbildkurven $\tilde{L}_j = \pi^{-1}(L_j)$, mit der reduzierten Struktur versehen, wieder als Divisoren aufgefaßt werden. Damit erhalten wir für den kanonischen Divisor der Überlagerungsfläche nach A.1(1) die Darstellung $K_X = \pi^*(Q)$ mit

•(4) $$Q := K_S + \sum_{j=1}^{k} x_j\cdot L_j ,$$

wobei die Divisoren mit rationalen Koeffizienten nach dem Anheben wieder durch ganzzahlige ersetzt werden können. Mit dieser Beschreibung kann auch die kanonische Dimension κ der Überlagerungsfläche X durch Daten der Basis ausgedrückt werden (vgl. Absatz F). Bei der Berechnung der Selbstschnittzahl formen wir wiederum mit Hilfe der Adjunktionsformel um und erhalten so die Formel

•(5) $$K_X^2/N = (K_S + \sum_{j=1}^{k} x_j\cdot L_j)^2$$

$$= K_S^2 + \sum_{j=1}^{k} x_j(-2e(L_j)+(x_j-2)L_j^2) + 2\sum_{i<j} x_i x_j\cdot(L_i L_j) .$$

Die Berechnung der globalen Proportionalitätsabweichung der Fläche X stellen wir zunächst zurück, um erst die relative Abweichung $\mathrm{prop}\ \tilde{L}_j = 2\tilde{L}_j^2 - e(\tilde{L}_j)$ für die Kurven $\tilde{L}_j$ auszurechnen. Mit den charakteristischen Zahlen

$$\bullet(6) \qquad \tilde{L}_j^2 = (N/n_j^2)\cdot L_j^2 = (N/n_j)\cdot(1-x_j)\cdot L_j^2 ,$$

$$e(\tilde{L}_j) = (N/n_j)\cdot(e(L_j) - \sum_{i\neq j} x_i\cdot(L_iL_j))$$

erhalten wir sofort den Wert

$$\bullet(7) \qquad \text{prop } \tilde{L}_j = (N/n_j)\cdot[2(1-x_j)\cdot L_j^2 - e(L_j) + \sum_{i\neq j} x_i\cdot(L_iL_j)]$$

$$= (N/n_j)\cdot[\text{prop } L_j - 2x_j\cdot L_j^2 + \sum_{i\neq j} x_i\cdot(L_iL_j)] .$$

Für die globale Proportionalitätsabweichung $\text{Prop} = 3\cdot c_2 - c_1^2$ ergibt sich aus (2) und (5) zunächst die Relation

$$\text{Prop } X - N\cdot\text{Prop } S =$$

$$= N\cdot\sum_{j=1}^{k} x_j\cdot(-e(L_j) + (2-x_j)\cdot L_j^2) + N\cdot\sum_{i<j} x_ix_j\cdot(L_iL_j)$$

$$= \sum_{j=1}^{k} x_j\cdot[-N\cdot e(L_j) + N\cdot(2-x_j)\cdot L_j^2 + \tfrac{1}{2}N\cdot\sum_{i\neq j} x_i\cdot(L_iL_j)].$$

Wenn wir jetzt $\text{prop } L_j$ und $\text{prop } \tilde{L}_j$ ins Spiel bringen, erhalten wir daraus durch die Umformung

$$\text{Prop } X - N\cdot\text{Prop } S =$$

$$= \sum_{j=1}^{k} x_j\cdot[-N\cdot e(L_j) + N\cdot(2-x_j)\cdot L_j^2 +$$

$$+ \tfrac{1}{2}n_j\cdot\text{prop } \tilde{L}_j - \tfrac{1}{2}N\cdot\text{prop } L_j + N\cdot x_j\cdot L_j^2]$$

$$= \tfrac{1}{2}\cdot\sum_{j=1}^{k} x_j\cdot(N\cdot\text{prop } L_j + n_j\cdot\text{prop } \tilde{L}_j)$$

die überraschend einfache Formel

$$\bullet(8) \qquad \text{Prop } X = N\cdot\text{Prop } S + \tfrac{1}{2}\cdot\sum_{j=1}^{k} x_j\cdot(N\cdot\text{prop } L_j + n_j\cdot\text{prop } \tilde{L}_j) .$$

<u>E. Berechnung der Invarianten (II: singuläre Konfiguration):</u> Falls die ursprüngliche Verzweigungskonfiguration L singuläre Schnittpunkte hat, müssen wir nach der Anwendung der soeben hergeleiteten Formeln auf die gewichtet verzweigte Überlagerung $\hat{\pi} : \hat{X} \to \hat{S}$ auch noch die Regularisierung $\sigma : (\hat{S},\hat{L}) \to (S,L)$ berücksichtigen, damit wir schließlich die Invarianten der Überlagerungsfläche durch Daten der Ausgangskonfiguration ausdrücken können. Zusätzlich zu den schon ein-

geführten rationalen Funktionen $x_j = 1 - 1/n_j$ der Geradengewichte benutzen wir bei den Gewichten m_ν der singulären Schnittpunkte noch den Ausdruck

$$\bullet(9) \qquad y_\nu = -1 - 1/m_\nu = -(m_\nu+1)/m_\nu ,$$

so daß also beim Einsetzen in die Formeln für den regulären Fall der x_j-Term bei exzeptionellen Kurven durch $y_\nu + 2$ ersetzt werden muß. (Der Nutzen dieser Konvention zeigt sich bei den Formeln für die Proportionalitätsabweichung.) Die Inzidenzrelation $p_\nu \in L_j$ schreiben wir wieder als $\nu \sim j$ bzw. $j \sim \nu$.

F. EULER-Zahl, kanonischer Divisor und kanonische Dimension: Für die EULER-Zahl $e = c_2$ erhalten wir mit (2) sofort die Formel

$$\bullet(10) \qquad e(\hat{X})/N = e(\hat{S}) - \sum_{j=1}^{k} x_j \cdot e(L_j) - \sum_{\nu} 2(y_\nu+2) + \sum_{i<j} x_i x_j \cdot (L_i' \cdot L_j') + \sum_{j\sim\nu} x_j \cdot (y_\nu+2) .$$

Dabei ist die Schnittzahl $(L_i' \cdot L_j')$ natürlich die Anzahl derjenigen Schnittpunkte von L_i und L_j , die Doppelpunkte der Konfiguration L' sind, und bei der letzten Summe ist über die Paare (j,ν) mit $p_\nu \in L_j$ zu summieren. In dem Spezialfall konstanter Gewichtung $n_j \equiv m_\nu \equiv n$ erhalten wir durch Umformung die Formel 1.3(6) zurück.

Durch die Regularisierung muß auch die Darstellung (4) für den kanonischen Divisor modifiziert werden; es ergibt sich jetzt $\hat{K} := K_{\hat{X}} = \hat{\pi}^*(\hat{Q})$ mit

$$\begin{aligned}\bullet(11) \qquad \hat{Q} &= \sigma^* K_S + \sum_{j=1}^{k} x_j \cdot L_j' + \sum_{\nu} (y_\nu+3) \cdot E_\nu \\ &= \sigma^*(K_S + \sum_{j=1}^{k} x_j \cdot L_j) + \sum_{\nu} (y_\nu + 3 - \sum_{j\sim\nu} x_j) \cdot E_\nu \\ &= \sigma^*(Q) + \sum_{\nu} (y_\nu + 3 - \sum_{j\sim\nu} x_j) \cdot E_\nu\end{aligned}$$

mit Q aus (4). Da die Summanden bezüglich des Schnittproduktes orthogonal sind, läßt sich die Selbstschnittzahl $\hat{K}^2 = N \cdot \hat{Q}^2$ jetzt leicht berechnen: Der erste Summand ist bereits im regulären Fall in

Formel (5) berechnet worden, der zweite ist die negativ genommene Summe der Quadrate der Koeffizienten.

Mit dieser Darstellung (11) für den kanonischen Divisor können wir auch die kanonische Dimension κ der Überlagerungsfläche $\hat{X}$ durch Daten der Basis ausdrücken, denn nach A.1(7) gilt $\kappa(\hat{X}) = \kappa(\hat{S},\hat{Q})$. Wenn also die Selbstschnittzahl $\hat{Q}^2$ strikt positiv ist und wenn für eine genügend große Zahl $m > 0$ das Geradenbündel zu dem ganzzahligen Divisor $m\hat{Q}$ nichttriviale Schnitte hat, dann ist die Überlagerungsfläche $\hat{X}$ vom allgemeinen Typ.

<u>G. Die Proportionalitätsabweichung:</u> Wir berücksichtigen zunächst den Einfluß der Regularisierung: Wenn σ_j die Anzahl der singulären Schnittpunkte auf L_j und s deren Gesamtzahl bezeichnet, so gilt offenbar

•(12)
$$\begin{aligned} \operatorname{Prop} \hat{S} &= \operatorname{Prop} S + 4s , \\ \operatorname{prop} L'_j &= \operatorname{prop} L_j - 2\sigma_j , \\ \operatorname{prop} E_\nu &= -4 \end{aligned}$$

Damit erhalten wir für die Überlagerungskurven die Formeln

•(13)
$$\begin{aligned} \operatorname{prop} \tilde{L}_j &= (N/n_j)\cdot[\operatorname{prop} L_j + 2x_j\cdot(\sigma_j - L_j^2) + \\ &\qquad + \sum_{i\neq j} x_i\cdot(L'_i L'_j) + \sum_{\nu\sim j} y_\nu] , \\ \operatorname{prop} \tilde{E}_\nu &= (N/m_\nu)\cdot(2y_\nu + \sum_{j\sim\nu} x_j) . \end{aligned}$$

Für die Überlagerungsfläche folgt aus (8) zunächst der Ausdruck

$$\begin{aligned} &\operatorname{Prop} \hat{X} - N\cdot\operatorname{Prop} S \quad = \\ &= \tfrac{1}{2}\cdot\sum_{j=1}^{k} x_j\cdot(N\cdot\operatorname{prop} L'_j + n_j\cdot\operatorname{prop} \tilde{L}_j) \\ &\qquad + \tfrac{1}{2}\cdot\sum_\nu (2+y_\nu)\cdot(-4N + m_\nu\cdot\operatorname{prop} \tilde{E}_\nu) + 4\cdot N\cdot s \\ &= \tfrac{1}{2}\cdot\sum_{j=1}^{k} x_j\cdot(N\cdot\operatorname{prop} L_j + n_j\cdot\operatorname{prop} \tilde{L}_j) + \tfrac{1}{2}\cdot\sum_\nu y_\nu\cdot m_\nu\cdot\operatorname{prop} \tilde{E}_\nu \\ &\qquad - \sum_{j=1}^{k} x_j\cdot\sigma_j + \sum_\nu(-2N\cdot(2+y_\nu) + m_\nu\cdot\operatorname{prop} \tilde{E}_\nu) + 4\cdot N\cdot s . \end{aligned}$$

Nun entfällt aber die gesamte letzte Zeile, denn wenn wir für $\operatorname{prop} \tilde{E}_\nu$ den Wert aus (13) einsetzen, heben sich alle Terme gegenseitig auf. Somit erhalten wir schließlich die Formel

$$\bullet(14) \quad \operatorname{Prop} \hat{X} = N \cdot \operatorname{Prop} S + \frac{1}{2} \cdot \sum_{j=1}^{k} x_j \cdot (N \cdot \operatorname{prop} L_j + n_j \cdot \operatorname{prop} \tilde{L}_j) + \frac{1}{2} \cdot \sum_{\nu} y_\nu \cdot m_\nu \cdot \operatorname{prop} \tilde{E}_\nu .$$

<u>H. Die Punkt(-Proportionalitäts-)bedingung</u> $\operatorname{prop} \tilde{E}_\nu = 0$: Nach dem relativen Proportionalitätssatz muß die Bedingung $\operatorname{prop} \tilde{E}_\nu = 0$ für jeden singulären Schnittpunkt p_ν mit dem Gewicht $m_\nu \geq 2$ notwendig erfüllt sein, damit eine gewichtet verzweigte Überlagerungsfläche $\hat{X}$ ein Ballquotient sein kann. Mit der Formel (13) können wir diese *„Punktbedingung"* äquivalent umformen:

$$\bullet(15) \qquad \operatorname{prop} \tilde{E}_\nu = 0 \iff 2/m_\nu + \sum_{j\sim\nu} 1/n_j = r_\nu - 2 .$$

Lassen wir auch die Punktgewichtung $m = m_\nu = 1$ zu, so sehen wir, daß es wegen $n_j \geq 2$ keine Lösung mit $r = r_\nu \geq 9$ geben kann. Für $r = 8$ ist $n_j \equiv 2$ und $m = 1$ die einzige Lösung; für $r = 7$ muß ebenfalls $m = 1$ gelten, und es gibt bis auf Permutation genau drei Lösungen für die n_j. Die Punktgewichtung $m \geq 2$ kann nur für $r \leq 6$ auftreten; umgekehrt muß aber bei $r = 4$ stets $m \geq 2$ und bei $r = 3$ sogar $m \geq 3$ gelten. Es ist nicht schwer, sich davon zu überzeugen, daß es nur endlich viele Lösungsmöglichkeiten gibt. Die Bestimmung (mit Hilfe eines Rechners) ergibt die folgende Tabelle für die Zahl der Lösungen:

$r = r_\nu$	3	4	5	6	7	8	≥ 9
Anzahl	87	27	150	18	3	1	0
$m = m_\nu$	≥ 3	≥ 2	1,2,3,4	1,2	1	1	–

Durch die modifizierten Gewichtungen, die wir in den folgenden Abschnitten 4.2 und 4.3 diskutieren, ergeben sich noch weitere Lösungen. Wir erhalten aber eine deutliche Vereinfachung, wenn alle Kurvengewichte n_j den gleichen festen Wert n haben: Wie wir in 5.2,A sehen werden, gibt es dann nur noch 17 Lösungen, die wir in der Tabelle 5.2(2) explizit aufführen.

4.2 RATIONALE AUSNAHMEKURVEN UND NEGATIVE GEWICHTE

A. Proportionalitätsabweichung und Minimalität: Wir wollen zunächst diskutieren, wie sich das Auftreten von rationalen Ausnahmekurve (der ersten Art, d.h. glatten rationalen Kurven E mit $E^2 = -1$, kurz auch (-1)-Kurven genannt) in einer glatten Fläche Y auf die globale Proportionalitätsabweichung $\mathrm{Prop}(Y)$ auswirkt. Beim Aufblasen $\hat{Y} \to Y$ eines Punktes p zu einer Kurve C nimmt die CHERNsche Zahl c_2 um 1 zu und c_1^2 um 1 ab; insgesamt erhalten wir daher für die Proportionalitätsabweichung $c_1^2 - 3c_2$ die Beziehung

$$\bullet(1) \qquad \mathrm{Prop}\ \hat{Y} \;=\; \mathrm{Prop}\ Y + 4 \;=\; \mathrm{Prop}\ Y - \mathrm{prop}\ C\ ,$$

denn C hat die EULER-Zahl $e(C) = 2$ und die Selbstschnittzahl $C^2 = -1$, so daß sich die relative Proportionalitätsabweichung $\mathrm{prop}(C) = 2C^2 - e(C) = -4$ ergibt. Damit genügt C dann der Bedingung

$$\bullet(2) \qquad \mathrm{prop}\ C \;=\; 4\cdot C^2 \;<\; 0\ .$$

Umgekehrt ist eine irreduzible glatte Kurve C mit der Eigenschaft (2) eine rationale (-1)-Kurve: Offenbar gilt $e(C) = -2\cdot C^2 > 0$; also ist C notwendig rational, und mit $e(C) = 2$ folgt $C^2 = -1$. Eine Fläche Y ist also genau dann minimal, wenn sie keine glatte Kurve C enthält, die der Bedingung (2) genügt.

B. Rationale Ausnahmekurven über singulären Schnittpunkten: Im Gegensatz zum konstant verzweigten Fall kann in einer gewichtet verzweigten Überlagerung der Fall eintreten, daß sämtliche Komponenten der Urbildkurve $\tilde{E}_\nu$ zu einem singulären Schnittpunkt p_ν rationale (-1)-Kurven sind. Dieser Fall läßt sich mit der Bedingung (2) charakterisieren: Da alle Komponenten die gleiche EULER-Zahl und die gleiche negative Selbstschnittzahl haben, sind sie genau dann rationale Ausnahmekurven, wenn

$$\bullet(3) \qquad \mathrm{prop}\ \tilde{E}_\nu \;=\; 4(\tilde{E}_\nu)^2 \qquad [\; = -4\cdot N/m_\nu^2 \;=\; 4(N/m_\nu)(y_\nu+1)\;]$$

gilt. Mit der Formel 4.1(13) können wir diese Bedingung explizit durch die Gewichte ausdrücken: Die Komponenten von $\tilde{E}_\nu$ sind genau dann rationale (-1)-Kurven, wenn der Ausdruck

$$\bullet(4) \qquad \text{prop}\,\tilde{E}_\nu - 4\cdot(\tilde{E}_\nu)^2 = (N/m_\nu)\cdot(-2y_\nu - 4 + \sum_{j\sim\nu} x_j)$$

verschwindet, also die Bedingung

$$\bullet(5) \qquad \sum_{j\sim\nu} 1/n_j = r_\nu - 2 + 2/m_\nu$$

erfüllt ist (es ist $x_j = 1 - 1/n_j$ und $y_\nu = -1 - 1/m_\nu$). Wegen der Ungleichungen $n_j \geq 2$ und $m_\nu \geq 1$ kann diese Gleichung nur für wenige Gewichte (n_j, m_ν) zutreffen. Offenbar ist $r_\nu \geq 4$ unmöglich, und für $r_\nu = 3$ erhalten wir die folgenden Lösungen:

$$\bullet(6) \qquad \frac{1}{n_1} + \frac{1}{n_2} + \frac{1}{n_3} = 1 + \frac{1}{m} \quad \Longleftrightarrow$$

n_1	n_2	n_3	m	
2	2	n	$2\cdot n$	$(n \geq 2)$
2	3	3	12	
2	3	4	24	
2	3	5	60	

Die Gewichtungen der Geraden durch p_ν bilden also ein *platonisches Tripel*, und wir wollen einen solchen Tripelpunkt p_ν *„platonisch gewichtet"* nennen. Die lokale Struktur der Überlagerung in einem solchen Punkt wird im Anhang C.1.6 näher beschrieben.

<u>C. Modifizierte lokale Proportionalitätsabweichung und negative Punktgewichtung:</u> Wenn wir (4) mit der Formel 4.1(13) für $\text{prop}\,\tilde{E}_\nu$ vergleichen, so sehen wir, daß lediglich y_ν durch $-2-y_\nu$ und somit m_ν durch $-m_\nu$ ersetzt worden ist. Damit können wir die notwendige und hinreichende Bedingung zur Charakterisierung von (-1)-Kurven als eine modifizierte Proportionalitätsbedingung interpretieren: Der Ausdruck (4), der formal nach 4.1(13) die relative Proportionalitätsabweichung für die Kurve $\tilde{E}_\nu$ bei *negativer Punktgewichtung* $-m_\nu$ liefert, verschwindet.

<u>D. Proportionalitätsabweichung nach der Kontraktion:</u> Wenn also der singuläre Schnittpunkt p_ν ein platonisch gewichteter Tripelpunkt ist, können wir die Komponenten der Kurve $\tilde{E}_\nu$ simultan zu glatten Punkten kontrahieren. Dadurch ändert sich natürlich nach der Formel

(1) auch die Proportionalitätsabweichung: Bezeichnen wir mit $\overline{X}$ die glatte Fläche, die aus $\hat{X}$ durch diese Kontraktion entsteht, so gilt

•(7) $$\text{Prop } \overline{X} = \text{Prop } \hat{X} + \text{prop } \tilde{E}_\nu .$$

Da wir uns eigentlich für die minimalen Modelle der Flächen interessieren, wollen wir eine explizite Formel für $\text{Prop } \overline{X}$ angeben. Wir werden zeigen, daß sowohl die relativen Proportionalitätsabweichungen $\text{prop } \overline{L}_j$ der Bilder der $\tilde{L}_j$ in $\overline{X}$ als auch die globale Proportionalitätsabweichung $\text{Prop } \overline{X}$ nach den Formeln 4.1(13) bzw. 4.1(14) berechnet werden können, wenn man überall y_ν durch $-2-y_\nu$, also m_ν durch $-m_\nu$, ersetzt. Für $\text{prop } \overline{L}_j$ ist das leicht zu sehen, denn bei der Kontraktion von $\tilde{E}_\nu$ wird $(\tilde{L}_j)^2$ um $\tilde{L}_j \cdot \tilde{E}_\nu$ vergrößert, während die Eulercharakteristik gleich bleibt:

•(8) $$\begin{aligned} \text{prop } \overline{L}_j &= \text{prop } \tilde{L}_j + 2(\tilde{L}_j \cdot \tilde{E}_\nu) \\ &= \text{prop } \tilde{L}_j - 2(N/n_j)(y_\nu+1)(L_j \cdot E_\nu) \\ &= (N/n_j) \cdot [\text{prop } L_j + 2x_j(\sigma_j - L_j{}^2) + \sum_{i \neq j} x_i (L_i' \cdot L_j') \\ &\qquad + \sum_{\mu \sim j} y_\mu - (2y_\nu+2)(E_\nu \cdot L_j)] . \end{aligned}$$

Wenn p_ν nicht auf L_j liegt, hat der Vorzeichenwechsel keine Auswirkung; ebenso gilt $\text{prop } \overline{E}_\mu = \text{prop } \tilde{E}_\mu$ für alle $\mu \neq \nu$. Die rechte Seite des Ausdrucks (4) ist der formal mit $-m_\nu$ nach 4.1(13) berechnete Term „$\text{prop } \overline{E}_\nu$" , und dieser verschwindet nach Voraussetzung.

Nun zur globalen Proportionalitätsabweichung: Aus den Formeln (7) und 4.1(14) folgt mit Hilfe der ersten Gleichung in (8) und mit der Voraussetzung (3) die Beziehung

$$\begin{aligned} &\text{Prop } \overline{X} - N \cdot \text{Prop } S = \\ &\quad = \tfrac{1}{2} \cdot \sum_j x_j \cdot [N \cdot \text{prop } L_j + n_j \cdot \text{prop } \tilde{L}_j] + \tfrac{1}{2} \cdot \sum_{\mu \neq \nu} y_\mu \cdot m_\mu \cdot \text{prop } \tilde{E}_\mu \\ &\qquad + \tfrac{1}{2} \cdot y_\nu \cdot m_\nu \cdot \text{prop } \tilde{E}_\nu + \text{prop } \tilde{E}_\nu \\ &\quad = \tfrac{1}{2} \cdot \sum_j x_j \cdot [N \cdot \text{prop } L_j + n_j \cdot \text{prop } \overline{L}_j] + \tfrac{1}{2} \cdot \sum_{\mu \neq \nu} y_\mu \cdot m_\mu \cdot \text{prop } \overline{E}_\mu \\ &\qquad + \tfrac{1}{2} N \cdot \sum_j x_j (2y_\nu + 2) + (\tfrac{1}{2} y_\nu m_\nu + 1) \cdot 4(N/m_\nu) \cdot (y_\nu+1) . \end{aligned}$$

Die beiden ersten Summen ergeben das gewünschte Ergebnis, und die beiden übrigen Terme addieren sich zu dem formalen Ausdruck für „prop $\overline{E}_\nu$", der nach Voraussetzung verschwindet. Insgesamt erhalten wir also den Ausdruck

•(9) $$\operatorname{Prop} \overline{X} - N\cdot\operatorname{Prop} S$$
$$= \tfrac{1}{2}\cdot\sum_j x_j\cdot[N\cdot\operatorname{prop} L_j + n_j\cdot\operatorname{prop} \tilde{L}_j] + \tfrac{1}{2}\cdot\sum_{\mu\neq\nu} y_\mu\cdot m_\mu\cdot\operatorname{prop} \tilde{E}_\mu ,$$

der genau der Formel 4.1(14) mit negativem Gewicht $-m_\nu$ statt m_ν entspricht.

<u>E. Rationale (-1)-Kurven und negative Kurvengewichte:</u> Ganz analog kann man für die Urbilder $\tilde{L}_j$ der Kurven in einer gewichteten Konfiguration zeigen, daß alle Komponenten von $\tilde{L}_j$ genau dann (-1)-Kurven sind, wenn

•(10) $$\operatorname{prop} L_j + 2(2-x_j)(\sigma_j - L_j^2) + \sum_{i\neq j} x_i\cdot(L_i'\cdot L_j') + \sum_{\nu\sim j} y_\nu = 0$$

gilt und $(L_j')^2 = L_j^2 - \sigma_j$ negativ ist. Die Bedingung (10) ist äquivalent dazu, daß die Formel 4.1(13) für prop $\tilde{L}_j$ beim Einsetzen von $2-x_j$ statt x_j (d.h. $-n_j$ statt n_j) den Wert 0 bekommt. Es sei dann $\overline{X}$ wieder die Fläche, die man bei der Kontraktion dieser Kurven aus $\hat{X}$ bekommt, und $\overline{L}_i$ $(i\neq j)$ und $\overline{E}_\nu$ seien die Bilder der Kurven $\tilde{L}_i$ bzw. $\tilde{E}_\nu$ auf $\overline{X}$. Wir können dann die Proportionalitätsabweichungen von $\overline{X}$, den $\overline{L}_i$ $(i\neq j)$ und den $\overline{E}_\nu$ nach den alten Formeln 4.1(14) und 4.1(13) berechnen, sofern wir nur überall x_j durch $2-x_j$ ersetzen.

Die Bedingung (10) kann nur erfüllt sein, wenn die Anzahl der Schnittpunkte auf L_j höchstens gleich 3 ist, wobei aber die singulären Schnittpunkte mit $m_\nu = 1$ nicht mitzuzählen sind. Natürlich muß auch $e(L_j) = 2$ gelten, was einerseits formal aus (10) hergeleitet werden kann, andererseits aber auch geometrisch einsichtig ist, denn die Überlagerung $\tilde{L}_j$ von L_j besteht ja aus rationalen Kurven.

<u>F. Die KODAIRA-Dimension und der kanonische Divisor:</u> Da die KODAIRA-Dimension eine birationale Invariante ist, läßt sich $\kappa(\overline{X})$ wie in

4.1,F berechnen: Es ist

$$\kappa(\overline{X}) = \kappa(\hat{X}) = \kappa(\hat{S},\hat{Q})$$

mit

$$\hat{Q} = \sigma^* K_S + \sum x_j^+ L_j' + \sum (y_\nu^+ + 3) E_\nu,$$

wobei $x_j^+ = 1 - 1/n_j^+$ und $y_\nu^+ = -1 - 1/m_\nu^+$ zu den positiven Gewichten $n_j^+ = |n_j|$ bzw. $y_\nu^+ = |m_\nu|$ gebildet werden.

Den kanonischen Divisor der Fläche $\overline{X}$ können wir nach A.1,E leicht berechnen. Auch dieser Divisor ist somit durch die Daten der Basis bestimmt.

G. Zusammenfassung: Für eine gewichtete Konfiguration sind auch negative Gewichte erlaubt. Dabei wird vorausgesetzt, daß die Kurven mit negativen Gewichten in der regularisierten Konfiguration auf der aufgeblasenen Fläche $\hat{S}$ paarweise disjunkt sind und negative Selbstschnittzahlen haben. Ferner müssen die Ausdrücke aus 4.1(13) für die relativen Proportionalitätsabweichungen dieser Kurven beim Einsetzen der negativen Gewichte den Wert 0 ergeben.

Eine passende Überlagerung $\overline{X}$ entsteht dann aus einer passenden Überlagerung zu den entsprechenden positiven Gewichten (d.h. zu den Absolutbeträgen $n_j^+ := |n_j|$ bzw. $m_\nu^+ := |m_\nu|$), indem die (dann stets aus exzeptionellen Kurven bestehenden) Urbilder der negativ gewichteten Kurven zusammengezogen werden. Die Formeln 4.1(14,13) ergeben die Proportionalitätsabweichungen von $\overline{X}$ und den übrigen Kurven $\overline{L}_j$ bzw. $\overline{E}_\nu$, wenn überall die negativen Gewichte eingesetzt werden.

4.3 ELLIPTISCHE KURVEN UND DAS GEWICHT UNENDLICH

A. Elliptische Kurven in gewichtet verzweigten Überlagerungen: Eine glatte Kurve C in einer glatten Fläche Y ist offensichtlich genau dann elliptisch, wenn für ihre relative Proportionalitätsabweichung die Beziehung

$$\bullet(1) \qquad \mathrm{prop}(C) \quad = \quad 2C^2$$

gilt. Ähnlich wie bei rationalen Ausnahmekurven können wir damit die Fälle charakterisieren, wo die Komponenten der Urbildkurve $\tilde{E}_\nu$ über einem singulären Schnittpunkt in einer gewichtet verzweigten Überlagerung elliptische Kurven sind: Der Fall liegt genau dann vor, wenn der Ausdruck

$$\bullet(2) \qquad \mathrm{prop}(\tilde{E}_\nu) - 2(\tilde{E}_\nu)^2 \quad = \quad (N/m_\nu)\cdot(-2 + \sum_{j\sim\nu} x_j)$$

verschwindet (s. 4.1(13)), so daß also

$$\bullet(3) \qquad \sum_{j\sim\nu} 1/n_j \quad = \quad r_\nu - 2$$

gilt. Auch diese Bedingung ist nur in wenigen wohlbekannten Fällen erfüllt: Offensichtlich muß $r_\nu \leq 4$ gelten, und wir erhalten die folgende vollständige Liste aller Lösungen:

$$\bullet(4) \qquad r = 3 : \quad (n_1,n_2,n_3) \quad = \quad (3,3,3),\ (2,4,4),\ (2,3,6)$$

$$r = 4 : \quad (n_1,n_2,n_3,n_4) \quad = \quad (2,2,2,2).$$

Die Geradengewichtungen bilden dann also ein *euklidisches Tripel* bzw. *Quadrupel*; bemerkenswert ist, daß die Punktgewichtung m_ν hier überhaupt nicht auftritt und somit auch keiner Einschränkung unterworfen ist. Insbesondere treten solche elliptischen Kurven also auch bei konstant verzweigten Überlagerungen auf, und zwar über Tripelpunkten bei der lokalen Verzweigungsordnung $n = 3$ und über Vierfachpunkten bei $n = 2$; wir haben diese Aussage in 3.3,I bereits benutzt.

Ist p_ν ein solcher *euklidischer Tripelpunkt*, so ist die zugehörige elliptische Kurve $\tilde{E}_\nu$ eindeutig bestimmt: Wir betrachten die elliptische Kurve

$$T \;:=\; T(\rho) \;:=\; \mathbb{C}/(\mathbb{Z}+\mathbb{Z}\rho) \qquad \text{mit} \qquad \rho = e^{2\pi i/6}$$

mit komplexer Multiplikation (vgl. 1.4,A). Diese Kurve ist durch die folgenden äquivalenten Eigenschaften charakterisiert:

- Es gibt einen Automorphismus der Ordnung 6 mit Fixpunkt;
- Es gibt einen Automorphismus der Ordnung 3 mit Fixpunkt;
- Es gibt eine Überlagerung $T \to \mathbb{P}_1$ mit drei Verzweigungspunkten der Ordnung 3 ;
- Es gibt eine Überlagerung $T \to \mathbb{P}_1$ mit drei Verzweigungspunkten der lokalen Verzweigungsordnungen 2,3,6 ;
- T ist isomorph zur FERMAT-Kubik $\sum z_i^3$ im $\mathbb{P}_2$.

Damit ist klar, daß wir für die Geradengewichte (3,3,3) und (2,3,6) genau die Kurve $\tilde{E}_\nu = T(\rho)$ erhalten. Analog ergibt sich für die Gewichtung (2,4,4) die Kurve

$$T := T(i) := \mathbb{C}/(\mathbb{Z}+\mathbb{Z}i)$$

mit komplexer Multiplikation (vgl. 1.4,F), die durch die folgenden äquivalenten Eigenschaften charakterisiert ist:

- Es gibt einen Automorphismus der Ordnung 4 mit Fixpunkt;
- Es gibt eine Überlagerung $T \to \mathbb{P}_1$ mit drei Verzweigungspunkten der lokalen Verzweigungsordnungen 2,4,4 ;
- T ist die RIEMANNsche Fläche zu $z(z-1)(z+1)$.

<u>B. Modifizierte lokale Proportionalitätsabweichung und die formale Punktgewichtung „unendlich" (∞):</u> Ähnlich wie im Fall rationaler (−1)-Kurven können wir die eben hergeleitete Bedingung als eine weitere modifizierte Proportionalitätsbedingung interpretieren. Die Formel (2) entspricht genau dem Ausdruck 4.1(13) für prop $\tilde{E}_\nu$, wenn man dort y_ν durch −1 (also $1/m_\nu$ durch 0 oder m_ν durch ∞) ersetzt. Auch die anderen Formeln zur Berechnung der Proportionalitätsabweichung haben einen Sinn, wenn man formal die Punktgewichtung $m_\nu = \infty$ einsetzt; sie müssen jedoch im Rahmen der „logarithmischen" Theorie gesehen werden (vgl. Anhang A.2).

<u>C. Die logarithmische Proportionalitätsabweichung:</u> Mit der Formel B.3(7) für die globale *logarithmische Proportionalitätsabweichung* der Fläche $\hat{X}$ modulo $\tilde{E}_\nu$ erhalten wir

•(5) $$\mathrm{Prop}(\hat{X},\tilde{E}_\nu) = \mathrm{Prop}\,\hat{X} + (\tilde{E}_\nu)^2 = \mathrm{Prop}\,\hat{X} - N/m_\nu^2 .$$

Weiter ist für jede glatte Kurve C in $\hat{X}$, die $\tilde{E}_\nu$ transversal schneidet, die *logarithmische relative Proportionalitätsabweichung* modulo $\tilde{E}_\nu$ nach B.3(7) durch

$$\bullet(6)\qquad \mathrm{prop}(C,\tilde{E}_\nu) := \mathrm{prop}\ C + \tilde{E}_\nu \cdot C$$

gegeben, so daß sich insbesondere für $p_\nu \in L_j$ die Formel

$$\bullet(7)\qquad \mathrm{prop}(\tilde{L}_j,\tilde{E}_\nu) = \mathrm{prop}\ \tilde{L}_j + N/(n_j m_\nu) = \mathrm{prop}\ \tilde{L}_j - (N/n_j)(1+y_\nu)$$

ergibt. Wir können also weiter die Formel 4.1(13) zur Berechnung von $\mathrm{prop}(\tilde{L}_j,\tilde{E}_\nu)$ benutzen, wenn wir lediglich y_ν durch -1, also m_ν durch ∞, ersetzen. Für die übrigen Kurven $\tilde{L}_j$ und $\tilde{E}_\mu$ hat dies keine Auswirkung.

Um die globale logarithmische Proportionalitätsabweichung (5) zu berechnen, können wir die Formel 4.1(14) für $\mathrm{Prop}\ \hat{X}$ benutzen. Nach Voraussetzung (2) gilt $\mathrm{prop}\ \tilde{E}_\nu = -2N/m_\nu^2$; mit (7) erhalten wir dann

$$\mathrm{Prop}(\hat{X},\tilde{E}_\nu) - N\cdot\mathrm{Prop}\ S =$$

$$= \tfrac{1}{2}\cdot\sum_j x_j\cdot[N\cdot\mathrm{prop}\ L_j + n_j\cdot\mathrm{prop}(\tilde{L}_j,\tilde{E}_\nu) + N(1+y_\nu)(L_j'\cdot E_\nu)] + \tfrac{1}{2}\cdot\sum_{\mu\neq\nu} y_\mu\cdot m_\mu\cdot\mathrm{prop}(\tilde{E}_\mu,\tilde{E}_\nu) + \tfrac{1}{2}\cdot y_\nu\cdot m_\nu\cdot\mathrm{prop}\ \tilde{E}_\nu - N/m_\nu^2$$

$$= \tfrac{1}{2}\cdot\sum_j x_j\cdot(N\cdot\mathrm{prop}\ L_j + n_j\cdot\mathrm{prop}(\tilde{L}_j,\tilde{E}_\nu)) + \tfrac{1}{2}\cdot\sum_{\mu\neq\nu} y_\mu\cdot m_\mu\cdot\mathrm{prop}(\tilde{E}_\mu,\tilde{E}_\nu) + \tfrac{1}{2}\cdot N\cdot(1+y_\nu)\cdot\sum_{j\sim\nu} x_j - N\cdot y_\nu/m_\nu - N/m_\nu^2 .$$

Wieder stellen die ersten beiden Summen das gewünschte Ergebnis dar, während die letzte Zeile nach 4.1(13) ein Vielfaches von $\mathrm{prop}(\tilde{E}_\nu) - 2(\tilde{E}_\nu)^2$ ist und sich daher aufhebt. Wir erhalten also

$$\bullet(8)\qquad \mathrm{Prop}(\hat{X},\tilde{E}_\nu) - N\cdot\mathrm{Prop}\ S =$$

$$= \tfrac{1}{2}\cdot\sum_j x_j\cdot(N\cdot\mathrm{prop}\ L_j + n_j\cdot\mathrm{prop}(\tilde{L}_j,\tilde{E}_\nu)) + \tfrac{1}{2}\cdot\sum_{\mu\neq\nu} y_\mu\cdot m_\mu\cdot\mathrm{prop}(\tilde{E}_\mu,\tilde{E}_\nu),$$

was der Formel 4.1(14) entspricht, wenn überall m_ν durch ∞ ersetzt wird; der formale Ausdruck 4.1(13) für $m_\nu\cdot\mathrm{prop}\ \tilde{E}_\nu$ verschwindet nach Voraussetzung (2).

<u>D. Elliptische Kurven und das formale Kurvengewicht „unendlich":</u> Wenn die Urbildkurve $\tilde{L}_j$ nur aus elliptischen Kurven besteht, ist entweder die Kurve L_j selbst elliptisch und die eingeschränkte Überlagerung $\tilde{L}_j \to L_j$ unverzweigt, oder L_j ist rational und die Verzweigung ist wiederum vom „euklidischen" Typ (2,4,4), (2,3,6), (3,3,3), (2,2,2,2). Da wir diese Situation nur im Zusammenhang mit elliptisch kompaktifizierten Ballquotienten und Geradenkonfigurationen betrachten, setzen wir stets voraus, daß die Kurve L_j rational ist und daß die Selbstschnittzahl $(\tilde{L}_j)^2 = (N/n_j^2)(L_j^2 - \sigma_j)$ strikt negativ ist. Alles weitere läuft dann mit der formalen Geradengewichtung $n_j = \infty$ so, wie es nach den bisherigen Diskussionen in 4.2 und 4.3 zu erwarten ist; wir können daher uns und den Lesern die Einzelheiten ersparen.

<u>E. Logarithmisch kanonischer Divisor und logarithmisch kanonische Dimension:</u> Den logarithmisch kanonischen Divisor

$$K_{(\hat{X},D_\infty)} \quad = \quad K_{\hat{X}} + D_\infty$$

bezüglich des aus allen Kurven zum Gewicht ∞ bestehenden Kompaktifizierungsdivisors D_∞ können wir analog zu 4.1,F als $\hat{\pi}^* Q^o$ darstellen: Den rationalen Divisor Q^o auf $\hat{S}$ erhalten wir, indem wir in der Darstellung 4.1(11) für $\hat{Q}$ einfach die Werte $m_\nu = \infty$ bzw. $n_j = \infty$ (d.h. $y_\nu = -1$ bzw. $x_j = 1$) entsprechend einsetzen. Damit gilt dann für die logarithmisch kanonische Dimension $\bar{\kappa}$ von $\hat{X}$ modulo D_∞ die Formel

$$\bar{\kappa}(\hat{X},D_\infty) \quad := \quad \kappa(\hat{X},K_{(\hat{X},D_\infty)}) \quad = \quad \kappa(\hat{S},Q^o).$$

Falls negative Gewichte auftreten, sind noch die Modifikationen aus 4.2,F zu berücksichtigen, d.h. $\hat{X}$ ist durch $\overline{X}$ zu ersetzen. Zur Unterscheidung bezeichnen wir die dann entstehende Fläche $\overline{X} \setminus D_\infty$ mit $\tilde{X}$. Die logarithmisch kanonische Dimension ist invariant unter der Kontraktion und kann daher mit Q^o berechnet werden.

<u>F. Zusammenfassung:</u> Neben negativen Gewichten ist für rationale Kurven mit negativer Selbstschnittzahl auch der Wert ∞ als Gewicht erlaubt, sofern die Kurven mit diesem Gewicht dabei auf der Fläche $\hat{S}$

untereinander und zu den Kurven mit negativem Gewicht disjunkt sind und die Ausdrücke 4.1(13) für die relativen Proportionalitätsabweichungen beim formalen Einsetzen des Wertes ∞ verschwinden. Eine passende Überlagerung ist dann die offene Fläche

$$\widetilde{X} \quad := \quad \overline{X} \setminus D_{\infty},$$

die man durch Kontraktion der (-1)-Kurven zu negativen Gewichten und Herausnehmen der Summe D_{∞} aller Kurven $\tilde{L}_j$ und $\tilde{E}_\nu$ mit dem Gewicht ∞ aus einer passenden Überlagerung zu geeigneten endlichen positiven Gewichten n_j^+ bzw. m_ν^+ erhält. Zur Berechnung der logarithmischen Proportionalitätsabweichungen kann man wieder die Formeln 4.1(13,14) benutzen, wenn man an den entsprechenden Stellen formal den Wert ∞ einsetzt, d.h. y_ν durch -1 bzw. x_j durch 1 ersetzt; insbesondere ist das Ergebnis von der Wahl der endlichen Gewichte für diese Kurven unabhängig.

Wir werden im folgenden Kapitel nur noch den Fall von gewichteten Geradenkonfigurationen betrachten, für die die Proportionalitätsbedingungen erfüllt sind. Insbesondere treten elliptische Kurven in gewichtet verzweigten Überlagerungen nur im Zusammenhang mit elliptisch kompaktifizierten Ballquotienten auf. Für eine Konstruktion eines elliptisch kompaktifizierten Ballquotienten mit der elliptischen Konfiguration auf der abelschen Produktfläche $S(\rho)$ aus 1.4,A verweisen wir auf HIRZEBRUCH [1984]. Die dort konstruierten Beispiele werden von R.-P. HOLZAPFEL [1986a] explizit mit PICARDschen Modulflächen identifiziert.

Kapitel 5
Gewichtete Geradenkonfigurationen, Proportionalität und Ballquotienten

5.1 PROPORTIONALITÄTSBEDINGUNGEN

A. Die Situation: Wir betrachten die in Abschnitt 4.1 beschriebene Situation für eine Konfiguration L von Geraden $L_1,\ldots,L_k$ in der komplex-projektiven Ebene $S = \mathbb{P}_2$: Zu jeder Geraden L_j und zu jedem singulären (d.h. mehrfachen) Schnittpunkt p_ν ist ein positives ganzzahliges Gewicht n_j bzw. m_ν gegeben. Wir untersuchen dazu passende Überlagerungen

$$\begin{array}{ccc} & & \hat{X} \\ & & \downarrow \hat{\pi} \\ \mathbb{P}_2 = S & \xleftarrow[\sigma]{} & \hat{S} \end{array}$$

der in den singulären Schnittpunkten aufgeblasenen Ebene $\hat{S}$ durch eine glatte Fläche $\hat{X}$, wobei $\hat{\pi}\colon \hat{X} \to \hat{S}$ genau entlang der Geraden und der Kurven $E_\nu = \sigma^{-1}(p_\nu)$ mit den angegebenen Ordnungen verzweigt ist.

Unter gewissen Voraussetzungen sind auch die in 4.2 und 4.3 beschriebenen Modifikationen zugelassen. Bei negativen Gewichten bestehen die Urbildkurven auf $\hat{X}$ aus disjunkten rationalen (-1)-Kurven, durch Kontrahieren dieser Kurven erhalten wir eine glatte Fläche $\overline{X}$. Das Gewicht ∞ deutet an, daß das Urbild aus disjunkten glatten elliptischen Kurven mit negativer Selbstschnittzahl besteht. Diese Kurven werden als Kompaktifizierungsdivisor D_∞ der offenen Fläche X^o aufgefaßt. Beide Modifikationen sind in der Fläche $\tilde{X}$ berücksichtigt: Sie entsteht aus $\hat{X}$ durch Zusammenziehen der Kurven zu negativen Gewichten und Entfernen der Kurven zum Gewicht ∞.

$$\begin{array}{ccc} X^{o} & \longrightarrow & \tilde{X} \\ \cap & & \cap \\ \hat{X} & \longrightarrow & \bar{X} \end{array}$$

<u>B. Die Proportionalitätsabweichung:</u> Uns interessiert die Frage, wann $\tilde{X}$ ein Ballquotient ist. Notwendig dafür ist, daß die Proportionalitätsabweichungen der Fläche $\tilde{X}$ sowie der Urbilder $\tilde{L}_j$ und $\tilde{E}_\nu$ der Verzweigungskurven verschwinden. Die in 4.1(13,14) hergeleiteten Formeln dafür, die ja nach 4.2 und 4.3 auch für $\tilde{X}$ gültig bleiben, vereinfachen sich in unserer Situation erheblich, denn Prop S und alle prop L_j verschwinden. Explizit ergeben sich die Ausdrücke (vgl. Notationsliste)

•(1) $$\text{prop}\,\tilde{L}_j = (N/n_j)\cdot[2(\sigma_j-1)\cdot x_j + \sum_{i\neq j} x_i\cdot(L_i'L_j') + \sum_{\nu\sim j} y_\nu]$$

$$\text{prop}\,\tilde{E}_\nu = (N/m_\nu)\cdot(2y_\nu + \sum_{j\sim\nu} x_j)$$

•(2) $$\text{Prop}\,\tilde{X} = \frac{1}{2}\cdot\sum_j x_j\cdot n_j\cdot\text{prop}\,\tilde{L}_j + \frac{1}{2}\cdot\sum_\nu y_\nu\cdot m_\nu\cdot\text{prop}\,\tilde{E}_\nu .$$

Dabei hängen $x_j = 1 - 1/n_j$ und $y_\nu = -1 - 1/m_\nu$ von den Gewichten ab, die Blätterzahl N tritt nur als gemeinsamer Faktor auf, und die übrigen Daten sind durch die Kombinatorik der Konfiguration bestimmt.

<u>C. Das Proportionalitätskriterium:</u> Wir setzen jetzt voraus, daß die Überlagerungsfläche $\tilde{X}$ vom allgemeinen Typ ist. Dann sind die notwendigen Bedingungen von oben auch hinreichend: Nach den in der Einführung (Kapitel 0) diskutierten Sätzen ist $\tilde{X}$ genau dann ein Ballquotient, wenn Prop $\tilde{X}$ den Wert 0 hat. Wir können nun zeigen, daß dies wiederum genau dann der Fall ist, wenn die

<u>Geradenbedingung</u> prop $\tilde{L}_j = 0$ und die
<u>Punktbedingung</u> prop $\tilde{E}_\nu = 0$

für alle j und ν erfüllt ist:

Aus den Geraden- und Punktbedingungen folgt offenbar Prop $\tilde{X} = 0$ nach (2). Nun gelte umgekehrt Prop $\tilde{X} = 0$, d.h. die Fläche $\tilde{X}$ sei ein Ballquotient. Aus dem relativen Proportionalitätssatz für Kurven auf

Ballquotienten (siehe Absatz K der Einführung und die Anhänge B.1,I und B.3,D) folgt dann, daß die (modifizierten) Geraden- bzw. Punktbedingungen für alle Kurven $\tilde{L}_j$ und für die $\tilde{E}_\nu$ mit $m_\nu \neq 1$, die also tatsächlich zum Verzweigungsort gehören, erfüllt sind. Damit bleiben noch die Kurven $\tilde{E}_\nu$ mit $m_\nu = 1$, also $y_\nu = -2$, zu untersuchen. Nun gilt für diese Kurven zumindest $\operatorname{prop} \tilde{E}_\nu \geq 0$ (s. B.2,H, B.3,D), und da andererseits nach (2) die Summe der $\operatorname{prop} \tilde{E}_\nu$ den Wert 0 hat, verschwinden auch alle Summanden. Aus der Umkehrung des relativen Proportionalitätssatzes (B.2,H, B.3,D) folgt damit, daß die Kurven $\tilde{L}_j$ und $\tilde{E}_\nu$ (auch mit $m_\nu = 1$) in $\tilde{X}$ total geodätisch sind, also in $\mathbb{B}_2$ von linear eingebetteten eindimensionalen Bällen überlagert werden.

Bei seiner Untersuchung von Überlagerungen Y (aufgeblasener) höherdimensionaler projektiver Räume hat Bruce HUNT ein analoges Kriterium gefunden [1986: 4.2] : Y ist genau dann ein Ballquotient, wenn alle Durchschnitte von Verzweigungsdivisoren auf Y „Unter-Ballquotienten" sind. Dazu wiederum ist nur nachzuprüfen, ob für sämtliche Inklusionen von eindimensionalen in zweidimensionale Durchschnitte die Proportionalitätsbedingung $\operatorname{prop} C = 0$ erfüllt ist.

Wie dieser Satz bleiben auch die folgenden Aussagen mit den offensichtlichen Modifikationen im Fall modifizierter Gewichte gültig.

D. Proportional, isobar und hyperbolisch gewichtete Konfigurationen:

Wir nennen eine gewichtete Geradenkonfiguration L *proportional* (gewichtet), wenn sämtliche Punkt- und Geradenbedingungen erfüllt sind, und *isobar*, wenn dabei die Geradengewichte konstant (also für alle Geraden gleich) sind. Im Gegensatz zu der konstant verzweigten Situation des ersten Teils werden also abweichende Punktgewichte zugelassen. Dabei setzen wir die Existenz einer passenden Überlagerung nicht voraus; sie ist auch im isobar gewichteten Fall nicht stets gesichert. Wenn zu einer proportional gewichteten Konfiguration eine passende Überlagerung existiert, die vom allgemeinen Typ und somit ein Ballquotient ist, nennen wir diese Konfiguration *hyperbolisch* (gewichtet), da für die Überlagerungsfläche dann eine hyperbolische

Metrik existiert. Die Existenz einer solchen Überlagerung kann für proportional gewichtete Konfigurationen vollständig aus Daten der Verzweigungskonfiguration gefolgert werden. Neben den bereits diskutierten Proportionalitätsbedingungen spielt der in Kapitel 4 eingeführte rationale Divisor Q^o (s. Abschnitt H) dafür die entscheidende Rolle: Aus neuen Ergebnissen von S.Y. CHENG und S.-T. YAU [1986] sowie von R. KOBAYASHI, I. NARUKI und F. SAKAI [1987] folgt, daß zusätzlich zur Proportionalität nur gefordert werden muß, daß die (aufgeblasene) Basis $\hat{S}$ bezüglich des Divisors Q^o die D-Dimension $\kappa(\hat{S},Q^o) = 2$ hat.

In den folgenden Absätzen E bis G diskutieren wir nun zunächst ein Verfahren zur Bestimmung sämtlicher proportionaler Gewichtungen auf einer Geradenkonfiguration, anschließend untersuchen wir anhand der Darstellung des kanonischen Divisors durch die Daten der Konfiguration, wann eine passende Überlagerung vom allgemeinen Typ ist.

Die Suche nach isobaren Gewichtungen ist deutlich einfacher, wie wir im folgenden Abschnitt 5.2 sehen werden. Nach der allgemeinen Diskussion geben wir dort die uns bekannten Beispiele explizit an.

<u>E. Die quadratische Form zu einer Geradenkonfiguration:</u> Zu einer (ungewichteten) Geradenkonfiguration L definieren wir auf dem $(k+s)$-dimensionalen $\mathbb{Q}$-Vektorraum mit den Koordinaten $(x,y) := (x_1,..,x_k;y_1,..,y_s)$ die Linearformen

•(3) $$A_j(x,y) = 2(\sigma_j-1)x_j + \sum_{i\neq j} x_i\cdot(L_i'L_j') + \sum_{\nu\sim j} y_\nu$$

$$B_\nu(x,y) = 2y_\nu + \sum_{j\sim\nu} x_j$$

und die quadratische Form

•(4) $$Q(x,y) = \frac{1}{2}\cdot\sum_j x_j\cdot A_j(x,y) + \frac{1}{2}\cdot\sum_\nu y_\nu\cdot B_\nu(x,y) .$$

Die Koeffizienten hängen nur von der Schnittmatrix der Konfiguration ab. Wenn $\tilde{X}$ eine passende Überlagerung ist und x und y den zugehörigen Gewichten entsprechen, erhalten wir für die Proportionalitätsabweichungen in $\tilde{X}$ aus den Formeln (1,2) die Ausdrücke

•(5) $\text{prop}\ \tilde{L}_j = (N/n_j)\cdot A_j(x,y)$

$\text{prop}\ \tilde{E}_\nu = (N/m_\nu)\cdot B_\nu(x,y)$

•(6) $\text{Prop}\ \tilde{X} = N\cdot Q(x,y)$.

Der Leser kann leicht verifizieren, daß in dem Spezialfall konstanter Geraden- und Punktgewichtung $n_j = m_\nu = n \geq 2$ wie in Kapitel 1, d.h. mit $x_j = (n-1)/n$ und $y_\nu = -(n+1)/n$, die Form $Q(x,y)$ bis auf einen konstanten Faktor das quadratische Polynom für $\text{Prop}\ \hat{X}$ aus 1.3,C ergibt.

<u>F. Bestimmung aller proportionalen Gewichtungen zu einer gegebenen Konfiguration:</u> Um proportionale Gewichtungen und damit auch Kandidaten für Ballquotienten zu finden, muß man also diejenigen Nullstellen von Q bestimmen, deren Koordinaten x_j und y_ν von Gewichten n_j bzw. m_ν stammen. Unser Proportionalitätskriterium führt dieses Problem auf ein lineares zurück: Bestimme alle geeigneten (x,y) im Kern der Darstellungsmatrix von Q.

Das Problem wird leichter handhabbar, wenn wir statt der y_ν die Koordinaten $z_\nu := B_\nu(x,y)$ benutzen. Schreiben wir nämlich die Darstellungsmatrix der quadratischen Form Q in Blockform als

$$Q = \frac{1}{2}\cdot\begin{pmatrix} F & G \\ {}^tG & 2I \end{pmatrix}$$

so hat dieser Basiswechsel die Form

$$T = \frac{1}{2}\cdot\begin{pmatrix} 2I & 0 \\ -{}^tG & I \end{pmatrix}$$

und wir erhalten bezüglich (x,z) die neue Darstellungsmatrix

$${}^tTQT = \frac{1}{2}\cdot\begin{pmatrix} R & 0 \\ 0 & I \end{pmatrix}$$

mit $R = 2F - G\cdot{}^tG$. Also gilt $(x,y) \in \ker Q$ genau dann, wenn $R\cdot x$ und z verschwinden. Die Einträge der Matrix R sind leicht zu bestimmen. Insgesamt erhalten wir so den

G. Algorithmus: Zu der Geradenkonfiguration $L = L_1 \cup..\cup L_k$ bestimme die (k×k)-Matrix R' mit

$$\bullet(7) \qquad R'_{ij} := \begin{cases} \sigma_i - 1 & (i=j) \\ 1 & (L_i \cap L_j \text{ Doppelpunkt}) \\ 0 & (\text{sonst}) \end{cases}$$

wobei σ_j wie immer die Anzahl der singulären Schnittpunkte auf L_j ist. Aus R' erhält man die oben auftretende Matrix R als

$$\bullet(8) \qquad R_{ij} := 3 \cdot R'_{ij} - 1 .$$

Dann bestimme alle Vektoren $x \in \ker R$ mit folgenden Eigenschaften:

- Für alle Komponenten x_j gilt $x_j = 1 - 1/n_j$ mit $n_j \in \mathbb{Z} \cup \{\infty\}$, $n_j \neq 0,1$.
- Für alle Werte $y_\nu := \frac{1}{2} \cdot \sum_{j\sim\nu} x_j$ gilt $y_\nu := -1 - 1/m_\nu$ mit der Ganzzahligkeitsbedingung $m_\nu \in \mathbb{Z} \cup \{\infty\}$, $m_\nu \neq 0$.
- Die Kurven mit Gewichten $n_j \notin \mathbb{N}$ oder $m_\nu \notin \mathbb{N}$ sind auf $\hat{S}$ paarweise disjunkt.

Die so bestimmten Werte n_j und m_ν sind dann genau die proportionalen Gewichte für L.

H. Der kanonische Divisor: Nach dem oben erwähnten Existenzsatz ist eine proportional gewichtete Geradenkonfiguration hyperbolisch, wenn die aufgeblasene Ebene $\hat{\mathbb{P}}_2$ bezüglich des rationalen Divisors Q^o aus 4.3,E die D-Dimension 2 hat. Explizit hat Q^o die Darstellung

$$\bullet(9) \qquad Q^o = K_{\hat{\mathbb{P}}_2} + \sum x_j^+ L'_j + \sum (y_\nu^+ + 2) E_\nu$$

$$= \sigma^*(-3H) + \sum x_j^+ L'_j + \sum (y_\nu^+ + 3) E_\nu ,$$

wobei wir die Bezeichnungen $x_j^+ := 1 - 1/|n_j|$ und $y_\nu^+ = -1 - 1/|m_\nu|$ verwenden; für $n_j = \infty$ bzw. $m_\nu = \infty$ ist $x_j^+ = 1$ und $y_\nu^+ = -1$ einzusetzen.

Wir geben für Q^o zwei weitere Darstellungen an, nämlich die Form

$$\bullet(10) \qquad Q^{o} = (\sum_{j} x_j^{+} - 3)\sigma^{*}H + \sum_{\nu}(y_{\nu}^{+} + 3 - \sum_{j\sim\nu} x_j^{+})E_{\nu} ,$$

die zur Berechnung der Selbstschnittzahl besonders geeignet ist, sowie

$$\bullet(11) \qquad Q^{o} = \sum_{j}(x_j^{+} - a_j)L_j' + \sum_{\nu}(3 + y_{\nu}^{+} - \sum_{\nu\sim j} a_j)E_{\nu} ,$$

wobei die a_j rationale Zahlen mit $\sum a_j = 3$ sind. Wenn hier die a_j so gewählt werden können, daß keiner der Koeffizienten negativ ist, dann folgt $\kappa := \kappa(\hat{\mathbb{P}}_2, Q^{o}) \geq 0$. Wenn schließlich auch noch die Selbstschnittzahl $(Q^{o})^2$ strikt positiv ist, gilt $\kappa = 2$. Damit ist beispielsweise zu sehen, daß in dem Spezialfall

$$\bullet(12) \qquad k \geq 6 \quad \text{und} \quad r_{\nu} \leq k/3 \quad \text{für} \quad \nu = 1,\dots,s$$

stets $\kappa(\hat{\mathbb{P}}_2, Q^{o}) \geq 0$ gilt: man wähle einfach $a_j := 3/k$.

<u>I. Berechnung der CHERNschen Zahl</u> c_1^2 : Die Selbstschnittzahl des (logarithmisch) kanonischen Divisors auf einer passenden Überlagerungsfläche $\tilde{X}$ ist wegen $\bar{c}_1^2(\hat{X}, D_{\infty}) = N\cdot(Q^{o})^2$ (s. 4.3,E) im wesentlichen durch $(Q^{o})^2$ bestimmt. Falls keine negativen Gewichte auftreten, erhalten wir mit (3) und (10) den Wert

$$\bullet(13) \qquad \bar{c}_1^2(\hat{X}, D_{\infty}) = N\cdot[(\sum_{j} x_j - 3)^2 - \sum_{\nu}(3y_{\nu} + 3 - B_{\nu}(x,y))^2] .$$

Beim Auftreten negativer Gewichte ist dieser Wert um die Anzahl der (-1)-Kurven, also um N/m_{ν}^2 bzw. $(\sigma_j - 1)\cdot N/n_j^2$ zu erhöhen. Wir wollen das Ergebnis nicht in voller Allgemeinheit angeben. Falls alle Geradengewichte n_j positiv sind und alle prop $\tilde{E}_{\nu}$ verschwinden, erhält man leicht die Formel

$$\bullet(14) \qquad \bar{c}_1^2(\bar{X}, D_{\infty}) = N\cdot[(k - 3 - \sum_{j}(1/n_j))^2 - 9\cdot\sum_{\nu}(1/m_{\nu}^2)] .$$

5.2 KONSTANTE GERADENGEWICHTUNG UND ISOBARE KONFIGURATIONEN

<u>A. Die Punktbedingung bei konstanter Kurvengewichtung:</u> Die Punktbedingung prop $\tilde{E}_{\nu} = 0$ hat allein für positive endliche Gewichte insgesamt 286 verschiedene Lösungen (s. 4.1,H); durch die Zulassung von

modifizierten Gewichten werden es unendlich viele. Die Bedingung vereinfacht sich aber entscheidend, wenn wir nur Gewichtungen betrachten, bei denen alle Kurven L_j das gleiche Gewicht $n_j = n$ tragen. Im Gegensatz zu dem konstant verzweigten Fall (Kapitel 1 und 3) lassen wir dabei aber für die Punkte abweichende Gewichte $m_\nu \neq n$ zu.

Aus 4.1(13) erhalten wir mit der Voraussetzung $n_j \equiv n$ die Bedingung

•(1) $$\operatorname{prop} \tilde{E}_\nu = 0 \iff \frac{2}{m_\nu} + \frac{r_\nu}{n} = r_\nu - 2$$

$$\iff m_\nu = \frac{2n}{(n-1)\cdot r_\nu - 2n} ,$$

wobei r_ν die Vielfachheit des singulären Schnittpunktes p_ν ist. Alle möglichen Werte $m_\nu \in \mathbb{Z} \cup \{\infty\}$ sind in Abhängigkeit von n und $r = r_\nu$ in der folgenden Tabelle aufgelistet:

•(2)

m_ν	$r=3$	$r=4$	$r=5$	$r=6$	$r=8$
$n = 2$	-4	∞	4	2	1
$n = 3$	∞	3	–	1	–
$n = 4$	8	2	–	–	–
$n = 5$	5	–	1	–	–
$n = 6$	4	–	–	–	–
$n = 9$	3	–	–	–	–
$n = \infty$	2	1	–	–	–
$n = -3$	1	–	–	–	–

Für eine gegebene Konfiguration L kann man anhand dieser Tabelle alle Möglichkeiten für die konstanten Kurvengewichtungen $n_j = n$ ablesen, bei denen sämtliche Punktbedingungen $\operatorname{prop} \tilde{E}_\nu = 0$ mit geeignet gewählten m_ν erfüllbar sind: Generell dürfen nur singuläre Schnittpunkte der Vielfachheiten $r_\nu = 3, 4, 5, 6$ und 8 vorkommen; das Gewicht $n = 2$ ist dann immer erlaubt. Ob auch noch andere Werte für n zulässig sind, richtet sich nach den tatsächlich auftretenden Schnittvielfachheiten. Wenn z.B. in L nur Doppel-, Tripel- und Vierfachpunkte vorkommen, sind $n = 2, 3, 4$ möglich. Die beiden modifizierten Gewichte $n = \infty$ bzw. $n = -3$ sind nur zulässig, wenn keine Doppelpunkte auftreten und alle Schnittpunkte die Vielfachheiten 3 oder 4 (bei $n = \infty$) bzw. 3 (bei $n = -3$) haben. In jedem Fall sind die Werte für m_ν , wie in der Tabelle angegeben, durch n und r_ν festgelegt; die drei Fälle mit $n = m_\nu$ sind bereits in 1.3,F aufgetreten.

Da das Punktgewicht m_ν nur von der Vielfachheit r_ν abhängt, schreiben wir auch $m_{(r)}$ und kurz m , wenn alle singulären Schnittpunkte die gleiche Vielfachheit r haben.

<u>B. Die Geradenbedingung bei konstanter Gewichtung:</u> Wir betrachten jetzt zusätzlich die Geradenbedingung $\operatorname{prop} \tilde{L}_j = 0$. Die Formel 5.1(1) nimmt dann die einfachere Gestalt

$$\bullet(3) \qquad \operatorname{prop} \tilde{L}_j = (N/n)\cdot[x(\tau_{j,2}-2) + \sum_{\nu\sim j}((m_\nu-1)/m_\nu - 2/n)]$$

an, wobei wir $x :\equiv (n-1)/n = x_j$ setzen und die Bezeichnung $\tau_{j,r}$ für die Anzahl der r-fachen Schnittpunkte, die auf L_j liegen, benutzen. Wenn nun in allen diesen Punkten die Punktbedingung erfüllt ist, d.h. in einem r-fachen Punkt die Gewichtung $m_{(r)} = 2n/((n-1)r - 2n)$ nach (1) gewählt ist, so läßt sich der Ausdruck (3) nochmals vereinfachen; wir erhalten dann

$$\bullet(4) \qquad \operatorname{prop} \tilde{L}_j = -N(n-1)\cdot(\sum_{r\geq 2}(r-4)\tau_{j,r} + 4)/2n^2.$$

Die Geradenbedingung $\operatorname{prop} \tilde{L}_j = 0$ nimmt damit die Form

$$\bullet(5) \qquad \sum_{r\geq 2}(r-4)\tau_{j,r} + 4 = 0$$

an. Darin tritt aber das Geradengewicht n überhaupt nicht mehr auf; es handelt sich vielmehr um dieselbe rein kombinatorisch-geometrische Bedingung, die uns bei der Diskussion der KUMMER-Überlagerungen in 3.1,A bereits begegnet ist. Wie dort können wir (5) mit Hilfe der kombinatorischen Formel $\sum_{r\geq 2}(r-1)\tau_{j,r} = k-1$ (2.1(2)) in die Bedingung

$$\bullet(6) \qquad 3\tau_j = k+3$$

für die Anzahl der Schnittpunkte auf der Geraden L_j umformen.

<u>C. Isobare Geradenkonfiguationen:</u> Wir können jetzt also diejenigen Geradenkonfigurationen kombinatorisch charakterisieren, für die es eine proportionale Gewichtung mit konstanten Geradengewichten $n_j \equiv n$

gibt, d.h. wo mit den zu n passenden Punktgewichten m_ν alle Proportionalitätsbedingungen $\mathrm{prop}\ \tilde{L}_j = 0$ und $\mathrm{prop}\ \tilde{E}_\nu = 0$ erfüllt sind: Die Anzahl k der Geraden ist (nach (6)) durch 3 teilbar, auf jeder Geraden liegen genau $(k+3)/3$ Schnittpunkte, und jeder singuläre Schnittpunkt hat als Vielfachheit einen der Werte $r = 3, 4, 5, 6, 8$. Für solche Geradenkonfigurationen (mit passenden Gewichten n und $m_{(r)}$ nach (2) haben wir in 5.1,D die Bezeichnung *isobar* eingeführt.

<u>D. Ein kombinatorisches Kriterium für isobare Geradenkonfigurationen:</u> Es sei L eine Geradenkonfiguration, für die bei geeigneter konstanter Geradengewichtung $n_j \equiv n$ und den dazu passenden Punktgewichtungen sämtliche Punktbedingungen $\mathrm{prop}\ \tilde{E}_\nu = 0$ erfüllt sind. Aufsummieren der Ausdrücke (6) für die Proportionalitätsabweichungen der $\tilde{L}_j$ ergibt wie in 3.1,A die Relation

$$\bullet(7) \qquad \sum \mathrm{prop}\ \tilde{L}_j = 0 \quad \Longleftrightarrow \quad 3f_1 = k + 3.$$

Diese *globale Geradenbedingung* ist schon hinreichend für die Charakterisierung von isobar-hyperbolischen Konfigurationen: Nach 5.1(2) folgt $\mathrm{Prop}\ \tilde{X} = 0$ für eine passende Überlagerungsfläche $\tilde{X}$, und wenn $\tilde{X}$ noch vom allgemeinen Typ und somit ein Ballquotient ist, müssen nach dem relativen Proportionalitätssatz alle Geradenbedingungen (6) erfüllt sein. Die Existenz einer passenden Überlagerung braucht hier nicht gefordert zu werden, es genügt die Bedingung $\kappa(\mathbb{P}_2, Q^\circ) = 2$ wie in 5.1,D.

<u>E. Isobare Konfigurationen mit drei und mit sechs Geraden:</u> Es ist sofort zu sehen, daß das Dreieck die einzige reguläre isobare Konfiguration ist; in allen anderen Fällen treten also singuläre Schnittpunkte auf. Aus der Form (6) der Geradenbedingung ist klar, daß für die Vielfachheiten der singulären Schnittpunkte stets die Abschätzung $r_\nu \leq (k+3)/3$ gelten muß, denn auf jeder nicht durch p_ν laufenden Geraden liegen mindestens r_ν Schnittpunkte. Eine isobare Konfiguration von sechs Geraden hat also nur Doppel- und Tripelpunkte, wobei nach (6) und 2.1(2) auf jeder der Geraden jeweils ein Doppelpunkt und zwei Tripelpunkte liegen. Aus $2t_2 + 3t_3 = 18$ nach (13) sowie

$t_2 + 3t_3 = 15$ nach 2.1(1) folgt $t_2 = 3$, $t_3 = 4$. Wie wir in 2.2,F gesehen haben, kann es sich nur um das vollständige Viereck (Tetraederkonfiguration $A_1(6)$) handeln. Bei der konstanten Verzweigungsordnung $n = m = 5$ können wir die KUMMER-Überlagerung benutzen, und so haben wir bereits eine hyperbolische Gewichtung gefunden (siehe 3.1,D, Konfig. I). Nach der Tabelle (2) sind auch $n = 2, 3, 4, 6, 9$ mit $m = -4, \infty, 8, 4, 3$ Gewichte, die sämtliche Proportionalitätsbedingungen erfüllen. Für $n = 3, 4, 6, 9$ sind sie ebenfalls hyperbolisch (s. 5.4,F), dagegen ist $n = 2$ ein Ausnahmefall: Wenn $\hat{X}$ eine passende Überlagerung zu $n = 2$ und $m_\nu^+ = 4$ ist, so besteht nach 5.1(11) der kanonische Divisor auf $\hat{X}$ genau aus den Kurven $\tilde{E}_\nu$ (setze $a_j = 1/2$), die anschließend kontrahiert werden ($m_\nu = -4$). Die entstehende Fläche $\overline{X}$ ist dann minimal, hat einen trivialen kanonischen Divisor und erfüllt $\text{Prop}\,\overline{X} = 0$, muß also nach der ENRIQUES-KODAIRA-Klassifikation (s. Anhang A.1) eine abelsche Fläche sein. Wir werden in 5.5,C darauf zurückkommen. Die Geradengewichte $n = \infty$ und -3 sind nicht zulässig, da Doppelpunkte vorkommen.

<u>F. Isobare Konfigurationen mit neun Geraden:</u> In Abschnitt 2.3,E haben wir bereits ein Beispiel mit neun Geraden kennengelernt, nämlich die duale HESSE-Konfiguration (der neun Fluchtlinien der vier zerfallenden Kubiken im HESSE-Büschel). Wie wir dort gesehen haben, ist diese Konfiguration durch die kombinatorischen Daten $k = 9$ und $t_3 = 12$ bereits bis auf projektive Äquivalenz eindeutig bestimmt. Da überhaupt nur Tripelpunkte auftreten, ist jeder Wert für n aus der Tabelle (2) (mit dem zugehörigen $m = m_{(3)}$) zulässig. Mit der konstanten Verzweigungungsordnung $n = m = 5$ ist die KUMMER-Überlagerung eine Ballquotientenfläche (vgl. 3.1,D, Konfig. III), d.h. die Konfiguration ist hyperbolisch. Die weiteren isobaren Gewichte (n,m) mit $0 < n < \infty$, also $(2,-4)$, $(3,\infty)$, $(4,8)$, $(6,4)$, $(9,3)$ sowie $(\infty,2)$ sind alle hyperbolisch (s. 5.6,D), nicht dagegen die isobare Gewichtung $(-3,1)$: Setzen wir in die Formel 5.1(11) die Werte $a_j = 1/3$ und $x_j^+ = 2/3$ (zu $|n| = +3$) sowie $y_\nu = -2$ ein, so erhalten wir den Divisor $Q^\circ = \frac{1}{3}\cdot\sum L_j'$. Wenn $\hat{X}$ eine dazu passende Überlagerung ist, so ist $\sum \tilde{L}_j$ ein kanonischer Divisor, der nur aus (-1)-Kurven

besteht. Wie oben folgt, daß die Bildfläche $\overline{X}$ eine abelsche Fläche sein muß. Wir kommen auf diesen Fall noch in 5.6,D zurück.

Ein anderes Beispiel, bei dem auch singuläre Schnittpunkte mit verschiedenen Vielfachheiten (3 und 4) auftreten, ist die Oktaederkonfiguration $A_1(9)$, das erweiterte vollständige Viereck, aus 2.2,G. Die wesentlichen kombinatorischen Daten aus 2.2(8) sind

$$k = 9 \;, \quad t_2 = 6 \;, \quad t_3 = 4 \;, \quad t_4 = 3 \;, \quad \tau_j = 4 \;.$$

Auch hier ist die Bedingung (6) erfüllt; nach (2) gibt es also isobare Gewichte für $n = 2, 3, 4$. Das Gewicht $n = \infty$ ist wiederum wegen der auftretenden Doppelpunkte nicht zulässig.

<u>G. Die CEVA-Konfigurationen:</u> (s. 2.3,I, 5.6) Nach 2.3(4) ist die Bedingung (6) für jede Gerade erfüllt. Somit sind genau diejenigen Konfigurationen CEVA(q) isobar, bei denen die Vielfachheiten 3 und q der singulären Schnittpunkte zulässig sind. Nach (2) sind das die Werte $q = 2, 3, 4, 5, 6, 8$. Für $q = 2$ erhalten wir die hyperbolische Konfiguration $A_1(6)$, das vollständige Viereck. Auch CEVA(3) ist hyperbolisch, da es sich um die duale HESSE-Konfiguration handelt. Die übrigen Fälle werden wir in 5.6 behandeln.

<u>H. Die erweiterten CEVA-Konfigurationen:</u> (s. 2.3,J, 5.6) Obwohl sich die „alten" und die „neuen" Geraden in CEVA(q,3) stark unterscheiden, liegen auf jeder Geraden genau $q + 2$ Schnittpunkte, so daß die Geradenbedingung (6) stets erfüllt ist. Da Doppelpunkte, Tripelpunkte und $(q+2)$-fache Punkte auftreten, erhalten wir genau für $q = 2, 3, 4$ und 6 isobare Gewichte.

Für die übrigen CEVA-Konfigurationen CEVA(q,1) und CEVA(q,2) kann es keine isobaren Gewichte geben, da nicht einmal die Anzahl $k = 3q+s$ der Geraden durch 3 teilbar ist. In 5.6 werden wir aber einige nicht-konstante proportionale Gewichtungen angeben, die zu Ballquotienten führen.

<u>I. Weitere isobare Konfigurationen:</u> Außer den bereits erwähnten Beispielen sind uns noch die folgenden isobaren Konfigurationen bekannt:

Die *Ikosaeder-Konfiguration* $A_1(15)$ (s. 2.2,H)	mit $n = 2,5$
die *HESSE-Konfiguration* (s. 2.3,B)	mit $n = 2,3,4$
die *erweiterte HESSE-Konfiguration* (s. 2.3,G)	mit $n = 2$
die G_{168}*-Konfiguration* (s. 2.4,S)	mit $n = 2,3,4,\infty$
die G_{360}*-Konfiguration* (s. 2.4,U)	mit $n = 2$.

Die Liste umfaßt also genau diejenigen Konfigurationen, die zu den irreduziblen dreidimensionalen Spiegelungsgruppen gehören. Wir werden in 5.7 auf diese Beispiele zurückkommen. Die HESSE-(Wendelinien-)Konfiguration mit den konstanten Gewichten $n = m = 3$ ist unser Beispiel II aus 3.1,F; die zugehörige KUMMERsche Überlagerungsfläche ist ein Ballquotient, d.h. die Gewichtung ist hyperbolisch.

<u>J. Existenz nicht-isobarer proportionaler Gewichte:</u> Mit dem in 5.1,G angegebenen Algorithmus zur Bestimmung sämtlicher proportionaler Gewichte können wir zeigen, daß eine isobar gewichtete Geradenkonfiguration mit hinreichend vielen singulären Schnittpunkten keine weiteren proportionalen Gewichtungen haben kann. Die isobare Gewichtung zeigt nämlich, daß der Vektor $u := (1,\dots,1)$ im Kern der $(k\times k)$-Matrix R aus 5.1(8) liegt. Die orthogonale Zerlegung $\mathbb{Q}^k = \mathbb{Q}\cdot u \oplus H$ bezüglich des üblichen euklidischen Skalarproduktes (mit $H := \{x: \sum x_j = 0\}$) ist dann auch orthogonal bezüglich der durch R definierten symmetrischen Bilinearform, und diese Form ist auf H durch die Matrix $3\cdot R'$ aus 5.1(7) gegeben.

Wenn L viele singuläre Schnittpunkte hat, wird die Matrix R' diagonaldominant. Es gelte etwa für die Anzahl der Doppelpunkte auf L_j die Ungleichung

•(8) $\tau_{j,2} < k/6$ für alle j.

Wegen der isobaren Gewichtung gilt $\tau_j = (k+3)/3$ nach (6), und somit folgt aus unserer Voraussetzung (8) die Abschätzung

•(9) $R'_{jj} = \sigma_j - 1 = \tau_j - \tau_{j,2} - 1 > k/6.$

Nach dem Satz von GERSCHGORIN (siehe z.B. [Var: Thm. 1.5]) liegen die Eigenwerte einer komplexen Matrix $A = (a_{ij})$ in der Vereinigung aller

Kreise mit Mittelpunkt a_{ii} und Radius $\sum_{j\neq i}|a_{ij}|$ in der GAUSSschen Zahlenebene. Für $A = R'$ sind alle Eigenwerte reell; mit (9) erhalten wir somit für die Eigenwerte die Abschätzung

$$R'_{jj} - \sum_{j\neq i} R'_{ij} = \sigma_j - 1 - \tau_{j,2} > 0.$$

Damit ist R' positiv definit, und L kann keine weiteren proportionalen Gewichte haben.

5.3 EXISTENZ PASSENDER ÜBERLAGERUNGEN

Ob es zu einer gegebenen gewichteten Kurvenkonfiguration eine passende Überlagerung gibt oder nicht, ist im allgemeinen nur sehr schwer zu entscheiden. Wir diskutieren hier zunächst kurz den topologischen Ansatz, auf den wir im Anhang C ausführlicher eingehen, und die Methode des *Wurzelziehens aus Divisoren*.

Zu unseren Kandidaten für Ballquotientenflächen, also hyperbolisch gewichteten Geradenkonfigurationen (5.1,D) gibt es, wie bereits erwähnt, stets passende Überlagerungen (B.3,E,F). Der Existenzbeweis ist allerdings nicht konstruktiv, insbesondere ist die GALOIS-Gruppe und damit die algebraische Struktur der Ballquotientenfläche nicht bekannt. Wir wollen daher bei der Betrachtung der expliziten Beispiele in den folgenden Abschnitten und im Anhang C.6 die Überlagerungen möglichst konkret angeben.

In den Absätzen C bis E deuten wir noch den Zusammenhang der hyperbolischen Konfigurationen mit *uniformisierenden Differentialgleichungen* an, insbesondere mit der *hypergeometrischen Differentialgleichung in zwei Variablen.* Mit deren Hilfe kann man im Prinzip die auf dem Ball operierenden Fundamentalgruppen unserer Ballquotienten studieren, was ja im rein algebraisch-geometrischen Kontext nicht direkt möglich ist.

<u>A. Topologische Konstruktion von Überlagerungen:</u> Das universelle Hilfsmittel ist die Fundamentalgruppe $\pi_1(S\setminus L)$ des Komplements einer

Kurvenkonfiguration, deren Normalteiler die außerhalb L unverzweigten GALOIS-Überlagerungen von S klassifizieren. Die Verzweigungsordnungen und die Struktur der Singularitäten lassen sich dabei leicht an den Normalteilern ablesen (C.1, C.2). Für Geradenkonfigurationen kann man $\pi_1(\mathbb{P}_2 \backslash L)$ im Prinzip durch Erzeugende und Relationen beschreiben. Die Gewichte stellen dann Bedingungen an den gesuchten Normalteiler, und man hat zu untersuchen, ob diese Bedingungen erfüllbar sind. Die Situation ist aber selbst in konkret gegebenen Einzelfällen meist so unübersichtlich, daß man kein definitives Ergebnis erwarten kann. Die Problematik wird in Anhang C ausführlich behandelt. Wenn man dagegen nur nach abelschen Überlagerungen (d.h. nach solchen mit kommutativer GALOIS-Gruppe) sucht, erhält man leicht eine Antwort (C.5). Solche Überlagerungen kann man auch algebraisch leicht beschreiben:

<u>B. Wurzelziehen aus Divisoren</u> (vgl. [B-P-VdV:, I.17, p. 42]): Es seien D ein effektiver Divisor auf der komplexen Mannigfaltigkeit Y und $\mathcal{L}$ ein Linienbündel mit $\mathcal{L}^{\otimes n} = \mathcal{O}_Y(D)$ für ein $n \geq 2$. Mit $p : E \to Y$ sei die Projektion des Totalraumes E von $\mathcal{L}$ auf Y bezeichnet, und t sei der tautologische Schnitt von $p^*\mathcal{L}$. Wenn dann s ein holomorpher Schnitt von $\mathcal{O}_Y(D)$ mit D als Nullstellendivisor ist, so ist $p^*s - t^n$ ein Schnitt in $p^*\mathcal{L}^{\otimes n}$, dessen Divisor ein analytischer Teilraum Z' von E wird.

Faßt man s lokal als Funktion auf Y und t als vertikale Koordinate in E auf, so ist Z' durch $t^n = s(y)$ gegeben. Somit induziert p also eine n-blättrige zyklische Überlagerung $Z' \to Y$, die über D voll verzweigt; Singularitäten von Z' liegen genau über denen von D. Über Komponenten von D mit Vielfachheit $r \geq 2$ ist Z' nicht-normal und sogar (lokal) reduzibel, falls n und r nicht teilerfremd sind; die Normalisierung Z hat dann dort über Y die lokale Verzweigungsordnung $n/\mathrm{ggT}(n,r)$.

Man kann auch mehrere solcher Überlagerungen zusammensetzen: Dazu sei D ein reduzierter Divisor mit einfachen normalen Kreuzungen und $D^{(1)},..,D^{(k)}$ seine irreduziblen Komponenten; weiter seien $D_j = \sum_i r_j^{(i)} D^{(i)}$ effektive Divisoren mit Träger auf D, aus denen wie oben n_j-te Wurzeln gezogen werden können. Man erhält jetzt einen analytischen Teilraum Z' im Totalraum der direkten Summe $\oplus \mathcal{L}_j$ als abelsche Überlagerung von Y, dessen Normalisierung wir wieder mit Z bezeichnen. Die Verzweigungsordnung von $Z \to Y$ entlang $D^{(i)}$ ist dann das kleinste gemeinsame Vielfache aller $n_j/\mathrm{ggT}(n_j, r_j^{(i)})$. Ob Z singulär ist, läßt sich mit den in C.1 beschriebenen Kriterien leicht feststellen.

<u>C. Hyperbolische Geradenkonfigurationen und uniformisierende Differentialgleichungen:</u> Unsere hyperbolischen Geradenkonfigurationen kann man natürlich auch als Verzweigungsort einer unendlichblättrigen Überlagerung $\mathbb{B}_2 \to \hat{\mathbb{P}}_2$ auffassen. Untersuchungen von PICARD, TERADA, DELIGNE-MOSTOW und YOSHIDA ergeben nun, daß die (mehrwertige) Umkehrabbildung oft durch die Lösungen eines geeigneten Differentialgleichungssystems beschrieben werden kann. Unsere algebraischen Ballquotienten verlieren wir unter diesem Gesichtspunkt zwar aus den Augen, bekommen aber dafür die auf dem Ball operierenden Gruppen ins Blickfeld. Die Differentialgleichungen sind zweidimensionale Analoga zur bekannten hypergeometrischen Differentialgleichung auf $\mathbb{P}_1$, auf die wir hier kurz eingehen:

<u>D. Die hypergeometrische Differentialgleichung:</u> Diese bereits von L. EULER betrachtete Differentialgleichung

$$x(1-x)y'' + (c-(a+b+1)x)y' - a\,b\,y = 0$$

in einer komplexen Variablen x mit Parametern a,b,c hat eine (bis auf einen konstanten Faktor eindeutig bestimmte) in $x = 0$ holomorphe Lösung der Form

$$y(x) = \int_1^\infty u^{a-c}(u-1)^{c-b-1}(u-x)^{-a}\,du ,$$

weitere Lösungen erhält man, wenn man entlang irgendeines Weges zwischen den singulären Punkten $0, 1, \infty, x$ integriert (der dann natürlich stetig in x variieren muß). Lokal hat die Differentialgleichung auf $\mathbb{P}_1 \setminus \{0,1,\infty\}$ überall einen zweidimensionalen Lösungsraum, und wenn w_1, w_2 in einem Basispunkt x_0 eine Basis bilden, so definiert das Verhältnis $w_1(x)/w_2(x)$ durch analytische Fortsetzung eine Abbildung

$$\varphi : D \to \mathbb{P}_1$$

von der universellen Überlagerung D von $\mathbb{P}_1 \setminus \{0,1,\infty\}$ auf die Zahlensphäre. Für gewisse Parameterwerte a,b,c haben wir dann die folgende Situation:

Das Bild von φ liegt in einer Scheibe $\mathbb{B}_1 \subset \mathbb{P}_1$, und die Operation der Fundamentalgruppe auf D liefert eine diskrete Untergruppe Γ von $\mathrm{Aut}\,\mathbb{B}_1 = \mathbb{P}U(1,1)$ (die „Monodromiegruppe" der Differentialgleichung), die auf $\varphi(D)$ frei operiert und $\mathbb{P}_1 \setminus \{0,1,\infty\}$ als Quotienten hat. Das Komplement des Bildes in $\mathbb{B}_1$ ist diskret, und Γ hat dort Fixpunkte endlicher Ordnung. Die Projektion

$$\mathbb{B}_1 \to \mathbb{B}_1/\Gamma = \mathbb{P}_1$$

ist genau in 0, 1 und ∞ mit endlicher Ordnung verzweigt und ansonsten invers zu der mehrwertigen Abbildung $\varphi : \mathbb{P}_1 \setminus \{0,1,\infty\} \to \mathbb{B}_1$. In diesem Fall hat Γ ein geodätisches Dreieck mit den Winkeln $\frac{\pi}{p}, \frac{\pi}{q}, \frac{\pi}{r}$ (mit $\frac{1}{p} + \frac{1}{q} + \frac{1}{r} < 1$) als Fundamentalbereich. Wenn p, q oder r gleich ∞ sind, ist $\mathbb{B}_1/\Gamma$ eine offene Riemannsche Fläche, die durch einen, zwei oder drei Punkte zu einer projektiven Geraden kompaktifiziert wird.

Die historische Entwicklung - insbesondere auch die Verallgemeinerung auf zwei und mehr Variablen - wird in den Einleitungen zu HOLZAPFELS Buch [Hol] und zur Arbeit von DELIGNE und MOSTOW [1986] beschrieben; Beweise für die oben erwähnten Tatsachen findet man in dem Buch von M. YOSHIDA [Yo: Chap. 5].

__E. Die hypergeometrische Differentialgleichung in zwei Variablen:__ Die analoge Situation in zwei Variablen wurde zuerst von PICARD [1885] und in jüngerer Zeit von TERADA [1973,1983,1985], MOSTOW [1981] und DELIGNE-MOSTOW [1986] untersucht. Hier betrachtet man ein System linearer partieller Differentialgleichungen auf $\mathbb{P}_1 \times \mathbb{P}_1$, das auf den sieben Geraden $x_j = 0, 1, \infty$ und $x_1 = x_2$ singulär wird. Es hat Lösungen der Form

$$y(x_1,x_2) = \int_1^\infty u^{-\mu_0} \cdot (u-x_1)^{-\mu_1} \cdot (u-x_2)^{-\mu_2} \cdot (u-1)^{-\mu_3}\, du,$$

wobei die μ_j (in den uns interessierenden Fällen rationale) Parameter für die Differentialgleichung sind. Im Unendlichen hat der Integrand einen Pol der Ordnung $\mu_4 := 2 - \mu_0 - \mu_1 - \mu_2 - \mu_3$. Lokal hat die Differentialgleichung überall außerhalb der sieben Geraden einen dreidimensionalen Lösungsraum, und das Verhältnis $w_0:w_1:w_2$ von drei lokalen Fundamentallösungen definiert durch analytische Fortsetzung eine mehrwertige Abbildung nach $\mathbb{P}_2$. Wenn nun alle μ_j zwischen 0 und 1 liegen und für $i \neq j$ stets die Bedingung

$$[\text{INT}] \qquad n_{ij} := (1-\mu_i-\mu_j)^{-1} \in \mathbb{Z} \cup \{\infty\}$$

erfüllt ist, so liegt das Bild dieser Abbildung dicht in einem Ball $\mathbb{B}_2 \subset \mathbb{P}_2$, und wir erhalten durch die Monodromie eine diskrete Untergruppe $\Gamma \subset \operatorname{Aut} \mathbb{B}_2 = \mathbb{P}U(2,1)$. Der Quotient $\mathbb{B}_2/\Gamma$ ist dann im wesentlichen der ursprüngliche doppelt-projektive Raum $\mathbb{P}_1 \times \mathbb{P}_1$, und die n_{ij} sind die Verzweigungsordnungen entlang der Komponenten des singulären Ortes. Dazu hat man die drei Tripelpunkte aufzublasen; das Ergebnis ist dann genau die rationale Fläche $\hat{\mathbb{P}}_2$, die bei der Regularisierung des vollständigen Vierecks entsteht (5.4,A, 5.5,B). Die Parameterwerte μ_j mit [INT] entsprechen dann genau den hyperbolischen Gewichten für das vollständige Viereck; wir werden im nächsten Abschnitt darauf zurückkommen und dort insbesondere eine vollständige Liste der auftretenden Werte μ_j geben (5.4(10)).

Beweise findet man bei TERADA [1983] (analytisch) und in der Arbeit von DELIGNE und MOSTOW [1986]. Deren (für einen algebraischen Geometer vielleicht befriedigendere) Darstellung in der Sprache lokaler Systeme ermöglicht es unter anderem leicht, erzeugende Matrizen für Γ anzugeben. In seinem Buch [Hol] behandelt R.-P. HOLZAPFEL extensiv den Fall der Verzweigungsordnungen $n = 3$ für die Geraden und $m = \infty$ für die Eckpunkte des vollständigen Vierecks; hier kommen viele zahlentheoretische und algebraisch-geometrische Aspekte ins Spiel.

Weitere uniformisierende Differentialgleichungen hat M. YOSHIDA für die Spiegelungsgruppen-Konfigurationen (vgl. 2.4 und 5.7) gefunden. Die Konstruktion wird in seinem Buch [Yo] ausführlich beschrieben, wir wollen daher nicht näher darauf eingehen.

5.4 DAS VOLLSTÄNDIGE VIERECK: PROPORTIONALITÄT UND HYPERBOLISCHE GEWICHTUNGEN

A. Die Geometrie der Ausnahmekurven: Wir betrachten ein vollständiges Viereck in der (komplex-) projektiven Ebene, also die Konfiguration der sechs Verbindungsgeraden von vier Punkten in allgemeiner Lage. Diese Konfiguration ist uns in den Abschnitten 2.2,F, 2.3,I, 2.4,I bereits als die (reelle simpliziale) Tetraederkonfiguration $A_1(6)$, als klassische Konfiguration $(4_3,6_2)$, als CEVA(2) und als Konfiguration zu den Spiegelungsgruppen S_4 bzw. G(2,2,3) begegnet.

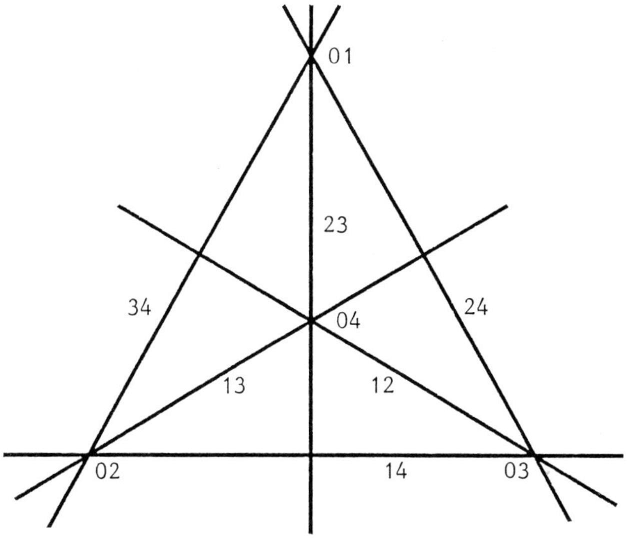

Das Aufblasen der Ebene in diesen vier Punkten liefert die Fläche $\hat{\mathbb{P}}_2$. Diese Fläche ist eine DEL PEZZO-Fläche, die mit Grad 5 in $\mathbb{P}_5$ eingebettet werden kann (vgl. etwa [Har: Ch.V, 4.7, p. 401]). Auf $\hat{\mathbb{P}}_2$ liegen genau 10 rationale Ausnahmekurven, nämlich die vier, die beim Aufblasen der Punkte entstehen, sowie die eigentlichen Transformierten der sechs Geraden. Diese zehn Kurven bilden eine symmetrische Konfiguration (vom Typ $(15_2,10_3)$), deren Schnittverhalten einfach zu beschreiben ist: Wir können die Kurven durch Doppelindizes ij mit $0 \leq i < j \leq 4$ (die den zweielementigen Teilmengen, d.h. ungeordneten Paaren aus der Menge von fünf Objekten $\{i,j,k,l,m\} = \{0,1,2,3,4\}$

entsprechen) so indizieren, daß sich L_{ij} und L_{kl} genau dann schneiden, wenn die Mengen $\{i,j\}$ und $\{k,l\}$ disjunkt sind. Jede Kurve L_{ij} wird also von genau drei anderen (nämlich L_{kl}, L_{km} und L_{lm}) geschnitten, die ihrerseits paarweise disjunkt sind, während die sechs übrigen Kurven ein Sechseck bilden. Wir können die Indizierung und das Schnittverhalten durch die folgende Skizze veranschaulichen.

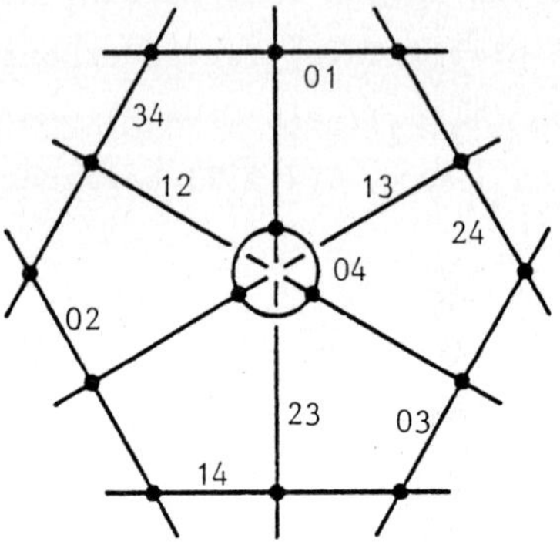

B. Symmetrien der Konfiguration: Durch Aufblasen der Ebene in drei Tripelpunkten (etwa 01,02,03) des vollständigen Vierecks und anschließende Kontraktion der drei Verbindungsgeraden (14,24,34) erhalten wir wieder die Ebene. Dabei geht die Konfiguration wieder in ein vollständiges Viereck über, wobei aber jetzt die Indizierung für Punkte und Geraden permutiert ist: Die Indizes 01,02,03 gehören jetzt zu Geraden, während 14,24,34 zu Punkten gehören. Dieser (birationalen) CREMONA-Transformation der Ebene entspricht ein Automorphismus der DEL PEZZO-Fläche $\hat{\mathbb{P}}_2$. Insgesamt operiert die symmetrische Gruppe S_5 auf $\hat{\mathbb{P}}_2$ in der Weise, daß die regularisierte Konfiguration in sich überführt wird und lediglich die Indexmenge $\{0,1,2,3,4\}$ permutiert wird.

C. Die Proportionalitätsbedingungen: Wenn wir die Gewichte für die Kurven L_{ij} mit n_{ij} bezeichnen, so bekommen die Punkt- und Geradenbedingungen aus 5.1,C die einheitliche Form

•(1) $$2/n_{ij} + 1/n_{kl} + 1/n_{km} + 1/n_{lm} = 1$$

(mit $\{i,j,k,l,m\} = \{0,1,2,3,4\}$). Eine Gewichtung (n_{ij}), die diesem System von zehn Gleichungen genügt, ist damit proportional. Summieren über alle Indizes ij liefert die Bedingung

•(2) $$\sum_{i<j} (1/n_{ij}) = 2 \ .$$

Der Algorithmus 5.1,G zur Bestimmung aller proportionalen Gewichte liefert eine Unzahl von Lösungen, da die Matrix R einen vierdimensionalen Kern hat und da die Symmetrien der Konfiguration nicht berücksichtigt sind. Nun sind jedoch die Konfiguration, die Proportionalitätsbedingungen und der Ball als universelle Überlagerung schon vor über hundert Jahren aufgetreten, als nämlich E. PICARD das zweidimensionale Analogon zur hypergeometrischen Differentialgleichung studierte, das wir in Abschnitt 5.3,E diskutiert haben. Daher sind auch die Lösungen dieses Gleichungssystems - in etwas veränderter Form - schon vor über neunzig Jahren bestimmt worden:

D. Bestimmung der proportionalen Gewichtungen (nach R. LE VAVASSEUR):

Indem wir die Kehrwerte

•(3) $$z_{ij} := 1/n_{ij}$$

der Gewichte als neue Unbekannte einführen, können wir das System (1) der Proportionalitätsbedingungen als affin-lineares Gleichungssystem

•(4) $$2z_{ij} + z_{kl} + z_{km} + z_{lm} = 1$$

aus zehn Gleichungen mit zehn Unbekannten $z_{01}, \ldots, z_{34}$ auffassen; die Bedingung (2) lautet dann

$$\sum_{i<j} z_{ij} = 2.$$

Die proportionalen Gewichtungen (n_{ij}) entsprechen damit genau den rationalen Lösungen (z_{ij}), die positive oder negative Stammbrüche - einschließlich $0 = 1/\infty$ - sind. Dieses affine Gleichungssystem (4) hat einen vierdimensionalen Lösungsraum, den wir wie folgt beschreiben können: Wir führen fünf neue Variable $\mu_0, \ldots, \mu_4$ ein, die der affinen Gleichung

•(5) $$\sum_{j=0}^{4} \mu_j = 2$$

genügen und daher einen vierdimensionalen affinen Raum bilden; diese μ_j entsprechen genau den Parameterwerten in 5.3,E. Setzen wir dann

•(6) $z_{ij} := 1 - \mu_i - \mu_j \qquad (i \neq j),$

so lösen diese (z_{ij}) die Gleichung (4), wie sofort zu sehen ist. Andererseits liefert jede Lösung (z_{ij}) von (4) ein solches Quintupel (μ_j), denn aus (5) und (6) folgt direkt die Relation

$$z_{jk} + z_{jl} + z_{jm} + z_{kl} + z_{km} + z_{lm} = 3\mu_i .$$

Die gesuchten Lösungen (n_{ij}) unseres Gleichungssystems entsprechen also den Quintupeln (μ_j) rationaler Zahlen, die der Gleichung (5) und der (reziproken) Ganzzahligkeitsbedingung

•(7) $1 - \mu_i - \mu_j = 1/n_{ij} \quad \text{mit} \quad n_{ij} \in \mathbb{Z} \cup \{\infty\} \qquad (i \neq j)$

genügen. Führen wir nun noch vier weitere Variable $\lambda_0, \ldots, \lambda_3$ durch

•(8) $\lambda_i := 1 - \mu_i \qquad (\text{mit} \quad i = 0,..,3)$

ein, so sind (5) und (7) äquivalent zu den beiden Bedingungen

•(9)
$$\lambda_i + \lambda_j - 1 = 1/n_{ij} \qquad (i \neq j),$$
$$2 - \sum_{j \neq i} \lambda_j = 1/m_i \qquad (= 1/n_{i4})$$
$$\text{mit} \quad n_{ij},\ m_i \in \mathbb{Z} \cup \{\infty\} \quad \text{für} \quad i,j = 0,..,3.$$

Die Lösungen dieses Systems hat R. LE VAVASSEUR, ein Student von PICARD, in seiner Dissertation [1896] vollständig bestimmt. Er gibt 101 Lösungen an (sogar 102, seine 10. und 15. sind jedoch identisch), und zwar erhält er 99 Einzellösungen (bis auf Permutation) und zwei unendliche Serien (seine Nr. 39 und 58). Die Umformung (8) verdeckt natürlich die Symmetrie des Systems (5,7). Geht man also von dem Quadrupel (λ_i) - das bei LE VAVASSEUR (a,b,c,d) heißt - zu dem Quintupel (μ_j) über, so erhalten wir (bis auf Permutation) nur noch 37 Einzellösungen und eine unendliche Serie.

Wir geben zunächst die Parameterwerte μ_j in der Form

$$\mu_j = \alpha_j/d, \qquad \alpha_0 \geq \ldots \geq \alpha_4, \qquad d, \alpha_0, .., \alpha_4 \in \mathbb{Z}$$

an. In der letzten Spalte (DM) stehen für die 27 Lösungen, die der Bedingung $0 < \mu_j < 1$ genügen, die Nummern, die sie in der Liste von DELIGNE-MOSTOW [1986] haben. R.-P. HOLZAPFEL bestimmt diese Lösungen in seinem Artikel [1986b] mit Hilfe eines „magischen Würfels".

•(10) Parameterwerte für die proportionalen Gewichtungen

Nr	d	α_0	α_1	α_2	α_3	α_4	DM
1	5	2	2	2	2	2	4
2	8	4	3	3	3	3	9
3	8	5	5	2	2	2	10
4	8	6	3	3	3	1	11
5	9	4	4	4	4	2	12
6	10	7	4	4	4	1	13
7	12	5	5	5	5	4	14
8	12	6	5	5	4	4	15
9	12	6	5	5	5	3	16
10	12	7	7	4	4	2	19
11	12	8	5	5	3	3	20
12	12	8	5	5	5	1	21
13	12	8	7	3	3	3	22
14	12	10	5	3	3	3	23
15	15	8	6	6	6	4	24
16	18	11	8	8	8	1	25
17	20	14	11	5	5	5	26
18	24	14	9	9	9	7	27
19	3	2	1	1	1	1	1
20	4	2	2	2	1	1	2
21	4	3	2	1	1	1	3
22	6	3	3	2	2	2	5
23	6	3	3	3	2	1	6
24	6	4	3	2	2	1	7
25	6	5	2	2	2	1	8
26	12	7	5	4	4	4	17
27	12	7	6	5	3	3	18
28	d	d+1	d−1	0	0	0	
29	3	2	2	2	0	0	
30	4	3	3	2	0	0	
31	4	4	1	1	1	1	
32	6	5	4	3	0	0	
33	1	1	1	0	0	0	
34	2	2	1	1	0	0	
35	2	1	1	1	1	0	
36	2	2	1	1	1	−1	
37	3	2	2	2	2	−2	
38	6	4	4	4	1	−1	

($d \geq 1$) [zu Nr. 28]

Wie wir gleich sehen werden, gibt es zu den Lösungen Nr. 1 bis 18 bzw. 19 bis 27, die der Bedingung $0 < \mu_j < 1$ genügen, passende Überlagerungen, die vom (ggf. logarithmisch) allgemeinen Typ und somit (kompakte bzw. offene) Ballquotienten sind. Zu den Lösungen 28 bis 32 finden wir auch passende Überlagerungen, die jedoch nicht vom allgemeinen Typ sind. Dies gilt ebenfalls für die Fälle 33, 34, 35, bei denen jedoch im Gegensatz zu unserer allgemeinen Konvention sich Geraden mit modifizierten Gewichten ($n_{ij} < 0$ bzw. $n_{ij} = \infty$) schneiden; bei den passenden Überlagerungen treten über den Geraden mit dem Gewicht ∞ rationale Kurven auf. Die drei verbleibenden Fälle 36, 37, 38 sind in dem von uns betrachteten Rahmen nicht sinnvoll zu interpretieren.

E. Der kanonische Divisor: Nach dem Existenzsatz für KÄHLER-EINSTEIN-Metriken und der Charakterisierung von Ballquotienten (B.3,E) ist eine proportionale Gewichtung unserer Konfiguration schon hyperbolisch, wenn die DEL PEZZO-Fläche $\hat{\mathbb{P}}_2$ bezüglich des rationalen Divisors Q^o aus 5.1(9) die D-Dimension $\kappa(\hat{\mathbb{P}}_2, Q^o) = 2$ hat. Dazu genügt nach A.1,G, daß ein geeignetes positives Vielfaches $m\,Q^o$ ein effektiver ganzzahliger Divisor ist und daß die Selbstschnittzahl $(Q^o)^2$ strikt positiv ist. Da die Fläche $\hat{\mathbb{P}}_2$ den rationalen kanonischen Divisor $-\frac{1}{2}\cdot\sum L_{ij}$ hat, erhalten wir für Q^o die Darstellung

$$\bullet(11) \qquad Q^o = \sum\left(\frac{1}{2} - \frac{1}{|n_{ij}|}\right)L_{ij} = \frac{1}{2}\sum(1-2|z_{ij}|)L_{ij}\,.$$

F. Hyperbolische Gewichte: Es ist nun leicht zu sehen, daß dieser rationale Divisor Q^o für die 27 Lösungen mit Parameterwerten $0 < \mu_i < 1$ strikt positiv ist; das heißt also, daß für alle Indizes ij stets $n_{ij}^+ \geq 2$ und für mindestens einen sogar $n_{ij} > 2$ gilt: Mit den Bedingungen (5,6) folgt aus der Voraussetzung $0 < \mu_j < 1$ sofort, daß die Ungleichung $-1 < z_{ij} < 1$ stets und die Verschärfung $-\frac{1}{2} < z_{ij} < \frac{1}{2}$ in mindestens einem Fall erfüllt ist, und daraus ergibt sich $Q^o > 0$ unmittelbar. Da auch die Selbstschnittzahl $(Q^o)^2$ in den 27 Fällen strikt positiv ist (letzte Spalte in (12)), gilt also $\kappa(\hat{\mathbb{P}}_2, Q^o) = 2$.

Aus den Parameterwerten $\mu_0, \ldots, \mu_4$ können wir mit der Formel (7) die Gewichte n_{ij} berechnen. Wir erhalten so proportionale Gewichte für das vollständige Viereck, zu denen passende Überlagerungen existieren, die vom (ggf. logarithmisch) allgemeinen Typ sind und die somit (nach evtl. Kontraktion der (-1)-Kurven über den Geraden mit $n_{ij} < 0$ sowie in den Fällen 18 bis 27 nach Entfernen der elliptischen Kurven zu $n_{ij} = \infty$) kompakte bzw. offene Ballquotienten sind. Wir geben diese hyperbolischen Gewichte n_{ij} in (12) explizit an. In der letzten Spalte steht das Verhältnis $c_2/N = \frac{1}{3}c_2^1/N = \frac{1}{3}(Q^\circ)^2$ zwischen der Eulercharakteristik einer passenden Überlagerungsfläche und dem Überlagerungsgrad.

•(12) Hyperbolische Gewichte für das vollständige Viereck

Nr	01	02	03	04	12	13	14	23	24	34	c_2 / N
1	5	5	5	5	5	5	5	5	5	5	3 / 5
2	8	8	8	8	4	4	4	4	4	4	9 / 16
3	−4	8	8	8	8	8	8	2	2	2	9 / 32
4	−8	−8	−8	8	4	4	2	4	2	2	9 / 64
5	9	9	9	3	9	9	3	9	3	3	13 / 27
6	−10	−10	−10	5	5	5	2	5	2	2	3 / 20
7	6	6	6	4	6	6	4	6	4	4	7 / 12
8	12	12	6	6	6	4	4	4	4	3	13 / 24
9	12	12	12	4	6	6	3	6	3	3	1 / 2
10	−6	12	12	4	12	12	4	3	2	2	7 / 24
11	−12	−12	12	12	6	3	3	3	3	2	7 / 24
12	−12	−12	−12	4	6	6	2	6	2	2	7 / 48
13	−4	12	12	12	6	6	6	2	2	2	13 / 48
14	−4	−12	−12	−12	3	3	3	2	2	2	1 / 12
15	15	15	15	5	5	5	3	5	3	3	37 / 75
16	−18	−18	−18	3	9	9	2	9	2	2	13 / 108
17	−4	20	20	20	5	5	5	2	2	2	99 / 400
18	24	24	24	8	4	4	3	4	3	3	11 / 24
19	∞	∞	∞	∞	3	3	3	3	3	3	1 / 3
20	∞	∞	4	4	∞	4	4	4	4	2	3 / 8
21	−4	∞	∞	∞	4	4	4	2	2	2	3 / 16
22	∞	6	6	6	6	6	6	3	3	3	1 / 2
23	∞	∞	6	3	∞	6	3	6	3	2	1 / 3
24	−6	∞	∞	6	6	6	3	3	2	2	1 / 4
25	−6	−6	−6	∞	3	3	2	3	2	2	1 / 12
26	∞	12	12	12	4	4	4	3	3	3	11 / 24
27	−12	∞	6	6	12	4	4	3	3	2	17 / 48

<u>G. Isobare Gewichtungen:</u> Wir haben in 5.2,E sämtliche isobaren Gewichtungen für das Viereck angegeben. In unserer Tabelle handelt es sich um die hyperbolischen Lösungen Nr. 1,2,5,7 und 19 sowie um die nicht-

hyperbolische Lösung Nr. 31 (5.5(1)). Die Symmetrie der regularisierten Konfiguration zeigt jedoch, daß eine Unterscheidung zwischen Punkt- und Geradengewichtungen der Situation nicht angemessen ist.

5.5 DAS VOLLSTÄNDIGE VIERECK: SPEZIELLE PROPORTIONALE ÜBERLAGERUNGEN

Wir setzen die Untersuchungen aus dem vorigen Abschnitt fort. Die Lösungen Nr. 28 bis 32 sowie 33 bis 35 ergeben die folgenden proportionalen Gewichte n_{ij} :

•(1) Nicht-hyperbolische proportionale Gewichte

Nr	01	02	03	04	12	13	14	23	24	34	
28	−1	−d	−d	−d	d	d	d	1	1	1	$(d \geq 1)$
29	−3	−3	3	3	−3	3	3	3	3	1	
30	−2	−4	4	4	−4	4	4	2	2	1	
31	−4	−4	−4	−4	2	2	2	2	2	2	
32	−2	−3	6	6	−6	3	3	2	2	1	
33	−1	∞	∞	∞	∞	∞	∞	1	1	1	
34	−2	−2	∞	∞	∞	2	2	2	2	1	
35	∞	∞	∞	2	∞	∞	2	∞	2	2	

In diesen Fällen ist das Bild der mehrwertigen Lösungsabbildung $\mathbb{P}_2 \setminus L \to \mathbb{P}_2$ aus 5.3,E nicht in einem Ball, sondern in einem anderen symmetrischen Raum $B \subset \mathbb{P}_2$ als dichte Teilmenge enthalten. Dazu hat uns T. TERADA die folgende Liste mitgeteilt:

$$B = \begin{cases} \mathbb{P}_2 & \text{für Nummer 28} \\ \mathbb{C}^2 & \text{für die Nummern 29 bis 34} \\ \mathbb{B}_1 \times \mathbb{C} & \text{für Nummer 35} \end{cases}$$

Passende Überlagerungen zu den entsprechenden Gewichten sind algebraische Flächen mit $c_1^2 = 3c_2$ und mit B als universeller Überlagerung:

<u>A. Die Ebene als Überlagerung zu der Lösungsserie Nr. 28:</u> Es ist leicht zu sehen, daß zu jedem Wert von $d \geq 1$ die Abbildung $\mathbb{P}_2 \to \mathbb{P}_2$,

$(z_0:z_1:z_2) \to (z_0^d:z_1^d:z_2^d)$ eine passende Überlagerung ist: Wir wählen die Indizierung so, daß das Koordinatendreiseit $z_0 z_1 z_2 = 0$ die Indizes 12, 13, 14 bekommt. Offenbar hat dann die angegebene Abbildung das geforderte Verzweigungsverhalten. Umgekehrt können natürlich aus der Verzweigungskonfiguration die drei Geraden L_{ij} mit $n_{ij} = 1$ (ij = 23, 24, 34) und ihr Schnittpunkt, der Tripelpunkt p_{01} mit $n_{01} = -1$, weggelassen werden. Die verbleibende Konfiguration ist dann ein Dreiseit, dessen Eckpunkte nun nicht mehr aufgeblasen werden müssen.

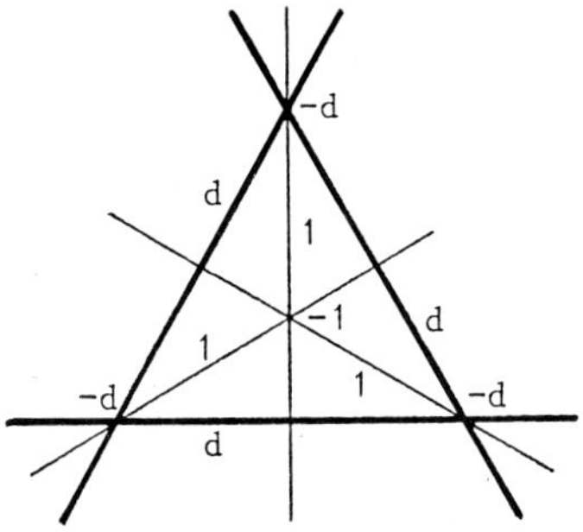

<u>B. Die abelschen Produktflächen</u> $T(\rho) \times T(\rho)$ <u>bzw.</u> $T(i) \times T(i)$ <u>als Überlagerungen zu den Gewichtungen Nr. 29 und 32 bzw. 30:</u> Wir haben die elliptischen Kurven $T(\rho) := \mathbb{C}/(\mathbb{Z}+\mathbb{Z}\rho)$ mit $\rho = e^{2\pi i/6}$ bzw. $T(i) := \mathbb{C}/(\mathbb{Z}+\mathbb{Z}i)$ mit komplexer Multiplikation bereits in 1.4 betrachtet; weiter haben wir in 4.3,A diese Kurven durch eine Reihe von äquivalenten Eigenschaften charakterisiert. Wir bemerken, daß bei allen drei Gewichtungen die „Besonderheiten" $n_{ij} < 0$ für ij = 01, 02, 12 auftreten und stets $n_{34} = 1$ gilt. Wir gehen daher zweckmäßigerweise von der Darstellung der Verzweigungskonfiguration in $\mathbb{P}_1 \times \mathbb{P}_1$ mit L_{34} als Diagonale aus:

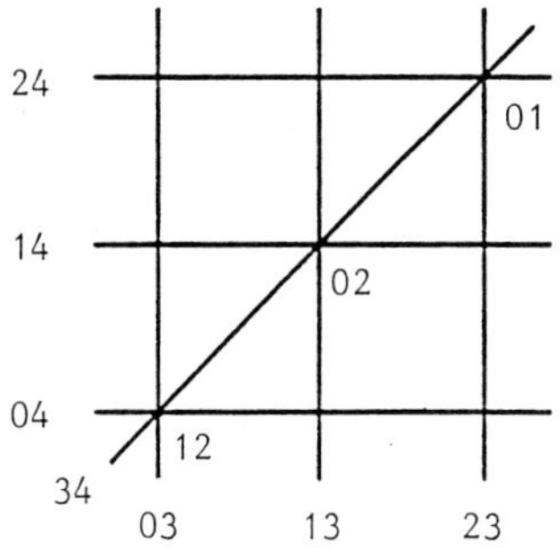

In allen Fällen gilt $n_{34}=1$, daher findet längs der Diagonalen keine Verzweigung statt; lassen wir die Diagonale weg, so brauchen auch die vorherigen Tripelpunkte nicht mehr aufgeblasen zu werden. Aus dieser Darstellung ist dann klar, daß die Projektion

$$\pi \times \pi : T \times T \longrightarrow \mathbb{P}_1 \times \mathbb{P}_1$$

das vorgegebene Verzweigungsverhalten hat, falls $\pi : T \to \mathbb{P}_1$ eine Überlagerung mit drei Verzweigungspunkten der Ordnungen 3,3,3 (bei der Gewichtung 29) und 2,3,6 (bei 32) bzw. 2,4,4 (bei 30) ist. Ist umgekehrt $X \to \mathbb{P}_1 \times \mathbb{P}_1$ eine (zu der Gewichtung 29, 32 bzw. 30) passende Überlagerung, so ist leicht zu sehen, daß X eine abelsche Fläche ist (vgl. die folgende Diskussion der Lösung 31). Weiter gibt es zwei Faserungen $X \to T$ mit Schnitt, wobei die Fasern zu T isomorphe elliptische Kurven sind; es folgt, daß X die Produktfläche $T \times T$ ist.

C. Eine abelsche Fläche als Überlagerung zur Gewichtung Nr. 31: Wir erhalten eine zu $n_{ij} = 2$ für $i \neq 0$, $n_{0j} = -4$ passende Überlagerung in folgender Weise: Zunächst bilden wir die längs der Konfiguration konstant mit $n = 2$ lokal verzweigte KUMMER-Überlagerung (siehe 1.5). Wie wir in Abschnitt 3.2,I gesehen haben, ist diese Überlagerung vom Grad $2^5 = 32$ eine algebraische K3-Fläche mit 16 disjunkten (−2)-Kurven, die zu je vieren über den Urbildkurven L_{0j} der vier aufgeblasenen Punkte liegen. Zu dieser K3-Fläche existiert nun noch eine zweiblättrige Überlagerung mit Verzweigung längs dieser (−2)-Kurven. Die Urbildkurven in der Überlagerungsfläche sind dann (−1)-Kurven in einer algebraischen Fläche, die $\hat{\mathbb{P}}_2$ mit dem gewünschten lokalen Verzweigungsverhalten überlagert. Die Kontraktion der (−1)-Kurven liefert eine algebraische Fläche mit EULER-Zahl $c_2 = 0$ und trivialem kanonischem Divisor. Aus der Flächenklassifikation folgt, daß es sich um einen komplexen Torus und damit eine abelsche Fläche handelt, die K3-Fläche ist die zugehörige KUMMER-Fläche. Natürlich ist jede unverzweigte endlichblättrige Überlagerung dieser abelschen Fläche selbst wieder eine abelsche Fläche, die ebenfalls eine passende Überlagerung zu der gegebenen Gewichtung ist. Daß jede passende Überlagerung $\overline{X}$ eine abelsche Fläche sein muß, haben wir bereits in 5.2,E gezeigt.

<u>D. Die Sonderfälle 33, 34 und 35:</u> Hier sind die mit ∞ gewichteten Kurven nicht disjunkt. Trotzdem können diese Fällesinnvoll interpretiert werden: Die zu entfernenden Kurven sind jetzt rational, und die Berechnung der logarithmischen Chernzahlen ergibt $\bar{c}_1^2 = \bar{c}_2 = 0$.

Im Fall 33 erhalten wir das Komplement eines Dreiecks in der projektiven Ebene (vgl. Fall 28).

Der Fall 34 führt wegen $n_{34} = 1$ wieder zu einer Produktfläche (vgl. 29,30,32): Mit der „geometrischen" Verzweigungsordnung 2 statt ∞ bekommt man jetzt $\mathbb{P}_1 \times \mathbb{P}_1$ als Überlagerung, woraus jetzt noch je zwei horizontale und vertikale Geraden entfernt werden müssen.

Im Fall 35 ergibt die Kummer-Überlagerung zu $n = 2$ die K3-Fläche aus Fall 31. Daraus sind dann noch die 24 (−2)-Kurven zu entfernen, die über den Geraden des vollständigen Vierecks liegen.

<u>F. Übrige Fälle:</u> Die Gewichtungen n_{ij} zu den drei verbleibenden Lösungen 36 bis 38 sind in der folgenden Tabelle aufgelistet.

•(2) Sonstige proportionale Gewichte

Nr	01	02	03	04	12	13	14	23	24	34
36	−2	−2	−2	2	∞	∞	1	∞	1	1
37	−3	−3	−3	1	−3	−3	1	−3	1	1
38	−3	−3	6	2	−3	6	2	6	2	1

Passende Überlagerungen in unserem Sinne zu diesen Gewichten kann es nicht geben. Auch für die hypergeometrische Differentialgleichung sind die entsprechenden Parameterwerte noch nicht vernünftig interpretiert worden.

5.6 DIE CEVA-KONFIGURATIONEN

<u>A. Die Beziehung zum vollständigen Viereck:</u> Die bereits mehrfach betrachteten Konfigurationen CEVA(q,s) ($q \geq 2$, $0 \leq s \leq 3$) (s. 2.3,I,J) sind eng mit dem vollständigen Viereck verwandt: Homogene Koordinaten $(z_1:z_2:z_3)$ für die Ebene $\mathbb{P}_2$ seien so gewählt, daß die Geraden L_{i4} (mit den Bezeichnungen wie in 5.4,A) durch $z_i = 0$ $(i = 1,2,3)$ beschrieben werden, also das Koordinatendreiseit bilden, und der „Mittelpunkt" p_{04} gleich (1:1:1) ist. Die q^2-blättrige Überlagerung

$$\varphi_q : \mathbb{P}_2 \to \mathbb{P}_2 \qquad (w_1:w_2:w_3) \to (z_1:z_2:z_3), \qquad z_i = w_i^q$$

ist gerade über den Koordinatenachsen L_{i4} mit Ordnung q verzweigt. Die Urbilder der drei „Diagonalen" L_{12}, L_{23}, L_{13} zerfallen in drei Büschel zu je q Geraden, deren Zentren die Punkte $\varphi_q^{-1}(p_{0i})$ sind $(i = 1,2,3)$. Sie bilden die Konfiguration CEVA(q) = CEVA(q,0), und wenn wir noch eine, zwei oder drei der (reduzierten) Urbildgeraden $\varphi_q^{-1}(L_{i4})$ (Verbindungsgeraden der Büschelzentren) hinzunehmen, erhalten wir die erweiterten Konfigurationen CEVA(q,s) (mit s = 1,2,3).

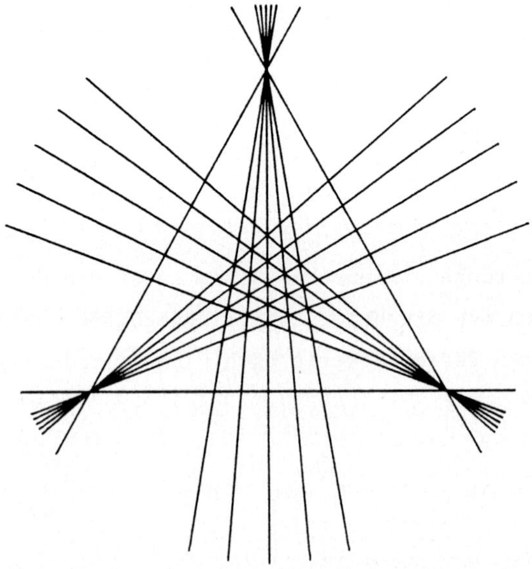

Schematische Darstellung für q = 5 ;
im Zentrum liegen q^2 Tripelpunkte.

Für $q \geq 3$ sind diese Konfigurationen nicht über den reellen Zahlen definiert, so daß sich nur eine schematische Darstellung zeichnen läßt. Dagegen sind die Konfigurationen CEVA(2,s) stets reell (und simplizial): Mit den Bezeichnungen aus GRÜNBAUMs Listen erhalten wir für $s=0$ wiederum das vollständige Viereck $A_1(6)$, wobei die drei Doppelpunkte die Büschelzentren sind (die Büschel bestehen aus nur je zwei Geraden), für $s = 1$ die Konfiguration $A_1(7)$ (wobei nur zwei der Büschelzentren singuläre Schnittpunkte sind) und für $s=2$ bzw. $s=3$ die Konfigurationen $A_1(8)$ bzw. die Oktaederkonfiguration $A_1(9)$ (2.2,G).

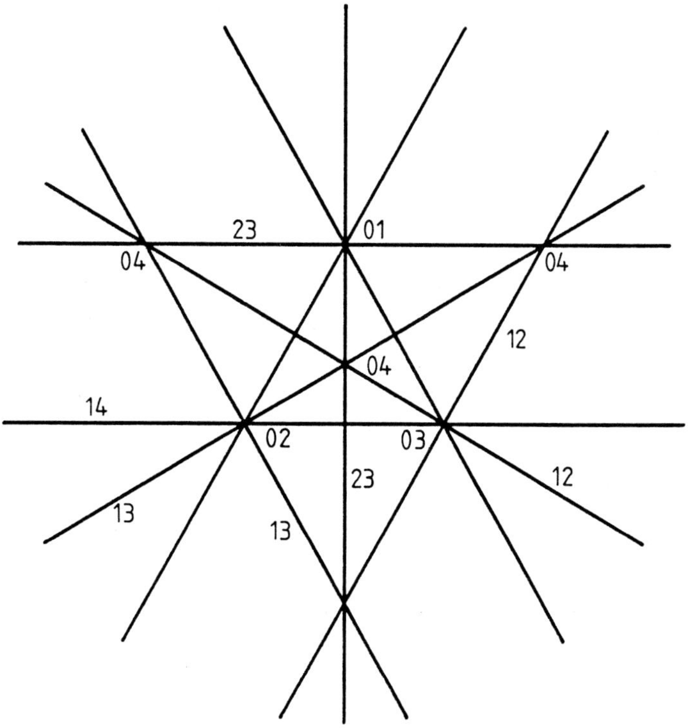

Die Nummern in der Zeichnung entsprechen den Bildern der Punkte bzw. Geraden im vollständigen Viereck unter φ_2 ; die Büschelzentren sind die Vierfachpunkte.

<u>B. Bestimmung der proportionalen Gewichte:</u> Die in 5.1(7) eingeführte Matrix R' zu CEVA(q,s) hat im allgemeinen Fall (d.h. für $q \geq 3$ oder $q = 2$, $s \geq 2$) die Form

$$\left(\begin{array}{c|c|c|c}
\begin{matrix}1 & & \\ & 1 & \\ & & 1\end{matrix} & \begin{matrix}1 & \cdots & 1\\ & & \\ & & \end{matrix} & \begin{matrix} & & \\ 1 & \cdots & 1\\ & & \end{matrix} & \begin{matrix} & & \\ & & \\ 1 & \cdots & 1\end{matrix} \\ \hline
\begin{matrix}1 & & \\ \vdots & & \\ 1 & & \end{matrix} & \begin{matrix}q & & \\ & \ddots & \\ & & q\end{matrix} & & \\ \hline
\begin{matrix} & 1 & \\ & \vdots & \\ & 1 & \end{matrix} & & \begin{matrix}q & & \\ & \ddots & \\ & & q\end{matrix} & \\ \hline
\begin{matrix} & & 1\\ & & \vdots\\ & & 1\end{matrix} & & & \begin{matrix}q & & \\ & \ddots & \\ & & q\end{matrix}
\end{array}\right)
\begin{array}{l}
\left.\begin{matrix}\\ \\ \\ \end{matrix}\right\} s = 0,1,2,3 \\
\left.\begin{matrix}\\ \\ \\ \\ \\ \\ \\ \\ \\ \end{matrix}\right\} 3q
\end{array}$$

In den beiden speziellen Fällen CEVA(2,1) und CEVA(2) sind nicht mehr alle Büschelzentren singulär; die Matrix muß dann entsprechend modifiziert werden. Die Dimension des Kerns von R (mit $R_{ij} = 3R'_{ij} - 1$, vgl. 5.1(8)) ist 4 für CEVA(2), 3 für CEVA(2,1) und ansonsten gleich s+1, insbesondere also gleich 1 für CEVA(q) mit $q \geq 3$. An der Matrix R ist nun leicht abzulesen, daß bei einer proportionalen Gewichtung für CEVA(q,s) im allgemeinen Fall $(q,s) \neq (2,0),(2,1)$ alle q Geraden in jedem der drei Büschel $\varphi_q^{-1}(L_{ij})$ $(ij = 12,13,23)$ jeweils dasselbe Gewicht n_{ij} haben müssen; somit ergibt sich auch für alle q^2 Tripelpunkte $\varphi_q^{-1}(p_{04})$ dasselbe Gewicht n_{04}. Aus diesen proportionalen Gewichten für CEVA(q,s) erhalten wir sofort proportionale Gewichte für das vollständige Viereck: Die Diagonalen L_{12}, L_{23}, L_{13} und der Mittelpunkt p_{04} bekommen die Gewichte n_{ij} ihrer Urbilder unter φ_q, also die der jeweiligen Büschelgeraden bzw. der Tripelpunkte. Die übrigen Geraden und Punkte bekommen das q-fache der Gewichte ihrer Urbilder, wobei für $s < 3$ die nicht zu CEVA(q,s) gehörenden Geraden mit dem Gewicht 1 versehen werden.

Man rechnet leicht nach, daß die so definierten Gewichte für das vollständige Viereck proportional sind. Die beiden speziellen Fälle CEVA(2) und CEVA(2,1) muß man gesondert behandeln, man gelangt aber zu entsprechenden Ergebnissen.

<u>C. Konstruktion passender Überlagerungen:</u> Aus proportionalen Gewichten für CEVA(q,s) können wir also proportionale Gewichte für das vollständige Viereck konstruieren. Wenn dann $\hat{\pi} : \hat{X} \to \hat{\mathbb{P}}_2$ eine passende Überlagerung zum so gewichteten vollständigen Viereck ist, bilden wir das Kompositum ρ von $\hat{\pi}$ mit der durch φ_q definierten Galois-Überlagerung $\hat{\varphi}_q : \mathbb{P}_2' \to \hat{\mathbb{P}}_2$, wobei $\mathbb{P}_2'$ durch Aufblasung der singulären Schnittpunkte von CEVA(r,s) entsteht. Damit erhalten wir dann eine Galois-Überlagerung

$$\rho : \hat{Y} \to \hat{\mathbb{P}}_2,$$

die über $\hat{\varphi}_q$ und über $\hat{\pi}$ faktorisiert; $\hat{Y} \to \hat{X}$ ist dabei unverzweigt (C.4.5). Da wir Flächen, die sich nur durch eine unverzweigte endlichblättrige Überlagerung unterscheiden, nicht als wesentlich verschieden ansehen, können wir festhalten: Zu allen proportionalen Gewichten für CEVA(q,s) gibt es passende Überlagerungen. Diese Flächen treten allerdings auch schon als passende Überlagerung des vollständigen Vierecks auf. Insbesondere sind die Paare von Lösungen Nr.

1 und 6,
2 und 4,
5 und 16,
7 und 12,
19 und 25

in der Liste 5.4(12) für das vollständige Viereck nicht wesentlich verschieden.

<u>D. Das Beispiel CEVA(3):</u> Der Kern der Matrix R für CEVA(q) mit $q \geq 3$ ist von $u = (1,..,1)$ erzeugt; damit sind sämtliche proportionalen Gewichtungen isobar. Wie wir in 5.2,G gesehen haben, gibt es solche Gewichtungen für $q = 3,4,5,6$ und 8; die zulässigen Werte $n, m_{(3)}, m_{(q)}$ sind der Tabelle 5.2(2) zu entnehmen. Besonders interessant ist der Fall $q = 3$: Da nur Tripelpunkte auftreten, sind alle acht Werte für n ($n = 2,3,4,5,6,9,\infty,-3$ mit $m = -4,\infty,8,5,4,3,2,1$) zulässig. Diese Fälle entsprechen den Gewichtungen Nr. 14,19,18,15,9,5,23,29 der Tabellen 5.4(12) und 5.5(1) für das vollständige Viereck; sie sind also mit Ausnahme des letzten Falles hyperbolisch. Die konstante Punkt- und Geradengewichtung $n = m = 5$ entspricht unserem Beispiel III aus 3.1 (duale HESSE-(Fluchtlinien-)Konfiguration). In dem Fall

$n = 3$, $m = \infty$ ergibt sich nach 5.4(12) der Wert $\bar{c}_2/N = 1/3$, wobei sich natürlich der Überlagerungsgrad N auf das Viereck bezieht. Nun gehört ja zu CEVA(3) die 9-blättrige Überlagerung $\varphi_3 : \mathbb{P}_2 \to \mathbb{P}_2$, und zu $n = 3$ existiert eine zyklische Überlagerung vom Grad 3 mit Verzweigung längs CEVA(3) (vgl. 5.3,B: man zieht die dritte Wurzel aus dem Produkt aller Geradengleichungen). Damit hat die zusammengesetzte Überlagerung mit Verzweigung am vollständigen Viereck den Grad $N = 27$, so daß wir einen offenen Ballquotienten der EULER-Charakteristik $\bar{c}_2 = 9$ erhalten. Dies ist der kleinste bekannte Wert für unsere Beispiele; im allgemeinen sind die Überlagerungsgrade N wesentlich größer (und häufig kaum explizit zu berechnen).

5.7 SPIEGELUNGSGRUPPEN-KONFIGURATIONEN UND BALLQUOTIENTEN

<u>A. Die kombinatorischen Daten:</u> Wir haben in 2.4,I die CEVA-Konfigurationen mit den projektiven Geradenkonfigurationen zu den dreidimensionalen komplexen Spiegelungsgruppen $G(m,p,3)$ identifiziert. Neben diesen Serien gibt es fünf weitere Konfigurationen von Geraden in $\mathbb{P}^2(\mathbb{C})$, deren Urbilder im $\mathbb{C}^3$ die Spiegelungsebenen einer irreduziblen Spiegelungsgruppe sind. Diese Gruppen tragen die Nummern 23 bis 27 in der SHEPHARD-TODD-Klassifikation (s. 2.4); es handelt sich dabei um die folgenden Konfigurationen:

Nr. 23	Ikosaeder-Konfiguration
Nr. 24	G_{168}-Konfiguration
Nr. 25	Hesse-Konfiguration
Nr. 26	Erweiterte Hesse-Konfiguration
Nr. 27	G_{360}-Konfiguration

Das Schnittverhalten haben wir in 2.4 beschrieben; wir stellen die wesentlichen Daten nochmals zusammen:

•(1) Anzahl der Geraden, singulären Schnittpunkte und r-fach-Punkte

	k	s	t_2	t_3	t_4	t_5
(23)	15	16	15	10	-	6
(24)	21	49	-	28	21	-
(25)	12	9	12	-	9	-
(26)	21	21	36	-	9	12
(27)	45	201	-	120	45	36

•(2) Anzahl der Schnittpunkte pro Gerade (2 Typen bei (26))

	τ_j	σ_j	$\tau_{j,2}$	$\tau_{j,3}$	$\tau_{j,4}$	$\tau_{j,5}$
(23)	6	4	2	2	-	2
(24)	8	8	-	4	4	-
(25)	5	3	2	-	3	-
$(26)_W$	8	5	3	-	3	2
$(26)_F$	8	4	4	-	-	4
(27)	16	16	-	8	4	4

Wir wollen nun für diese Konfigurationen sämtliche proportionalen Gewichte bestimmen und - sofern leicht möglich - passende Überlagerungen angeben. Detailliertere Ausführungen dazu findet man in Anhang C.6.

Da die Bedingung 5.1(12) in allen Fällen erfüllt ist, gibt es auf jeder Überlagerungsfläche effektive plurikanonische Divisoren. Die Invariante $c_1^2 = 3c_2$ kann leicht berechnet werden (s. 5.1(14)), es wird sich stets ein positiver Wert ergeben (vgl. Tabelle (3)). Die Gewichte sind damit hyperbolisch, passende Überlagerungsflächen sind Ballquotienten.

<u>B. Konstante Gewichte:</u> Da in allen Fällen die Beziehung $3\tau_j = k+3$ gilt und die Schnittvielfachheiten r_ν höchstens gleich 5 sind, gibt es nach 5.2,C isobare Geradengewichte $n_j \equiv n$. Dabei hängen die Punktgewichte m_ν nur von n und $r_\nu = r$ ab; wir bezeichnen sie wieder mit $m_{(r)}$. Welche n in Frage kommen, kann man aus der Tabelle 5.2(2) ablesen. Die formalen Geradengewichte $n = \infty$ und $n < 0$ sind nach unseren Konventionen nur für Konfigurationen ohne Doppelpunkte erlaubt, da sich die Kurven mit solchen Gewichten nicht schneiden dürfen. Da auch keine Fünffachpunkte zulässig sind, bleibt dafür also nur die G_{168}-Konfiguration (Nr. 24) mit $n = \infty$, $m_{(3)} = 2$ und $m_{(4)} = 1$ übrig. Wir diskutieren jetzt die einzelnen Fälle.

<u>C. Die Ikosaeder-Konfiguration:</u> Da $\tau_{j,2} < k/6$ gilt, kann es nach 5.2,J nur isobare Gewichte geben, und zwar

$$n = 2\ ,\quad m_{(3)} = -4\ ,\quad m_{(5)} = 4,$$
$$n = 5\ ,\quad m_{(3)} = 5\ ,\quad m_{(5)} = 1\ .$$

Während im ersten Fall keine passende abelsche Überlagerung existiert, kann man für $n = 5$ durch Wurzelziehen aus geeigneten Divisoren eine passende Überlagerung vom Grad 25 ganz explizit angeben. Man erhält so einen kompakten Ballquotienten der EULER-Charakteristik $195 = 3\cdot 5\cdot 13$.

<u>D. Die G_{168}-Konfiguration:</u> Auch hier gibt es nach 5.2,J ausschließlich isobare Gewichte, und zwar für $n = 2,3,4$ und ∞. Zu $n = 2$ und $n = 4$ gibt es nur nicht-abelsche passende Überlagerungen; für $n = 3$ kann man die KUMMER-Überlagerung (mit $m_{(3)} = \infty$, $m_{(4)} = 3$) nehmen. Im Fall $n = \infty$ kann man eine abelsche Überlagerung zu den Gewichten $n = 2$, $m_{(3)} = 2$ und $m_{(4)} = 1$ durch Wurzelziehen so konstruieren, daß auch die Überlagerungsfläche noch viele Symmetrien hat.

<u>E. Die HESSE-Konfiguration:</u> Aus der Beschreibung in 2.3,B ergibt sich sofort, daß die Matrix R' in 5.1(7) aus vier Blöcken der Form

$$\begin{pmatrix} 2 & 1 & 1 \\ 1 & 2 & 1 \\ 1 & 1 & 2 \end{pmatrix}$$

besteht. Also ist R' positiv definit; nach 5.2 kann es daher nur isobare Gewichte geben, und zwar sind drei Fälle möglich:

$$n = 2 \;, \; m_{(4)} = \infty \;,$$
$$n = 3 \;, \; m_{(4)} = 3 \;,$$
$$n = 4 \;, \; m_{(4)} = 2 \;.$$

Für $n = 2$ und $n = 3$ kann man die KUMMER-Überlagerung nehmen; der zweite Fall taucht als Beispiel II in 3.1,F auf. Zu $n = 4$ gibt es keine abelsche Überlagerung.

F. Die erweiterte HESSE-Konfiguration: Wie in 2.3,G beschrieben, ist diese Konfiguration aus der HESSE-(„Wendelinien")-Konfiguration und der dazu dualen („Fluchtlinien")-Konfiguration CEVA(3) zusammengesetzt. Für die Matrix R' erhält man die Blockgestalt

$$R' = \begin{pmatrix} 4\cdot I_{12} & {}^tA \\ A & 3\cdot I_9 \end{pmatrix} ,$$

wobei die (9×12)-Matrix

$$A = \begin{pmatrix} 1&0&0&1&0&0&1&0&0&1&0&0 \\ 1&0&0&0&1&0&0&1&0&0&0&1 \\ 1&0&0&0&0&1&0&0&1&0&1&0 \\ 0&1&0&1&0&0&0&1&0&0&1&0 \\ 0&1&0&0&1&0&0&0&1&1&0&0 \\ 0&1&0&0&0&1&1&0&0&0&0&1 \\ 0&0&1&1&0&0&0&0&1&0&0&1 \\ 0&0&1&0&1&0&1&0&0&0&1&0 \\ 0&0&1&0&0&1&0&1&0&1&0&0 \end{pmatrix}$$

das Schnittverhalten zwischen den 12 Wendelinien und den 9 Fluchtlinien beschriebt: Eine 1 steht für einen Doppelpunkt und eine 0 für einen Fünffachpunkt, in dem sich je 2 Wende- und 3 Fluchtlinien treffen.

Die Matrix R hat dann einen zweidimensionalen Kern, der von den Vektoren $(1,..,1,0,..,0),(0,..,0,1,..,1)$ aufgespannt wird, wobei die Einsen und Nullen jeweils den beiden Typen von Geraden entsprechen. Proportionale Gewichte müssen also jeweils einen konstanten Wert n_W

für die Wendelinien bzw. n_F für die Fluchtlinien haben; die Punktgewichte sind dann $m_{(4)}$ für die Vierfachpunkte und $m_{(5)}$ für die Fünffachpunkte. In den Vierfachpunkten treffen sich nur Wendelinien, daher ist nach 5.2(2) die Proportionalitätsbedingung in diesen Punkten für $n_W = 2,3,4$ und ∞ erfüllbar. Die Proportionalitätsbedingung für die Fünffachpunkte ist

$$2/n_W + 3/n_F + 2/m_{(5)} = 3,$$

woraus sich die proportionalen Gewichte in der Tabelle ergeben. Formal sind das Zusammensetzungen proportionaler Gewichte der beiden Konfigurationen, allerdings mit verändertem $m_{(5)}$.

n_W	n_F	$m_{(4)}$	$m_{(5)}$
2	2	∞	4
2	3	∞	2
2	∞	∞	1
3	9	3	1
4	2	2	2
4	6	2	1
∞	3	1	1

Dazu passende Überlagerungen sind in einigen Fällen leicht explizit anzugeben: Für $n_W = 2$, $n_F = \infty$ kann man einfach die doppelte Überlagerung nehmen, die in den 12 Wendelinien verzweigt ist. Analog ist für $n_W = \infty$, $n_F = 3$ die dreiblättrige Überlagerung mit den 9 Fluchtlinien als Verzweigungsort eine passende Überlagerung. Diese offenen Ballquotienten haben dann die Eulercharakteristiken 24 bzw. 36. Das Kompositum dieser Überlagerungen paßt zu den Gewichten $n_W = 2$, $n_F = 3$.

<u>G. Die G_{360}-Konfiguration.</u> Das Kriterium 5.2(8) läßt sich auch für diese Konfiguration anwenden: Es kann nur isobare Gewichte geben, und die einzige Möglichkeit ist

$$n = 2 \ , \quad m_{(3)} = -4 \ , \quad m_{(4)} = \infty \ , \quad m_{(5)} = 4 \ .$$

Es gibt nur eine nicht-abelsche passende Überlagerung; die Eulercharakteristik ist sehr groß.

•(3) Liste der hyperbolischen Gewichte

	n	$m_{(3)}$	$m_{(4)}$	$m_{(5)}$	c_2/N	Typ
(23)	2	−4	-	4	45/8	nab
	5	5	-	1	39/5	ab
(24)	2	−4	∞	-	75/4	nab
	3	∞	3	-	100/3	KU
	4	8	2	-	297/8	nab
	∞	2	1	-	24	ab
(25)	2	-	∞	-	3	KU
	3	-	3	-	16/3	KU
	4	-	2	-	21/4	nab
(26)	2,2	-	∞	4	33/2	nab
	2,3	-	∞	2	18	ab
	2,∞	-	∞	1	12	ab
	3,9	-	3	1	52/3	ab
	4,2	-	2	2	21	ab
	4,6	-	2	1	18	ab
	∞,3	-	1	1	12	ab
(27)	2	−4	∞	4	120	nab

Abkürzungen in der letzten Spalte:
KU Kummer-Überlagerung
ab sonstige abelsche Überlagerung
nab nicht-abelsche Überlagerung
(siehe Anhang C.6)

H. Höherdimensionale Spiegelungsgruppen: Wie wir bereits im Abschnitt 2.4,W erwähnt haben, erhalten wir durch Schneiden einer passenden Anzahl von Spiegelungshyperebenen einer höherdimensionalen unitären Spiegelungsgruppe wieder Geradenkonfigurationen im $\mathbb{P}_2(\mathbb{C})$.

Proportionale Gewichte haben wir nur für die reell-simplizialen Konfigurationen $A_2(13) = A_3(12) \cup \ell_\infty$ (erweiterte Oktaeder-Würfel-Konfiguration, 2.2,I) und $A_3(10) = A_1(9) \cup \ell_\infty$ (erweiterte Oktaeder-Konfiguration, 2.2,G) gefunden (siehe Absätze I und J). Die übrigen untersuchten Konfigurationen zu höherdimensionalen Spiegelungsgruppen können nicht proportional gewichtet werden. Zum Beispiel kann man die Konfiguration $A_1(19)$ und $A_3(19)$ in der GRÜNBAUM-Liste aus der WEYL-Gruppe zu E_8 (Nr. 37 der SHEPHARD-TODD-Klassifikation) gewinnen. In beiden Fällen ist die Matrix R aus 5.1(8) positiv semidefinit mit eindimensionalem Kern. Für $A_1(19)$ gilt aber $x_i/x_j > 4$ für zwei Komponenten eines Basisvektors; es kann also keine zugehörigen Geradengewichte geben. Im zweiten Fall findet man sogar Geradengewichte, aber die Punktbedingungen sind nicht erfüllbar.

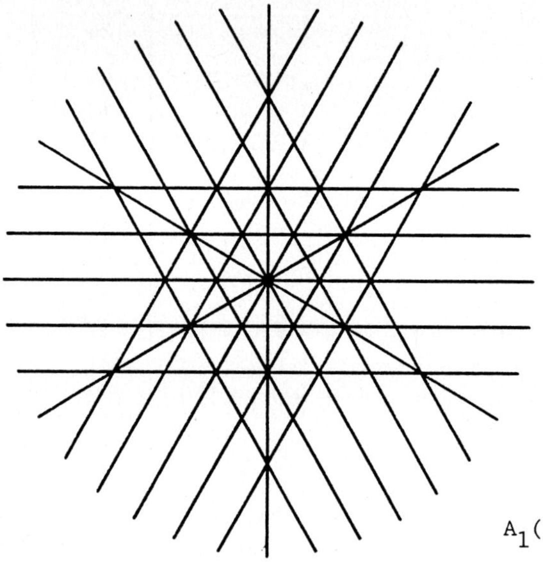

$A_1(19)$

<u>I. Proportionale Gewichte für die Konfiguration</u> $A_2(13)$: Die nach der Vorschrift in 5.1(8) aufgestellte Matrix R hat einen zweidimensionalen Kern, der von den Vektoren

$$u = (1, 1, 1, 1, 1, 1, 1, 1, 1, 0, 0, 0, 0)$$
$$v = (-2,-2,-2,-2,-2,-2, 0, 0, 0, 3, 3, 3, 3)$$

aufgespannt wird. Die ersten sechs Komponenten entsprechen den Geraden vom Typ A in der Zeichnung, die folgenden drei denen vom Typ B, die letzten vier bilden Typ C. Entsprechend erhalten wir singuläre Schnittpunkte der Typen D, E und F.

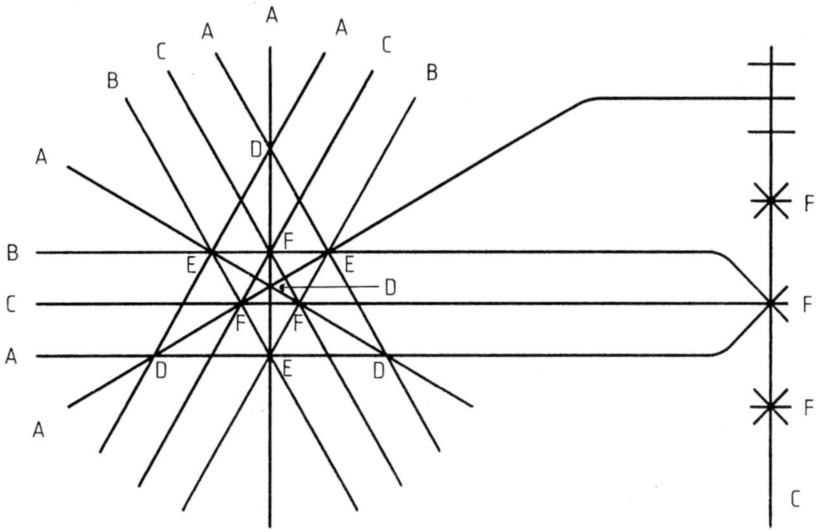

Daher müssen proportionale Gewichte jeweils für alle Geraden bzw. Punkte desselben Typs übereinstimmen. Sämtliche Proportionalitätsbedingungen sind genau in den folgenden Fällen erfüllt:

n_A	n_B	n_C	m_D	m_E	m_F	c_2/N
2	6	2	−4	3	6	21/4
2	∞	4	−4	2	2	21/4
6	−6	2	4	1	2	21/4
3	−3	∞	∞	1	1	3

Nach 5.1(12) sind diese Gewichtungen hyperbolisch; passende Überlagerungen sind also Ballquotienten. Im letzten Fall können wir einfach die dreiblättrige Überlagerung nehmen, die sich durch Adjunktion der dritten Wurzel aus $l_A \cdot l_B^2$ ergibt, wobei l_A und l_B Gleichungen für die Vereinigung der Geraden vom Typ A bzw. B sind. Das zweite Beispiel wurde von Bruce HUNT gefunden [1986: Lemma 4.6.5].

<u>J. Proportionale Gewichte für</u> $A_2(10)$: Auch in diesem Fall hat der Kern der Matrix R die Dimension 2. Wir erhalten jetzt 4 Typen von Geraden und auch 4 Typen von Schnittpunkten (s. Zeichnung; die unendlich ferne Gerade ist die einzige Gerade vom Typ D, die auf ihr liegenden Tripelpunkte bilden den Typ H).

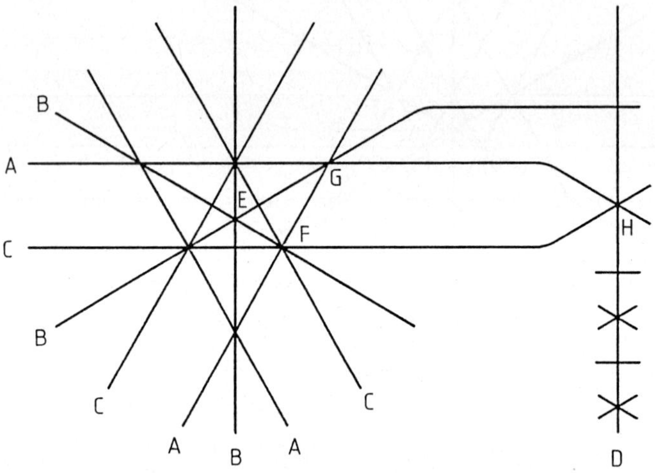

Der Kern der Matrix R wird von den Vektoren $u = (1,1,1,0)$ und $v = (2,0,3,3)$ aufgespannt, dessen Komponenten den Typen A,B,C,D entsprechen. Daraus können wir leicht folgern, daß n_F gleich 1 und daher n_A gleich unendlich sein muß; wir erhalten so die proportionalen Gewichte

n_A	n_B	n_C	n_D	m_E	m_F	m_G	m_H	c_2/N
∞	2	−4	4	−4	1	4	2	21/16
∞	3	−6	2	∞	1	3	3	3/2

Auch diese Gewichte sind nach 5.1,I hyperbolisch: Mit $a_i = 5/6$ für die Geraden vom Typ A und $a_i = 1/2$ für die unendlich ferne Gerade D wird der Divisor Q^o in der Form 5.1(11) in beiden Fällen effektiv.

Anhang A
Algebraische Flächen

A.1 INVARIANTEN UND KLASSIFIKATION

In diesem Anhang stellen wir zunächst einige fundamentale Aussagen über algebraische Flächen und ihre Invarianten zusammen. Danach diskutieren wir die Grundbegriffe der ENRIQUES-KODAIRA-Klassifikation und beschreiben die einzelnen Klassen der Flächen vom speziellen Typ. Abschließend gehen wir noch auf einige Klassifikations- und Minimalitätskriterien ein und diskutieren, welche Flächen mit $c_1^2 = 3c_2$ auftreten können.

Für eine ausführliche Diskussion verweisen wir auf die Literatur, insbesondere auf den Ergebnisse-Band "Compact Complex Surfaces" von W. BARTH, Chr. PETERS und A. VAN DE VEN [B-P-VdV] sowie auf die einschlägigen Abschnitte in den Lehrbüchern über algebraische Geometrie. Einige weitere Hinweise finden sich in Absatz H.

A. Kanonische Divisoren und holomorphe Abbildungen: Auf einer algebraischen Fläche Y gibt es stets nicht-triviale globale meromorphe Schnitte in dem *kanonischen Geradenbündel* $K_Y := \Lambda^2 T^* Y$, d.h. *meromorphe 2-Formen*: Sind etwa f_1, f_2 algebraisch unabhängige meromorphe Funktionen auf Y, so kann man $\omega = df_1 \wedge df_2$ wählen. Der zu einer solchen 2-Form ω gehörige Divisor (ω) heißt ein *kanonischer Divisor*. Je zwei derartige 2-Formen können durch Multiplikation mit einer globalen meromorphen Funktion f ineinander überführt werden; daher unterscheiden sich die zugehörigen Divisoren genau um den Hauptdivisor (f), d.h. sie sind linear äquivalent und repräsentieren somit in der Divisorenklassengruppe Pic(Y) (PICARD-Gruppe) dieselbe *Klasse* K_Y der *kanonischen Divisoren*. Wie üblich bezeichnen wir auch oft einen beliebigen

Repräsentanten dieser Klasse als kanonischen Divisor $K = K_Y$.

Ist nun $\varphi\colon Z \to Y$ eine surjektive holomorphe Abbildung und ω eine nichttriviale meromorphe 2-Form auf Y, so erhalten wir durch Anheben eine entsprechende Form $\varphi^*\omega$ auf Z. Für die zugehörigen Divisoren (-klassen) gilt dann offenbar

•(1) $$K_Z = \varphi^* K_Y + J_\varphi ,$$

wobei J_φ den folgenden Divisor auf Z bezeichnet: Zu jedem lokalen komplexen Koordinatensystem (u,v) auf Y betrachten wir die lokale holomorphe 2-Form $\iota = \varphi^*(du \wedge dv)$ und den zugehörigen Nullstellendivisor (ι). Diese lokalen Divisoren fügen sich zu dem globalen holomorphen Divisor J_φ auf Z zusammen. Hat φ in diesen lokalen Koordinaten die Komponentendarstellung $\varphi = (f,g)$, d.h. gilt $f = u \circ \varphi$ und $g = v \circ \varphi$, so erhalten wir $\iota = df \wedge dg$. Da somit J_φ in diesen lokalen Koordinaten durch die JACOBIsche Determinante der Abbildung φ als Ortsfunktion gegeben ist, nennen wir J_φ auch den JACOBI-Divisor.

<u>B. Schnittzahl und Anheben von Divisoren:</u> Die Definition der Schnittzahl von zwei verschiedenen irreduziblen Kurven auf einer Fläche (als Summe der Vielfachheiten der Schnittpunkte) läßt sich sofort auf Divisoren ohne gemeinsame Komponenten übertragen. Für eine befriedigende Theorie, die auch Selbstschnittzahlen mit einschließt, ist die (ko-) homologische Beschreibung

$$D_1 \cdot D_2 = \langle c_1\{D_1\} \cup c_1\{D_2\}, [Y] \rangle$$

der Schnittzahl zweier Divisoren mit dem Cup-Produkt der CHERN-Klassen der zugehörigen Geradenbündel brauchbarer. Ist Z eine weitere Fläche und $\varphi : Z \to Y$ eine surjektive holomorphe Abbildung, so gilt beim Anheben die Formel

$$c_1\{\varphi^* D\} = c_1(\varphi^*\{D\}) = \varphi^* c_1\{D\}.$$

für die CHERN-Klassen. Zusammen mit der Relation

$$\varphi_*[Z] = (\operatorname{grad} \varphi) \cdot [Y]$$

für die Fundamentalklassen der Flächen folgt daraus das Ergebnis

•(2) $$(\varphi^* D_1) \cdot (\varphi^* D_2) = (\operatorname{grad} \varphi) \cdot (D_1 \cdot D_2) :$$

Die Schnittzahl zweier Divisoren multipliziert sich beim Anheben mit dem Abbildungsgrad (vgl. etwa [B-P-VdV: II.10 (iii), p.67] oder [Gri-Har: 4.1, p.470]).

C. Topologische Invarianten algebraischer Flächen: Die für uns wichtigsten numerischen Invarianten einer algebraischen Fläche Y sind ihre CHERNschen Zahlen

$$c_1^2 := \langle c_1 \cup c_1, [Y]\rangle \quad \text{und} \quad c_2 := \langle c_2(Y), [Y]\rangle,$$

wobei $c_k := c_k(Y) := c_k(TY)$ die k-te CHERNsche Klasse des Tangentialbündels TY in $H^{2k}(Y,\mathbb{Z})$ (für $k = 1, 2$) bezeichnet. Aus der Relation

$$c_1(TY) = -c_1(T^*Y) = -c_1(\Lambda^2 T^*Y) = -c_1\{K_Y\}$$

folgt die Interpretation von c_1^2 als Selbstschnittzahl K^2 eines kanonischen Divisors. Die CHERNsche Zahl c_2 kann mit der topologischen EULER-POINCARÉ-Charakteristik (EULER-Zahl) e identifiziert werden (vgl. [Hir: I, 4.10-11, p. 70-72]).

Daneben spielen in der Theorie der algebraischen (oder allgemeiner der kompakten komplexen) Flächen noch weitere numerische Invarianten analytischer oder topologischer Natur eine wichtige Rolle. Topologisch ist die Fläche eine kompakte orientierte vierdimensionale Mannigfaltigkeit; an topologischen Invarianten erwähnen wir die BETTI-Zahlen

$$b_i = \dim_{\mathbb{R}} H_i(Y,\mathbb{R})$$

(mit $b_0 = b_4 = 1$, $b_1 = b_3$, und $e = \sum(-1)^i b_i = 2 - 2b_1 + b_2$), die Zerlegung

$$b_2 = b_2^+ + b_2^-$$

der mittleren Bettizahl in die Anzahl b_2^+ bzw. b_2^- der positiven bzw. negativen Eigenwerte der Schnittform auf der mittleren Homologie $H_2(Y,\mathbb{R})$ (oder auch der Cup-Produktform auf $H^2(Y,\mathbb{R})$) und die *Signatur*

$$\operatorname{sign}(Y) = b_2^+ - b_2^-$$

dieser Form. Nach dem Signatursatz (vgl. HIRZEBRUCH [Hir: II,8.2.2, p. 86]) gilt die Relation

•(3) $$\operatorname{sign}(Y) = \tfrac{1}{3}\cdot(c_1^2 - 2c_2)(Y).$$

Daraus folgt unmittelbar die Gleichheit

$$c_1^2 = 3 \cdot \mathrm{sign}(Y) + 2 \cdot e(Y),$$

so daß also beide CHERNsche Zahlen topologische Invarianten sind.

D. Analytische Invarianten: An analytischen Invarianten nennen wir zunächst die Dimensionen der analytischen Kohomologievektorräume

$$h^{p,q}(Y) := h^q(\Omega_Y^p) := \dim_{\mathbb{C}} H^q(Y, \Omega_Y^p) \quad (p,q = 0,1,2)$$

mit Werten in den Garben der holomorphen Formen auf Y (HODGE-Zahlen). Nach der SERRE-KODAIRA-Dualität gilt die Relation

$$h^{p,q} = h^{2-p,2-q}.$$

Die alternierende Summe

•(4) $$\chi := \chi(\mathcal{O}_Y) := \sum (-1)^q h^q(\mathcal{O}_Y) \quad (= \sum (-1)^q \cdot h^{0,q})$$

heißt die holomorphe EULER-POINCARÉ-Charakteristik bzgl. der Strukturgarbe (χ-Geschlecht). (In der Literatur - z.B. in [Gri-Har] - wird das Symbol χ auch häufig für die topologische EULER-Charakteristik $e = c_2$ benutzt.) Mit der Dualität $h^{0,2} = h^{2,0}$ und den klassischen Bezeichnungen

$$q := h^{0,1} \quad \text{(Irregularität)},$$
$$p_g := h^{2,0} \quad \text{(geometrisches Geschlecht)}$$

erhalten wir die übliche Darstellung

•(5) $$\chi = 1 - q + p_g .$$

Ist Y eine algebraische Fläche (oder auch allgemeiner eine kompakte komplexe Fläche mit KÄHLERscher Metrik), so gelten nach der HODGE-Theorie die Identitäten

$$h^{p,q} = h^{q,p},$$

so daß wir mit $g_p := h^{p,0}$ (Dimension des Vektorraums der globalen holomorphen p -Formen) auch

$$\chi = 1 - g_1 + g_2$$

schreiben können.

Zwischen den analytischen und topologischen Invarianten einer Fläche bestehen enge Beziehungen. Ist Y algebraisch (oder auch allgemeiner KÄHLERsch), so gelten die Relationen

$$b_i = \sum h^{p,i-p},$$

$$b_2^+ = 2\cdot p_g + 1,$$

$$b_2^- = h^{1,1} - 1,$$

und daraus folgt sofort

$$\operatorname{sign}(Y) = \sum(-1)^q\cdot h^{p,q} \qquad \text{(HODGEscher Signatursatz).}$$

Mit $e = \sum(-1)^{p+q}\cdot h^{p,q}$ ergibt sich daraus die Formel

$$\chi = (e + \operatorname{sign})/4$$

- somit ist auch χ eine topologische Invariante -, und aus dem Signatursatz in der Form (3) erhalten wir die Darstellung

•(6) $$\chi = (c_1^2 + c_2)/12 \qquad \text{(NOETHERsche Formel).}$$

Die NOETHERsche Formel ist ein Spezialfall des Satzes von RIEMANN-ROCH für algebraische Mannigfaltigkeiten (vgl. [Hir: IV,20.7, p.154]); sie gilt jedoch - ebenso wie der HODGEsche Signatursatz - allgemeiner für glatte kompakte komplexe Flächen (sogar im nicht-KÄHLERschen Fall, vgl. [B-P-VdV: I,(5.4),(4),p. 20]; für einen Beweis im algebraischen Fall siehe etwa [Gri-Har: 4.6, pp.600-626], für die klassische Formulierung [Hir: IV,20.7,(19),p.154]). In der Literatur werden in diesem Zusammenhang auch häufig der Begriff „arithmetisches Geschlecht" sowie die Bezeichnung p_a gebraucht, und zwar sowohl in der klassischen Bedeutung $p_a = g_2 - g_1$ ($= p_g - q$, womit sich die ursprüngliche Definition der Irregularität als Abweichung $q = p_g - p_a$ ergibt), als auch im Sinne der holomorphen Charakteristik χ.

<u>E. Aufblasen von Punkten, Ausnahmekurven und Kontraktion:</u> Beim „Aufblasen" (σ-Prozess, lokale quadratische Transformation, Dilatation) einer (glatten) komplexen Fläche Y in einem Punkt p wird der Punkt durch die rationale Kurve $E_p = \mathbb{P}(T_pY)$ der komplexen Tangentenrichtungen ersetzt. Dadurch entsteht eine neue Fläche $\hat{Y}$ mit einer holomorphen Abbildung $\sigma: \hat{Y} \to Y$, die einen Isomorphismus $\hat{Y}\setminus E_p \to Y\setminus\{p\}$ induziert.

Ist p das Zentrum eines lokalen komplexen Koordinatensystems (x,y) in einer Umgebung U, so wird $\sigma^{-1}(U)$ von zwei Karten U', U'' mit Koordinaten (z,y) bzw. (w,x) und Kartenwechsel $w = 1/z$, $x = zy$ überdeckt, in denen σ durch $(z,y) \to (zy,y)$ bzw. durch $(w,x) \to (x,wx)$ gegeben ist; es gilt also $z = x/y$ bzw. $w = y/x$. Die Kurve E_p wird dann durch $(y=0)$ bzw. $(x=0)$ beschrieben; sie hat in $\hat{Y}$ die Selbstschnittzahl -1.

Umgekehrt besagt das *Kontraktionskriterium* von CASTELNUOVO-ENRIQUES für algebraische Flächen (siehe etwa [Gri-Har: Ch. 4.1, p. 476]): Eine *rationale Ausnahmekurve* E (der ersten Art) in einer glatten Fläche Z (d.h. eine glatte rationale Kurve mit Selbstschnittzahl $E^2 = -1$, auch kurz *rationale (-1)-Kurve* genannt) kann zu einem (glatten) Punkt p in einer glatten Fläche $\bar{Z}$ kontrahiert werden. (Dieses Kriterium wurde von H. GRAUERT [1962] auf den analytischen Fall übertragen, vgl. [B-P-VdV: III.4, p.78].)

Ist C eine reduzierte Kurve durch den Punkt $p \in Y$, so besteht die (reduzierte) Urbildkurve $\sigma^{-1}(C)$ aus der (-1)-Kurve $E = E_p$ und aus der *„strikten Transformierten"* C', d.h. dem topologischen Abschluß von $\sigma^{-1}(C \setminus \{p\})$, die wieder eine reduzierte Kurve ist. Die Betrachtung in lokalen Koordinaten zeigt sofort, daß die Vielfachheit $m = m_p(C)$ des Punktes p in C auch die Vielfachheit der Kurve E in dem nach $\hat{Y}$ angehobenen Divisor σ^*C („totale Transformierte") ist, d.h. es gilt $\sigma^*C = C' + mE$; weiter folgt, daß m auch die Schnittzahl der (reduzierten) Kurven C' und E ist. Damit erhalten wir die Darstellung

$$\sigma^*C = C' + mE = C' + (C' \cdot E)E,$$

die zu der Schnittzahl-Relation

$$(\sigma^*C) \cdot E = 0$$

äquivalent ist. Diese Aussage können wir so interpretieren:

Die Aufblase-Abbildung $\sigma: \hat{Y} \to Y$ induziert eine (bezüglich des Schnittproduktes) isometrische Einbettung

$$\sigma^* : \mathrm{Pic}(Y) \to \mathrm{Pic}(\hat{Y}),$$

deren Bild das orthogonale Komplement des von E erzeugten freien Summanden ist. Die zugehörige orthogonale Projektion von $\mathrm{Pic}(\hat{Y})$ auf $\sigma^*\mathrm{Pic}(Y)$ ist durch

$$D \rightarrow D+(D\cdot E)E$$

gegeben. Betrachten wir die kanonischen Divisoren K von Y bzw. $\hat{K}$ von $\hat{Y}$, so gilt nach (1) die Relation

$$\hat{K} = \sigma^*K + E \ ;$$

aus der Adjunktionsformel folgt

$$\hat{K}\cdot E = E\cdot E = -1,$$

und wir erhalten somit die Darstellung

$$\sigma^*K = \hat{K} - E = \hat{K} + (\hat{K}\cdot E)E$$

(als Bild von $\hat{K}$ unter der orthogonalen Projektion).

Beim Aufblasen verhalten sich die oben erwähnten topologischen und analytischen Invarianten der Fläche Y wie folgt: die Werte von $e = c_2$, b_2, b_2^-, $h^{1,1}$ sind in $\hat{Y}$ um 1 größer, die von $c_1^2 = K^2$ und sign um 1 kleiner, die übrigen bleiben unverändert.

GRUNDBEGRIFFE DER KLASSIFIKATION DER ALGEBRAISCHEN FLÄCHEN (NACH ENRIQUES-KODAIRA)

Das Ziel der Grobklassifikation der algebraischen (und allgemeiner der kompakten komplexen) Flächen ist eine sinnvolle Klasseneinteilung nach Strukturmerkmalen und eine Charakterisierung durch numerische Invarianten. Dabei wird nicht zwischen Flächen unterschieden, die birational (oder bimeromorph) äquivalent sind, d.h. die durch (ggf. iterierte) birationale Transformationen (also Aufblasen von Punkten oder Kontraktion von rationalen (-1)-Kurven) ineinander überführt werden können. Durch sukzessive Kontraktion kann eine gegebene Fläche Y in eine minimale Fläche Y_0 (d.h. ohne (-1)-Kurven) transformiert werden; daher wird für die Klassifikation im allgemeinen vorausgesetzt, daß die betrachteten Flächen minimal sind.

<u>F. Plurigeschlechter, plurikanonische Abbildungen und kanonische Dimension:</u> Neben den oben bereits erwähnten topologischen und analytischen Invarianten betrachtet man die Plurigeschlechter, d.h. die Dimensionen

$$P_m(Y) := \dim H^0(Y, K_Y^{\otimes m})$$

der Vektorräume der globalen holomorphen 2-Formen vom Gewicht m (mit $m \geq 1$), und die kanonische Dimension (KODAIRA-Dimension) κ, die wie folgt definiert ist:

$$\kappa := \begin{cases} -\infty, & \text{falls } P_m(Y) = 0 \text{ für alle } m \geq 1 \text{ gilt,} \\ \max\{\dim \Phi_{mK}(\mathring{Y});\ P_m(Y) > 0\} & \text{anderenfalls.} \end{cases}$$

Dabei ist Φ_{mK} für $P_m =: N > 0$ die m-te plurikanonische Abbildung $\mathring{Y} \to \mathbb{P}_{N-1}$, die durch die Zuordnung $z \to (s_1(z):\ldots:s_N(z))$ auf der offenen Menge $\mathring{Y} := Y \setminus \{s_1(z)=\ldots=s_N(z)=0\}$ definiert ist, wobei $(s_1,\ldots,s_N)$ eine beliebige Basis des Vektorraumes $H^0(Y, K_Y^{\otimes m})$ ist. Für $\kappa \geq 0$ gilt die Charakterisierung

$$\kappa = \begin{cases} 0 & \Leftrightarrow \quad \max P_m(Y) = 1\ ; \\ k > 0 & \Leftrightarrow \quad \alpha \cdot m^k < P_m(Y) < \beta \cdot m^k \quad \text{für geeignete Konstanten} \\ & \qquad 0 < \alpha < \beta \text{ und } m \gg 0 \end{cases}$$

(vgl. [B-P-VdV: I.(7.2),S.23], für den Beweis siehe [Ueno: 8.1, p.86]). Die Plurigeschlechter und die kanonische Dimension sind beim Aufblasen invariant.

G. Die D-Dimension: Die Konstruktion, die wir eben für den kanonischen Divisor K_Y (bzw. das kanonische Bündel K_Y) diskutiert haben, kann völlig analog für einen beliebigen Divisor D (bzw. für ein Geradenbündel) durchgeführt werden: Man betrachtet für jedes $m \geq 1$ den Vektorraum $H^0(Y, \{mD\})$ der globalen holomorphen Schnitte des zum Divisor $m \cdot D$ gehörigen Geradenbündels $\{D\}^{\otimes m}$. Wenn die Dimension

$$P_{mD}(Y) := \dim H^0(Y, \{mD\})$$

dieses Vektorraums den Wert $N > 0$ hat, wird durch die Wahl einer beliebigen Basis $(s_1,\ldots,s_N)$ eine holomorphe Abbildung

$$\Phi_{mD} : \mathring{Y} \to \mathbb{P}_N\ , \quad z \to (s_1(z):\ldots:s_N(z))$$

auf $\mathring{Y} := Y \setminus \{s_1=\ldots=s_N=0\}$ gegeben. Die D-Dimension $\kappa(Y,D)$ wird dann in Analogie zur kanonischen Dimension folgendermaßen definiert:

$$\kappa(Y,D) := \begin{cases} -\infty, & \text{falls } \overset{\circ}{P}_{mD}(Y) = 0 \text{ für alle } m \geq 1 \text{ gilt;} \\ \max\{\dim \Phi_{mD}(Y);\ P_{mD}(Y)>0\} & \text{anderenfalls.} \end{cases}$$

Insbesondere gilt also $\kappa(Y) = \kappa(Y,K_Y)$.

Für die Anwendung auf die Berechnung der kanonischen Dimension bei Überlagerungen spielt die *Invarianz beim Anheben* eine wesentliche Rolle: Ist φ: $Z \to Y$ eine endliche holomorphe Abbildung, so gilt mit dem nach Z angehobenen Divisor die Gleichheit

$$\kappa(Z,\varphi^{*}D) = \kappa(Y,D)$$

(siehe [Ii: Lemma 10.3, p. 304]). - Die Theorie kann auch auf Divisoren mit *rationalen* Koeffizienten übertragen werden, denn durch Multiplikation mit dem Hauptnenner erhalten wir wieder einen ganzzahligen Divisor, und damit kann $\kappa(Y,D)$ auch in diesem Fall definiert werden. Insbesondere gilt somit

•(7) $$\kappa(X) = \kappa(S,Q),$$

wenn $X \to S$ eine GALOIS-Überlagerung und Q ein rationaler Divisor auf S ist, der beim Anheben den kanonischen Divisor K_X ergibt.

<u>H. Flächen vom allgemeinen und vom speziellen Typ:</u> Die Flächen mit $\kappa = 2$ heißen vom allgemeinen Typ, die mit $\kappa = -\infty$, 0, 1 vom speziellen Typ. Die Flächen vom allgemeinen Typ bilden eine der Klassen der ENRIQUES-KODAIRA-Klassifikation. Die Flächen vom speziellen Typ werden über die verschiedenen Werte von κ hinaus noch genauer eingeordnet. Wir beschreiben nun kurz die einzelnen Klassen, soweit sie algebraische Flächen enthalten. Für genauere Details und für eine systematische Entwicklung und Darstellung der Klassifikationstheorie verweisen wir auf die Literatur; wir erwähnen [Gri-Har: Ch. 4.5], die Monographien von BEAUVILLE [Beau], KURKE [Kur] und das ŠAFAREVIČ-Seminar [SemŠ] für den algebraischen Fall sowie [B-P-VdV: Ch. VI] und den Bericht von BOMBIERI und HUSEMÖLLER [1975], wo auch nicht-algebraische Flächen berücksichtigt sind. KODAIRAs Originalarbeiten zur Klassifikation aus den Jahren 1960 bis 1968 sind in Band III seiner gesammelten Werke [Kod III] zu finden.

<u>I. Rationale Flächen:</u> Die minimalen Flächen in dieser Klasse sind die Ebene $\mathbb{P}_2(\mathbb{C})$ und die rationalen Regelflächen Σ_n (HIRZEBRUCHsche Σ-Flächen, mit $n \geq 0$ und $n \neq 1$). Die Fläche Σ_n (die auch häufig mit $\mathbb{F}_n$ bezeichnet wird) ist der Totalraum des $\mathbb{P}_1$-Bündels über $\mathbb{P}_1$, das durch die Verheftung

$$(\mathbb{C} \times \mathbb{P}_1) \cup_\varphi (\mathbb{C} \times \mathbb{P}_1), \quad \varphi(z,t) := (1/z, t/z^n)$$

für $z \neq 0$ und $t \in \mathbb{P}_1 = \mathbb{C} \cup \{\infty\}$ entsteht. Die Berechnung der Selbstschnittzahlen des Nullschnittes S_0 $(t \equiv 0)$, des unendlich fernen Schnittes S_∞ $(t \equiv \infty)$ und einer beliebigen Faser F $(z \equiv \text{konst.})$ ergibt die Werte

$$S_0 \cdot S_0 = n, \qquad S_\infty \cdot S_\infty = -n, \qquad F \cdot F = 0.$$

Mit der Adjunktionsformel folgt daraus sofort $F \cdot mK = -2m$; also hat Σ_n keinen effektiven m-kanonischen Divisor, und daher gilt $\kappa = -\infty$. Offenbar ist Σ_0 die Produktfläche $\mathbb{P}_1 \times \mathbb{P}_1$. Die Fläche Σ_1 ist nicht minimal, da S_∞ eine (-1)-Kurve ist; nach deren Kontraktion erhalten wir die Ebene $\mathbb{P}_2$. In der folgenden Liste sind einige numerische Invarianten zusammengestellt:

	κ	b_1	b_2	c_1^2	c_2	q	p_g
$\mathbb{P}_2$	$-\infty$	0	1	9	3	0	0
Σ_n	$-\infty$	0	2	8	4	0	0

<u>J. Irrationale Regelflächen:</u> Die (minimalen) Flächen in dieser Klasse sind die $\mathbb{P}_1$-Bündel über einer glatten Kurve B vom Geschlecht $g \geq 1$. Triviale Beispiele sind die Produktflächen $B \times \mathbb{P}_1$. Man kann zeigen, daß jede Regelfläche durch endlich viele elementare Transformationen, d.h. Aufblasen von Punkten und anschließende Kontraktion der strikten Transformierten der Faser durch diesen Punkt, in eine Produktfläche überführt werden kann (siehe etwa [Beau: Ch. III] oder [Kur: 9.5, p.193]). Für eine beliebige Faser F gilt wiederum $F \cdot F = 0$; wie oben folgt $\kappa = -\infty$. Die Additivitäts- und Multiplikativitätseigenschaften der topologischen EULER-POINCARÉ-Charakteristik liefern den Wert

$$e = c_2 = 2 \cdot e(B) = 2(2-2g) = 4(1-g).$$

Da jede globale holomorphe 1-Form von B kommt, gilt $h^{1,0} = g$; mit $p_g = P_1 = 0$ folgt $\chi = 1-g$ und somit $c_1^2 = 8(1-g)$ nach der NOETHERschen Formel (6). Wir erhalten also folgende Liste von Invarianten:

$$\kappa = -\infty, \quad b_1 = 2g, \quad b_2 = 2, \quad c_1^2 = 8(1-g), \quad c_2 = 4(1-g), \quad q = g, \quad p_g = 0.$$

<u>K. K3-Flächen:</u> Eine (nicht notwendig algebraische) Fläche Y mit $b_1 = 0$ und trivialem kanonischen Bündel K_Y heißt K3-Fläche (zum Namen siehe [B-P-VdV: p. 288]). Algebraische Beispiele sind u.a. die glatten Hyperflächen vierten Grades (Quartiken) in $\mathbb{P}_3$ und die glatten vollständigen Durchschnitte vom Typ (2,3) in $\mathbb{P}_4$ bzw. vom Typ (2,2,2) in $\mathbb{P}_5$; weitere (nicht notwendig algebraische) Beispiele sind die KUMMER-Flächen von komplexen Tori: Die Involution $\iota: z \to -z$ auf einem zweidimensionalen komplexen Torus $T = \mathbb{C}^2/\Gamma$ hat genau 16 isolierte Fixpunkte, nämlich die Zweiteilungspunkte. Durch Aufblasen in diesen Punkten erhalten wir eine Fläche $\hat{T}$ mit der Involution $\hat{\iota}$, die jetzt genau die (-1)-Kurven E_i punktweise fest läßt. Der Quotient $\hat{T}/\hat{\iota}$ nach dieser Involution ist glatt und heißt die KUMMER-Fläche zu T; die Bildkurven der E_i sind 16 rationale (-2)-Kurven (vgl. [B-P-VdV: V.16,p.170,171]).

Je zwei K3-Flächen können durch Deformation ineinander überführt werden und sind somit diffeomorph (vgl. [B-P-VdV: VIII.8, Remark, p. 257]). Da K_Y trivial ist, gilt das auch für alle $K_Y^{\otimes m}$, und somit erhalten wir $p_g = P_m = 1$ für alle $m \geq 1$; alle Abbildungen Φ_{mK} bilden Y auf einen Punkt ab, und daher ergibt sich $\kappa = 0$. Aus $b_1 = 0$ folgt $q = 0$ und somit $\chi = 2$; weiter gilt $c_1 = -c_1(K_Y) = 0$, also $c_1^2 = 0$, und somit $c_2 = 24$ nach der NOETHERschen Formel. Wir erhalten so die Liste

$$\kappa = 0, \quad b_1 = 0, \quad b_2 = 22, \quad c_1^2 = 0, \quad c_2 = 24, \quad q = 0, \quad p_g = 1.$$

<u>L. ENRIQUES-Flächen:</u> Eine Fläche Y mit $b_1 = 0$, für die das bikanonische Bündel $K_Y^{\otimes 2}$ trivial, aber K_Y nicht-trivial ist, heißt ENRIQUES-Fläche. Explizite Beispiele werden etwa in [Beau: VIII.18,19; p.135-137], [B-P-VdV: V.23,p.184-186], [Gri-Har: 4.4, p. 541-544] konstruiert. Jede ENRIQUES-Fläche ist Quotient einer K3-Fläche nach einer fixpunktfreien Involution.

Aus der Voraussetzung folgt $p_g = P_{2k-1} = 0$ und $P_{2k} = 1$ für alle $k \geq 1$, also wie eben $\kappa = 0$, weiter $q = 0$ und somit $\chi = 1$ sowie $c_1^2 = 0$ und $c_2 = 12$. Wir erhalten so die Liste

$$\kappa = 0, \quad b_1 = 0, \quad b_2 = 10, \quad c_1^2 = 0, \quad c_2 = 12, \quad q = 0, \quad p_g = 0.$$

<u>M. Komplexe Tori:</u> Diese (nicht notwendig algebraischen) Flächen $\mathbb{C}^2/\Gamma$ sind alle zum reellen vierdimensionalen Torus $(\mathbb{R}/\mathbb{Z})^4$ diffeomorph (und sogar reell-analytisch isomorph); daher gilt $b_1 = 4$, $b_2 = 6$ und $e = 0$. Offenbar induziert $dz_1 \wedge dz_2$ eine globale holomorphe 2-Form ohne Nullstelle, und damit ist das kanonische Bündel trivial. Tori, die (projektiv-) algebraisch sind, heißen *abelsche Flächen*; Beispiele dafür sind die Produktflächen $C_1 \times C_2$ zweier elliptischer Kurven. Die Liste der Invarianten ist

$$\kappa = 0, \quad b_1 = 4, \quad b_2 = 6, \quad c_1^2 = 0, \quad c_2 = 0, \quad q = 2, \quad p_g = 1.$$

<u>N. Hyperelliptische Flächen:</u> Diese Flächen sind Quotienten $(C_1 \times C_2)/G$ von abelschen Produktflächen nach einer endlichen Gruppe G, die auf C_1 frei als Untergruppe der Translationsgruppe operiert, während die Operation auf C_2 effektiv, aber nicht frei ist. (In [Beau: VI.19, p. 112/113] heißen diese Flächen bielliptisch.) Dabei können nur zyklische Gruppen $G = \mathbb{Z}/k$ mit $k = 2,3,4,6$ oder Produkte $G = \mathbb{Z}/k \times \mathbb{Z}/l$ mit $(k,l) = (2,2), (4,2), (3,3)$ auftreten; es folgt, daß stets das 12-kanonische Bündel $K^{\otimes 12}$ trivial ist. Daher gilt $c_1^2 = 0$, und aus $e(C_i) = 0$ folgt auch $e = c_2 = 0$ und somit $\chi = 0$. Das Bündel K ist dagegen nicht-trivial; folglich gilt $p_g = 0$ und somit $q = 1$. Damit erhalten wir noch $b_1 = 2$ und $b_2 = 2$, also insgesamt die Liste

$$\kappa = 0, \quad b_1 = 2, \quad b_2 = 2, \quad c_1^2 = 0, \quad c_2 = 0, \quad q = 1, \quad p_g = 0.$$

<u>O. Eigentliche elliptische Flächen:</u> Eine (nicht notwendig algebraische) Fläche Y mit einer *elliptischen Faserung* (d.h. einer holomorphen Abbildung $f\colon Y \to B$ auf eine Kurve, bei der fast alle Fasern $F := f^{-1}(b)$ elliptische Kurven sind), heißt elliptische Fläche; sie heißt relativ minimal, wenn keine Faser eine (-1)-Kurve als Komponente enthält. So-

fern Y zu keiner der bisher beschriebenen Klassen gehört, nennen wir Y eine eigentlich (oder echt) elliptische Fläche. Die einfachsten Beispiele sind die Produktflächen $B \times F$ mit Basiskurve B vom Geschlecht $g \geq 2$ und elliptischer Faser F. Während in diesem Fall alle Fasern isomorph sind, ändert sich im allgemeinen die komplexe Struktur von Faser zu Faser; außerdem können singuläre (auch mehrfache) Fasern auftreten (siehe dazu etwa [B-P-VdV: V.7-10,pp.150-158]).

Aus den topologischen Eigenschaften der EULER-Zahl ergibt sich

$$e = c_2 = \sum e(F_i) \geq 0,$$

wobei F_i die singulären Fasern bezeichnet. Nach der Formel für das kanonische Bündel K_Y einer relativ minimalen elliptischen Fläche (vgl. [B-P-VdV: V.(12.1),p.161]) gibt es einen kanonischen Divisor der Form $K_Y = f^*(D)$, wobei D ein Divisor auf der Basiskurve (mit rationalen Koeffizienten) ist. Daraus folgt $K_Y^2 = c_1^2 = 0$ sowie $\kappa \leq 1$.

P. Der Klassifikationssatz: Jede minimale algebraische Fläche gehört zu genau einer der Klassen in der folgenden Tabelle (und hat somit die angegebenen numerischen Invarianten):

Klasse	κ	b_1	b_2	c_1^2	c_2	q	p_g	χ	m
projektive Ebene	$-\infty$	0	1	9	3	0	0	1	
rationale Regelflächen Σ_n	$-\infty$	0	2	8	4	0	0	1	
irrationale Regelflächen $(g \geq 1)$	$-\infty$	$2g$	2	$8(1-g)$	$4(1-g)$	g	0	$1-g$	
K3-Flächen	0	0	22	0	24	0	1	2	1
ENRIQUES-Flächen	0	0	10	0	12	0	0	1	2
abelsche Flächen	0	4	6	0	0	2	1	0	1
hyperelliptische Flächen	0	2	2	0	0	1	0	0	12
eigentliche minimale elliptische Flächen	1			0	≥ 0			≥ 0	
minimale Flächen vom allgemeinen Typ	2			>0	>0			>0	

In der letzten Spalte ist für $\kappa=0$ angegeben, welche Potenz m des kanonischen Bündels auf jeden Fall trivial wird. Für den Beweis des Klassifikationssatzes verweisen wir auf [B-P-VdV: VI.3,pp.192-194].

Q. Einige Klassifikationskriterien: Wir zitieren einige Kriterien zur Einordnung von algebraischen Flächen in die Klassifikation. Für weitere Einzelheiten und für Beweise verweisen wir auf die angegebene Literatur.

(a) Das Rationalitätskriterium von CASTELNUOVO-ENRIQUES: Eine Fläche mit $q = P_2 = 0$ ist rational (siehe etwa [B-P-VdV: VI (2.1), p. 190] oder [Gri-Ha: pp. 536-541]). - Wie uns das Beispiel der ENRIQUES-Flächen (mit $q = p_g = 0$ und $P_2 = 1$) zeigt, kann die Bedingung $P_2 = 0$ nicht durch $p_g = 0$ ersetzt werden.

(b) Kriterien für irrationale Regelflächen: Eine minimale Fläche ist eine Regelfläche mit Basiskurve vom Geschlecht $g \geq 2$, wenn eine der folgenden Bedingungen erfüllt ist:

i) $e < 0$ (Kriterium von CASTELNUOVO-DE FRANCHIS);
ii) $K^2 < 0$;
iii) $\chi < 0$

(siehe etwa [Gri-Har: pp. 554-558, 558-563]). - Aus der Bedingung iii) folgt natürlich sofort, daß auch i) oder ii) gilt; wegen $K^2 = 2e = 8\cdot(1-g)$ gilt sogar, daß die Bedingungen äquivalent sind und die Regelflächen „vom allgemeinen Typ" charakterisieren.

(c) Kriterien für rationale oder Regelflächen: Eine minimale Fläche ist rational oder eine Regelfläche, wenn eine der folgenden Bedingungen erfüllt ist:

i) $P_{12} = 0$ (Kriterium von ENRIQUES),
ii) $P_m = 0$ für alle $m \geq 1$ (d.h. $\kappa = -\infty$);
iii) Es gibt eine irreduzible Kurve C mit $C^2 \geq 0$ und $K\cdot C < 0$

(siehe etwa [Beau: VI.17/18, p. 111-112]). - Aus der Bedingung iii) kann sofort auf ii) geschlossen werden: Wenn nämlich ein holomorpher m-kanonischer Divisor D existiert, so hat dieser eine Darstellung als

Summe $D = \sum a_j C_j + aC$ mit irreduziblen Kurven $C_j \neq C$ und mit Vielfachheiten $a_j \geq 0$ und $a \geq 0$. Daraus folgt sofort $mK \cdot C = D \cdot C \geq 0$ im Widerspruch zu $K \cdot C < 0$. -

Bei diesem Argument wird die Voraussetzung, daß die Fläche minimal ist, nicht benötigt. Als Anwendung zeigen wir weiter unten, daß jede Fläche mit $\kappa \geq 0$ ein eindeutig bestimmtes minimales Modell hat.

(d) Zwei Kriterien für <u>eigentliche elliptische Flächen</u> ($\kappa = 1$): Eine relativ minimale elliptisch gefaserte Fläche ist eigentlich elliptisch, wenn eine der folgenden (nicht äquivalenten!) Bedingungen erfüllt ist:

i) Für ein $m \geq 1$ gibt es einen effektiven m-kanonischen Divisor;
ii) Die Basiskurve B ist vom allgemeinen Typ $(g \geq 2)$ (siehe etwa [B-P-VdV: V (12.5), p. 163]).

(e) Zwei Kriterien für <u>allgemeinen Typ</u> ($\kappa = 2$): Eine Fläche mit $K^2 > 0$ ist vom allgemeinen Typ, wenn eine der folgenden Bedingungen erfüllt ist:

i) Für ein $m \geq 1$ gibt es einen effektiven m-kanonischen Divisor;
ii) Es gilt $K^2 > 9$.

Nach der Klassifikation tritt $K^2 > 0$ nur bei rationalen Flächen und bei Flächen vom allgemeinen Typ auf, aber für rationale Flächen gilt $\kappa = -\infty$ und somit $P_m = 0$ für alle $m \geq 1$, sowie $K^2 \leq 9$.

<u>R. Ausnahmekurven und Minimalitätsaussagen:</u> Für die Einordnung einer gegebenen Fläche in die Klassifikation ist die Minimalität eine wichtige Voraussetzung. Für Flächen mit einem (explizit gegebenen) holomorphen plurikanonischen Divisor (d.h. mit $\kappa \geq 0$) läßt sich aus der folgenden *Bemerkung* sofort ein einfaches Minimalitätskriterium herleiten:

Ist D ein holomorpher plurikanonischer Divisor und C eine irreduzible Kurve mit $K \cdot C < 0$, so ist C als Komponente in D enthalten.

Der *Beweis* ist klar, denn für zwei verschiedene irreduzible Kurven C_1, C_2 gilt $C_1 \cdot C_2 \geq 0$; wäre also C nicht in $D = mK$ enthalten, so müßte $D \cdot C = mK \cdot C \geq 0$ gelten. - Damit erhalten wir sofort:

(f) Ein <u>Minimalitätskriterium</u> für Flächen mit $\kappa \geq 0$: Eine Fläche mit einem holomorphen plurikanonischen Divisor D ist genau dann minimal, wenn D keine rationale (-1)-Kurve als Komponente enthält. Insbesondere sind Flächen mit einem trivialen plurikanonischen Divisor $D = mK = 0$ sowie Flächen mit $K^2 = 0$ (und $\kappa \geq 0$) minimal.

(g) Die <u>Eindeutigkeit der minimalen Modelle</u> für Flächen mit $\kappa \geq 0$: Auf Flächen mit $\kappa \geq 0$ sind rationale (-1)-Kurven *disjunkt*, und somit gibt es ein eindeutig bestimmtes minimales Modell. - Wenn nämlich auf einer Fläche X zwei rationale (-1)-Kurven $E \neq E'$ mit Schnittzahl $E \cdot E' = m \geq 1$ existieren, so betrachten wir die Kontraktion $\sigma: X \to \overline{X}$ von E' und die Bildkurve $\overline{E} := \sigma(E)$ in $\overline{X}$. Es gelten die Relationen $K_X = \sigma^* K_{\overline{X}} + E'$ und $E = \sigma^* E - mE'$, aus denen wir sofort die Schnittzahlen $K_{\overline{X}} \cdot \overline{E} := -1-m \leq -2$ und $\overline{E}^2 = -1+m^2 \geq 0$ erhalten, und daraus folgt $\kappa = -\infty$, wie wir oben beim Kriterium c) gesehen haben.

<u>S. Flächen mit</u> $c_1^2 = 3c_2$: Aus der Flächenklassifikation ergeben sich die folgenden Strukturaussagen über Flächen mit $c_1^2 = 3c_2$:

i) $c_1^2 = 3c_2 < 0$: Die Fläche ist eine *Regelfläche* mit Basiskurve vom Geschlecht $g = 1-c_2/3 \geq 2$, die in $2g-2$ Punkten aufgeblasen ist.

ii) $c_1^2 = 3c_2 = 0$: Die Fläche ist *minimal* und gehört zu einer der folgenden Klassen:

$\kappa = -\infty$: *Regelflächen mit elliptischer Basiskurve* $(g = 1)$;

$\kappa = 0$: zweidimensionale *komplexe Tori* (insbesondere abelsche Flächen), *hyperelliptische Flächen* ;

$\kappa = 1$: *echt elliptische Flächen* ohne singuläre Fasern F_i mit $e(F_i) \neq 0$, (insbesondere Produktflächen $B \times F$ mit Basis B vom allgemeinen Typ $(g \geq 2)$ und elliptischer Faser F).

iii) $c_1^2 = 3c_2 = 0$: Die Fläche ist *minimal* und gehört zu einer der folgenden Klassen:

$\kappa = -\infty$: *Projektive Ebene* $\mathbb{P}_2$;

$\kappa = 2$: *Ballquotientenflächen.*

Zum Fall ii), $\kappa = 1$ bemerken wir ergänzend, daß nach der Klassifikation der singulären Fasern von elliptischen Flächen (siehe etwa [B-P-VdV: V.7, p. 150]) nur glatte elliptische Kurven mit Vielfachheit $m_i > 1$ (d.h. Fasern vom Typ ${}_{m_i}I_0$) als Ausnahmefasern F_i auftreten können.

A.2 LOGARITHMISCHE FORMEN UND INVARIANTEN

A. Logarithmische CHERNsche Zahlen: Wir betrachten eine glatte kompakte Varietät Y und darin einen Divisor A mit einfachen normalen Kreuzungen (d.h. alle Komponenten A_i von A sind glatt, und alle Schnitte sind transversal). Y kann als Kompaktifizierung der offenen Varietät $\mathring{Y} = Y \setminus A$ aufgefaßt werden. Mit $\Omega_Y^1\langle A\rangle$ bezeichnet man die lokal-freie Garbe der logarithmischen 1-Formen längs A. Als Modul über der Strukturgarbe $\mathcal{O}_Y$ wird $\Omega_Y^1\langle A\rangle$ von den holomorphen 1-Formen auf Y und von den meromorphen Formen dx/x erzeugt, wobei x eine lokale Gleichung für eine Komponente von A ist (siehe [Ii: Chap.11] oder [Gri-Har: p. 449]). Die Kohomologieklassen

$$\bar{c}_i(Y,A) := (-1)^i c_i(\Omega_Y^1\langle A\rangle)$$

heißen *logarithmische CHERN-Klassen* des Paares (Y,A); das Vorzeichen wird in Analogie zum kompakten Fall eingeführt, wo man ja die CHERN-Klassen der zu Ω_Y^1 dualen Tangentialgarbe als CHERN-Klassen der Mannigfaltigkeit definiert. Produkte logarithmischer CHERN-Klassen in $H^d(Y,\mathbb{Z})$ werden als ganze Zahlen aufgefaßt und heißen *logarithmische CHERN-Zahlen* von (Y,A). Für die totalen CHERN-Klassen von Ω_Y^1 und $\Omega_Y^1\langle A\rangle$ gilt

$$\bullet(1) \qquad c(\Omega_Y^1\langle A\rangle) = c(\Omega_Y^1)\cdot \prod (1+A_i+A_i^2+\ldots+A_i^d).$$

Diese Gleichung ist im Kohomologiering $H^*(Y,\mathbb{Z})$ oder im CHOW-Ring von Y zu verstehen (siehe etwa [Har: App. A]); dabei ist hier A_i natürlich die zu dem entsprechenden Divisor gehörende CHERN-Klasse. Die Herleitung von (1) im CHOW-Ring ist recht einfach: Wir betrachten die exakten Sequenzen

$$0 \to \mathcal{O}_Y(-A_i) \to \mathcal{O}Y \to \mathcal{O}_{A_i} \to 0$$
$$0 \to \Omega_Y^1 \to \Omega_Y^1\langle A\rangle \to \oplus\, \mathcal{O}_{A_i} \to 0.$$

Oben steht die übliche Idealgarben-Sequenz (z.B. [B-P-VdV: p. 47); die Abbildungen in der unteren Sequenz sind die Inklusion und die Residuenabbildung, die der logarithmischen Form $f\cdot dz/z$ die Einschränkung von f auf den Divisor $(z=0)$ zuordnet. Die totalen CHERN-Klassen verhalten sich multiplikativ in exakten Sequenzen (s. [Har: p. 430]), und es gilt

$$c(\mathcal{O}_Y(-D_i))^{-1} = (1-D_i)^{-1} = 1 + D_i + D_i^2 + \dots .$$

Daraus ergeben sich für die niedrigste bzw. die höchste CHERN-Klasse die Beziehungen

•(2)
$$\bar{c}_1 := c_1(Y,A) = c_1(Y) - A,$$
$$\bar{c}_d := c_d(Y,A) = e(Y) - e(A)$$

(vgl. [Ii:, p. 321] und IITAKA [1978: Prop. 2]); wegen der Additivitätseigenschaft ist also $\bar{c}_d$ die topologische EULER-Zahl $e(Y\setminus A)$.

<u>B. Die logarithmische kanonische (oder KODAIRA-) Dimension $\bar{\kappa}$:</u> Die Rolle, die in der „absoluten" Theorie der kanonische Divisor K (bzw. dessen Klasse in der PICARD-Gruppe) spielt, übernimmt in der logarithmischen Theorie der „logarithmisch kanonische" Divisor $\bar{K} := K + A$. Im Sinne von A.1,G betrachten wir mit $D := \bar{K}$ die Plurigeschlechter

$$\bar{P}_m = P_m(Y,A) := \dim_{\mathbb{C}} H^0(Y;\mathcal{O}(m\bar{K})) \quad \text{für} \quad m \geq 1 \;)$$

sowie für $\bar{P}_m \geq 1$ die logarithmisch m-kanonische Abbildung

$$\Phi_{m\bar{K}}: \mathring{Y} \longrightarrow \mathbb{P}_{N-1} \quad (\text{mit } N := \bar{P}_m - 1\;)$$

und definieren damit die logarithmische kanonische Dimension

•(3)
$$\bar{\kappa} = \kappa(Y,A) := \begin{cases} -\infty, & \text{falls } \bar{P}_m = 0 \text{ für alle } m \geq 1\,; \\ \max\{\dim \Phi_{m\bar{K}}(Y)\} & \text{anderenfalls} \end{cases}$$

(s. [Ii: Chap. 11]). Zwischen der „absoluten" kanonischen Dimension κ und der logarithmischen Variante $\bar{\kappa}$ besteht die Ungleichung $\bar{\kappa} \geq \kappa$ ([Ii: 11.4(ii)]); ist also Y vom allgemeinen Typ, so ist jedes Paar (Y,A) vom logarithmisch allgemeinen Typ.

<u>C. Logarithmische CHERN-Zahlen offener Flächen:</u> Für die Kompaktifizierung (Y,A) einer offenen Fläche $\mathring{Y}$ sind also die logarithmischen CHERN-Zahlen

$$\bullet(4) \qquad \begin{aligned} \bar{c}_1^2 &= c_1^2(Y,A) = (K_Y + A)^2 = \bar{K}^2, \\ \bar{c}_2 &= c_2(Y,A) = e(Y) - e(A) \end{aligned}$$

sowie die logarithmische KODAIRA-Dimension $\bar{\kappa} = \kappa(Y,A)$ definiert. Die Paare (Y,A) mit $\bar{\kappa} = 2$ heißen vom *logarithmisch allgemeinen Typ*.

Die ENRIQUES-KODAIRA-Klassifikation aus A.1 wurde von F. SAKAI [1980] in die logarithmische Situation übertragen. Dabei wird vorausgesetzt, daß das Paar (Y,A) minimal ist (d.h. daß es keine (-1)-Kurven E mit $E\cdot A \leq 1$ gibt, denn solche Kurven können kontrahiert werden) und daß der Divisor A semi-stabil ist, d.h. daß jede rationale Komponente A_i von A den Rest $A\setminus A_i$ in mindestens zwei Punkten schneidet. Die Paare vom „logarithmisch allgemeinen Typ", also mit $\bar{\kappa}(Y,A) = 2$, werden durch die Ungleichungen $\bar{P}_2 \geq 2$ und $\bar{c}_1^2 \geq 1$ charakterisiert (SAKAI [-:Prop. 4.5]), wegen der Ungleichung $\bar{\kappa} \geq \kappa$ ist natürlich hinreichend, daß Y vom allgemeinen Typ ist. Eine andere nützliche Charakterisierung ist: Der Divisor $\bar{K}$ ist „numerisch effektiv", d.h. es gilt $\bar{K}\cdot C \geq 0$ für jede Kurve C in Y, und die Selbstschnittzahl $\bar{K}^2$ ist strikt positiv (vgl. SAKAI [-:2.1, 2.3, 3.1]).

Uns wird im wesentlichen der Fall interessieren, daß A aus disjunkten glatten elliptischen Kurven A_i besteht. Dann ist A semi-stabil, und für die logarithmischen CHERNzahlen gilt

$$\bullet(5) \qquad \begin{aligned} c_1^2(Y,A) &= c_1^2(Y) - \sum A_i^2, \\ c_2(Y,A) &= c_2(Y). \end{aligned}$$

<u>D. Verallgemeinerte HURWITZ-Formeln:</u> Die logarithmischen Formen lassen sich auch dazu benutzen, die Formeln für das Verhalten der CHERNschen Zahlen unter verzweigten Überlagerungen mit rein algebraischen Methoden herzuleiten, die damit auch über Körpern beliebiger Charakteristik gelten. Dazu sei $\pi\colon X \to S$ eine endliche surjektive Abbildung zwischen nichtsingulären Varietäten der Dimension d über einem algebraisch abgeschlossenen Körper. Der Verzweigungsort D auf S sei ein Divisor mit einfachen normalen Kreuzungen, bestehend aus den nichtsin-

gulären Komponenten $D_1,\ldots,D_k$. Dann ist $\tilde{D} = \sum \tilde{D}_i$ mit $\tilde{D}_i = (\pi^* D_i)_{red}$ ebenfalls ein Divisor mit einfachen normalen Kreuzungen, und es gilt $\pi^* D_i = n_i \cdot \tilde{D}_i$, wobei n_i die Verzweigungsordnung entlang D_i ist. Wir setzen voraus, daß die Verzweigung zahm ist, d.h. daß alle n_i prim zur Charakteristik des Körpers sind. Die erste Beobachtung ist, daß in dieser Situation für die Garben der logarithmischen Differentialformen die Beziehung

•(6) $$\pi^* \Omega_S^1\langle D\rangle = \Omega_S^1\langle \tilde{D}\rangle$$

gilt (E. VIEHWEG [1982: Lemma 1.6]. Der Beweis ist für die komplexen Zahlen formuliert, läßt sich aber sofort auf den allgemeinen Fall übertragen. Die beiden betrachteten lokal-freien Garben stimmen nach dem Lemma außerhalb einer Menge von Kodimension 2 und damit auch global überein).

Die totalen CHERN-Klassen von $\Omega_S^1\langle D\rangle$ und von Ω_S^1 genügen der Gleichung (1) (im CHOW-Ring von S). Aus (1), (2) und der analogen Aussage für X erhält man sukzessive Formeln, die die CHERN-Klassen $c_i(X) = (-1)^i c_i(\Omega_X^1)$ durch die Pullbacks der CHERN-Klassen $c_1(S),\ldots,c_i(S)$, die Divisoren $\tilde{D}_i$ und die Verzweigungsordnungen n_i ausdrücken. Indem man die Produkte in Kodimension 0 auf dem Fundamentalzykel von X auswertet, erhält man so die gewünschten Formeln. Dabei tritt zusätzlich der Überlagerungsgrad N von π auf.

In Kodimension 1 ergibt sich die bekannte Verzweigungsformel für kanonische Divisoren als

•(7) $$-c_1(X) + \tilde{D} = -\pi^* c_1(S) + \pi^* D.$$

Im Flächenfall (d=2) erhalten wir in Kodimension 2 die Gleichung

•(8) $$c_2(X) - c_1(X)\cdot\tilde{D} + \sum \tilde{D}_i^2 + \sum_{i<j} \tilde{D}_i\cdot\tilde{D}_j$$
$$= \pi^*(c_2(S) - c_1(S)\cdot D + \sum D_i^2 + \sum_{i<j} D_i\cdot D_j).$$

Für die zweiten CHERN-Zahlen ergibt das (mit Hilfe von (7) und der Adjunktionsformel) schließlich unsere alte Formel, wenn man jetzt die topologische EULER-Charakteristik der Kurven als CHERNsche Zahl c_1 interpretiert oder besser nach der Formel $c_1 = 2 - 2g$ mit dem Geschlecht g arbeitet.

Anhang B
Differentialgeometrische Methoden

B.1 BALLQUOTIENTEN UND CHERNSCHE ZAHLEN

Zur Diskussion des Proportionalitätssatzes für Ballquotienten und seiner Umkehrung benötigen wir einige Ergebnisse und Methoden der komplexen Differentialgeometrie. Als Literatur erwähnen wir das kleine Buch von CHERN (1967) zur Einführung; weiterhin verweisen wir auf die einschlägigen Abschnitte in den Lehrbüchern [Kob-Nom I/II] von KOBAYASHI und NOMIZU (1963/1969), [Gri-Har: Ch. 0] und WELLS (1973). Schließlich nennen wir noch die Ausarbeitung KOBAYASHI - HORST [1983: Abschnitt 1], an der wir uns besonders hinsichtlich der Bezeichnungen und Konventionen weitgehend orientiert haben.

<u>A. Der komplex-zweidimensionale Einheitsball</u> $\mathbb{B}_2$: Wir betrachten den komplex-zweidimensionalen (Einheits-) *Ball*

$$\mathbb{B}_2 \quad := \quad \{z \in \mathbb{C}^2 \,;\; |z_1|^2 + |z_2|^2 < 1\}$$

mit der *Standardeinbettung* in die projektive Ebene: In der affinen Standardkarte

$$U_0 \; := \{z = (z_0:z_1:z_2) \in \mathbb{P}_2 \,;\; z_0 \neq 0\} \quad \simeq \quad \mathbb{C}^2$$

der projektiven Ebene mit dem affinen Nullpunkt $o := (1:0:0)$ wird der Einheitsball (in homogenen Koordinaten) durch

$$\mathbb{B}(U_0) \; := \{z \in U_0 \,;\; F(z,z) < 0\} \quad \simeq \quad \mathbb{B}_2$$

beschrieben, wobei wir mit F die indefinite HERMITEsche Form auf $\mathbb{C}^3$ bezeichnen, die durch

•(1) $$F(z,w) \; := \; -z_0 \cdot \overline{w}_0 + \sum_{i \geq 1} z_i \cdot \overline{w}_i \;=\; {}^t\overline{w} \cdot S \cdot z$$

(für $z = {}^t(z_0,z_1,z_2)$, $w = {}^t(w_0,w_1,w_2)$) gegeben ist; dabei bezeichnet S die zugehörige Matrix

$$S := \begin{pmatrix} -1 & 0 & 0 \\ 0 & 1 & 0 \\ 0 & 0 & 1 \end{pmatrix} .$$

Unter der induzierten (holomorphen) *Operation der Gruppe*

$$U(1,2) := \{A \in GL_3(\mathbb{C})\ ;\ F(Az,Aw) \equiv F(z,w)\}$$
$$= \{A \in GL_3(\mathbb{C})\ ;\ {}^t\overline{A}\cdot S\cdot A = S\}$$

der F-unitären Abbildungen auf $\mathbb{P}_2$ ist der Ball invariant; weiter ist diese Operation auf $\mathbb{B}(U_0)$ *transitiv*: Zu jedem Element $z \in \mathbb{B}(U_0)$ gibt es Vektoren $a_j := {}^t(a_{0j},a_{1j},a_{2j}) \in \mathbb{C}^3$ mit

$$F(a_j,z) = 0 \quad \text{und} \quad F(a_j,a_k) = \delta_{jk} \quad (j,k = 1,2);$$

bilden wir dann mit $a_0 := z/\sqrt{-F(z,z)}$ die Matrix $A := (a_0,a_1,a_2)$, so gilt $A \in U(1,2)$ und $A(o) = z$. - Die (kompakte) Untergruppe

$$\{A \in U(1,2);\ A(o) = o\} \simeq U(1) \times U(2) ,$$

ist die Standgruppe (Isotropiegruppe) im affinen Nullpunkt, und damit ist der Ball der *homogene Raum*

$$\mathbb{B}_2 \simeq \mathbb{B}(U_0) \simeq U(1,2)\,/\,(U(1)\times U(2)) .$$

<u>B. Holomorphe Automorphismen des Balles:</u> Die Gruppe U(1,2) operiert nicht effektiv auf dem Ball; der Kern der Operation, d.h. die Untergruppe der trivial operierenden Elemente, ist genau das Zentrum von U(1,2), nämlich die Gruppe der Skalarmatrizen

$$Z := \{\lambda\cdot I_3\ ;\ |\lambda| = 1\} .$$

Die Restklassengruppe

$$\mathbb{P}U(1,2) := U(1,2)/Z$$

operiert effektiv. Aus dem CARTANschen Eindeutigkeitssatz (siehe etwa [Ka-Ka: §4A.1, p.16]) folgt leicht, daß $\mathbb{P}U(1,2)$ die volle *Gruppe der holomorphen Automorphismen* des Balles ist: es gilt

$$\mathrm{Aut}_{\mathrm{hol}}(\mathbb{B}_2) \simeq \mathbb{P}U(1,2) .$$

(Ist nämlich f ein beliebiger Automorphismus des Balles, so gibt es ein Element $g \in \mathbb{P}U(1,2)$ mit $(g\circ f)(o) = o$; daher ist $g\circ f$ nach [Ka-Ka: 4A.2] linear und offenbar auch unitär und liegt damit in der Untergruppe $U(2) \subset \mathbb{P}U(1,2)$.) Insbesondere gilt also bei dieser Einbettung

$$\mathbb{B}_2 \simeq \mathbb{B}(U_0) \subset \mathbb{P}_2$$

die folgende *Fortsetzbarkeit von Automorphismen*: Jeder Automorphismus des Balles kann zu einem (projektiv-linearen) Automorphismus der projektiven Ebene fortgesetzt werden.

Natürlich operiert auch die Gruppe

$$SU(1,2) := \{A \in U(1,2);\ \det(A) = 1\}$$

der speziellen F-unitären Automorphismen transitiv auf dem Ball, und daher gilt auch

$$\mathbb{B}(U_0) \simeq SU(1,2)\,/\,S(\,U(1)\times U(2)\,)\ ,$$

$$\mathrm{Aut}_{hol}\mathbb{B}_2 \simeq \mathbb{P}SU(1,2) := SU(1,2)/SZ$$

mit $SZ := \{\ \lambda\cdot I_3\ ;\ \lambda^3 = 1\ \}$.

Wir bemerken noch, daß der Ball *symmetrisch* ist, d.h. es gilt: Zu jedem Punkt $z \in \mathbb{B}_2$ gibt es einen Automorphismus f mit $f\circ f = id$, so daß z ein isolierter Fixpunkt von f ist. Das ist klar, da es wegen der Transitivität genügt, nur den Punkt $z = o$ zu betrachten.

Alle hier über $\mathbb{B}_2$ gemachten Aussagen lassen sich sinngemäß unmittelbar auf den komplexen n-dimensionalen Einheitsball $\mathbb{B}_n$ übertragen.

<u>C. Die Ballmetrik:</u> In diesem und den nächsten Abschnitten folgen wir der verbreiteten Konvention in der Differentialgeometrie, lokale Koordinaten mit oberen Indizes zu versehen. - Die HERMITEsche Form F aus (1) definiert auf dem Ball $\mathbb{B}(U_0)$ die positive Funktion

$$N(z) := -F(z,z)/z_0\bar{z}_0$$

(in homogenen Koordinaten). In den üblichen affinen Koordinaten $z = (z^1,z^2) = (1:z^1:z^2)$ gilt

$$N(z) = 1 - z^1\cdot\bar{z}^1 - z^2\cdot\bar{z}^2\ .$$

Mit Hilfe dieser „Randabstandsfunktion" wird dann auf dem Ball eine HERMITEsche Metrik

$$g = ds^2 = \sum g_{j\bar{k}}(z)\,dz^j d\bar{z}^k$$

(d.h. $g(\lambda\cdot\partial/\partial z^j, \mu\cdot\partial/\partial z^k)|_z := \lambda\bar{\mu}\cdot g_{j\bar{k}}(z)$) definiert, indem

$$\bullet(2) \qquad g_{j\bar{k}}(z) := \frac{-\partial^2 \log N(z)}{\partial z^j\, \partial \bar{z}^k} = (N\cdot\delta_{jk} + \bar{z}^j\cdot z^k)/N^2$$

gesetzt wird. Die zu dieser *Ballmetrik* gehörige Fundamentalform (oder KÄHLER-Form)

$$\omega = (i/2\pi)\cdot\sum g_{k\bar{l}}\,dz^k\wedge d\bar{z}^l = -(i/2\pi)\cdot\partial\,\bar{\partial}(\log N) \quad (\text{mit } i := \sqrt{-1}\,)$$

ist geschlossen, und somit ist g definitionsgemäß eine KÄHLERsche Metrik. Die Form ω ist reell (d.h. es gilt $\omega = \bar{\omega}$) und vom Typ (1,1).

Die Ballmetrik ist unter allen holomorphen Automorphismen des Balles *invariant*: Das volle Urbild von $B(U_0)$ unter der kanonischen Projektion, der affine offene Kegel

$$W := \{z \in \mathbb{C}^3 \,;\; F(z,z) < 0\} \,,$$

ist unter der $U(1,2)$ - Operation auf $\mathbb{C}^3$ invariant, und die Funktion $\tilde{N}(z) := -F(z,z)$ ist $U(1,2)$ - invariant auf $\mathbb{C}^3$ und auf W strikt positiv. Durch

$$\tilde{g} := \sum \tilde{g}_{\alpha\bar{\beta}}\, dz^\alpha\, d\bar{z}^\beta \quad \text{mit} \quad \tilde{g}_{\alpha\bar{\beta}} := -\partial^2(\log \tilde{N})/\,\partial z^\alpha\,\partial\bar{z}^\beta$$

wird auf W eine HERMITEsche Pseudometrik definiert, die auf dem Ball $\mathbb{B}_2 \simeq W\cap\{z_0=1\}$ die Ballmetrik (2) induziert. Nach Konstruktion ist diese Pseudometrik auf W sowohl unter der $U(1,2)$ -Operation als auch unter der natürlichen $\mathbb{C}^*$-Operation invariant. Daraus folgt die behauptete Invarianz der Ballmetrik: Alle holomorphen Automorphismen sind Isometrien. Damit ist der Ball auch als KÄHLERsche Mannigfaltigkeit homogen, und somit kann die Untersuchung von metrischen Eigenschaften stets im affinen Nullpunkt o erfolgen. Man beachte, daß g auf dem Tangentialraum $T_o\mathbb{B}_2 \simeq \mathbb{C}\cdot\partial/\partial z^1 \oplus \mathbb{C}\cdot\partial/\partial z^2 \simeq \mathbb{C}^2$ die Standardmetrik ist.

D. Der Ball als komplex-hyperbolische Ebene: Zu einer HERMITEschen Metrik $g = ds^2$ auf einer (n-dimensionalen) komplexen Mannigfaltigkeit gehören ein HERMITEscher Zusammenhang ∇ auf dem Tangentialbündel und dessen Krümmung R. In einem lokalen Koordinatensystem $z = (z^1,\dots,z^n)$ mit dem zugehörigen Basisfeld $(\partial/\partial z^1,\dots,\partial/\partial z^n)$ werden ∇ bzw. R (mit den Bezeichnungen und Formeln aus KOBAYASHI - HORST [1983: 1.3, 1.5]) durch $(n\times n)$-Matrizen von (1,0)-Formen $\vartheta = (\vartheta_j{}^i)$ bzw. (1,1)-Formen $\Theta = (\Theta_j{}^i)$ beschrieben, die durch

$$\vartheta = (\partial g)\cdot g^{-1}\ ,\quad \Theta = \bar\partial\vartheta$$

gegeben sind (wobei $g = (g_{j\bar k})$ die Koeffizientenmatrix der Metrik bezeichnet). Mit der Darstellung

$$\vartheta_j{}^i = \sum \Gamma_j{}^i{}_k dz^k\ ,\quad \Theta_j{}^i = \sum R_j{}^i{}_{k\bar l} dz^k \wedge d\bar z^l\ ,$$

ergeben sich für die Koeffizienten $\Gamma_j{}^i{}_k$ bzw. $R_j{}^i{}_{k\bar l}$ die Ausdrücke

$$\Gamma_j{}^i{}_k = \sum(\partial g_{j\bar l}/\partial z^k) g^{i\bar l} \quad \text{bzw.} \quad R_j{}^i{}_{k\bar l} = -\,\partial\Gamma_j{}^i{}_k/\partial\bar z^l$$

(wobei $g^{i\bar l} := (g^{-1})_{l,i}$, d.h. $\sum g_{j\bar l}\cdot g^{i\bar l} = \delta^i_j$, gilt). Für die Ballmetrik erhalten wir

$$\bullet(3)\qquad \Gamma_i{}^i{}_i = 2\bar z^i/N\ ,\quad \Gamma_i{}^i{}_j = \Gamma_j{}^i{}_i = \bar z^j/N \quad \text{und} \quad \Gamma_j{}^i{}_j \equiv 0\ ;$$

$$R_i{}^i{}_{i\bar l} = -2g_{i\bar l}\ ,\quad R_i{}^i{}_{j\bar l} = R_j{}^i{}_{i\bar l} = -g_{j\bar l}\ ,\quad R_j{}^i{}_{j\bar l} = 0$$

(mit $i \neq j$ und $i, j, l = 1, 2$). Schließlich berechnen wir noch die Größen

$$R_{j\bar k l\bar m} := \sum g_{i\bar k} R_j{}^i{}_{l\bar m}$$

im affinen Nullpunkt o: Weil g hier ja die Standardmetrik ist (d.h. es gilt $g_{i\bar j}|_{(z=o)} = \delta_{ij}$), erhalten wir einfach

$$R_{i\bar i i\bar i} = R_i{}^i{}_{i\bar i} = -2\ ,\quad R_{i\bar j j\bar i} = R_i{}^j{}_{j\bar i} = R_{i\bar i j\bar j} = R_i{}^i{}_{j\bar j} = -1 \quad (i \neq j)$$

$$\text{und}\quad R_{i\bar j k\bar l} = R_i{}^j{}_{k\bar l} = 0 \quad \text{sonst.}$$

Damit ergibt sich nun, daß die *holomorphe Schnittkrümmungsfunktion*

$$S(\xi) := \sum R_{j\bar k l\bar m}\,\xi^j\bar\xi^k\xi^l\bar\xi^m/\|\xi\|_g^4$$

auf allen komplexen Tangentialvektoren $\xi = \sum \xi^i\cdot\partial/\partial z^i \neq 0$ im Nullpunkt den *konstanten negativen Wert* $S \equiv -2$ annimmt. (Daß S konstant ist, folgt natürlich auch ohne Rechnung unmittelbar aus der Tatsache, daß die Standgruppe im Nullpunkt auf den Einheitstangentialvektoren transitiv operiert.) Aus der Homogenität des Balles ergibt sich sofort, daß S diesen konstanten negativen Wert in jeden Punkt und für alle komplexen Tangentialrichtungen - und somit auf dem ganzen Bündel $\mathbb{P}T\mathbb{B}_2$ - annimmt. Damit ist der Ball mit der Ballmetrik ein Raum mit konstant negativer holomorpher Schnittkrümmung; die Ballmetrik g heißt auch die *komplex-hyperbolische Metrik*. - Bei Multiplikation der Metrik g mit einer positiven Konstanten $\mu > 0$ ändert sich auch die holomorphe Schnittkrümmung, und zwar um den Faktor $1/\mu$.

Aus der Homogenität folgt unmittelbar, daß der Ball bezüglich der Metrik g *vollständig* ist (vgl. [Kob-Nom I: IV,4.5,p.176]). Der Ball, versehen mit der komplex-hyperbolischen Metrik g , heißt die *komplex-hyperbolische Ebene*.

E. Flächen vom komplex-hyperbolischen Typ und Ballquotienten: Es sei nun Y eine komplexe Fläche mit einer KÄHLERschen Metrik $g = ds^2$, so daß Y bezüglich der Metrik vollständig ist. Die Fläche Y (mit der KÄHLERschen Metrik g) heißt *vom komplex-hyperbolischen Typ* (oder auch eine komplex-hyperbolische zweidimensionale *Raumform*), wenn die holomorphe Schnittkrümmung S eine negative Konstante $S \equiv c < 0$ ist. Da nach [Kob-Nom II: IX,7.9,p.170] je zwei einfach zusammenhängende komplex-hyperbolische Raumformen gleicher Dimension (nach Normierung von c) isometrisch sind, folgt daraus: Die *universelle Überlagerung* $\tilde{Y}$ ist die *komplex-hyperbolische Ebene*, also der Ball. Die Fundamentalgruppe $\pi_1(Y)$ operiert als Deckbewegungsgruppe frei und eigentlich diskontinuierlich auf dem Ball als Gruppe von holomorphen Automorphismen; daher ist Y der Quotient $\mathbb{B}_2/\pi_1(Y)$ nach dieser Operation.

Es sei nun umgekehrt Y eine komplexe *Ballquotientenfläche*, d.h. der Quotientenraum $\mathbb{B}_2/\Gamma$ nach einer frei und eigentlich diskontinuierlich operierenden Gruppe Γ von holomorphen Automorphismen. Da die hyperbolische Metrik (2) unter allen holomorphen Automorphismen invariant ist, „erbt" die Quotientenfläche Y diese KÄHLERsche Metrik mit konstanter negativer holomorpher Schnittkrümmung und die Vollständigkeit, und somit ist Y eine Fläche vom komplex-hyperbolischen Typ.

<u>F. Die CHERNschen Differentialformen:</u> Die CHERNschen Klassen c_k einer glatten kompakten komplexen Mannigfaltigkeit X mit einer HERMITEschen Metrik g können in der reellen DE RHAM-Kohomologie durch die CHERNschen Differentialformen γ_k repräsentiert werden. Diese Formen sind durch die Krümmung bestimmt und können somit auch im nicht-kompakten Fall betrachtet werden. Ist X eine Fläche und ist in einem lokalen Koordinatensystem (z^1,z^2) (mit dem zugehörigen holomorphen Basisfeld $(\partial/\partial z^1,\partial/\partial z^2)$ für das Tangentialbündel) die Krümmung durch die Matrix $\Theta = (\Theta_j{}^1)$ von (1,1)-Formen gegeben, so sind die Formen γ_k dann die reellen (k,k)-Differentialformen

$$\gamma_1 = (i/2\pi)\cdot(\Theta_1{}^1 + \Theta_2{}^2) = (i/2\pi)\cdot \mathrm{Spur}\,\Theta \;;$$

$$\gamma_2 = -(1/8\pi^2)\cdot(\Theta_1{}^1\wedge\Theta_2{}^2 - \Theta_2{}^1\wedge\Theta_1{}^2) = -(1/8\pi^2)\cdot \det\Theta \,.$$

Die CHERNschen Zahlen der Fläche sind dann die Integrale

$$c_1^2(X) = \int_X \gamma_1^2 \,, \quad c_2(X) = \int_X \gamma_2 \quad (\text{mit } \gamma_1^2 := \gamma_1\wedge\gamma_1) \,,$$

sofern die Metrik so normiert ist, daß mit der Kählerform ω zu g die Bedingung

$$\int_X \omega^2 = 1 \quad (\text{mit } \omega^2 = \omega\wedge\omega)$$

gilt. (In lokalen Koordinaten $z = (z^1,z^2)$ mit $z^k = x^k + iy^k$ erhalten wir $dz^k\wedge d\bar{z}^k = -2i(dx^k\wedge dy^k)$ und damit

$$\omega^2 = (-2/4\pi^2)\cdot G\cdot dz^1\wedge d\bar{z}^1\wedge dz^2\wedge d\bar{z}^2 = (2/\pi^2)\cdot G\cdot dx^1\wedge dy^1\wedge dx^2\wedge dy^2$$

mit $G = \det(g_{j\bar{k}}) > 0$, d.h. ω^2 ist eine Volumenform).

<u>G. Der Proportionalitätssatz für die CHERNschen Zahlen von Ballquotienten:</u> Die Berechnungen aus (3) ergeben für die CHERNschen Formen der Ballmetrik die Beziehung:

•(4) $$\gamma_1 = -3\omega \,, \quad \gamma_2 = 3\omega^2 \,,$$

und daraus folgt die *Proportionalitätsrelation*

$$\gamma_1^2 = 3\gamma_2$$

für die Formen höchsten Grades. Gehen wir von einer Metrik g zu $\tilde{g} = \mu g$ mit einer Konstanten $\mu > 0$ über, so gilt $\tilde{\omega} = \mu\omega$, aber $\tilde{\vartheta} = \vartheta$

und $\widetilde{\Theta} = \Theta$ und damit $\widetilde{\gamma}_j = \gamma_j$. Für die Ballmetrik ergibt sich nach dieser Abänderung

$$\widetilde{\gamma}_1 = -(3/\mu)\widetilde{\omega}\ , \quad \widetilde{\gamma}_2 = (3/\mu^2)\cdot\widetilde{\omega}^2\ ,$$

so daß weiterhin die Proportionalität

$$\widetilde{\gamma}_1^2 = 3\widetilde{\gamma}_2$$

gilt. Diese Gleichheit trifft dann auch auf jede Ballquotientenfläche mit der induzierten hyperbolischen Metrik zu, und damit erhalten wir folgenden *Proportionalitätssatz für die CHERNschen Zahlen von Ballquotientenflächen*.

Satz: Ist Y eine glatte kompakte Ballquotientenfläche, so gilt für ihre CHERNschen Zahlen $c_1^2 = K_Y^2$ und $c_2(Y) = e(Y)$ die Proportionalität

•(5) $$K_Y^2 = 3e(Y) > 0\ ,$$

und somit verschwindet die Proportionalitätsabweichung:

$$\mathrm{Prop}(Y) = 3e(Y) - K_Y^2 = 0\ .$$

H. Die FUBINI-STUDY-Metrik: Wenden wir die Methode zur Konstruktion der Ballmetrik (2) auf die affinen Standardkarten $U_j = \{z_j \neq 0\}$ für die projektive Ebene mit den darauf definierten Funktionen

$$\hat{N}_j(z) := (z_0\bar{z}_0 + z_1\bar{z}_1 + z_2\bar{z}_2)/z_j\bar{z}_j \quad (j = 0,\ 1,\ 2)$$

(in homogenen Koordinaten) an, so erhalten wir die FUBINI-STUDY-Metrik $\hat{g}$ auf $\mathbb{P}_2$. In den üblichen affinen Koordinaten für U_0 gilt

$$\hat{N}(z) = 1 + z^1\bar{z}^1 + z^2\bar{z}^2$$

und damit

$$\hat{g}_{j\bar{k}}(z) := -\ \partial^2\log\hat{N}(z)/\partial z^j\partial\bar{z}^k = (\hat{N}\cdot\delta_{jk} - \bar{z}^j z^k)/\hat{N}^2$$

Die zugehörige KÄHLER-Form $\hat{\omega} = -(i/2\pi)\partial\bar{\partial}(\log\hat{N})$ ist geschlossen, d.h. $\hat{g}$ ist eine KÄHLERsche Metrik. Analog zum Fall der Ballmetrik gilt auch hier die Homogenität: Die FUBINI-STUDY-Metrik ist unter der transitiven

Operation der Gruppe $\mathbb{P}U_3$ auf $\mathbb{P}_2$ invariant. Auf dem Tangentialraum im affinen Nullpunkt ist $\hat{g}$ wiederum die Standardmetrik.

Die Berechnung der Komponenten von Zusammenhang und Krümmung ergibt die Werte

•($\hat{3}$)
$$\hat{\Gamma}_j{}^j{}_j = -2\bar{z}^j/\hat{N}\ ,\quad \hat{\Gamma}_j{}^j{}_k = \hat{\Gamma}_k{}^j{}_j = -\bar{z}^k/\hat{N} \quad \text{und} \quad \hat{\Gamma}_k{}^j{}_k = 0\ ;$$
$$\hat{R}_j{}^j{}_{j\bar{l}} = 2\hat{g}_{j\bar{l}}\ ,\quad \hat{R}_j{}^j{}_{k\bar{l}} = \hat{R}_k{}^j{}_{j\bar{l}} = \hat{g}_{k\bar{l}} \quad \text{und} \quad \hat{R}_k{}^j{}_{k\bar{l}} = 0\ ,$$

(mit $j \neq k$ und $j, k, l = 1, 2$). Im affinen Nullpunkt gilt wie im Fall der Ballmetrik

$$\hat{R}_{j\bar{k}l\bar{m}} = \hat{R}_j{}^k{}_{l\bar{m}}\ ,$$

und damit ergibt sich für die *holomorphe Schnittkrümmung* der projektiven Ebene mit der FUBINI-STUDY-Metrik der *konstante positive* Wert $S \equiv +2$. Für die CHERNschen Formen ergeben sich aus ($\hat{3}$) die Beziehungen

$$\hat{\gamma}_1 = 3\hat{\omega}\ ,\quad \hat{\gamma}_2 = 3\hat{\omega}^2\ ,$$

und daraus folgt für die Formen höchsten Grades wiederum die Proportionalitätsrelation

$$\hat{\gamma}_1^2 = 3\hat{\gamma}_2 \qquad (= 9\hat{\omega}^2)\ .$$

Die Metrik ist bereits normiert, d.h. für das Volumen gilt

$$\int_{\mathbb{P}_2} \hat{\omega}^2 = \int_{U_0} \hat{\omega}^2 = 1\ ,$$

und so erhalten wir die bekannten Werte

$$c_1^2(\mathbb{P}_2) = 9\ ,\quad c_2(\mathbb{P}_2) = 3$$

für die CHERNschen Zahlen der projektiven Ebene. Damit können wir nun den Proportionalitätssatz in der folgenden Weise umformen.

<u>Satz:</u> Die CHERNschen Zahlen einer glatten kompakten Ballquotientenfläche Y und der projektiven Ebene sind proportional, d.h. es gilt

•(6)
$$c_1^2(Y) = \chi\cdot c_1^2(\mathbb{P}_2) \qquad (= 9\chi)\ ,$$
$$c_2(Y) = \chi\cdot c_2(\mathbb{P}_2) \qquad (= 3\chi)$$

mit dem positiven (ganzzahligen) Proportionalitätsfaktor

$$\chi := \chi(\mathcal{O}_Y) := \sum (-1)^i \dim_{\mathbb{C}} H^i(Y, \mathcal{O}_Y)$$

(s. A.1(4)). In dieser Form ist der Satz ein Spezialfall des allgemeinen Proportionalitätssatzes von HIRZEBRUCH [1958: Satz 4].

<u>I. Der relative Proportionalitätssatz:</u> Ist Y eine kompakte Ballquotientenfläche und F eine glatte Kurve in Y, die unter einem (nichttrivialen) Automorphismus von Y punktweise fest bleibt, so gilt

•(7) $$e(F) = 2 \cdot F^2 .$$

Vor dem Beweis wollen wir die Aussage in eine andere, äquivalente Form bringen: Mit der Adjunktionsformel $KC + CC + e(C) = 0$ erhalten wir die Gleichung

•(8) $$2(K_Y \cdot F) = -3e(F) .$$

Nun ist die EULER-Zahl $e(F)$ der Kurve F ihre (erste) CHERNsche Zahl $c_1(F) = \langle c_1(TF), [F] \rangle$, und die Schnittzahl $K_Y \cdot F$ kann folgendermaßen ausgedrückt werden:

$$K_Y \cdot F = \langle c_1(K_Y), [F] \rangle = \langle -c_1(TY), [F] \rangle .$$

Damit bleibt die zu (7) äquivalente Relation

$$2 \cdot c_1(TY|_F) = 3 \cdot c_1(TF)$$

zwischen den CHERNschen Klassen zu beweisen, die natürlich aus der entsprechenden Relation

•(9) $$2 \cdot \gamma_1(Y)|_F = 3 \cdot \gamma_1(F)$$

für die CHERNschen Differentialformen folgt.

Zum <u>Beweis</u> dieser relativen Proportionalität benutzen wir wiederum die differentialgeometrischen Methoden. Der Automorphismus g ($\neq id_Y$) von Y, der F punktweise fest läßt, hat endliche Ordnung, da die Gruppe $\mathrm{Aut}(Y)$ endlich ist (vgl. [Kob:III,2, Thm.2.1, p.82]). Durch Hochhebung auf den Ball $\mathbb{B}_2$ erhalten wir einen Automorphismus $\tilde{g}$ (von endlicher Ordnung), der das volle Urbild von F invariant und eine Komponente punktweise fest läßt. Da $\tilde{g}$ zu einem projektiv-linearen Automorphismus der Ebene $\mathbb{P}_2$ fortgesetzt werden kann, ist diese Komponente dann - bei geeigneter Koordinatenwahl - der eindimensionale Ball $\mathbb{B}_1$: $(z^2=0)$ in $\mathbb{B}_2$. Die Ballmetrik $g = ds^2$ aus (2) induziert auf dann auf $\mathbb{B}_1$ die übliche POINCARÉsche Metrik der Einheitskreisscheibe

$$ds^2 = dz^1 d\bar{z}^1/(1 - z^1\cdot\bar{z}^1)^2 .$$

Für die zugehörige (erste) CHERNsche Form

$$\gamma_1 = (i/2\pi)\Theta_1{}^1 = (i/2\pi)\, R_1{}^1{}_{1\bar{1}}\, dz^1 \wedge d\bar{z}^1$$

ergibt sich wegen $R_1{}^1{}_{1\bar{1}} = -2g_{1\bar{1}}$ (nach (3)) die Gleichheit

$$\gamma_1(\mathbb{B}_1) = -2\omega_{\mathbb{B}_1} = -2\omega|_{\mathbb{B}_1} ,$$

wobei ω die KÄHLER-Form der Metrik bezeichnet. Mit der für $\mathbb{B}_2$ hergeleiteten Beziehung $\gamma_1(\mathbb{B}_2) = -3\omega$ (vgl. (4)) gilt also

•(10) $$2\cdot\gamma_1(\mathbb{B}_2)|_{\mathbb{B}_1} = 3\cdot\gamma_1(\mathbb{B}_1) .$$

Die Relation (9) folgt nun wegen der Invarianz der Ballmetrik sofort durch Übergang zum Quotienten $Y \simeq \mathbb{B}_2/\pi_1(Y)$ mit der induzierten hyperbolischen Metrik.

Wir merken noch an, daß diese relative Proportionalität in der projektiven Ebene ebenfalls gilt, da eine Fixkurve eines Automorphismus eine projektive Gerade ist. Mit der FUBINI-STUDY-Metrik gilt ebenfalls die Gleichheit

$$2\cdot\gamma_1(\mathbb{P}_2)|_{\mathbb{P}_1} = 3\cdot\gamma_1(\mathbb{P}_1)$$

auf dem Niveau der CHERNschen Differentialformen. Diese enge Beziehung zwischen dem Ball und der projektiven Ebene ist ein Spezialfall der Dualitätsrelation für HERMITEsche symmetrische Räume, die dem allgemeinen Proportionalitätssatz zugrunde liegt (vgl. HIRZEBRUCH [1958]).

Die Gleichung (7) ist der Grenzfall einer Ungleichung für Kurven in Ballquotienten, die wir im folgenden Abschnitt B.2,H noch genauer diskutieren; der Gleichheitsfall charakterisiert gerade die Kurven, die von einem linear eingebetteten eindimensionalen Ball überlagert werden.

Für einen anderen Beweis der relativen Proportionalität verweisen wir auf die Arbeit von MOSTOW und SIU [1980: 8., Lemma 4 (p. 355)].

B.2 KÄHLER - EINSTEIN - METRIKEN UND BALLQUOTIENTEN

Wir wollen in diesem Anhang auf die Ungleichung $c_1^2 \leq 3c_2$ zwischen den CHERNschen Zahlen einer Fläche vom allgemeinen Typ und die Charakterisierung von Ballquotienten durch die Gleichheit eingehen (Umkehrung des Proportionalitätssatzes). Dazu setzen wir die differentialgeometrischen Betrachtungen fort. Für Flächen mit einer KÄHLER-EINSTEIN-Metrik kann die oben erwähnte Ungleichung - mit der Aussage über den Gleichheitsfall - recht leicht hergeleitet werden; wir reproduzieren in Absatz B den von H. GUGGENHEIMER angegebenen Beweis. Die Existenz einer derartigen Metrik ist aber nur schwer nachzuweisen; wir können hier die wesentlichen Existenzsätze (von Th. AUBIN und S.-T. YAU) in Absatz E lediglich zitieren. Ein Beweis der Ungleichung mit rein algebraisch-geometrischen Methoden stammt von Y. MIYAOKA; das Resultat ist damit auch für Flächen anwendbar, die nicht die Voraussetzungen des Existenzsatzes ($c_1 < 0$, siehe D) erfüllen, aber es liefert keine Aussage über den Gleichheitsfall. Die differentialgeometrischen Methoden lassen sich jedoch so modifizieren, daß sie auch in dieser allgemeineren Situation anwendbar sind; wir berichten in Absatz G über diese Ergebnisse, die von R. KOBAYASHI stammen.

<u>A. KÄHLER - EINSTEIN -Metriken und RICCI -Formen:</u> Ist eine HERMITEsche Metrik $g = ds^2$ auf einer Fläche in lokalen Koordinaten (z^1, z^2) durch die Matrix $(g_{j\bar{k}})$ gegeben, so hat die erste CHERNsche Form γ_1 die Darstellung

•(1) $$\gamma_1 = (i/2\pi) \cdot \sum R_{j\bar{k}}\, dz^j \wedge d\bar{z}^k$$

mit den Koeffizienten

•(2) $$R_{j\bar{k}} = \sum R_i{}^i{}_{j\bar{k}} = -\,\partial^2(\log G)/\partial z^j \partial \bar{z}^k \quad (\text{mit } G := \det(g_{j\bar{k}}))\ .$$

Diese Form ist geschlossen und vom Typ (1,1); sie wird auch die RICCI-Form genannt. Die HERMITEsche Metrik heißt eine KÄHLER-EINSTEIN-Metrik, wenn ihre RICCI-Form γ_1 proportional zu der KÄHLER -Form

$$\omega = (i/2\pi)\cdot\sum g_{k\bar{l}}\, dz^k \wedge d\bar{z}^l$$

ist, d.h. wenn es eine (reelle!) Konstante λ mit

•(3) $$\gamma_1 = \lambda\cdot\omega \quad (\Longleftrightarrow \quad R_{j\bar{k}} = \lambda\cdot g_{j\bar{k}})$$

gibt. (Für $\lambda \neq 0$ ist damit die KÄHLER-Bedingung $d\omega = 0$ erfüllt.) Die Ballmetrik und die FUBINI-STUDY -Metrik genügen dieser Bedingung (mit $\lambda = -3$ bzw. $\lambda = +3$). Ein anderes, triviales Beispiel ist die komplex-euklidische Ebene $\mathbb{C}^2$ mit der „flachen" Metrik $ds^2 = \sum dz^j d\bar{z}^j$ (d.h. $g_{j\bar{k}} = \delta_{jk}$): Es gilt $\vartheta \equiv 0$, also $\Theta = \gamma_1 = \gamma_2 = 0$ und somit $\lambda = 0$. Im Fall $\lambda > 0$ (bzw. $\lambda < 0$) sagt man, daß die RICCI-Form positiv- (bzw. negativ-) *definit* ist; im Fall $\lambda = 0$ heißt die Metrik RICCI-flach.

B. Eine Ungleichung für die CHERNsche Formen einer Fläche mit KÄHLER-EINSTEIN -Metrik: In einer kurzen Note hat H. GUGGENHEIMER [1952] das folgende Resultat bewiesen.

Satz: Für die CHERNschen Formen höchsten Grades auf einer Fläche mit KÄHLER-EINSTEIN-Metrik gilt die Ungleichung

•(4) $$0 \le \gamma_1^2 \le 3\gamma_2 ,$$

und die *Gleichheit* $\gamma_1^2 = 3\gamma_2$ tritt genau dann ein, wenn die *holomorphe Schnittkrümmung konstant* ist.

Der Beweis dieser Aussage ist nicht schwierig: Zuerst ändern wir ein gegebenes lokales Koordinatensystem $z = (z^1, z^2)$ durch eine lineare Transformation so ab, daß die Metrik im Koordinatenursprung o die Standardmetrik

$$g_{j\bar{k}}(o) = \delta_{jk}$$

ist; damit folgt

•(5) $$R_{j\bar{k}l\bar{m}}(o) = R_j{}^k{}_{l\bar{m}}(o) ,$$

und aus der EINSTEIN-Bedingung erhalten wir die Beziehung

•(6) $$R_{l\bar{m}}(o) = \sum_j R_{j\bar{j}l\bar{m}}(o) = \lambda\cdot\delta_{lm}$$

für die Koeffizienten der RICCI-Form. Nun gelten für eine KÄHLERsche Metrik definitionsgemäß die Relationen

$$\partial g_{j\bar{m}}/\partial z^l = \partial g_{l\bar{m}}/\partial z^j ,$$

aus denen sofort $\Gamma_j{}^k{}_l = \Gamma_l{}^k{}_j$ und damit

•(7) $$R_j{}^k{}_{l\bar{m}} = R_l{}^k{}_{j\bar{m}}$$

folgt; weiter gelten die beiden Identitäten

•(8) $$R_{j\bar{k}l\bar{m}} = R_{l\bar{m}j\bar{k}} \quad \text{und} \quad R_{j\bar{k}l\bar{m}} = \overline{R_{k\bar{j}m\bar{l}}} .$$

Nach (6) gilt für die Komponenten $R_{j\bar{k}l\bar{m}} := R_{j\bar{k}l\bar{m}}(o)$ im Koordinatenursprung

$$R_{1\bar{1}l\bar{m}} + R_{2\bar{2}l\bar{m}} = \lambda\cdot\delta_{lm} ,$$

und daraus folgt dann mit (8) sowie mit (5,7) sofort

$$R_{1\bar{1}1\bar{1}} = R_{2\bar{2}2\bar{2}} =: a , \quad R_{1\bar{1}2\bar{2}} = R_{2\bar{2}1\bar{1}} = R_{1\bar{2}2\bar{1}} = R_{2\bar{1}1\bar{2}} =: b ,$$

wobei a, b reelle Zahlen mit $a + b = \lambda$ sind. Setzen wir dann noch $R_{1\bar{1}1\bar{2}} =: c \in \mathbb{C}$, so erhalten wir die restlichen Komponenten:

$$R_{1\bar{1}1\bar{2}} = R_{1\bar{2}1\bar{1}} = c , \quad R_{1\bar{1}2\bar{1}} = R_{2\bar{1}1\bar{1}} = \bar{c} ,$$
$$R_{1\bar{2}2\bar{2}} = R_{2\bar{2}1\bar{2}} = -c , \quad R_{2\bar{1}2\bar{2}} = R_{2\bar{2}2\bar{1}} = -\bar{c} .$$

Für die CHERNschen Formen höchsten Grades ergibt sich damit explizit:

$$\gamma_1^2 = (-2/4\pi^2)\cdot(a+b)^2 dz^1\wedge d\bar{z}^1\wedge dz^2\wedge d\bar{z}^2 = (a+b)^2\omega^2 ,$$
$$\gamma_2 = (-1/4\pi^2)\cdot(a^2+2b^2+4c\bar{c})dz^1\wedge d\bar{z}^1\wedge dz^2\wedge d\bar{z}^2 = \tfrac{1}{2}\cdot(a^2+2b^2+4c\bar{c})\omega^2 .$$

Daraus folgt die Behauptung für den Koordinatenursprung: Wie sofort zu sehen ist, gilt für $a,b \in \mathbb{R}$ und $c \in \mathbb{C}$ stets die Ungleichung

$$2(a+b)^2 \le 3(a^2+2b^2+4c\bar{c}) ,$$

und die Gleichheit tritt genau dann ein, wenn $a = b$ und $c = 0$ gilt. In diesem Fall hat die holomorphe Schnittkrümmung S im Koordinatenursprung den konstanten Wert $S \equiv \frac{2}{3}\cdot\lambda$. Da wir nun jeden Punkt der Fläche als Nullpunkt eines lokalen Koordinatensystems wie oben wählen können, gilt die Ungleichung (4) überall. Wenn die Gleichheit $\gamma_1^2 = 3\gamma_2$ in jedem Punkt gilt, so folgt nach [Kob-Nom II: IX,7.5,p.168], daß die holomorphe Schnittkrümmung auf dem gesamten Bündel $\mathbb{P}TY$ der komplexen Tangentialrichtungen konstant ($\equiv \frac{2}{3}\cdot\lambda$) ist.

Die Ungleichung (4) mit der Aussage über die Gleichheit wurde von CHEN und OGIUE [1975] auf beliebige Dimensionen übertragen (vgl. auch YAU [1977]).

C. Komplex-zweidimensionale Raumformen: Eine komplexe Fläche Y mit einer KÄHLERschen Metrik, die konstante holomorphe Schnittkrümmung S $\equiv$ c hat und die vollständig ist, heißt komplex-zweidimensionale Raumform. Die universelle Überlagerung $\tilde{Y}$ ist dann eine einfach-zusammenhängenden Raumform, und diese Flächen sind (nach BOCHNER [1947], HAWLEY [1953] und IGUSA [1954]) vollständig klassifiziert: Je zwei einfach-zusammenhängende Raumformen mit gleicher Schnittkrümmung c sind isometrisch (siehe [Kob-Nom II: IX,7.9,p.170]). Nach Multiplikation der Metrik mit einer positiven Konstanten μ können wir uns auf die Fälle $c = -2,\ 0,\ +2$ beschränken. Daher ist die universelle Überlagerung von Y durch das Vorzeichen von c eindeutig bestimmt: es gilt

$$\tilde{Y} = \begin{cases} \mathbb{P}_2 : & c > 0 ; \\ \mathbb{C}^2 : & c = 0 ; \\ \mathbb{B}_2 : & c < 0 . \end{cases}$$

Die Fläche Y ist der Quotient nach der Deckbewegungsgruppe, die als Gruppe von Automorphismen frei und eigentlich diskontinuierlich auf $\tilde{Y}$ operiert. Da jeder Automorphismus der projektiven Ebene Fixpunkte hat, kann diese keine andere Fläche unverzweigt überlagern. Somit ist $\mathbb{P}_2$ die einzige komplex-zweidimensionale Raumform mit positiver Schnittkrümmung, d.h. es gilt

$$Y \simeq \mathbb{P}_2 \quad \text{für} \quad c > 0 .$$

Ist die Fläche Y kompakt mit der Schnittkrümmung $c = 0$, so ist sie entweder ein komplexer Torus oder eine hyperelliptische Fläche (vgl. IGUSA [-: p.677]; für die Definition siehe Anhang A.1).

D. Flächen mit negativ-definiter erster CHERNscher Klasse: Es sei Y eine kompakte komplexe Mannigfaltigkeit, deren erste CHERNsche Klasse in der DE RHAMschen Kohomologie durch eine reelle (1,1)-Form γ repräsentiert werden kann, für die $-\gamma = \omega$ die KÄHLER-Form irgendeiner HERMITEschen Metrik auf Y ist. Wir nennen dann Y eine Mannigfaltigkeit mit negativ-definiter erster CHERNscher Klasse und schreiben kurz $c_1 < 0$. Die (erste) CHERNsche Klasse des kanonischen Geradenbündels K_Y ist $c_1(K_Y) = -c_1$; daher ist eine zu $c_1 < 0$ äquivalente Aussage, daß K_Y ein positives Geradenbündel ist (vgl. [Gri-Har: I.2, p.148]). Dazu ist wiederum äquivalent, daß das Geradenbündel K_Y ample ist (d.h. daß für eine Zahl $m > 0$ die m-kanonische Abbildung Φ_m aus A.1,F eine Einbettung ist; siehe etwa [Gri-Har: I.4, p. 181] für die Richtung „positiv ⇒ ample" (Einbettungssatz von KODAIRA) und Sh. KOBAYASHI [Kob: III.2, pp. 82-83] für „ample ⇒ positiv"). Wegen $d\gamma = 0$ gehört ω zu einer KÄHLERschen Metrik. Flächen mit negativ-definiter erster CHERNscher Klasse haben damit die kanonische Dimension $\kappa = 2$, d.h. sie sind vom allgemeinen Typ (vgl. Einführung bzw. Anhang A.1).

E. Existenz von KÄHLER-EINSTEIN-Metriken: Hat Y eine KÄHLER-EINSTEIN-Metrik mit negativ-definiter RICCI -Form $\gamma_1 = \lambda\omega$, $\lambda < 0$, so gilt natürlich $c_1 < 0$. Die schwierige Frage, ob diese notwendige Bedingung $c_1 < 0$ auch hinreichend dafür ist, daß eine solche Metrik existiert, wurde von Th. AUBIN [1976] und Sh.-T. YAU [1977] durch den folgenden Satz positiv beantwortet:

Existenzsatz für KÄHLER-EINSTEIN-Metriken: Für eine kompakte komplexe Mannigfaltigkeit mit negativ-definiter erster CHERNscher Klasse gibt es genau eine normierte KÄHLER-EINSTEIN-Metrik.

Darüber hinaus hat YAU auch den folgenden, von CALABI [1957: Prop. 1] vermuteten Satz bewiesen:

Wenn auf Y eine KÄHLERsche Metrik g_0 existiert, so ist jede reelle (1,1)-Form γ, die die Klasse c_1 repräsentiert, die RICCI-Form einer geeigneten KÄHLERschen Metrik g; insbesondere gibt es also im Fall $c_1 = 0$ eine KÄHLER-EINSTEIN-Metrik mit RICCI-Form $\gamma = 0$.

Der Beweis dieser beiden Existenzsätze erfordert die Lösung von nichtlinearen partiellen Differentialgleichungen (Typ komplexe MONGE-AMPÈRE-Gleichung). Für einen Überblick über den Beweisgang verweisen wir auf den Bericht von KAZDAN [Kaz: III.6, pp. 26-31], auf die Monographie von BESSE [Bes: Ch. 11C, pp. 326-329] und auf den Vortrag von BOURGIGNON im Séminaire BOURBAKI [1978], für eine detaillierte Darstellung auf den Artikel von YAU [1978], das Séminaire Palaiseau [SemP] und die Monographie [Au] von AUBIN, und für Anwendungen zusätzlich auf den Übersichtsartikel von Sh. KOBAYASHI [1981].

Aus den beiden Existenzsätzen folgt mit (4) als Anwendung: Die Ungleichung

•(9) $$0 \le c_1^2 \le 3c_2$$

gilt für jede kompakte komplexe Fläche Y mit KÄHLERscher Metrik, deren erste CHERNsche Klasse negativ-definit ist (dann gilt $c_1^2 > 0$) oder verschwindet, und die Gleichheit $c_1^2 = 3c_2$ tritt genau dann ein, wenn Y konstante holomorphe Schnittkrümmung $S \equiv c \le 0$ hat. Eine solche Fläche ist im Fall $c = 0$ ein Torus oder eine hyperelliptische Fläche, im Fall $c < 0$ ist sie vom komplex-hyperbolischen Typ, also ein Ballquotient.

<u>F. Die Ungleichung von MIYAOKA und die Charakterisierung von Quotienten des Balles:</u> Die eben betrachteten Flächen mit negativ definiter erster CHERNscher Klasse sind wie erwähnt genau die Flächen vom allgemeinen Typ, für die die m-kanonische Abbildung Φ_m für genügend große Werte von m auf ganz Y definiert ist und eine Einbettung in einen projektiven Raum $\mathbb{P}_{N-1}$ ergibt. Es war eine alte Vermutung (vgl. VAN DE VEN [1966; 1976]), daß die Ungleichung (9): $c_1^2 \le 3c_2$ generell (d.h. ohne Voraussetzung an c_1) für Flächen vom allgemeinen Typ gilt. VAN DE VEN bewies die schwächere Abschätzung $c_1^2 \le 8c_2$; einen weiteren wesentlichen Beitrag leistete BOGOMOLOV mit der Verschärfung $c_1^2 \le 4c_2$ (vgl. REID [1977]). Der endgültige Beweis gelang MIYAOKA [1977] (siehe auch [B-P-vdV: VII,4,pp.212-215] und RAYNAUD [1981]); jedoch ergab sich so zunächst noch keine Aussage für den Fall der Gleichheit. In weiteren Arbeiten zeigte MIYAOKA [1983; 1984: Prop. 2.1.1] dann, daß auf einer

Fläche vom allgemeinen Typ mit $c_1^2 = 3c_2$ keine glatten rationalen Kurven existieren; daraus folgt (s.u.), daß das kanonische Geradenbündel ample ist. Damit ist die erste CHERNsche Klasse einer solchen Fläche negativ definit, und folglich gibt es auf der Fläche nach dem Existenzsatz eine KÄHLER-EINSTEIN-Metrik. Zusammenfassend erhalten wir so die folgende *Charakterisierung von Ballquotienten*:

Eine glatte kompakte komplexe Fläche ist genau dann ein Ballquotient, wenn für ihre CHERNschen Zahlen die Proportionalität

$$c_1^2 = 3c_2$$

gilt und wenn sie vom allgemeinen Typ ist.

G. Ein differentialgeometrischer Beweis der MIYAOKA-Ungleichung: Für die Ergebnisse von MIYAOKA hat R. KOBAYASHI [1984] einen neuen Beweis mit differentialgeometrischen Methoden angegeben, über den wir hier kurz berichten.

Es sei Y eine minimale Fläche vom allgemeinen Typ. Der Ansatzpunkt für die Arbeit von R. KOBAYASHI ist die auf MUMFORD [1962] (siehe auch KODAIRA [1968]) zurückgehende Bemerkung, daß die erste CHERNsche Klasse von der Fläche genau dann negativ definit ist, wenn keine (−2)-Kurven (das sind glatte rationale Kurven C mit Selbstschnittzahl $C^2 = -2$) vorkommen. Für solche Kurven gilt nämlich $K_Y \cdot C = 0$ nach der Adjunktionsformel; die Beschränkung des kanonischen Bündels auf C ist nach der Klassifikation der Geradenbündel auf rationalen Kurven trivial, und damit folgt $\int_C \gamma_1 = 0$; das Bild der Kurve unter der (pluri-) kanonischen Abbildung ist ein Punkt.

Damit ist das Auftreten von (−2)-Kurven nach dem Existenzsatz von AUBIN und YAU das einzige Hindernis gegen die Existenz einer KÄHLER-EINSTEIN-Metrik auf der Fläche Y. Nun bilden die Zusammenhangskomponenten E_j des Systems E aller (−2)-Kurven auf Y die bekannten A-D-E- Konfigurationen A_k $(k \geq 1)$, D_k $(k \geq 4)$, E_k $(k = 6,7,8)$ (siehe etwa [B-P-VdV: Ch. III, p. 74-78, 86-90]. Jede solche Komponente E_j kann zu einem normalen singulären Punkt p_j kontrahiert werden, der nach Ergebnissen von BRIESKORN [1968] eine spezielle Quotientensingularität ist, d.h. der eine Basis von Umgebungen der Form $U_j(\varepsilon) = \mathbb{B}_2(\varepsilon)/G_j$ besitzt, wobei G_j eine endliche Untergruppe von SU(2) ist, die auf $\mathbb{C}^2\setminus\{0\}$ frei operiert. (Die auftretenden Gruppen sind die zyklischen Gruppen $C_{k+1} = <\begin{pmatrix}\zeta & 0\\ 0 & 1/\zeta\end{pmatrix}>$ mit $\zeta^{k+1}=1$ für A_k sowie die binären Dieder- bzw. Polyedergruppen $\tilde{D}_{k-2}$ für D_k bzw. $\tilde{T}$, $\tilde{O}$, $\tilde{I}$ für E_6, E_7, E_8. Diese Gruppen sind die Urbilder der reinen Dieder- bzw. Polyedergruppen unter der Abbildung $SU(2) \to \mathbb{P}SL_2(\mathbb{C}) = \mathrm{Aut}\,\mathbb{P}_1$; vgl. 2.4,G.)

In Theorem 1 seiner Arbeit zeigt R. KOBAYASHI, daß es auf der offenen Fläche $Y\setminus E$ eine - bis auf konstante Vielfache eindeutig bestimmte - KÄHLER-EINSTEIN-Metrik mit negativ definiter RICCI-Form und mit folgendem Randverhalten gibt: Wir können $U_j(\varepsilon)\setminus\{p_j\}$ als Umgebung der Randkomponente E_j in der offenen Fläche $Y\setminus E$ auffassen. Die Metrik kann dann von $U_j(\varepsilon)\setminus\{0\}$ nach $\mathbb{B}_2(\varepsilon)\setminus\{0\}$ hochgehoben werden, und die Bedingung ist, daß sie glatt auf $\mathbb{B}_2(\varepsilon)$ fortsetzbar ist. Der Beweis beruht auf den - geeignet modifizierten - Methoden von AUBIN und YAU.

Zu dieser „E -KÄHLER-EINSTEIN-Metrik" gehören CHERNsche Formen $\tilde{\gamma}_1$ und $\tilde{\gamma}_2$ auf $Y\setminus E$, die nach GUGGENHEIMERs Beweis der Ungleichung

•(10) $$0 < \tilde{\gamma}_1^2 \leq 3\tilde{\gamma}_2$$

genügen, wobei die Gleichheit $\tilde{\gamma}_1^2 = 3\tilde{\gamma}_2$ wieder dem Fall entspricht, daß die holomorphe Schnittkrümmung der offenen Fläche $Y\setminus E$ konstant negativ ist. Durch Integration über $Y\setminus E$ werden dann die zugehörigen CHERNschen Zahlen $\tilde{c}_1^2$ und $\tilde{c}_2$ definiert, die in Proposition 4 mit den üblichen CHERNschen Zahlen von Y verglichen werden: es gilt

•(11) $$\tilde{c}_1^2(Y) = c_1^2(Y) ,$$
$$\tilde{c}_2(Y) = c_2(Y) - \varepsilon$$

mit $\varepsilon = \sum_j \varepsilon(E_j)$, wobei $\varepsilon(E_j) = e(E_j) - 1/|G_j|$ folgende rationale Zahl ist:

$$\varepsilon(A_k) = k(k+2)/(k+1) = k+1 - 1/(k+1) ;$$
$$\varepsilon(D_k) = (4k^2-4k-9)/4(k-2) = k+1 - 1/4(k-2) ;$$
$$\varepsilon(E_6) = 167/24 = 7 - 1/24 ;$$
$$\varepsilon(E_7) = 383/48 = 8 - 1/48 ;$$
$$\varepsilon(E_8) = 1079/120 = 9 - 1/120 .$$

Die Aussage über $\tilde{c}_1^2$ ist aufgrund der Konstruktion der Metrik eine einfache Folgerung aus dem Satz von STOKES: es gilt $\tilde{\gamma}_1 = \gamma_1 + d\varphi$ auf $Y\setminus E$, und in jedem singulären Punkt p_j ist die von $U_j(\varepsilon)\setminus\{p_j\}$ nach $\mathbb{B}_2(\varepsilon)\setminus\{0\}$ hochgehobene Form φ auf $\mathbb{B}_2(\varepsilon)$ fortsetzbar.

Der Beweis der Formel für $\tilde{c}_2$ benutzt eine entsprechende Darstellung $\tilde{\gamma}_2 = \gamma_2 + d\nu$, wobei die 3-Form ν jetzt Pole längs E hat, und erfordert die Berechnung des Beitrags der Integrale über die Residuen der Formen längs der einzelnen (-2)-Kurven in E.

Aus (10) und (11) folgt die Verschärfung

•(12) $$0 < c_1^2(Y) \leq 3\cdot(c_2(Y)-\varepsilon)$$

der Ungleichung von MIYAOKA aus Absatz F; dabei gilt die Gleichheit $c_1^2(Y) = 3\cdot(c_2-\varepsilon)$ genau dann, wenn die offene Fläche $Y\setminus E$ konstant negative holomorphe Schnittkrümmung hat. Die universelle Überlagerung ist dann das Komplement $\mathbb{B}_2 \setminus S$, wobei S diejenige diskrete Punktmenge ist, die genau auf die Quotientensingularitäten abgebildet wird, welche bei der Kontraktion der Komponenten E_j entstehen.

Etwa zur gleichen Zeit hat MIYAOKA in einer weiteren Arbeit [1984] die Ungleichung (12) in noch allgemeinerer Form bewiesen. Er berücksichtigt nicht nur Konfigurationen von rationalen (-2)-Kurven - die wie erwähnt der Klasse der speziellen Quotientensingularitäten $\mathbb{C}^2/G$ mit $G\subset SU(2)$ entsprechen -, sondern allgemeiner solche Konfigurationen von glatten rationalen Kurven mit Selbstschnittzahl ≤ -2, die zu einer beliebigen Quotientensingularität $\mathbb{C}^2/G$ mit $G\subset U(2)$ gehören. (Diese Gruppen und die dazu gehörigen Konfigurationen sind vollständig klassifiziert; vgl. BRIESKORN [1968b].)

Als Anwendung seiner Ergebnisse erhält MIYAOKA eine Reihe interessanter geometrischer Aussagen, so etwa die obere Schranke

$$\tfrac{2}{9}\cdot(3c_2-c_1^2) = \tfrac{2}{9}\cdot\mathrm{Prop}(Y)$$

für die maximale Anzahl disjunkter glatter rationaler Kurven auf einer minimalen Fläche Y, die weder rational noch birational äquivalent zu einer Regelfläche ist. MIYAOKAs Beweis beruht auf den algebraisch-geometrischen Methoden, mit denen in seiner früheren Arbeit [1977] die

Ungleichung $c_1^2 \leq 3c_2$ gezeigt wird. Diese Ergebnisse hat R. KOBAYASHI [1985] auch auf differentialgeometrischem Weg bewiesen, wobei wiederum der Fall der Gleichheit einer Fläche mit konstant negativer holomorpher Schnittkrümmung (und damit einem singulären Ballquotienten, s. B.3) entspricht.

<u>H. Eine Ungleichung für die charakteristischen Zahlen von Kurven in Ballquotienten:</u> Die relative Proportionalität $e(F) = 2\cdot F^2$ für die charakteristische Zahlen einer Kurve F in einer Ballquotientenfläche Y, die unter einem nichttrivialen Automorphismus der Fläche punktweise fest bleiben, läßt sich als Spezialfall einer Ungleichung interpretieren. Dazu beachten wir, daß jede Komponente der Urbildkurve im zweidimensionalen Ball $\mathbb{B}_2 \simeq \tilde{Y}$ ein linear eingebetteter eindimensionaler Ball ist, d.h. unter der Standardeinbettung des Balles $\mathbb{B}_2$ in $\mathbb{P}_2$ der Durchschnitt mit einer projektiven Gerade ist. Die relative Proportionalität wurde ja genau unter dieser Voraussetzung an die Kurve F bewiesen (vgl. B.1,J). Die Verschärfung der Proportionalität ist nun die folgende Aussage:

Ist C eine glatte kompakte Kurve in einer Ballquotientenfläche Y, so gilt die Ungleichung

•(13) $$2\cdot C^2 \geq e(C) \quad ,$$

und Gleichheit tritt genau dann ein, wenn jede Komponente der Urbildkurve ein linear eingebetteter eindimensionaler Ball ist.

Der <u>Beweis</u> dieser verschärften Version ergibt sich aus der folgenden Ungleichung für die ersten CHERNschen Formen:

Bezeichnet $\tilde{C}$ die Urbildkurve von C im Ball $\mathbb{B}_2$ (oder eine ihrer Zusammenhangskomponenten), so gilt

•(14) $$2\cdot\gamma_1(\mathbb{B}_2)|_{\tilde{C}} \;\geq\; 3\cdot\gamma_1(\tilde{C}) \quad ,$$

und im Fall der Gleichheit ist jede Komponente der Kurve $\tilde{C}$ ein linear eingebetteter eindimensionaler Ball. Wegen der KÄHLER-EINSTEIN-Relation $\gamma_1(\mathbb{B}_2) = -3\omega$ für den Ball (vgl. B.1(4)) ist (14) zu der Ungleichung

$$\gamma_1(\tilde{C}) \;\geq\; -2\omega|_{\tilde{C}}$$

(mit der entsprechenden Aussage über die Gleichheit) äquivalent. Da γ_1 die RICCI-Form ist und die Ballmetrik die konstante holomorphe Schnittkrümmung $S \equiv -2$ hat, folgt diese Behauptung aus einer allgemeinen Aussage über die RICCI-Form auf Untermannigfaltigkeiten von komplexen Raumformen (siehe [Kob-Nom II: IX;9.5,p.177]). Im Fall der Gleichheit hat die Untermannigfaltigkeit verschwindende zweite Fundamentalform und ist somit total geodätisch (vgl. [Kob-Nom II: VII;8.8,p.59]); folglich ist jede Zusammenhangskomponente isometrisch zur Einheitskreisscheibe $\mathbb{B}_1$ und auch linear eingebettet, wie aus [Kob-Nom II: XI; 10.7, p.285] zu entnehmen ist. -

Dieser Satz wurde (in wesentlich allgemeinerer Form) von I. ENOKI bewiesen (siehe [Höfer: 1.2.3]); er ist insbesondere auch für beliebige zweidimensionale Raumformen gültig, wenn die Aussage über die Gleichheit entsprechend modifiziert wird (die Kurve C muß in Y total geodätisch sein). Wir merken noch an, daß sich aus der Ungleichung die folgenden
Aussagen ergeben:

i) Jede glatte kompakte Kurve in einer Ballquotientenfläche hat negative EULER-Zahl (also Geschlecht $g \geq 2$).

ii) Jede glatte kompakte Kurve in einer flachen zweidimensionalen Raumform ist entweder elliptisch, oder sie hat negative EULER-Zahl.

Beide Aussagen sind wohlbekannt und sind natürlich auch unmittelbar zu sehen, indem man die Urbildkurve in der universellen Überlagerung $\tilde{Y}$ betrachtet.

B.3 KOMPAKTIFIZIERTE BALLQUOTIENTEN UND LOGARITHMISCHE PROPORTIONALITÄT

<u>A. Der Proportionalitätssatz für kompaktifizierte Ballquotienten:</u> Wir betrachten eine offene Fläche Y^o , die ein kompaktifizierbarer Ballquotient ist, d.h. ein nicht-kompakter Quotient des Balles $\mathbb{B}_2$ nach

einer diskreten Gruppe Γ von frei operierenden Automorphismen, der in der kanonischen hyperbolischen Metrik endliches Volumen hat (eine solche Gruppe heißt ein Gitter). Die offene Fläche kann durch endlich viele Punkte („Spitzen") zu einer kompakten Fläche mit normalen Singularitäten abgeschlossen werden. Wenn das Gitter Γ (in einem technischen Sinne) „hinreichend klein" ist, wird jede dieser Spitzensingularitäten P_j durch eine glatte elliptische Kurve A_j aufgelöst, die in der dann entstehenden glatten kompakten Fläche Y negative Selbstschnittzahl hat (vgl. HEMPERLY [1972: 2]). Wir nennen das Paar (Y,A) eine „elliptische" Kompaktifizierung der offenen Ballquotientenfläche Y^o mit dem Kompaktifizierungsdivisor $A = \sum A_j$. Da wir nach einem Satz von SELBERG (vgl. BOREL [1963: 2.3]) diese Situation stets durch Übergang zu einem Normalteiler $\Gamma' < \Gamma$ von endlichem Index erreichen können, wollen wir uns auf diesen Fall beschränken.

Der Proportionalitätssatz aus B.1,G hat ein logarithmisches Analogon für offene Ballquotientenflächen: Ist (Y,A) eine elliptisch kompaktifizierte Ballquotientenfläche, so sind ihre logarithmischen CHERNschen Zahlen proportional zu den CHERNschen Zahlen der projektiven Ebene, d.h. es gilt

•(1) $$c_1^2(Y,A) = 3c_2(Y,A) > 0 .$$

Mit A.2(6) können wir eine äquivalente Umformulierung geben, nämlich

$$K_Y^2 - \sum A_j^2 = 3e(Y) .$$

Dieses Ergebnis wird in dem Artikel von HEMPERLY [-: §5-7] auf folgendem Wege bewiesen: Zu jeder Spitze P_j gibt es eine abzählbare Basis von punktierten Umgebungen $U_{j,n}^o$, die punktierte Scheibenbündel über der kompaktifizierenden elliptischen Kurve A_j sind. Auf jedem dieser Bündel $U_{j,n}^o$ wird dann eine positiv definite HERMITEsche Metrik konstruiert, die auf das volle Scheibenbündel $U_{j,n}$ mit der Kurve A_j als Nullschnitt fortsetzbar ist. Diese Metriken können auf den „Kreisringbündeln"

$$V_{j,n} := U_{j,n} \setminus \bar{U}_{j,n+1}$$

mit der hyperbolischen Metrik der offenen Ballquotientenfläche Y^o mit Hilfe einer Zerlegung der Eins zu einer C^∞-Metrik auf der glatt kompaktifizierten Fläche Y verklebt werden. Zu der Metrik gehören CHERNsche Differentialformen γ_1^2 und γ_2, die dann durch Integration ausgewertet werden können. HEMPERLY zeigt, daß die Grenzwerte (für $n \to \infty$) der Integrale

$$\int_{V_{j,n}} \gamma =: \gamma[V_{j,n}]$$

dieser Formen γ ($= \gamma_1^2$ bzw. γ_2) über die Kreisbündel $V_{j,n}$ existieren und daß gilt:

$$\lim_{n\to\infty} \gamma_1^2[V_{j,n}] = A_j^2 ;$$
$$\lim_{n\to\infty} \gamma_2[V_{j,n}] = 0 .$$

Da auf dem Komplement der Scheibenbündel die hyperbolische Metrik mit $\gamma_1^2 = 3\gamma_2$ beibehalten wird, folgt (mit $U_n := \cup_j U_{j,n}$ und $V_n := U_n \setminus \overline{U}_{n+1}$) offenbar

$$K_Y^2 = \lim_{n\to\infty} \gamma_1^2[Y\setminus U_{n+1}] = \lim_{n\to\infty}(\gamma_1^2[Y\setminus U_n] + \gamma_1^2[V_n])$$
$$= \lim_{n\to\infty} 3\gamma_2[Y\setminus U_n] + \lim_{n\to\infty} \gamma_1^2[V_n] = 3e(Y) + \sum A_j^2 .$$

Diese Gleichung $\overline{c}_1^2 = 3\overline{c}_2$ für kompaktifizierte Ballquotienten ist wie in der „absoluten" Theorie der Grenzfall einer Ungleichung, wie SAKAI [1980: Thm. 7.6] gezeigt hat: Für ein Paar (Y,A) vom allgemeinen Typ gilt

•(2) $$c_1^2(Y,A) \leq 3c_2(Y,A) .$$

Der Beweis benutzt die algebraisch-geometrischen Methoden, die im absoluten Fall von BOGOMOLOV und MIYAOKA verwendet werden (vgl. B.2,F).

B. Relative KÄHLER-EINSTEIN-Metriken, logarithmische CHERNsche Zahlen und die Charakterisierung von kompaktifizierten Ballquotientenflächen: Auch zu der Umkehrung des Proportionalitätssatzes und der Charakterisierung der kompakten glatten Ballquotientenflächen aus Abschnitt B.2, F gibt es entsprechende Aussagen im Rahmen der logarithmischen Theorie. Wir berichten dazu über einige Ergebnisse von R. KOBAYASHI [1985].

Wir betrachten wieder ein minimales Paar (Y,A), wobei wir voraussetzen, daß der „logarithmisch kanonische" Divisor $\overline{K} = K_Y + A$ den folgenden Bedingungen genügt:

i) $(\overline{K})^2 \geq 1$;

ii) $\overline{K}$ ist „numerisch effektiv" (siehe A.2,C);

iii) Jede Komponente A_j von A mit $\overline{K}\cdot A > 0$ ist glatt.

Wie wir bereits wissen, folgt aus i) und ii) sofort, daß (Y,A) vom logarithmisch allgemeinen Typ ist; weiter folgt aus ii) mit der Adjunktionsformel, daß A semi-stabil ist. Wir bezeichnen mit E^o das System der (−2)-Kurven, die ganz in der offenen Fläche $Y^o = Y\setminus A$ gelegen sind. In dieser Situation zeigt R. KOBAYASHI in Theorem 1 seines Artikels, daß es auf Y^o eine - bis auf konstante Vielfache eindeutig bestimmte - vollständige E^o-KÄHLER-EINSTEIN-Metrik (wie in B.2,G) gibt, deren RICCI-Form auf $Y^o\setminus E^o$ negativ definit ist, und daß Y^o in dieser Metrik endliches Volumen hat. Zu dieser „logarithmischen E^o - KÄHLER-EINSTEIN-Metrik" auf (Y,A) gehören wiederum CHERNsche Formen $\hat{\gamma}_1$ und $\hat{\gamma}_2$, und es gilt die Ungleichung

$$\bullet(3) \qquad 0 < \hat{\gamma}_1^2 \leq 3\hat{\gamma}_2$$

mit der Charakterisierung der Gleichheit wie bisher. In Lemma 9 wird gezeigt, daß die Formen $\hat{\gamma}_1^2$ und $\hat{\gamma}_2$ über Y^o integrierbar sind und daß zwischen diesen Integralen $\hat{c}_1^2$ bzw. $\hat{c}_2$ und den logarithmischen CHERNschen Zahlen $\overline{c}_1^2 = c_1^2(Y,A)$ bzw. $\overline{c}_2 = c_2(Y,A)$ die Beziehung

$$\bullet(4) \qquad \hat{c}_1^2 = \overline{c}_1^2 \ , \quad \hat{c}_2 = \overline{c}_2 - \varepsilon(E^o)$$

(mit ε aus B.2(11)) besteht. Zum Beweis wird die logarithmische E^o-KÄHLER-EINSTEIN-Metrik aus Theorem 1 als singuläre HERMITEsche Metrik auf dem holomorphen Vektorbündel F interpretiert, dessen Dual F^* zu der lokalfreien Garbe $\Omega_Y^1\langle A\rangle$ gehört, wobei diese Metrik auf Y^o regulär ist und längs A genau kontrollierte Singularitäten hat. Die logarithmischen CHERNschen Zahlen $\overline{c}_1^2$ bzw. $\overline{c}_2$ sind die Integrale der CHERNschen Formen $\overline{\gamma}_1^2$ bzw. $\overline{\gamma}_2$, die zu einer glatten HERMITEschen Metrik auf F gehören. Die Formen $\hat{\gamma}_k$ und $\overline{\gamma}_k$ unterscheiden sich auf der offenen Fläche $Y^o \setminus E^o$ um exakte Formen $d\varphi_k$ mit kontrolliertem Randverhalten.

Für eine Ausschöpfung (W_n) von Y^o durch relativ kompakte Mengen mit glattem Rand, so daß $Y \setminus W_n$ eine Basis von „guten" Umgebungen von A ist, wird durch Analyse dieses Randverhaltens bewiesen, daß für die 3-Formen $\overline{\gamma}_1 \wedge \varphi_1$ bzw. $\varphi_1 \wedge d\varphi_1$ bzw. φ_2 die Folge der Integrale über ∂W_n gegen Null konvergiert. Die Behauptung folgt dann aus dem Satz von STOKES; der Beitrag $\varepsilon(E^o)$ der (-2)-Kurven von Y^o berechnet sich wie im absoluten Fall. Aus (3) und (4) folgt dann die Aussage des Theorems 2:

Zwischen den logarithmischen CHERNschen Zahlen eines Paares (Y,A) wie oben gilt die Ungleichung

•(5) $$0 < \overline{c}_1^2 \leq 3(\overline{c}_2 - \varepsilon(E^o)) \ ,$$

und die Gleichheit gilt genau dann, wenn die offene Fläche $Y^o \setminus E^o$ konstant negative holomorphe Schnittkrümmung hat.

Da Y^o bezüglich der logarithmischen E^o-KÄHLER-EINSTEIN-Metrik vollständig ist, gilt im Fall der Gleichheit $\overline{c}_1^2 = 3\overline{c}_2$, daß Y^o das Komplement der diskreten Menge von Quotientensingularitäten in einer singulären offenen Ballquotientenfläche ist. Ähnlich wie in B.2,G haben wir damit eine Verschärfung der algebraisch-geometrischen Ungleichung (2) erhalten.

<u>C. Die globale logarithmische Proportionalitätsabweichung:</u> Wir können die Ungleichung (2) für die logarithmischen CHERNschen Zahlen, den logarithmischen Proportionalitätssatz (1) und die Charakterisierung der relativen Ballquotienten mit der globalen logarithmischen Proportionalitätsabweichung

•(6) $$\mathrm{Prop}(Y,A) := (3c_2 - c_1^2)(Y,A) = 3\overline{c}_2 - \overline{c}_1^2$$

folgendermaßen ausdrücken: Ist (Y,A) eine minimale relative Fläche vom logarithmisch allgemeinen Typ und A eine semi-stabile Kurve, so gilt stets die Ungleichung

$$\mathrm{Prop}(Y,A) \geq 0 \ ,$$

und die Gleichheit $\text{Prop}(Y,A) = 0$ gilt genau dann, wenn (Y,A) eine relative Ballquotientenfläche ist.

Wir wollen weiterhin den Standardfall betrachten, daß nämlich A aus disjunkten glatten elliptischen Komponenten A_j besteht. In dieser Situation erhalten wir jetzt den Ausdruck

$$\bullet(7) \quad \text{Prop}(Y,A) = 3e(Y) - (K_Y^2 - \sum A_j^2) = \text{Prop}(Y) + \sum A_j^2 ,$$

indem wir die Formel A.2(6) benutzen.

<u>D. Der logarithmische relative Proportionalitätssatz:</u> Wir haben in der Formel 1.1(15) mit Hilfe der Adjunktionsformel die relative Proportionalitätsabweichung $\text{prop}(C) = 2C^2 - e(C)$ einer glatten Kurve C in einer (kompakten) Fläche X durch die Formel

$$\text{prop } C = -(2K_X \cdot C + 3e(C))$$

ausgedrückt. Wie wir in A.2,I gezeigt haben, gilt für den Fall, daß X eine kompakte Ballquotientenfläche ist und daß C unter einem nichttrivialen Automorphismus punktweise fest bleibt, die Proportionalität $2 \cdot K_X C = -3 \cdot e(C)$ (vgl. B.1(8)), also $\text{prop } C = 0$. Wie ist die Formel in unserer „logarithmischen" Situation zu modifizieren?

Wenn in dem Paar (Y,A) der Divisor $A = \sum A_j$ aus disjunkten elliptischen Komponenten besteht, so hat der logarithmische kanonische Divisor $\overline{K} = K_Y + A$ die Orthogonalitätseigenschaft

$$\overline{K} \cdot A_j = 0 \quad \text{für alle } j ,$$

denn es gilt $(K_Y+A) \cdot A_j = K_Y \cdot A_j + A_j \cdot A_j = 0$. Damit ist die Darstellung

$$K_Y = \overline{K} - A$$

eine orthogonale Zerlegung des kanonischen Divisors in „innere" und „Randkomponenten"; die zu K_Y und $\overline{K}$ gehörigen Geradenbündel sind auf Y^o isomorph. Nun sei (Y,A) ein kompaktifizierter Ballquotient und C eine Kurve, die nicht in A liegt und die unter einem nichttrivialen Automorphismus punktweise fest bleibt. Wenn nun diese Kurve

„im Inneren" liegt, d.h. wenn also $C\cdot A = 0$ gilt, so läßt sich der Beweis des relativen Proportionalitätssatzes aus B.1,I übertragen, und wir erhalten

$$2K\cdot C = -3e(C) .$$

Wegen $C\cdot A = 0$ gilt dann natürlich auch

$$2\overline{K}\cdot C = -3e(C\setminus A) = -3(e(C)-C\cdot A) .$$

Diese Gleichung ist die logarithmische Variante des relativen Proportionalitätssatzes; sie ist auch dann richtig, wenn die Kurve C die Kompaktifizierungskurve A transversal schneidet: Es gilt

$$\overline{K}\cdot C = -3e(C\setminus A) = -3e(C) + 3A\cdot C$$

oder mit $\overline{K} = K_Y + A$ äquivalent umgeformt

•(8) $\quad 2K_Y\cdot C = -3e(C) + A\cdot C \quad$ bzw. $\quad \mathrm{prop}(C) + A\cdot C = 0$.

Wir gehen auf den Beweis hier nicht ein. Für den Fall arithmetischer Ballquotientenflächen hat R.-P. HOLZAPFEL [1981: Prop.3.4] den Satz mit Hilfe von MUMFORDs Proportionalitätssatz [1977] bewiesen.

<u>E. Offene Ballquotienten mit Verzweigungsort:</u> Nach neueren Ergebnissen von CHENG und YAU [1986] sowie KOBAYASHI, NARUKI und SAKAI [1987] (angekündigt) kann man auch solche Ballquotienten $\mathbb{B}_2/\Gamma$ durch verallgemeinerte Chernzahlen charakterisieren, bei denen die Elemente von Γ nicht-isolierte Fixpunkte haben. Wir wollen hier die Resultate aus der letztgenannten Arbeit in der uns interessierenden Situation darstellen:

Es sei $\hat{S}$ eine glatte Fläche und $\hat{L} = \sum \hat{L}_j$ wie in Kapitel 4 eine (regularisierte) gewichtete Kurvenkonfiguration auf $\hat{S}$. Alle Kurven in $\hat{L}$, die nach 4.2 oder 4.3 modifizierte Gewichte $n < 0$ oder $n = \infty$ erhalten dürfen, werden kontrahiert. Diese Kurven sind dann rational oder elliptisch; sie sind disjunkt und haben negative Selbstschnittzahlen. Wir erhalten so eine normale Fläche S' mit einem rationalen (WEIL-) Divisor $D' := \sum x_j\cdot L'_j$, der aus den Bildern der restlichen Kurven in $\hat{L}$ mit den Koeffizienten $x_j := 1 - 1/n_j$ wie in 4.1 gebildet wird. Den Träger dieses Divisors bezeichnen wir mit L'.

Wir setzen voraus, daß (S',D') vom allgemeinen Typ ist, d.h. daß die normale Fläche S' bezüglich des Divisors $K_{S'} + D'$ (oder äquivalent die glatte Fläche S bezüglich des rationalen Divisors Q^o aus 4.3,E) die Dimension 2 (im Sinne der D-Dimension aus A.1,G) hat. Falls dieser Divisor $K_{S'} + D'$ schon ample ist (was man ggf. durch Kontrahieren von weiteren Kurven auf S' erreichen kann), kann man auf (S',D') eine EINSTEIN-KÄHLER- "Orbifold-Metrik" konstruieren. Dies ist eine Metrik auf den glatten Punkten von $S'\backslash L'$, die auf dem Rand in dem folgenden Sinne „gutartige" Singularitäten hat:

Über den regulären Punkten von L' und über den Punkten von S', die von der Kontraktion der Kurven mit negativen Gewichten herkommen, läßt sich die Metrik beim Zurückholen auf die passenden lokalen Überlagerungen (eindeutig) so fortsetzen, daß dann eine echte Metrik entsteht. Diese passende lokale Überlagerung ist in einem regulären Punkt von L_j' gerade die zyklische Überlagerung vom Grad n_j; in einem gewöhnlichen Doppelpunkt nimmt man entsprechend das Produkt zweier solcher Überlagerungen, und in dem Bildpunkt zu einer kontrahierten Kurve mit Gewicht $m < 0$ die Überlagerung vom Grad m^2, die in C.1 beschrieben wird. In den Spitzen, d.h. den Bildpunkten der kontrahierten Kurven mit Gewicht ∞ ist die Metrik nicht definiert, sie ist aber im Komplement vollständig. Wie in den früher betrachteten Fällen gilt dann eine verallgemeinerte MIYAOKA-YAU-Ungleichung in der Form

$$\bullet(9) \qquad (K_{S'} + D')^2 \leq 3\cdot\tilde{e}(S')$$

mit der modifizierten EULER-Zahl

$$\bullet(10) \qquad \tilde{e}(S') = e(S) - \textstyle\sum_j x_j\cdot(e(L_j') - r_j') - \sum_p (1 - 1/N_p) ,$$

wobei r_j' die Anzahl der Schnittpunkte und Singularitäten auf L_j' ist und für einen Schnittpunkt oder singulären Punkt p die Zahl N_p die oben erwähnte Ordnung einer lokalen Überlagerung bezeichnet (mit $N_p := \infty$, d.h. $1/N_p = 0$ für das Gewicht ∞). Im Fall der Gleichheit in (9) hat die Metrik konstante holomorphe Schnittkrümmung.

Wenn $\overline{X}$ eine passende (glatte) N-blättrige Überlagerung zu der gewichteten Kurvenkonfiguration ist (wobei wie in 4.2 die Kurven mit negativen Gewichten schon kontrahiert sind) und A die Vereinigung aller Kurven zum Gewicht ∞ auf $\overline{X}$ bezeichnet, so erhält man leicht die Beziehungen

•(11)
$$(K_{\overline{X}} + A)^2 = N\cdot(K_{S'} + D')^2 ,$$
$$e(\overline{X}) - e(A) = N\cdot\tilde{e}(S')$$

und damit

•(12)
$$\mathrm{Prop}(\overline{X},A) = N\cdot(3\tilde{e}(S')-(K_{S'}+D)^2) .$$

Wie im „klassischen" Fall folgt aus der Gleichheit in (9) schon, daß $K_{S'} + D'$ ample ist. Wir erhalten so den folgenden Satz:

F. Existenz von passenden Überlagerungen zu hyperbolischen Gewichten:
Die gewichtete Kurvenkonfiguration $\hat{L}$ auf $\hat{S}$ sei „numerisch" hyperbolisch, d.h. in den Formeln aus Kapitel 4 gelte *formal* (mit negativen und unendlichen Gewichten)

$$\mathrm{Prop}(\hat{X}) = 0 \quad \text{und} \quad \kappa(\hat{S},Q^o) = 2$$

(wobei Q^o gemäß 4.3, E mit dem Absolutbetrag der Gewichte gebildet wird); wir setzen also hier die Existenz einer passenden Überlagerung nicht voraus! Dann ist die normale Fläche S' die Kompaktifizierung eines Ballquotienten $\mathbb{B}_2/\Gamma$, und die Überlagerung $\mathbb{B}_2 \to S'$ ist entlang L'_j mit Ordnung n_j verzweigt. Daraus folgt nun, daß es tatsächlich eine passende Überlagerung gibt:

Der Satz von SELBERG (s. BOREL [1963: 2.3]) garantiert, daß in Γ ein torsionsfreier Normalteiler Γ_0 von endlichem Index existiert. Damit ist die glatte Fläche $\mathbb{B}_2/\Gamma_0$ in unserem Sinne eine passende Überlagerung zu der gewichteten Kurvenkonfiguration mit GALOIS-Gruppe Γ/Γ_0 .

Anhang C
Topologische Methoden

C.1 VERZWEIGTE ÜBERLAGERUNGEN

1. Definition. Eine *(verzweigte) Überlagerung* einer komplexen Mannigfaltigkeit X ist eine endliche surjektive eigentliche holomorphe Abbildung $\pi: Y \to X$ eines zusammenhängenden normalen komplexen Raumes Y auf X.

2. Der *Grad* von π ist die Gesamtzahl der Blätter, die *Verzweigungsordnung* in $y \in Y$ die Anzahl der in y zusammenfallenden Blätter (genauere Definitionen: [B-P-VdV], I.16). Die Überlagerung heißt *unverzweigt*, wenn die Verzweigungsordnung in allen Punkten von Y gleich 1 ist. Unverzweigte Überlagerungen sind genau die endlichblättrigen topologischen Überlagerungen von X. Der *Verzweigungsort* von π in X ist das Bild aller $y \in Y$ mit Verzweigungsordnung $n \geq 2$ unter π. Zwei Überlagerungen $\pi_1: Y_1 \to X$ und $\pi_2: Y_2 \to X$ sind *isomorph*, wenn es eine biholomorphe Abbildung $f: Y_1 \to Y_2$ mit $\pi_2 f = \pi_1$ gibt. Eine *Decktransformation* von π ist eine biholomorphe Abbildung $f: Y \to Y$ mit $\pi f = \pi$. Wenn die Gruppe der Decktransformationen von π transitiv auf Y operiert, heißt π *Galois-Überlagerung*. Überlagerungen mit kommutativer Decktransformationsgruppe heißen *abelsch*.

3. Satz (Fortsetzung von Überlagerungen).
(a) $\pi: Y \to X$ sei eine Überlagerung der komplexen Mannigfaltigkeit X. Dann gibt es eine echte analytische Teilmenge Z von X, über deren Komplement π eine unverzweigte Überlagerung ist.

(b) Umgekehrt sei Z eine echte analytische Teilmenge der komplexen Mannigfaltigkeit X und $\pi^o\colon Y^o \to X^o = X \setminus Z$ eine (nach Definition endlichblättrige) unverzweigte Überlagerung. Dann gibt es bis auf Isomorphie genau eine verzweigte Überlagerung $\pi\colon Y \to X$, die π^o fortsetzt:

$$\begin{array}{ccc} Y^o & \subset & Y \\ {\scriptstyle \pi^o}\downarrow & & \downarrow{\scriptstyle \pi} \\ X^o & \subset & X \end{array}$$

(c) $\pi_i^o\colon Y_i^o \to X_i^o$ (i=1,2) seien unverzweigte Überlagerungen mit Fortsetzungen $\pi_i\colon Y_i \to X_i$ wie in (b). $f\colon X_1 \to X_2$ sei eine holomorphe Abbildung, deren Einschränkung $f^o\colon X_1^o \to X_2^o$ sich zu $\tilde{f}^o\colon Y_1^o \to Y_2^o$ liften läßt. Dann hat $\tilde{f}^o$ eine Fortsetzung $\tilde{f}\colon Y_1 \to Y_2$:

$$\begin{array}{ccccccc} Y_1 & & & \xrightarrow{\quad\tilde{f}\quad} & & & Y_2 \\ & \supset & Y_1^o & \xrightarrow{\tilde{f}^o} & Y_2^o & \subset & \\ {\scriptstyle \pi_1}\Big\downarrow & & {\scriptstyle \pi_1^o}\downarrow & & \downarrow{\scriptstyle \pi_2^o} & & \Big\downarrow{\scriptstyle \pi_2} \\ & \supset & X_1^o & \xrightarrow{f^o} & X_2^o & \subset & \\ X_1 & & & \xrightarrow{\quad f\quad} & & & X_2 \end{array}$$

(d) In der Situation (b) läßt sich jede Decktransformation von π^o zu einer von π fortsetzen. Wenn π^o eine Galois-Überlagerung ist, so auch π.

Beweis. (a): vgl. [B-P-VdV], I.16. (b) ist Satz 8 bei Grauert und Remmert [1958]. In der Arbeit wird bewiesen, daß die dort betrachteten „analytischen Überlagerungen" verzweigte Überlagerungen in unserem Sinne sind. (c) ist in der topologischen Kategorie das „Extension Theorem" von R.H. Fox [1957]. Der Riemannsche Abbildungssatz garantiert, daß $\tilde{f}$ analytisch ist. (d) folgt sofort aus (c). □

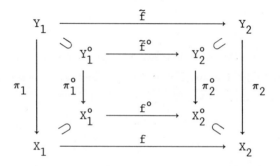

Außerhalb der Singularitäten des Verzweigungsortes ist die lokale Struktur einer verzweigten Überlagerung $\pi\colon Y \to X$ recht einfach. (a)

und (b) des folgenden Satzes sind die Sätze 11 und 10 bei Grauert und Remmert [1958], (c) folgt z.B. aus dem bekannten Auflösungsverfahren für Singularitäten, etwa [Lau], p. 7-13.

4. Satz. Für eine Überlagerung $\pi: Y \to X$ der komplexen Mannigfaltigkeit X gilt:

(a) Der Verzweigungsort Z ist eine rein 1-kodimensionale analytische Teilmenge von X (oder leer).

(b) Singularitäten von Y können höchstens über denen von Z liegen. Wenn π in $y \in Y$ mit Ordnung n verzweigt ist und $z = \pi(y)$ ein regulärer Punkt von Z ist, gibt es lokale Koordinaten $(v_1,..,v_m)$ von Y um y und $(u_1,..,u_m)$ von X um z, bezüglich derer π beschrieben wird durch $u_1 = v_1^n$, $u_2 = v_2$ ... $u_m = v_m$

(c) Nun sei X speziell eine Fläche und z ein gewöhnlicher Doppelpunkt von Z. Dann ist Y in $y \in \pi^{-1}(z)$ genau dann nichtsingulär, wenn es lokale Koordinaten wie oben gibt, so daß π die Form

$$u_1 = v_1^{n_1} \qquad u_2 = v_2^{n_2}$$

hat. □

5. Definition. $\pi: Y \to X$ sei eine Galois-Überlagerung der Fläche X. Dann wird für ein $x \in X$ die Verzweigungsordnung in einem (beliebigen) $y \in \pi^{-1}(x)$ als *Verzweigungsordnung* in x bezeichnet. Die Verzweigungsordnung längs einer irreduziblen Kurve C in X ist gleich 1, wenn C nicht im Verzweigungsort liegt, und ansonsten gleich der Verzweigungsordnung in einem (beliebigen) Punkt auf C, in dem die Verzweigungskurve glatt ist.

In Ausnahmefällen liegen auch über Mehrfachschnittpunkten des Verzweigungsortes reguläre Punkte:

6. Satz. Es seien L_1, L_2, L_3 verschiedene Geraden durch den Ursprung der komplexen affinen Ebene und $n_1, n_2, n_3 \geq 2$ ganze Zahlen. Die Summe der Reziprokwerte sei größer als 1. Dann ist auch die durch

$$\frac{1}{n_1} + \frac{1}{n_2} + \frac{1}{n_3} = 1 + \frac{2}{m}$$

definierte Zahl m ganz (sogar durch 2 teilbar), und es gibt genau eine Überlagerung $\pi: Y \to \mathbb{C}^2$ durch eine nichtsinguläre Fläche Y, die genau entlang der L_i mit Ordnung n_i verzweigt ist. π hat den Grad m^2. Wenn $\sigma: \hat{\mathbb{C}}^2 \to \mathbb{C}^2$ die Aufblasung des Ursprungs mit der exzeptionellen Geraden E ist, ist die durch π definierte Überlagerungsfläche $\hat{Y}$ von $\hat{\mathbb{C}}^2$ ebenfalls nichtsingulär, und die induzierte Abbildung $\tilde{\sigma}: \hat{Y} \to Y$ ist die Aufblasung im Punkt $\pi^{-1}(0)$. $\hat{\pi}: \hat{Y} \to \hat{\mathbb{C}}^2$ ist längs E mit der Ordnung m verzweigt.

Beweis (vgl. Deligne-Mostow [1986], 10.3): Für solche „platonischen" Tripel von Zahlen (vgl. 4.2, B) gibt es eine verzweigte Überlagerung $f: \mathbb{P}_1 \to \mathbb{P}_1$, die in genau drei Punkten mit den angegebenen Ordnungen verzweigt ist: Man lasse die entsprechende Polyedergruppe (der Ordnung m) in SO(3) auf der Einheitssphäre $S^2 \simeq \mathbb{P}_1$ operieren. Nach Definition des tautologischen Linienbündels $\mathcal{O}(-1)$ auf dem $\mathbb{P}_1$ ist dessen Totalraum die aufgeblasene Ebene $\hat{\mathbb{C}}^2$ mit der exzeptionellen Kurve $E \simeq \mathbb{P}_1$ als Nullschnitt. Wir betrachten das Diagramm

$$\begin{array}{ccccc} \mathcal{O}(-1) & \xrightarrow{d} & \mathcal{O}(-m) & \xrightarrow{\bar{f}} & \mathcal{O}(-1) \\ & \searrow & \downarrow & & \downarrow \\ & & \mathbb{P}_1 & \xrightarrow{f} & \mathbb{P}_1 \simeq E\,. \end{array}$$

$\mathcal{O}(-m)$ ist das zurückgeholte Bündel $f^*\mathcal{O}(-1)$, und d ist die Diagonalabbildung $s \to s \otimes \ldots \otimes s \in \mathcal{O}(-1)^{\otimes m} = \mathcal{O}(-m)$. Für die Totalräume ist $\hat{\pi} := \bar{f} \circ d$ eine Überlagerung von $\hat{\mathbb{C}}^2$, wobei das Urbild der exzeptionellen Kurve wieder eine rationale (-1)-Kurve ist. Man überzeugt sich leicht, daß man nach Kontrahieren beider Kurven die gewünschte Überlagerung π erhält. Die Galois-Gruppe ist eine zentrale Erweiterung der ursprünglichen Polyedergruppe mit einer zyklischen Gruppe der Ordnung m. □

<u>7. Satz.</u> $\pi: Y \to X$ sei eine Galois-Überlagerung zwischen glatten Flächen. Wenn dann der Verzweigungsort in $x_o \in X$ lokal aus $r \geq 3$ nichtsingulären Komponenten besteht, die sich in x_o transversal schneiden, so ist $r = 3$, und es liegt die in Satz 6 beschriebene Situation vor.

Beweis. Ohne Einschränkung bestehe $\pi^{-1}(x_o)$ nur aus einem Punkt y_o, und X sei ein kleiner Ball im $\mathbb{C}^2$. Die Aufblasung $\sigma: \hat{X} \to X$ in x_o

induziert die Abbildungen

$$\begin{array}{ccc} Y & \xleftarrow{\hat{\sigma}} & \hat{Y} \\ \pi \downarrow & & \downarrow \hat{\pi} \\ X & \xleftarrow{\sigma} & \hat{X} \end{array} ,$$

wobei $\hat{Y}$ nun über den Schnittpunkten der exzeptionellen Kurve E mit den eigentlichen Urbildern $\hat{L}_i$ der Verzweigungskurven von π singulär sein kann. $f\colon \overline{Y} \to \hat{Y}$ sei eine Auflösung dieser Singularitäten durch Ketten rationaler Kurven mit Selbstschnittzahlen ≤ -2 (s. z.B. [Lau]). $(f\circ\hat{\sigma})^{-1}(y_o)$ besteht aus dem eigentlichen Urbild $\overline{E}$ von E unter $f\circ\hat{\pi}$ als zentraler Kurve und diesen Ketten als Armen. Diese Konfiguration muß also durch sukzessives Niederblasen von (-1)-Kurven verschwinden [B-P-VdV], III.4), was nur möglich ist, wenn $\overline{E}$ selbst exzeptionell ist und höchstens zwei Arme vorhanden sind. Die Einschränkung $\overline{E} \to E$ ist daher eine Überlagerung der projektiven Geraden über sich selbst. Die Verzweigungsordnung in $\hat{L}_i \cap E$ sei n_i'. Die Hurwitz-Formel ergibt dann für den Grad d

$$(\diamond) \qquad \frac{2}{d} = 2 - \sum(1 - \frac{1}{n_i'}).$$

Wenn über $\hat{L}_i \cap E$ keine Singularität von $\hat{Y}$ liegt, gilt $n_i' = n_i \geq 2$ (Satz 4(c)). Da höchstens zwei Singularitäten auftauchen, bleiben für die $n_i' \neq n_i$ nur die Fälle

- $n_i' = n_j' = d \quad (i \neq j)$
- $n_i' = d$
- $2n_i' = d$.

Die ersten beiden Fälle kollidieren mit $(\diamond)$, im letzten Fall folgt nach $(\diamond)$ $r = 3$ und $n_j = 2$ für die übrigen beiden Punkte. Dann haben wir aber schon den in Satz 6 beschriebenen Fall und erhalten nachträglich $n_1' = n_1$. □

C.2 PASSENDE ÜBERLAGERUNGEN ZU GEWICHTETEN KURVENKONFIGURATIONEN

<u>1. Definition.</u> Eine *Kurvenkonfiguration* L ist die Vereinigung von k verschiedenen zusammenhängenden nichtsingulären Kurven $L_1,\ldots,L_k$ auf einer glatten Fläche S, von denen sich je zwei stets transversal schneiden. Eine *Geradenkonfiguration* ist eine Kurvenkonfiguration aus projektiven Geraden auf dem $\mathbb{P}_2(\mathbb{C})$.

Für jedes $p \in S$ bezeichne $r(p)$ die Anzahl der L_i in L, die p enthalten. $p_1,..,p_s$ seien die $p \in S$ mit $r(p) \geq 3$; die p_ν heißen *singuläre Schnittpunkte* von L. $r(p_\nu)$ wird mit r_ν abgekürzt. Für jede Kurve L_i und jedes $r \geq 2$ setzen wir

$$\tau_{i,r} := \{p \in L_i : r(p) = r\}$$
$$\tau_i := \{p \in L_i : r(p) \geq 2\}$$
$$\sigma_i := \{p \in L_i : r(p) \geq 3\}.$$

$\sigma\colon \hat{S} \to S$ sei die Aufblasung in den singulären Schnittpunkten von L. Dann wird die aus den eigentlichen Transformierten L_i' der L_i und den exzeptionellen Kurven $E_\nu = \sigma^{-1}(p_\nu)$ bestehende Konfiguration $\hat{L}$ auf $\hat{S}$ als *Regularisierung* von L bezeichnet.

<u>2. Definition.</u> *Gewichte* für eine Kurvenkonfiguration sind ganze Zahlen $n_i \geq 1$ $(i = 1,..,k)$ und $m_\nu \geq 1$ $(\nu = 1,..,s)$.

Das Gewicht 1 ist hier also ausdrücklich zugelassen.

<u>3. Definition.</u> L sei eine Kurvenkonfiguration auf S mit den Gewichten $n_1,..,n_k$ und $m_1,..,m_s$. Eine verzweigte Galois-Überlagerung

$$\pi\colon \hat{X} \to \hat{S}$$

heißt zu den Gewichten *passende Überlagerung*, wenn $\hat{X}$ eine nichtsinguläre Fläche ist und π genau entlang der Kurven L_i' mit Ordnung n_i und entlang der E_ν mit Ordnung m_ν verzweigt ist. Wenn es eine solche Überlagerung gibt, heißt die gewichtete Konfiguration auch *uniformisierbar*. Das Komplement $\hat{S} \setminus \hat{L} = S \setminus L$ wird mit S^o bezeichnet, der Überlagerungsgrad mit N. Die reduzierten Urbilder der L_i' bzw. E_ν seien $\tilde{L}_i$ bzw. $\tilde{E}_\nu$.

<u>4.</u> Passende Überlagerungen zu einer vorgegebenen gewichteten Konfiguration sind - wenn sie überhaupt existieren - meist nicht eindeutig bestimmt. Zu je zwei Überlagerungen gibt es jedoch eine dritte, die die beiden unverzweigt überlagert (s. C.4.5).

<u>5.</u> In der betrachteten Situation haben wir das folgende kommutative Diagramm (C.1.3):

$$\begin{array}{ccccc} X & & \xleftarrow{\ \tilde\sigma\ } & & \hat X \\ & \nwarrow & & \nearrow & \\ & & X^o & & \\ \pi\downarrow & & \downarrow & & \downarrow\hat\pi \\ & & S^o & & \\ & \swarrow & & \searrow & \\ S & & \xleftarrow[\ \sigma\ ]{} & & \hat S \end{array}$$

π ist die Fortsetzung der unverzweigten Überlagerung $X^o \to S^o$. Die Fläche X ist normal, und $\tilde\sigma$ ist eine Auflösung der Singularitäten von X (mit Ausnahme der Situation von C.1.7).

6. Über einer glatten Kurve C mit Verzweigungsordnung n induziert $\hat\pi$ eine $\frac{N}{n}$-blättrige Überlagerung. Der Divisor $\hat\pi^*C$ auf $\hat X$ ist das n-fache der reduzierten Urbildkurve $\hat\pi^{-1}(C)$. Über dem Schnittpunkt zweier Kurven mit den Ordnungen n und m liegen $\frac{N}{nm}$ Punkte von $\hat X$. Nach C.1.4(b) ist $\hat\pi^{-1}(C)$ nichtsingulär.

C.3 DIE FUNDAMENTALGRUPPE DES KOMPLEMENTS EINER GERADENKONFIGURATION

1. Definition. C sei eine projektive Gerade, $q_1,\dots,q_r$ paarweise verschiedene Punkte auf C. q sei ein Punkt in $C^o = C-\{q_1,\dots,q_r\}$. *Einfache Erzeugende* der Fundamentalgruppe $\pi_1(C^o,q)$ sind dann Elemente $\omega_1,\dots,\omega_r$ mit $\omega_1\cdot\ldots\cdot\omega_r = 1$, wobei die Umlaufzahl eines ω_i um q_i gleich 1 und um die übrigen q_j gleich 0 ist.

2. Für solche $\omega_1,\dots,\omega_r$ hat dann $\pi_1(C^o,q)$ die Präsentation

$$\langle\, \omega_1,\dots,\omega_r \mid \omega_1\cdot\ldots\cdot\omega_r = 1 \,\rangle .$$

3. Satz. L sei eine Geradenkonfiguration auf $S = \mathbb{P}^2$ mit dem Komplement $S^o = S\setminus L$. $C \subset S$ sei eine weitere Gerade, die keine Schnittpunkte von L trifft. q sei ein Punkt auf $C^o = C\cap S^o$.

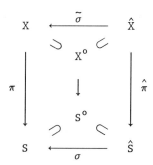

Dann gilt

(a) Die Inklusion $C^o \to S^o$ induziert einen Epimorphismus

$$\iota: \pi_1(C^o,q) \twoheadrightarrow \pi_1(S^o,q) =: H.$$

(b) Auf dem Niveau der Faktorkommutatorgruppen (= Homologiegruppen) induziert ι einen Isomorphismus

$$\iota': \pi_1'(C^o,q) \xrightarrow{\sim} \pi_1'(S^o,q) =: H'.$$

Einfache Erzeugende von $\pi_1(C^o,q)$ erzeugen also H. Der Satz ist altbekannt: (a) stammt von S. Lefschetz und gilt für beliebige Hyperflächen im $\mathbb{P}^M$, (b) ist eine einfache Folgerung aus der zuerst von O. Zariski [1929] angegebenen Präsentation von H. Für $M \geq 3$ ist schon ι ein Isomorphismus; in unserem Fall $M = 2$ ist es wichtig, daß L eine Geradenkonfiguration ist. Eine genauere Übersicht über diese Sätze und Beweise findet man bei D. Cheniot [1973]. Die Konstruktion einer Präsentation von H geben wir hier wieder, einmal um Aussage (b) zu beweisen und zum anderen, weil sie recht interessant ist. Referenz ist Cheniot [1973], Théorème (5.1.5) (dort nach van Kampen benannt, weil ein erster vollständiger Beweis von ihm stammt [1933]). Die Konstruktion wird später nicht mehr benötigt.

<u>4. Eine Präsentation von</u> $H = \pi_1(S^o,q)$. Die Voraussetzungen und Bezeichnungen von Satz 3 werden übernommen. $\omega_1,..,\omega_r$ seien einfache Erzeugende von $G = \pi_1(C^o,q)$. Die Bilder $\gamma_i = \iota(\omega_i)$ erzeugen dann H, und $\gamma_1\cdot...\cdot\gamma_r = 1$ ist eine Relation.

Sei nun A der Parameterraum aller Geraden durch q, die keine Schnittpunkte von L treffen. Ein Grundpunkt in A wird durch die Gerade C festgelegt. A ist eine gelochte projektive Gerade. Wenn nun ϑ eine Schleife in A ist, die jedem $t \in [0,1]$ eine Gerade C_t zuordnet $(C_0 = C = C_1)$, dann gibt es dazu eine Isotopie h_t $(t \in [0,1])$ der Einbettung $h_0: C^o \to S^o$ mit $H_t(C^o) = C_t \cap S^o$ und $h_t(q) = q$. h_1 transformiert die ω_i in Elemente ω_i' von G, deren Bilder unter ι nach Konstruktion mit denen der ω_i übereinstimmen. Andererseits wird jedes ω_i durch eine Schleife c_i repräsentiert, die man wie folgt wählen kann: Zunächst beschreibt c_i einen Weg von p zu einem Punkt nahe $L_i \cap C$, dann eine kleine kreisförmige Schleife um diesen Punkt und verfolgt dann den Hinweg zurück. Dasselbe gilt dann für ω_i', und zwar umläuft ω_i' wieder denselben Punkt im gleichen Umlaufsinn - und dies unterscheidet unseren Fall von dem einer beliebigen Kurve im $\mathbb{P}_2$. ω_i' ist daher in G zu ω_i konjugiert und stimmt in der Faktorkommutatorgruppe G' mit ω_i überein. Jede Schleife ϑ im Parameterraum A erzeugt so Relationen der Form $\iota(\omega_i) = \iota(\omega^{-1}\omega_i\omega)$. Der Satz von Zariski / van Kampen besagt nun, daß man so ein vollständiges Relationensystem für die γ_i erhält, wobei man offenbar mit endlich vielen Wegen, die $\pi_1(A)$ erzeugen, auskommt. □

<u>5. Definition.</u> L sei eine Kurvenkonfiguration auf einer Fläche S. L sei bezüglich lokaler Koordinaten (z_1, z_2) durch $z_1 = 0$ charakterisiert. Eine Schleife der Form $t \to (e^{2\pi it}, 0)$ $(0 \le t \le 1)$ heißt dann *kleine einfache Schleife* um die durch $z_1 = 0$ bestimmte Kurve von L. Eine *einfache Schleife* um eine Kurve L_i bezüglich eines Grundpunktes $q \in S^o$ ist die Hintereinanderschaltung eines von q ausgehenden Weges w, einer kleinen einfachen Schleife um L_i und des Rückweges w^- nach q. Auch die Homotopieklasse einer solchen einfachen Schleife in $\pi_1(S^o, q)$ wird als einfache Schleife bezeichnet.

<u>6. Bemerkung.</u> Da je zwei kleine einfache Schleifen um L_i als freie Schleifen, d.h. ohne Fixierung des Basispunktes, ineinander deformiert werden können, sind je zwei einfache Schleifen um L_i in der Fundamentalgruppe H konjugiert.

<u>7. Definition.</u> p sei ein Doppelpunkt $L_i \cap L_j$ der Kurvenkonfiguration L. Bezüglich lokaler Koordinaten (z_1, z_2) in einem durch $|z_1| < 1$, $|z_2| < 1$ definierten Polyzylinder U_p sei L durch $z_1 z_2 = 0$ charakterisiert. Die Fundamentalgruppe $\pi_1(U_p \cap S^o, p')$ $(p' \in U_p \cap S^o)$ heißt dann *lokale Fundamentalgruppe* in p.

<u>8. Bemerkung.</u> $U_p \cap S^o$ läßt sich auf den Torus $|z_1| = \frac{1}{2}$, $|z_2| = \frac{1}{2}$ zurückziehen. Die lokale Fundamentalgruppe in p ist daher (bis auf die offensichtlichen Isomorphismen) unabhängig von den Auswahlen; sie ist das freie abelsche Erzeugnis zweier einfacher Schleifen um L_i und L_j (in $(U_p \cap S^o, p')$).

9. Lokale Fundamentalgruppen einer Geradenkonfiguration. L sei eine Geradenkonfiguration. Die exzeptionellen Kurven E_ν auf $\hat{S}$ werden von nun an auch mit $L'_{k+\nu}$ bezeichnet, so daß also $L^\wedge$ aus $L'_1,\ldots,L'_{k+s}$ besteht. p sei ein Schnittpunkt $L'_\alpha \cap L'_\beta$ von $L^\wedge$ mit lokaler Fundamentalgruppe $H_p = \pi_1(U_p \cap S^o, p)$, die von einfachen Schleifen $\omega_{\alpha p}$, $\omega_{\beta p}$ um L'_α bzw. L'_β erzeugt wird.

$$\iota_p:\ H_p \to H = \pi_1(S^o, q)$$

sei ein durch die Inklusion induzierter Homomorphismus. $\iota(\omega_{\alpha p})$ und $\iota(\omega_{\beta p})$ sind dann einfache Schleifen um L'_α bzw. L'_β in H. Falls L'_α eine der transformierten Geraden ist (d.h. $\alpha \leq k$), ist damit $\iota(\omega_{\alpha p})$ konjugiert zu dem Erzeugenden γ_α von H. Anderenfalls gilt

10. Lemma. $L_1,\ldots,L_r$ seien $r \geq 1$ Geraden durch den Ursprung im $\mathbb{C}^2$, $U \subset \mathbb{C}^2$ ein offener Ball um 0 und U^o das Komplement der L_i in U. Dann gibt es einfache Schleifen ω_i um die L_i in U^o, deren Produkt $\omega_1 \cdot \ldots \cdot \omega_r$ in $\pi_1(U^o, q)$ eine einfache Schleife um die exzeptionelle Kurve E ist, die beim Aufblasen des Ursprungs entsteht.

Beweis „durch Zeichnung":

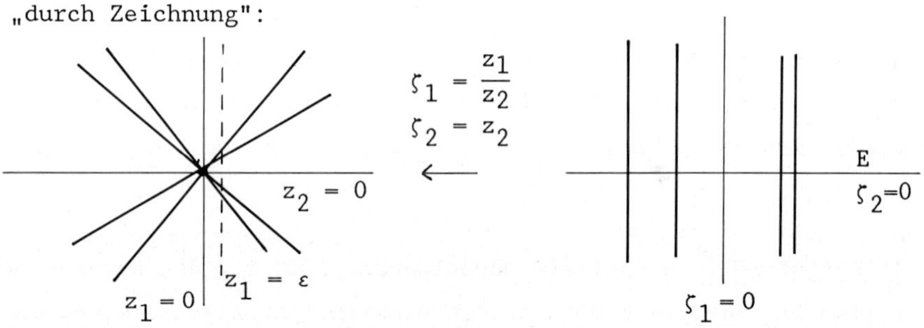

Ohne Einschränkung sei $z_1 = 0$ keine der Geraden L_i. Für genügend kleines $\varepsilon \in \mathbb{C}$ liegen alle Schnittpunkte p_i der L_i mit der Geraden $z_1 = \varepsilon$ im Inneren einer Kreisscheibe $\{(z_1,z_2) \mid z_1 = \varepsilon, |z_2| < r\} \subset U$, deren Randkurve einerseits ein Produkt $\omega_1 \cdot \ldots \cdot \omega_r$ einfacher Schleifen ω_i um die L_i (in der Kreisscheibe) ist, andererseits innerhalb U^o auf die Gerade $z_1 = 0$ parallel verschoben werden kann. Diese Schleife ist dann eine einfache Schleife um E, wie man in der Koordinatendarstellung der Aufblasung sofort sieht. □

Damit ist die Topologie von S^{o} für unsere Zwecke ausreichend beschrieben. Der Vollständigkeit halber sei noch erwähnt, daß M. Kato beim Beweis seines Existenzsatzes für Uniformisierungen ([1984], Satz C.4.7 in der vorliegenden Arbeit) die Konstruktionen in diesem Abschnitt sehr genau durchgeführt und dabei das Zusammenspiel der lokalen Fundamentalgruppen mit der globalen detaillierter beschrieben hat.

C.4 EXISTENZUNTERSUCHUNG MIT HILFE DER FUNDAMENTALGRUPPE

1. Satz. L sei eine Kurvenkonfiguration. Mit den Bezeichnungen aus Abschnitt C.3 gilt dann

(a) Die Isomorphieklassen verzweigter Galois-Überlagerungen von $\hat{S}$, deren Verzweigungsort in $\hat{L}$ liegt, stehen in bijektiver Beziehung zu den Normalteilern von endlichem Index in $H = \pi_1(S^{o},q)$. Die Decktransformationsgruppe der Überlagerung ist dabei isomorph zur entsprechenden Faktorgruppe von H.

(b) $A \subset H$ sei ein Normalteiler von endlichem Index, $\pi\colon \hat{X} \to \hat{S}$ die zugehörige Überlagerung. Dann ist die Verzweigungsordnung n_α längs einer Kurve L'_α in $\hat{L}$ gleich der Ordnung einer einfachen Schleife um L'_α modulo A. Über einem Schnittpunkt p von zwei Kurven L'_α und L'_β von L' ist $\hat{X}$ genau dann nichtsingulär, wenn der Normalteiler $\iota_p^{-1}(A)$ in der lokalen Fundamentalgruppe H_p von $(\omega_{\alpha p})^{n_\alpha}$ und $(\omega_{\beta p})^{n_\beta}$ erzeugt wird.

Beweis. (a) folgt sofort aus dem entsprechenden Satz für unverzweigte Galois-Überlagerungen und dem Fortsetzungssatz C.1.3. Zu (b): Nahe p zerfällt die Überlagerungsfläche lokal in mehrere Zusammenhangskomponenten. Die einzelnen Überlagerungen entsprechen dann dem Normalteiler $\iota_p^{-1}(A)$. Die Aussage ist daher nur eine Umformulierung von Satz C.1.4; die Äquivalenz der Koordinatenbeschreibung dort mit der Formulierung hier ist einfach, siehe z.B. [Lau], p. 7-13. □

Während es so gut wie hoffnungslos erscheint, Satz 1 für einen allgemeinen Existenzbeweis für Uniformisierungen zu benutzen, wurde das analoge Problem im eindimensionalen Fall von R.H. Fox gelöst:

<u>2. Satz.</u> C^o sei das Komplement von $r \geq 1$ Punkten $q_1,..,q_r$ auf der projektiven Geraden C, und $\omega_1,..,\omega_r$ seien einfache Erzeugende der Fundamentalgruppe $G = \pi_1(C^o,q)$.
(a) Die nur in den q_i verzweigten Galois-Überlagerungen von C entsprechen bijektiv den Normalteilern A von endlichem Index in G. Die Verzweigungsordnung in q_i ist gleich der Ordnung von ω_i modulo A.
(b) Eine verzweigte Galois-Überlagerung zu den Verzweigungsordnungen $n_1,..,n_r \geq 2$ gibt es genau dann, wenn entweder $r \geq 3$ oder $r = 2$ und $n_1 = n_2$ ist.

Beweis. (a) ist das eindimensionale Analogon der Aussage von Satz 1. (b) folgt dann für $r \leq 2$ sofort daraus, daß G trivial oder gleich $\mathbb{Z}$ ist; für $r \geq 3$ konstruierte Fox [1952] eine endliche Gruppe G' mit r Erzeugenden der Ordnungen $n_1,..,n_r$, deren Produkt trivial ist. Daher läßt sich ein Homomorphismus $G \twoheadrightarrow G'$ angeben, der die gewünschte Überlagerung definiert. □

In einigen besonders einfachen Fällen kann man den zweidimensionalen Fall auf den eindimensionalen zurückspielen:

<u>3. Lemma.</u> L sei eine der folgenden gewichteten Konfigurationen:

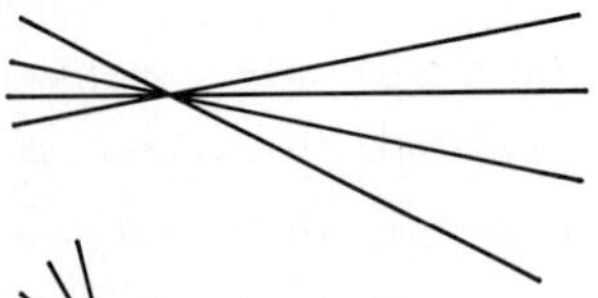

(a) ein Büschel aus $r \geq 3$ Geraden $L_1,..,L_r$ durch $p_1 \in S = \mathbb{P}_2$ mit Gewichten $n_1,..,n_r$ und $m_1 = 1$.

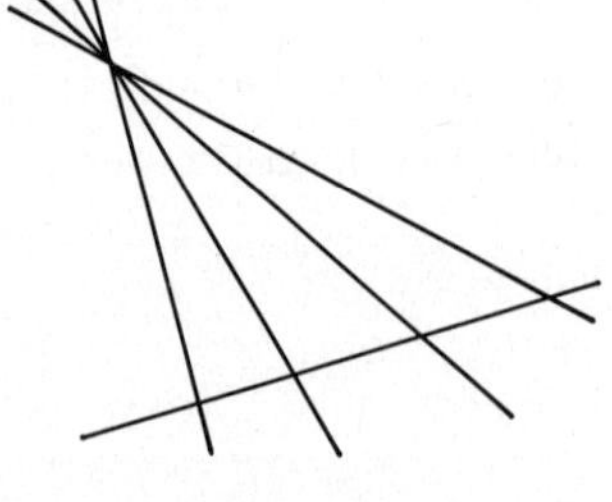

(b) ein Fast-Büschel, das außer den r Geraden aus (a) noch eine weitere Gerade L_{r+1} ($L_{r+1} \not\ni p_1$) enthält, mit Gewichten $n_1,..,n_{r+1}$ und $m_1 = n_{r+1}$.

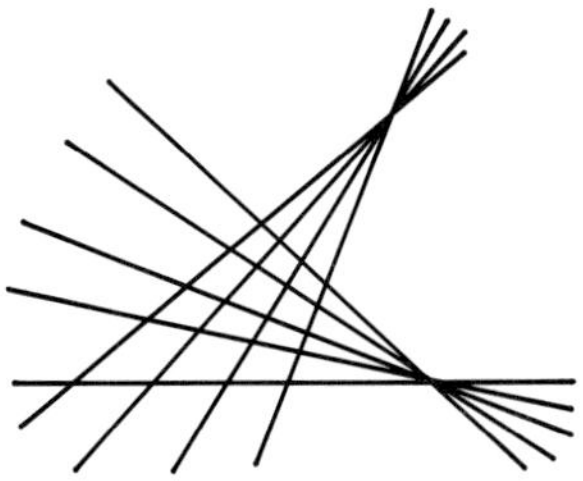

(c) ein Doppelbüschel aus $r \geq 3$ Geraden $L_1,..,L_r$ durch $p_1 \in S$ und $s \geq 3$ Geraden $L_{r+1},..,L_{r+s}$ durch $p_2 \neq p_1$, wobei die Verbindungsgerade von p_1 und p_2 nicht zu L gehört, mit Gewichten $n_1,..,n_{r+s}$ und $m_1 = m_2$.

Dann gibt es eine passende Überlagerung zu L mit diesen Gewichten. Die Bedingungen $m_1 = 1$, $m_1 = n_{r+1}$ bzw. $m_1 = m_2$ sind für die Existenz notwendig.

Beweis. Zuerst wird die letzte Aussage gezeigt. Sei also $\hat{\pi}: \hat{X} \to \hat{S}$ eine passende Überlagerung. C sei eine weitere Gerade, die in den Fällen (a) und (b) durch p_1 und im Fall (c) durch p_1 und p_2 geht. Auf $\hat{S}$ wird die Transformierte $\hat{C}$ zu einer rationalen Kurve, über der $\hat{\pi}$ höchstens zwei Verzweigungspunkte hat. Da $\hat{C}$ den Verzweigungsort transversal trifft, induziert $\hat{\pi}$ eine verzweigte Überlagerung von $\hat{C}$ mit diesen Verzweigungspunkten, woraus nach Satz 2 (b) die Behauptung folgt.

Nun zur Existenz. Fall (a) ist sofort erledigt, da das Komplement S^o auf die unendlich ferne Gerade zurückgezogen werden kann, wo eine Überlagerung nach Satz 2(b) existiert. Da eine einfache Schleife um die exzeptionelle Kurve E_1 trivial ist, ist die Fortsetzung auf $\hat{S}$ längs E_1 unverzweigt.

Fall (b) kann ähnlich behandelt werden, wird aber hier besser als degenerierter Spezialfall von (c) aufgefaßt, d.h. mit einem weiteren Punkt p_2 auf L_{r+1}, $m_2 = n_{r+1}$ und $s = 1$.

C sei die Verbindungsgerade von p_1 und p_2, $\hat{C}$ ihre Transformierte in $\hat{S}$. Niederblasen der (-1)-Kurve $\hat{C}$ liefert insgesamt einen birationalen Morphismus

$$S = \mathbb{P}_2 \longrightarrow \mathbb{P}_1 \times \mathbb{P}_1 = S".$$

Die Bilder der L_i' und E_ν in $S"$ seien $L_i"$ bzw. $E_\nu"$; $S"$ ist dann in kanonischer Weise gleich $E_1" \times E_2"$. E_ν^o sei das Komplement der Schnittpunkte mit den $L_i"$ in $E_\nu"$. Bis auf die Gerade C stimmen dann

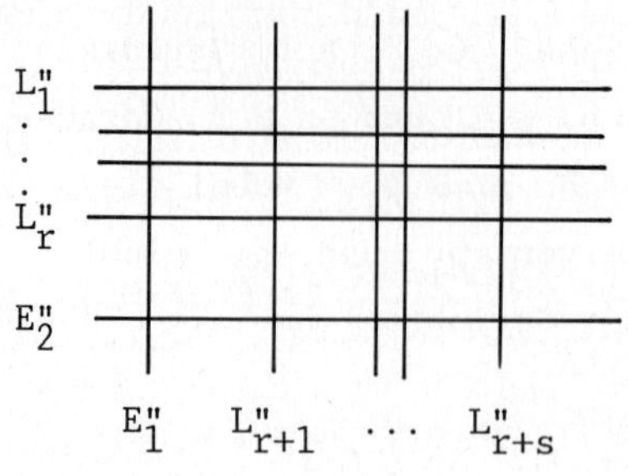

also S^o und $E_1^o \times E_2^o$ überein; es ist $\pi_1(E_1^o \times E_2^o,(q_1,q_2)) = H_1 \times H_2$ mit $H_\nu = \pi_1(E_\nu^o,q_\nu)$. $\omega_1,..,\omega_r,\delta_2$ bzw. $\omega_{r+1},..,\omega_{r+s},\delta_1$ seien einfache Erzeugende von H_1 bzw. H_2, wobei δ_ν die Gerade E_ν'' und ω_i die Gerade L_i'' umläuft.

In die Sprache der Algebra übersetzt, liefert Satz 2 Homomorphismen

$$\varphi_1': H_1 \to \Phi_1' \qquad \varphi_1'': H_1 \to \Phi_1''$$

auf endliche Gruppen Φ_1' und Φ_1'', unter denen $\omega_1,..,\omega_r$ auf Elemente der Ordnungen $n_1,..,n_r$ abgebildet werden und δ_2 im ersten Fall die Ordnung m_2 erhält und im zweiten Fall verschwindet.

$$\varphi_1 = \varphi_1' \times \varphi_2'': \quad H_1 \longrightarrow \Phi_1 = \Phi_1' \times \Phi_1''$$

hat dann die Eigenschaft

($\Diamond_1$) Für jedes Konjugierte ε_2 zu δ_2, für $i = 1,..,r$ und alle $a,b \in \mathbb{Z}$ gilt: $\omega_i^a \varepsilon_2^b \in \ker \varphi_1 \iff n_i | a$ und $m_2 | b$.

Analog wird im Fall (c) $\varphi_2: H_2 \to \Phi_2$ definiert. Im Fall (b) ist φ_2 einfach der kanonische Homomorphismus zum von $\delta_1^{m_1}$ erzeugten Normalteiler von $H_2 = \langle\delta_1\rangle$. A sei der von $(\varphi_1(\delta_2),\varphi_2(\delta_1))$ erzeugte Normalteiler von $\Phi_1 \times \Phi_2$. Der dadurch induzierte Homomorphismus

$$\tilde{\varphi}: H_1 \times H_2 \longrightarrow (\Phi_1 \times \Phi_2)/A$$

definiert eine verzweigte Überlagerung von $\hat{S}$, die über dem Komplement der L_i' und E_ν unverzweigt ist, denn die einfache Schleife $(\delta_2,\delta_1) \in H_1 \times H_2$ liegt ja nach Konstruktion im Kern. Für einen Doppelpunkt $p = L_i' \cap L_j'$ sind $(\omega_i,1)$ und $(1,\omega_j)$ bis auf Konjugation Bilder von Erzeugenden der lokalen Fundamentalgruppe. $\tilde{\varphi}(\omega_i^a \omega_j^b) = 1$ impliziert $\varphi_1(\omega_i^a) = \varphi_1(\varepsilon_2)^c$ für ein Konjugiertes ε_2 von δ_2 und ein $c \in \mathbb{Z}$, woraus wegen ($\Diamond_1$) $n_i | a$, $m_2 | c$ und daher $n_j | b$ folgt. Über $L_i' \cap L_j'$ liegen daher glatte Punkte der Überlagerungsfläche (C.4.1 (b)). Analog geht man für $L_i' \cap E_1'$ vor. Im Fall (b) ist damit alles gezeigt, denn das Aufblasen von p_2 war ja überflüssig. Im Fall (c) ist die Situation symmetrisch in $\nu = 1,2$, und wir sind auch hier fertig. □

Uniformisierbare Konfigurationen können zusammengesetzt werden, wobei für die Gewichte das kleinste gemeinsame Vielfache (kgV) gebildet wird. Schwierigkeiten tauchen dabei auf, wenn ein singulärer Schnittpunkt der zusammengesetzten Konfiguration in einer der Ausgangskonfigurationen nicht singulär war:

4. Proposition. (Vereinigung uniformisierbarer Konfigurationen).
$L^{(a)}$, $a = 1,..,q$, seien uniformisierbare gewichtete Kurvenkonfigurationen auf einer Fläche S, L sei die Vereinigung der $L^{(a)}$. Für $a = 1,..,q$, $i = 1,..,k$ und jeden singulären Schnittpunkt p_ν von L sei

$$n_i^{(a)} := \begin{cases} \text{Gewicht von } L_i \text{ in } L^{(a)}, \text{ falls } L_i \subset L^{(a)}; \\ 1 \quad \text{sonst} \end{cases}$$

$$m_\nu^{(a)} := \begin{cases} \text{Gewicht von } p_\nu \text{ in } L^{(a)}, \text{ falls } p_\nu \text{ ein singulärer Schnittpunkt von } L^{(a)} \text{ ist;} \\ \mathrm{kgV}\,(n_i^{(a)} \mid L_i \ni p_\nu) \quad \text{sonst.} \end{cases}$$

$n_i := \mathrm{kgV}(n_i^{(1)},...,n_i^{(q)})$ und $m_\nu := \mathrm{kgV}(m_\nu^{(1)},...,m_\nu^{(q)})$ sind dann Gewichte für L.

Falls ein singulärer Schnittpunkt p_ν in einer Konfiguration $L^{(a)}$ nicht singulär ist, setzen wir noch voraus:

Es gibt ein $a' \in \{1,..,q\}$, so daß p_ν in $L^{(a')}$ singulär ist und eine der folgenden Bedingungen gilt:

(α) $n_i^{(a)} | m_\nu^{(a')}$

(β) $n_i^{(a)} | n_i^{(a')}$

(γ) p_ν ist ein Doppelpunkt $L_i \cap L_j$ von $L^{(a)}$ mit $n_i^{(a)} = n_j^{(a')}$.

Dann ist L mit den angegebenen Gewichten uniformisierbar. Wenn für alle $L^{(a)}$ abelsche Überlagerungen existieren, dann auch für L.

Beweis. Die Überlagerungen zu den einzelnen Konfigurationen liefern auch verzweigte Überlagerungen von $\hat{S}$ (die Standardbezeichnungen beziehen sich auf L), die zu Normalteilern $A^{(a)}$ von H gehören. Der Durchschnitt A dieser Normalteiler ist dann ebenfalls ein Normalteiler endlicher Ordnung und definiert eine verzweigte Überlagerung $\hat{\pi}: \hat{X} \to \hat{S}$. Einfache Schleifen um die L_i' und E_ν haben modulo $A^{(a)}$ tatsächlich die Ordnung $n_i^{(a)}$ bzw. $m_\nu^{(a)}$ (s. C.3.10 für die nicht-singulären Sonderfälle) und daher modulo A die gewünschte Ordnung n_i bzw. m_ν. Zu zeigen ist daher nur, daß $\hat{X}$ nicht-singulär ist, und das ist nicht trivial: Wenn man z.B. einen glatten Punkt des Verzweigungsortes aufbläst und dann die induzierte Überlagerung betrachtet, ist diese über dem unendlich benachbarten Punkt singulär.

Sei also p ein Doppelpunkt $L'_\alpha \cap L'_\beta$ von L' $(1 \le \alpha,\beta \le k+s$ wie in C.3.9) und H_p die lokale Fundamentalgruppe, erzeugt von einfachen Schleifen um L'_α und L'_β, deren Bilder unter ι_p mit $\gamma_{\alpha p}$ und $\gamma_{\beta p}$ bezeichnet seien. Nach Satz 1(b) ist zu zeigen:

$$\gamma_{\alpha p}^{a}\gamma_{\beta p}^{b} \in A \iff n_\alpha | a,\ n_\beta | b.$$

Wenn die durch die $A^{(a)}$ definierten Überlagerungen über p nichtsingulär sind, folgt das auch für A. Probleme tauchen also nur dann auf, wenn eine der Kurven, etwa L'_β, von einem singulären Schnittpunkt p_ν stammt und L'_α in einem $L^{(a)}$ liegt, für das p_ν kein singulärer Schnittpunkt ist. Wenn also in diesem Falle $\gamma_{\alpha p}^{a}\gamma_{\beta p}^{b}$ in A liegt, gelten für das nach der Zusatzvoraussetzung existierende a' die Relationen $n_\alpha^{(a')}|a$ und $m_\nu^{(a')}|b$. In $L^{(a)}$ liegt außer L_α höchstens eine weitere Kurve L_i durch p_ν, denn sonst wäre der Schnittpunkt ja singulär. Modulo $A^{(a)}$ ist $\gamma_{\beta p}$ dann ohne Einschränkung gleich $\gamma_{\alpha p}$ bzw. $\gamma_{\alpha p}\gamma_{ip}$, wobei γ_{ip} eine einfache Schleife um L_i ist. In jedem dieser Fälle folgen aus $\gamma_{\alpha p}^{a}\gamma_{\beta p}^{b} \in A^{(a)}$ die Relationen $n_\alpha^{(a)}|a+b$, $n_i^{(a)}|b$. Um $n_\alpha|a$ und $m_\nu|b$ zu erhalten, ist noch zu zeigen:

$$n_\alpha^{(a)}|a,\quad n_\beta^{(a)}|b\ ,$$

wovon offenbar eine Aussage reicht. Jede der Bedingungen (α) (β) (γ) führt hier zum Erfolg. □

<u>5. Korollar.</u> L sei eine Kurvenkonfiguration mit passenden Überlagerungen $\hat{\pi}^{(a)}: \hat{X}^{(a)} \to \hat{S}$ zu Gewichten $(n_i^{(a)},\ m_\nu^{(a)})$ für $a = 1,2$. Dann gibt es auch eine passende Überlagerung $\hat{\pi}: \hat{X} \to \hat{S}$ zu den Gewichten $n_i := \mathrm{kgV}(n_i^{(1)},n_i^{(2)})$ und $m_\nu := \mathrm{kgV}(m_\nu^{(1)},m_\nu^{(2)})$, die über die $\hat{\pi}^{(a)}$ faktorisiert:

$$\begin{array}{ccc} & \hat{X} & \\ \rho^{(1)} \swarrow & & \searrow \rho^{(2)} \\ \hat{X}^{(1)} & & \hat{X}^{(2)} \\ \hat{\pi}^{(1)} \searrow & & \swarrow \hat{\pi}^{(2)} \\ & \hat{S} & \end{array}$$

Die $\rho^{(a)}$ sind dabei nur über den $\tilde{L}_i^{(a)}$ mit Ordnung $n_i/n_i^{(a)}$ und den $\tilde{E}_\nu^{(a)}$ mit Ordnung $m_\nu/m_\nu^{(a)}$ verzweigt.

Beweis. $\hat{\pi}$ wird wie im vorangegangenen Beweis durch den Durchschnitt A der definierenden Normalteiler $A^{(a)}$ der $\hat{\pi}^{(a)}$ gegeben. $A^{(a)}$ ist auch das Bild der Fundamentalgruppe von $(\hat{\pi}^{(a)})^{-1}(S^o)$ unter dem Monomorphismus, der durch die Einschränkung von $\hat{\pi}^{(a)}$ induziert wird. Betrachtet als Normalteiler dieser Fundamentalgruppe definiert A eine verzweigte Überlagerung $\rho^{(a)}: \hat{X}^{(a)} \to X^{(a)}$, die dann die angegebenen Eigenschaften hat. □

6. Bemerkung. Falls L mit den vorgegebenen Gewichten überhaupt uniformisierbar ist, liefert der Durchschnitt aller Normalteiler zu solchen Überlagerungen die *universelle Überlagerung* oder *Uniformisierung* zu diesen Gewichten. Dies ist eine meist unendlichblättrige verzweigte Überlagerung von $\hat{S}$ durch eine einfach zusammenhängende Fläche, in unseren hyperbolischen Beispielen $\mathbb{B}^2$.

Mit dem Zusammensetzungs-Verfahren (Satz 4) folgt jetzt leicht der Uniformisierungssatz von Mitsuyoshi Kato. Spezifisch für Geradenkonfigurationen ist nur noch die Uniformisierbarkeit eines Büschels (Satz 3(a)), während in seinem Originalbeweis [1984] explizit die in C.3 beschriebene Konstruktion der Fundamentalgruppe H ausgeführt wird.

7. Satz. (M. Kato) L sei eine gewichtete Geradenkonfiguration. Für jede Gerade L_i sei die Anzahl σ_i der singulären Schnittpunkte auf L_i größer als 0, und für die Gewichte m_ν gelte

$$m_\nu = \mathrm{kgV}\,(\, n_i \mid p_\nu \in L_i,\ \ \sigma_i \geq 2)\ .$$

Dann ist L uniformisierbar.

Beweis. Für $\nu = 1,..,s$ sei $L^{(\nu)}$ das Büschel aller L_i, die p_ν enthalten, versehen mit den Gewichten n_i für die L_i und 1 für den singulären Schnittpunkt. $L^{(\nu)}$ ist nach Satz 3(a) uniformisierbar. Die Vereinigung nach Satz 4 ist wieder L mit den ursprünglichen Gewichten. Da für jedes p_ν, das ja für die übrigen $L^{(\nu)}$ nicht singulär ist, die Zusatzbedingung (α) erfüllt ist, folgt die Behauptung. □

C.5 ABELSCHE ÜBERLAGERUNGEN

Besonders einfach werden die Betrachtungen in den vorigen Abschnitten, wenn abelsche Überlagerungen gesucht werden. Diese entsprechen den Untergruppen der Faktorkommutatorgruppe H', die ja im Falle einer Geradenkonfiguration eine sehr einfache Struktur hat (C.3.3(b)). Eine offensichtliche Bedingung ist

1. Proposition. Wenn zu der gewichteten Geradenkonfiguration L eine passende abelsche Überlagerung existiert (die hier durchaus auch singulär sein darf), so gilt

$$m_\nu \mid \mathrm{kgV}(n_i \mid p_\nu \in L_i)$$

für alle singulären Schnittpunkte m_ν.

Beweis. Nach C.3.10 ist in H' eine einfache Schleife um E_ν das Produkt einfacher Schleifen um die beteiligten L_i, für die Ordnungen dieser Elemente modulo des definierenden Normalteilers gilt dann die angegebene Beziehung. □

Hinreichende Bedingungen sind umständlicher zu formulieren. Die spezielle Gestalt von H' erlaubt es daher aber, das Problem auf die Lösbarkeit simultaner Kongruenzen und damit letztlich auf elementare Arithmetik zu reduzieren:

2. L sei eine gewichtete Konfiguration aus $k \geq 3$ Geraden, die kein Büschel bilden. Es sei

$$\begin{array}{llll} F: & \mathbb{Z} \times \mathbb{Z}^s & \longrightarrow & \prod(\mathbb{Z}/n_i\mathbb{Z}) =: C \\ & (u;v_1,..,v_s) & \longrightarrow & (t_1,..,t_k) \end{array}$$

die $\mathbb{Z}$-lineare Abbildung mit $t_i \equiv u + \sum_{\nu\sim i} m_\nu v_\nu \pmod{n_i}$. Sie wird beschrieben durch die Matrix

$$M' = (1|\ M\ )$$

mit $1 = {}^t(1,..,1)$ und $M = (M_{i\nu})$, $m_{i\nu} = m_\nu$ für $p_\nu \in L_i$ und sonst 0. In der Gruppe C sei $c_i = (0,..,1,..,0)$ das Element mit genau einer 1 an der i-ten Stelle und sonst Nullen $(i = 1,..,k)$, für $\nu = 1,..,s$ sei d_ν die Summe aller c_i mit $p_\nu \in L_i$.

<u>3. Satz. (Existenz passender abelscher Überlagerungen).</u> L sei eine Konfiguration aus $k \geq 3$ Geraden im $\mathbb{P}_2$, die nicht alle durch einen Punkt laufen. Dann gibt es eine passende abelsche Überlagerung zu den Gewichten (n,m) genau unter den folgenden Bedingungen für die oben angegebene Abbildung F:

(α) $\operatorname{Bild} F \cap (\mathbb{Z}c_i + \mathbb{Z}c_j) = 0$ für jeden Dopelpunkt $L_i \cap L_j$.

(β) $\operatorname{Bild} F \cap (\mathbb{Z}c_i + \mathbb{Z}d_\nu) = \mathbb{Z}m_\nu d_\nu$ für alle ν und i mit $p_\nu \in L_i$.

Den Satz erhält man sofort aus dem folgenden Lemma.

<u>4. Lemma.</u> Sei L wie oben. Mit den Bezeichnungen aus C.2 sei $c_{k+\nu} := d_\nu$, $n_{k+\nu} := m_\nu$, $L'_{k+\nu} := E_\nu$ $(\nu = 1,..,s)$. $A \subset C$ sei die von allen $m_\nu d_\nu$ und dem Element $c_1+...+c_k$ erzeugte Untergruppe. Dann existiert eine passende abelsche Überlagerung genau unter der Bedingung

($\therefore$) Für jeden Schnittpunkt $L'_\alpha \cap L'_\beta$ $(1 \leq \alpha,\beta \leq k+s)$ von $\hat{L}$ gilt

$$t_\alpha c_\alpha + t_\beta c_\beta \in A \Rightarrow n_\alpha | t_\alpha, \quad n_\beta | t_\beta.$$

Beweis. Die nur über $\hat{L}$ verzweigten abelschen Überlagerungen von $\hat{S}$ entsprechen den Normalteilern von endlichem Index in H'. Nach C.3.3(b) ist H' die von einfachen Schleifen $\gamma_1,..,\gamma_k$ um die L_i erzeugte abelsche Gruppe mit der definierenden Relation $\gamma_1 \cdot ... \cdot \gamma_k = 1$. Einfache Schleifen um die E_ν sind nach C.3.10 durch das Produkt $\delta_\nu = \gamma_{k+\nu}$ aller beteiligten γ_i gegeben. Eine Untergruppe B von H', die die gewünschten Verzweigungsordnungen liefert, muß also alle $\gamma_i^{n_i}$ und $\delta_\nu^{m_\nu}$ enthalten. Sei nun $p = L'_\alpha \cap L'_\beta$ ein Schnittpunkt von $\hat{L}$, $1 \leq \alpha,\beta \leq k+s$. H_p sei die lokale Fundamentalgruppe (C.3.9), erzeugt von $\tilde{\gamma}_\alpha$ und $\tilde{\gamma}_\beta$ mit den Bildern γ_α und γ_β unter dem induzierten Homomorphismus $\iota'_p\colon H'_p \to H'$. Da L kein Büschel bildet, liegt $\langle\gamma_\alpha,\gamma_\beta\rangle$ im Erzeugnis einer echten Teilmenge von $\{\gamma_1,..,\gamma_k\}$, so daß die einzige Relation $\gamma_1 \cdot ... \cdot \gamma_k = 1$ auf $\langle\gamma_\alpha,\gamma_\beta\rangle$ trivial wird. Daher ist ι'_p eine Injektion. $\varphi\colon H' \to H'/B$ sei der kanonische Homomorphismus. Nach C.4.1(b) ist die zugehörige Überlagerung genau dann nicht-singulär, wenn für jeden Schnittpunkt gilt

$$(\because) \qquad \ker(\varphi\iota'_p) = \langle \tilde{\gamma}_\alpha^{n_\alpha}, \tilde{\gamma}_\beta^{n_\beta} \rangle .$$

(Die Bedingung über die Verzweigungsordnungen folgt hieraus.) Wenn also irgendein B die gewünschte Überlagerung liefert, so tut das schon $B = \langle \gamma_\alpha^{n_\alpha} \mid 1 \le \alpha \le k+s \rangle$, das dann die „universelleabelsche Uniformisierung" liefert. Mit diesem B haben wir für jedes p das kommutative Diagramm

$$\begin{array}{ccccc} & \nearrow & H' & \longrightarrow & H'/B \\ H_p & & & & \wr\downarrow \\ & \searrow & C & \longrightarrow & C/A \end{array}$$

mit den offensichtlichen Homomorphismen, und (∴) ist nur eine Umformulierung von (∵). □

<u>5. Korollar.</u> L sei eine gewichtete Konfiguration aus $k \ge 3$ Geraden, die nicht alle durch einen Punkt laufen.

(a) Notwendig für die Existenz einer passenden abelschen Überlagerung sind die Bedingungen

(α) $n_i \mid kgV(n_s \mid s \ne i,j)$ für jeden Doppelpunkt $L_i \cap L_j$,

(β) $n_i \mid kgV(n_j \mid j \ne i,\ p_\nu \in L_j)$ und $m_\nu \mid kgV(n_s \mid p_\nu \notin L_s)$ für jeden singulären Schnittpunkt p_ν und jedes $L_i \ni p_\nu$.

(b) Wählt man für beliebige n_i speziell m_ν als das kleinste gemeinsame Vielfache aller n_i mit $p_\nu \in L_i$, so sind (α) und (β) auch hinreichend für die Existenz einer abelschen Überlagerung.

Beweis. (a): Sei $L_i \cap L_j$ ein Doppelpunkt, α das kgV der restlichen n_s. Da $F(\alpha;0,..,0)$ nach Satz 3(α) verschwinden muß, gilt also $n_i|\alpha$ und $n_j|\alpha$.

Entsprechendes gilt für einen Schnittpunkt $L_i' \cap E_\nu$: Es sei $\varepsilon = kgV(n_j | p_\nu \in L_j,\ j \ne i)$ und $\delta = kgV(n_s | p_\nu \notin L_s)$. $\varepsilon c_i - \varepsilon d_\nu$ verschwindet nach Wahl von ε, und daher gilt $n_i|\varepsilon$ nach 3(β). Es ist $F(\delta;0,..,0) = \delta d_\nu$, woraus nach 3($\beta$) dann $m_\nu|\delta$ folgt.

(b): Nach Wahl von m_ν kann die Matrix M durch die Nullmatrix ersetzt werden. Das Bild von F ist jetzt nach dem Chinesischen Restsatz charakterisiert durch

(♦) $\quad t_i \equiv t_j\ (ggT(n_i,n_j))$ für alle i,j.

Es sei $L_i \cap L_j$ ein Doppelpunkt und $t_i c_i + t_j c_j \in$ Bild F. Nach (♦) ist t_i ein Vielfaches aller $ggT(n_i,n_s)$ $(s \ne i,j)$ und damit von

$$\mathrm{kgV}(\mathrm{ggT}(n_i,n_s)\,|\,s \neq i,j) = \mathrm{ggT}(n_i,\mathrm{kgV}(n_s\,|\,s \neq i,j)),$$

woraus mit (α) $t_i \equiv 0\ (n_i)$, also $t_i c_i = 0$ folgt. $t_j c_j = 0$ gilt dann natürlich auch, und wir haben 3(α) nachgewiesen. Wenn $L_i' \cap E_\nu$ ein Schnittpunkt von $\hat{L}$ ist und $\lambda c_i + \mu d_\nu =: t$ in Bild F liegt, so gilt für die Komponenten

$$\begin{aligned} t_i &= \lambda+\mu \\ t_j &= \mu \qquad (j \neq i,\ p_\nu \in L_j) \\ t_\ell &= 0 \qquad (\text{sonst}), \end{aligned}$$

also nach ($\blacklozenge$) $\lambda \equiv 0\ (\mathrm{ggT}(n_i,n_j))$ für dieses j und damit wie im Beweis von (a) $\lambda \equiv 0\ (\mathrm{ggT}(n_i,\mathrm{kgV}(n_j\,|\,j \neq i,\ p_\nu \in L_j))$, d.h. $\lambda \equiv 0\ (n_i)$ nach (β). Damit gilt dann

$$\mu \equiv 0\ (\mathrm{ggT}(n_i,n_\ell)) \qquad (p_\nu \notin L_\ell),$$

daher $\mu \equiv 0\ (\mathrm{ggT}(n_i,\mathrm{kgV}(n_\ell\,|\,p_\nu \notin L_\ell))$ und schließlich nach (β) $\mu \equiv 0\ (m_\nu)$. Damit ist auch 3(β) nachgewiesen. □

<u>6. Bemerkung.</u> Wie im Beweis von Satz 4 erwähnt wurde, definiert die Untergruppe Bild F der Gruppe C die *universelle abelsche Überlagerung (abelsche Uniformisierung)* zu den vorgegebenen Gewichten, falls überhaupt eine abelsche Überlagerung existiert. Im Gegensatz zum allgemeinen Fall (C.4.6) ist diese Uniformisierung also endlich, und man kann die Blätterzahl, d.h. die Ordnung der zu C/Bild F isomorphen Decktransformationsgruppe, ausrechnen. In vielen Fällen kommt man mit kleineren Graden aus; ein extremes Beispiel ist CEVA(3), wo für die Gewichte $n = 3$, $m_{(3)} = 1$ eine zyklische Überlagerung mit Galois-Gruppe $\mathbb{Z}/3\mathbb{Z}$ existiert (5.6,D).

C.6 PASSENDE ÜBERLAGERUNGEN ZU DEN SPIEGELUNGSGRUPPEN-KONFIGURATIONEN

<u>1. Ikosaeder-Konfiguration</u> (23) $n=2$, $m_{(3)}=4$, $m_{(5)}=4$:
Abelsche Überlagerungen kann es nach C.5.1 nicht geben. Wir wenden das Zusammensetzungs-Verfahren C.4.4 an: Für jedes Paar nicht durch eine Gerade verbundener Tripelpunkte gibt es nach C.4.3(c) eine Überlage-

rung zum zugehörigen Doppelbüschel mit $n_i = 2$ für die sechs Geraden und $m_\nu = 4$ für die beiden Tripelpunkte. Für je zwei Fünffachpunkte können wir ebenfalls das Doppelbüschel nehmen, wobei allerdings die Verbindungsgerade entfernt werden muß. Die Geraden bekommen das Gewicht 2, die beiden Zentren das Gewicht 4. Zusammensetzen dieser Teilkonfigurationen liefert die gewünschten Verzweigungsordnungen, und Bedingung (α) in C.4.4 garantiert, daß die so definierte Überlagerung nichtsingulär ist.

<u>2. Ikosaeder-Konfiguration</u> (23) $n=5$, $m_{(3)}=5$, $m_{(5)}=1$:
Man kann die Bedingungen in C.5.3 überprüfen und so zeigen, daß eine passende abelsche Überlagerung existiert. In diesem Fall können wir aber sogar eine Überlagerung vom Grad 25 angeben:

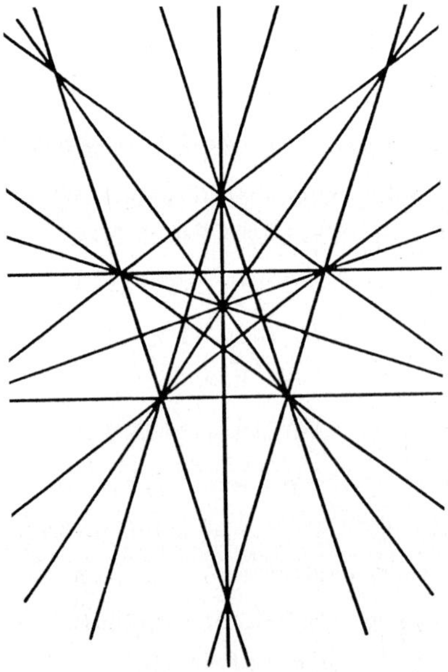

L zerfällt in fünf Dreiecke Δ_i aus Geraden A_i, B_i, C_i, wobei in der Zeichnung die A_i durch das Zentrum laufen und die B_i das äußere Fünfeck, die C_i das einbeschriebene Pentagramm bilden. Die zugehörigen Erzeugenden der abelschen Fundamentalgruppe H' seien α_i, β_i, γ_i. Ein Homomorphismus φ auf die Gruppe $G = (\mathbb{Z}/5\mathbb{Z})^2$ wird dadurch definiert, daß alle α_i auf $(3,3)$, alle β_i auf $(1,0)$ und alle γ_i auf $(0,1)$ abgebildet werden. Da je fünf Erzeugende von jeder Sorte vorkommen, wird die definierende Relation

$$\alpha_1 \beta_1 \gamma_1 \cdots \alpha_5 \beta_5 \gamma_5 = 1$$

respektiert, und wir erhalten wirklich einen Homomorphismus. Die einfachen Schleifen um die Geraden erhalten die Ordnung 5; in den Fünffachpunkten wird das Produkt der beteiligten Erzeugenden trivial, so daß hierkeine Verzweigung längs E_ν stattfindet. Es bleibt also die Situation in den Doppel- und Tripelpunkten zu untersuchen.

In den Doppelpunkten treffen sich je zwei Geraden verschiedener Typen.

Die Bilder einfacher Schleifen unter φ sind daher nach Konstruktion unabhängig in G, und die zugehörige Überlagerung ist nach C.4.1(b) glatt über diesen Punkten. Für die Tripelpunkte gilt das auch: In einem der äußeren Tripelpunkte treffen sich je zwei Geraden vom Typ B und eine vom Typ A, so daß eine einfache Schleife um die exzeptionelle Kurve auf (0,3), die entsprechenden Erzeugenden aber auf (1,0) bzw. (3,3) abgebildet werden. Die inneren Tripelpunkte behandelt man analog.

φ definiert also eine passende Überlagerung vom Grad 25. Ein kleinerer Grad ist auch gar nicht möglich, da schon über den Doppelpunkten so viele Blätter zusammenkommen müssen, wenn dort keine Singularitäten liegen.

Algebraisch wird die Überlagerung folgendermaßen beschrieben: Wir ziehen die fünfte Wurzel aus den Divisoren

$$3\cdot\sum A_i + \sum B_i \qquad \text{und} \qquad 3\cdot\sum A_i + \sum C_i$$

(s. 5.3,B), genauer: aus dem Pullback dieser Divisoren auf $\hat{\mathbb{P}}_2$. Die Verzweigungsordnungen haben dann den angegebenen Wert. Da in den Doppelpunkten überall lokal zwei unabhängige Wurzeln gezogen werden, kann man auch in dieser Sprache sofosrt sehen, daß die Überlagerungsfläche glatt ist.

<u>3.</u> G_{168}-<u>Konfiguration</u> (24) $n=2$, $m_{(3)}=4$, $m_{(4)}=2$:
Abelsche Überlagerungen gibt es nicht (C.5.1). Allerdings existiert die Kummer-Überlagerung zu $n = 2$, die auch in den Schnittpunkten das Gewicht 2 liefert. Für jedes Paar nicht verbundener Tripelpunkte ist das Doppelbüschel der Geraden durch diese Zentren mit den Gewichten 2 für die Geraden und 4 für die Punkte uniformisierbar. Da jeder Tripelpunkt nur mit $3\cdot(\tau_{i,3}-1) = 9$ anderen Tripelpunkten verbunden ist, aber $t_3 = 28$ solcher Punkte existieren, liegt jeder Tripelpunkt in einem solchen Doppelbüschel. Die Zusammensetzung all dieser Konfigurationen liefert also eine Überlagerung mit den gewünschten Verzweigungsordnungen, und Bedingung (α) in C.4.4 impliziert, daß diese tatsächlich glatt ist.

<u>4.</u> G_{168}-<u>Konfiguration</u> (24) $n=4$, $m_{(3)}=8$, $m_{(4)}=2$:
Zunächst basteln wir wie im Fall 3 die uniformisierbare Konfiguration mit $n=2$, $m_{(3)}=8$, $m_{(4)}=2$. Wenn wir jetzt noch nachweisen, daß eine Überlagerung zu $n=4$, $m_{(3)}=4$, $m_{(4)}=2$ existiert, sind wir fertig. In der Tat kann man sogar eine abelsche Überlagerung finden: Man stelle die Matrix M aus C.5.2 auf und rechne Bedingung C.5.3(b) für die Tripel- und Vierfachpunkte nach. Das ist zwar eine Menge Arbeit, aber lediglich lineare Algebra über $\mathbb{Z}/4\mathbb{Z}$. Befriedigender wäre es sicher, die Symmetrien der Situation auszunutzen und weniger zu rechnen. Das wollen wir im nächsten Fall einmal exemplarisch vorführen.

<u>5.</u> G_{168}-<u>Konfiguration</u> (24) $n=2$, $m_{(3)}=2$, $m_{(4)}=1$:
Zu einer Spiegelung s und einem Element t der Ordnung 7 in der G_{168} (s. 2.4,L ff) betrachten wir alle Konjugierten der Form

$$u_r := t^{-r}\, s\, t^r .$$

Wir erhalten so sieben Spiegelungen und damit eine Unterkonfiguration aus sieben Geraden L_r, deren Schnittverhalten wir nun untersuchen. Da je zwei Elemente der Ordnung 2 konjugiert sind und die beiden Konjugationsklassen für Elemente der Ordnung 7 sich nur um eine Spiegelung an der Hauptdiagonalen unterscheiden, können wir ohne Einschränkung die Repräsentanten $S = \begin{pmatrix} 0 & 1 \\ -1 & 0 \end{pmatrix}$ bzw. $T = \begin{pmatrix} 1 & 1 \\ 0 & 1 \end{pmatrix}$ in $\mathbb{P}SL_2(\mathbb{Z})$ benutzen. Wir erhalten Repräsentanten

$$U_r = \begin{pmatrix} r & r^2+1 \\ -1 & -r \end{pmatrix} \qquad\qquad S\cdot U_r = \begin{pmatrix} 1 & r \\ r & r^2+1 \end{pmatrix}$$

für u_r bzw. $s\cdot u_r$ und stellen fest, daß $S\cdot U_r$ für $r=\pm 1, \pm 3$ die Ordnung 4 und für $r=\pm 2$ die Ordnung 3 hat (natürlich modulo $\Gamma(7)$). Der Schnittpunkt von L_0 mit L_r hat dementsprechend die Vielfachheit 4 oder 3, und man rechnet leicht nach, daß für $q \not\equiv r$ (mod 7) das Element $s\cdot u_r$ keine Potenz von $s\cdot u_q$ sein kann. Die Schnittpunkte $L_0 \cap L_q$ und $L_0 \cap L_r$ sind damit verschieden. Wenn wir also die Wurzel aus den restlichen 14 Geraden ziehen, tritt jeder Vierfachpunkt mit gerader Ordnung auf. An den zugehörigen exzeptionellen Kurven findet also keine Verzweigung statt.

Adjungiert man nun genügend viele dieser Quadratwurzeln, so daß jede Gerade mindestens einmal auftritt, so erhält man schließlich die gewünschte Überlagerung. Da in den Tripelpunkten lokal unabhängige Wurzeln gezogen werden, wird diese Überlagerungsfläche über $\hat{S}$ glatt.

<u>6. Hesse-Konfiguration</u> (25) $n=4$, $m_{(4)}=2$:
Hier gibt es keine abelsche Überlagerung, obwohl die notwendigen Bedingungen aus C.5.5 alle erfüllt sind. Beim Nachrechnen stellt sich aber heraus, daß über den Doppelpunkten zwangsläufig Singularitäten entstehen. Eine explizite Beschreibung einer (nichtsingulären) passenden Überlagerung ist uns nicht bekannt.

<u>7. Erweiterte Hesse-Konfiguration</u> (26) $n_W=n_F=2$, $m_{(4)}=2$, $m_{(5)}=4$:
Da die Konfiguration aus der Hesse-Konfiguration L_W und der Konfiguration L_F = CEVA(3) zusammengesetzt ist, bietet sich das Vereinigungsverfahren C.4.4 an: Zu L_W konstruiert man die Kummer-Überlagerung mit $n = 2$, und zu L_F mit $n = 2$ und $m_{(3)} = 4$ bastelt man eine Überlagerung wie im Fall 3. Zusammen gibt das die gewünschte (nicht-abelsche) Überlagerung.

<u>8. Erweiterte Hesse-Konfiguration</u> (26) $n_W=2$, $n_F=3$, $m_{(4)}=m_{(5)}=2$:
Mit der Kummer-Überlagerung zu $n = 2$ für L_W kombinieren wir die durch die dritte Wurzel aus aller Geraden gebildete Überlagerung von L_F mit $n = 3$ und $m_{(3)} = 1$ (vgl. 5.6,D). Das ergibt eine abelsche Überlagerung zu den angegebenen Gewichten.

<u>9. Erweiterte Hesse-Konfiguration</u> (26) Übrige Fälle :
In den drei restlichen Fällen kann man die Existenz einer abelschen Überlagerung durch längere Rechnereien verifizieren (C.5.3). Auch hier könnte eine Zusammensetzungs-Konstruktion wie in den ersten Beispielen funktionieren, wenn man die Situation in den Fünffachpunkten geeignet interpretiert.

<u>10. G_{360}-Konfiguration</u> (27) $n=2$, $m_{(3)}=m_{(5)}=4$, $m_{(4)}=2$:
Hier kann man wieder wie im Fall 3 Doppelbüschel zusammensetzen. □□□

Literaturverzeichnis

MONOGRAPHIEN

[Au] AUBIN, Thierry: *Nonlinear Analysis on Manifolds. Monge-Ampère Equations.* Springer, New York 1982

[B-P-VdV] BARTH, W., C. PETERS, und A. VAN DE VEN: *Compact Complex Surfaces.* Springer, Berlin 1984

[Beau] BEAUVILLE, Arnaud: *Surfaces Algébriques Complexes.* Astérisque 54, Soc. Math. France 1978

[Bes] BESSE, Arthur L.: *Einstein manifolds.* Springer, Berlin 1987

[Bri-Knö] BRIESKORN, Egbert, und Horst KNÖRRER: *Ebene algebraische Kurven.* Birkhäuser, Boston 1981

[Ch] CHERN, Shiing-shen: *Complex Manifolds Without Potential Theory.* Second Edition. Springer, New York 1979

[Cox] COXETER, H.S.M.: *Regular Polytopes.* Second Edition. Macmillan, New York 1963

[DVal] DU VAL, Patrick: *Homographies, Quaternions and Rotations.* Clarendon Press, Oxford 1964

[Fr] FRICKE, Robert: *Lehrbuch der Algebra. Zweiter Band.* Vieweg, Braunschweig 1926

[Fr-Kl] FRICKE, Robert, und Felix KLEIN: *Vorlesungen über die Theorie der automorphen Funktionen II.* Nachdruck. Teubner, Stuttgart 1965

[Gr-Re] GRAUERT, Hans, und Reinhold REMMERT: *Coherent Analytic Sheaves.* Springer, Berlin 1984

[Gray] GRAY, Jeremy: *Linear Differential Equations and Group Theory from Riemann to Poincaré.* Birkhäuser, Boston 1986

[Gri-Har] GRIFFITHS, Phillip, und Joseph HARRIS: *Principles of Algebraic Geometry.* Wiley Interscience, New York 1978

[Grün] GRÜNBAUM, Branko: *Arrangements and Spreads.* CBMS Regional Conf. Series in Math. 10, American Mathematical Soc. 1972

[Har] HARTSHORNE, Robin: *Algebraic Geometry.* Springer, New York 1977

[Hir] HIRZEBRUCH, Friedrich: *Topological Methods in Algebraic Geometry.* Springer, Berlin 1966

[Hol] HOLZAPFEL, Rolf-Peter: *Around Euler Partial Differential Equations.* VEB Deutscher Verlag der Wissenschaften, Berlin 1986

[Hu-Cou] HURWITZ, Adolf und Richard COURANT: *Funktionentheorie.* 4. Auflage. Springer, Berlin 1964

[Ii] IITAKA, Shigeru: *Algebraic Geometry.* Springer, New York 1982

[Ka-Ka] KAUP, Ludger, und Burchard KAUP: *Holomorphic Functions of Several Variables.* de Gruyter, Berlin 1983

[Kaz] KAZDAN, Jerry: *Prescribing the curvature of a Riemannian manifold.* CBMS Regional Conf. Series in Math. 57 American Mathematical Society 1985

[Kl-Fr] KLEIN, Felix, und Robert FRICKE: *Theorie der elliptischen Modulfunktionen I/II.* Nachdruck. Teubner, Stuttgart 1966

[Kob] KOBAYASHI, Shoshichi: *Transformation Groups in Differential Geometry.* Springer, New York 1972

[Kod III] KODAIRA, Kunihiko: *Collected Works, Vol. III.* Princeton Univ. Press 1975

[Ko-No] KOBAYASHI, Shoshichi, und Katsumi NOMIZU: *Foundations of Differential Geometry I,II.* Wiley, New York 1963 1969

[Kur] KURKE, Herbert: *Vorlesungen über algebraische Flächen.* Teubner, Leipzig 1982

[Lau] LAUFER, Henry B.: *Normal two-dimensional singularities.* Ann. of Math. Stud. 71, Princeton University Press 1971

[Ma] MAGNUS, Wilhelm: *Noneuclidean Tesselations and their Groups.* Academic Press, New York, London 1974

[Popp] POPP, Herbert: *Fundamentalgruppen algebraischer Mannigfaltigkeiten.* Springer LNM 176, Berlin 1970

[SemP] SÉMINAIRE PALAISEAU 1978: *Première classe de Chern et courbure de Ricci: preuve de la conjecture de Calabi..* Astérisque 58, Soc. Math. France 1978

[SemŠ] ŠAFAREVIČ, I.R. et al.: *Algebraic Surfaces.* Proc. Steklov Inst. Math. 75 (1965), A.M.S. Translations, Providence, R.I. 1967

[Sha] SHAFAREVICH, Igor R.: *Basic Algebraic Geometry.* Springer, Berlin 1974

[Spr] SPRINGER, T. A.: *Invariant Theory.* Lecture Notes in Mathematics 585. Springer, Berlin 1977

[Ueno] UENO, Kenji: *Classification Theory of Algebraic Varieties and Compact Complex Spaces.* Lecture Notes in Math. 439. Springer, Berlin 1974

[Var] VARGA, Richard S.: *Matrix Iterative Analysis.* Prentice-Hall, Englewood Cliffs, N.J. 1962

[We] WEBER, Heinrich: *Lehrbuch der Algebra. Zweiter Band.* 2. Auflage. Vieweg, Braunschweig 1899; Reprint Chelsea, New York

[Yo] YOSHIDA, Masaaki: *Fuchsian Differential Equations.* A Publication of the Max-Planck-Institut für Mathematik, Bonn. Vieweg, Braunschweig 1987

ARTIKEL

ATIYAH, Michael:

[1958] On analytic surfaces with double points. *Proc. R. Soc. London* Ser. A 245 (1958), 237-244

AUBIN, Thierry:

[1976] Equations du type Monge-Ampère sur les variétés kählériennes compactes. *C.R. Acad. Sci. Paris* Sér. A 283 (1976), 119-121

BARTHEL, Gottfried, und Ludger KAUP:

[1982] Sur la topologie des surfaces complexes compactes singulières. in: Sur la topologie des surfaces complexes compactes. *Sem. de math. sup.* 80 (1982), 61-297 Les presses de l'université de Montréal, 1982

BASTERFIELD, J.G., und L.M. KELLY:

[1968] A characterisation of sets of n points which determine n hyperplanes. *Proc. Cambridge Phil. Soc.* 64 (1968), 585-588

BOCHNER, Solomon:

[1947] On compact complex manifolds. *J. Indian Math. Soc.* 11 (1947), 1-21

BOMBIERI, Enrico, und Dale HUSEMÖLLER:

[1975] Classification and embedding of surfaces. *Algebraic Geometry.* Arcata 1974. AMS Proc. Symp. Pure Math. 29 (1975), 329-420

BOREL, Armand:

[1963] Compact Clifford-Klein forms of symmetric spaces *Topology* 2 (1963), 111-122

BOURGIGNON, J.-P.:

[1979] Premières formes de Chern des variétés kählériennes compactes [d'après E. Calabi, T. Aubin et S.T. Yau]. *Sém. Bourbaki* 1977/78, Exp. 507. Springer Lecture Notes in Mathematics 710, 1-21 (1979)

BRIESKORN, Egbert:

[1966] Über die Auflösung gewisser Singularitäten von holomorphen Abbildungen. *Math. Ann.* 166 (1966), 76-102

BRIESKORN, Egbert (Forts.)

[1968a] Die Auflösung der rationalen Singularitäten holomorpher Abbildungen. *Math. Ann.* 178 (1968), 255-270

[1968b] Rationale Singularitäten komplexer Flächen. *Invent. math.* 4 (1968), 336-358

[1981] The unfolding of exceptional singularities. *Nova acta Leopoldina* NF 52 Nr. 240 (1981), 65-93

BURR, S., B. GRÜNBAUM und N.SLOANE:

[1974] The orchard problem. *Geometriae Dedicata* 2 (1974), 397-424

CALABI, Eugenio:

[1957] On Kähler manifolds with vanishing canonical class. *Algebraic Geometry and Topology. A Symposium in Honor of S. Lefschetz,* 78-79. Princeton University Press 1957

CHEN, Zhijie:

[1987] On the geography of Surfaces - Simply connected minimal surfaces with positive index. *Math. Ann.* 277 (1987), 141-164

CHENG, Bang-Yen, und Koichi OGIUE:

[1975] Some characterizations of complex space forms in terms of Chern classes. *Quart. J.Math. Oxford* (3), 26 (1975), 459-464

CHEN, S.Y., und S.-T. YAU:

[1986] Inequality between Chern numbers of singular Kähler surfaces. *Complex differential geometry and non-linear differential equations.* Contemporary math. 49

CHENIOT, Denis:

[1973] Une démonstration du théorème de Zariski et de Van Kampen. *Compositio Math.* 27 (1973), 141-158

DELIGNE, Pierre und George D. MOSTOW:

[1986] Monodromy of hypergeometric functions and non-lattice integral monodromy. *Publ. Math. I.H.E.S.* 63 (1986), 5-90

ESNAULT, Hélène:

[1982] Fibre de Milnor d'un cône sur une courbe plane singulière *Invent. math.* 68 (1982), 477-496

FOX, Ralph H.:

[1952] On Fenchel's conjecture about F-groups *Matematisk Tidsskrift B* (1952), 61-65

[1957] Covering spaces with singularities. *Algebraic Geometry and Topology. A Symposium in Honor of S. Lefschetz,* 243-257 Princeton University Press 1957

GLÄSER, Michael:

[1983] Arbeitsbericht, SFB 40, Bonn 1983 (unveröffentlicht)

GRAUERT, Hans:

[1962] Über Modifikationen und exzeptionelle analytische Mengen *Math. Ann.* 146 (1962), 331-368

GRAUERT, Hans, und Reinhold REMMERT:

[1958] Komplexe Räume. *Math. Ann.* 136 (1958), 245-318

GRÜNBAUM, Branko:

[1971] Arrangements of hyperplanes. *Proc. Second Louisiana Conf. on Combinatorics, Graph Theory and Computing,* p. 41-106 Baton Rouge 1971

[1987] The Real Configuration (21_4). Preprint

GRÜNBAUM, Branko, und G.C. SHEPHARD:

[1984] Simplicial arrangements in projective 3-ssace. *Mitteil. Math. Sem. Giessen,* Heft 166 (1984), 49-101

GUGGENHEIMER, Hans:

[1952] Über vierdimensionale Einsteinräume. *Experientia* VIII/11 (1952), 420-421

HAMMOND, William F.:

[1976] Chern numbers of 2-dimensional Satake compactifications *J. London Math. Soc.* 14 (1976), 65-70

HAWLEY, N.S.:

[1953] Constant holomorphic curvature. *Can. J. Math.* 5 (1953), 53-56

HEMPERLY, John C.:

[1972] The parabolic contribution to the number of linearily independent automorphic forms on a certain bounded domain. *Amer. J. Math.* 94 (1972), 1078-1100

HIRZEBRUCH, Friedrich:

[1956] Automorphe Formen und der Satz von Riemann-Roch. *Symp. Int. Top. Alg. 1956, México.* Univ. México (1958), 129-144

[1971] The signature theorem: Reminiscenses and recreation. *Prospects of Mathematics.* Ann. of Math. Stud. 70. Princeton University Press 1971

[1982] Some examples of algebraic surfaces. *Contemporary Mathematics* 9 (1982), 55-71

[1983] Arrangements of lines and algebraic surfaces. *Arithmetic and Geometry - Papers dedicated to I. R. Shafarevich (II).* Progr. in Math. Vol. 36, 113-140. Birkhäuser, Boston 1983

[1984] Chern numbers of algebraic surfaces - an example. *Math. Ann.* 266 (1984), 351-356

[1985] Algebraic surfaces with extreme Chern numbers (Report on the thesis of Th. Höfer, Bonn 1984). *Russian Math. Surveys* 40 (1985), 135-145

HIRZEBRUCH, Friedrich (Forts.)

[1986] Singularities of algebraic surfaces and characteristic numbers. *The Lefschetz centennial conference.* Contemporary Math. 58 (1986), 141-155

HÖFER, Thomas:

[1985] Ballquotienten als verzweigte Überlagerungen der projektiven Ebene. Dissertation, Bonn 1985

HOLZAPFEL, Rolf-Peter:

[1980] A class of minimal surfaces in unknown region of surface geography. *Math. Nachr.* 98 (1980), 221-232

[1981a] Arithmetic Surfaces with great K^2. *Proc. Alg. Geom. Bucharest 1980*, 80-91. Teubner, Leipzig 1981

[1981b] Invariants of arithmetic ball quotient surfaces. *Math. Nachr.* 103 (1981), 117-153

[1986a] Chern numbers of algebraic surfaces - Hirzebruch's examples are Picard modular surfaces. *Math. Nachr.* 126 (1986), 255-273

[1986b] Basic two-dimensional versions of Hurwitz genus formula. *Ann. Global Anal. Geom.* 4 (1986), 1-70

HUNT, Bruce:

[1986] Coverings and ball quotients with special emphasis on the 3-dimensional case. Dissertation, Bonn 1986

[1987] Complex manifold geography in dimension 2 and 3. Preprint

IGUSA, Jun-Ichi:

[1954] On the structure of a certain class of Kähler varieties. *Amer. J. Math.* 76 (1954), 669-678

IITAKA, Shigeru:

[1978] Geometry on complements of lines in $\mathbb{P}^2$. *Tokyo J. Math.* 1 (1978), 1-19

INOUE, Masahisa:

[1981] Some surfaces of general type with positive indices. Note, Sonderforschungsbereich 40, Bonn 1981 (unveröffentlicht).

ISHIDA, Masa-Nori:

[1983a] The irregularities of Hirzebruch's examples of surfaces of general type with $c_1^2 = 3c_2$. *Math. Ann.* 262 (1983), 407-420

[1983b] Hirzebruch's examples of surfaces of general type with $c_1^2 = 3c_2$. *Algebraic Geometry. Proceedings, Tokyo/Kyoto 1982.* Ed. by M. Raynaud and T. Shioda. Springer Lecture Notes in Mathematics 1016 (1983)

IVERSEN, B.:

[1970] Numerical invariants and multiple planes.
Amer. J. Math. 92 (1970), p. 968-996

IVINSKIS, Kestutis:

[1985] Normale Flächen und die Miyaoka-Kobayashi-Ungleichung.
Diplomarbeit, Bonn (1985)

KATO, Mitsuyoshi:

[1984] On the existence of finite principal uniformizations of $\mathbb{C}P^2$ along weighted line configurations.
Mem. Fac. Sci. Kyushu Univ. Ser. A, 38 (1984), 127-131

KAUP, Ludger:

[1977] Exakte Sequenzen für globale und lokale Poincaré-Homomorphismen. *Real and complex singularities, Oslo 1976.* 267-296
Sijthoff & Noordhoff, Alphen a.d.R. 1977

KELLY, L. M.:

[1986] A resolution of the Sylvester-Gallai problem of J.-P. Serre.
Discrete Comput. Geom. 1 (1986), 101-104

KELLY, L.M. und W. MOSER:

[1958] On the number of ordinary lines determined by n points.
Canad. J. Math. 10 (1958), 210-219

KLEIN, Felix:

[1878] Über die Transformation siebenter Ordnung der elliptischen Funktionen. *Math. Ann.* 14 (1878), Ges. Math. Abh. Band 3, LXXXIV, 90-136. Nachdruck. Springer, Berlin 1973

KOBAYASHI, Ryoichi:

[1984] Kähler-Einstein metric on an open algebraic manifold.
Osaka J. Math. 21 (1984), 399-418

[1985a] Einstein-Kähler metrics on open algebraic surfaces of general type. *Tôhoku Math. J.* 37 (1985), 43-77

[1985b] Einstein-Kähler V-metrics on open Satake V-surfaces with isolated quotient singularities.
Math. Ann. 272 (1985), 385-398

KOBAYASHI, Ryoichi, Isao NARUKI und Fumio SAKAI:

[1987] Theory of minimal models for open surfaces and the numerical characterization of ball quotients. Preprint (angekündigt).

KOBAYASHI, Shoshichi:

[1981] Recent results in complex differential geometry
Jahresber. Dt. Math.-Verein 83 (1981), 147-158

KOBAYASHI, Sh., und Camilla HORST:

[1983] Topics in complex differential geometry. *Complex differential geometry.* DMV-Seminar Bd. 3, 8-66. Birkhäuser, Basel 1983

KODAIRA, Kunihiko:

[1968] Pluricanonical systems on algebraic surfaces of general type. *J. Math. Soc. Japan* 20 (1968), 170-192 / [Kod III: 1554-1576]

LE VAVASSEUR, Robert:

[1893] Sur le système d'équations aux dérivées partielles simultanées auxquelles satisfait la série hypergéométrique à deux variables. *Ann. Fac. Sci. Toulouse Math.* VII (1893), F1-F205

LIVNÉ, Ron Aharon:

[1981] On certain covers of the universal elliptic curve. Ph. D. Thesis, Harvard (1981)

MIYAOKA, Yoichi:

[1977] On the Chern numbers of surfaces of general type. *Invent. math.* 42 (1977), 225-237

[1983] Algebraic surfaces with positive indices. *Classification of Algebraic and Analytic Manifolds.* Progress in Math. 39, 281-301. Birkhäuser Boston 1983

[1984] The maximal number of quotient singularities on surfaces with given numerical invariants. *Math. Ann.* 268 (1984), 159-171

MOSTOW, George D.:

[1980] On a remarkable class of polyhedra in complex hyperbolic space. *Pac. J. Math.* 86 (1980), 171-276

[1981] Existence of nonarithmetic monodromy groups. *Proc. Nat. Acad. Sci. USA* 78 (1981), 5948-5950

MOSTOW, George D. und Yum-Tong SIU:

[1980] A compact Kähler surface of negative curvature not covered by the ball. *Ann. of Math.* 112 (1980), 321-360

MUMFORD, David:

[1962] The canonical ring of an algebraic surface. (Appendix to: O. Zariski: The theorem of Riemann-Roch...) *Annals of Math.* 76 (1962), 612-615

[1977] Hirzebruch's proportionality theorem in the non-compact case. *Invent. math.* 42 (1977), 239-272

[1979] An algebraic surface with K ample, $K^2 = 9$, $p_g = q = 0$ *Amer. J. Math.* 101 (1979), 233-244

ORLIK, Peter, und Louis SOLOMON:

[1982] Arrangements defined by unitary reflection groups. *Math. Ann.* 261 (1982), 339-357

ORLIK, Peter, und Louis SOLOMON (Forts.)

[1983] Coxeter Arrangements. *Singularities*. Arcata 1981. AMS Proc. Symp. in Pure Math. 40 (1983), Part 2, 269-291

PERSSON, Ulf:

[1981] On Chern invariants of surfaces of general type. *Compos. Math.* 43 (1981), 3-58

[1987] An introduction to the geography of surfaces of general type. Erscheint in: AMS Proc. Symp. Pure Math. 46 (Bowdoin 1975)

PICARD, Emile:

[1885] Sur les fonctions hyperfuchsiennes provenant des series hypergeometriques de deux variables. *Ann. Sci. Ecole Norm. Sup.* III, 2 (1885), 357-384

RAYNAUD, M.:

[1981] Fibrés vectoriels instables - Applications aux surfaces (d'après Bogomolov). *Surfaces Algébriques, Séminaire de Géométrie Algébrique d'Orsay 1976-78,* Exp. X Springer Lecture Notes in Mathematics 868 (1981)

REID, Miles:

[1977] Bogomolov's theorem $c_1^2 \leq 4c_2$. *Proc. Intern. Symp. Alg. Geometry, Kyoto 1977.* Kinokuniya, Tokyo 1977, 623-644

SAKAI, Fumio:

[1980] Semi-stable curves on algebraic surfaces and logarithmic pluricanonical maps. *Math. Ann.* 254 (1980), 89-120

SERRE, J.-P.:

[1966] Problem 5359. *Am. Math. Monthly* 73 (1966), p. 89

SHEPHARD, G. C. und J. A. TODD:

[1954] Finite unitary reflection groups. *Canad. J. Math.* 6 (1954), 274-301

SHVARTSMAN, O. V.:

[1984] Discrete groups of reflections in the complex ball. *Functional Anal. Appl.* 18 (1984), 81-83

SOMMESE, Andrew:

[1984] On the density of ratios of Chern numbers of algebraic surfaces. *Math. Ann.* 268 (1984), 207-221

SZPIRO, L.:

[1978] Sur le théorème de rigidité de Parsin et Arakelov. *Journées de géometrie algébrique de Rennes (1978)* II, 169-202. Astérisque 64 (1979)

TERADA, Toshiaki:

[1973] Problème de Riemann et fonctions automorphes provenant des fonctions hypergéometriques de plusieurs variables. *J. Math. Kyoto Univ.* 13 (1973), 557-578

[1983] Fonctions hypergéometriques F_1 et fonctions automorphes I. *J. Math. Soc. Japan* 35 (1983), 451-475

[1985] Fonctions hypergéometriques F_1 et fonctions automorphes II. *J. Math. Soc. Japan* 37 (1985), 173-185

VAN DE VEN, A.:

[1966] On the Chern numbers of certain complex and almost-complex manifolds. *Proc. Natl. Acad. Sci. USA* 55 (1966), 1624-1627

[1976] On the Chern numbers of surfaces of general type. *Invent. Math.* 36 (1976), 285-293

[1978] Some recent results on surfaces of general type. *Sem. Bourbaki 1977,* Exp. 500, Springer Lecture Notes in Mathematics 677, 155-166 (1978)

VAN KAMPEN, Egbert:

[1933] On the fundamental group of an algebraic curve. *Amer. J. Math.* 55 (1933), 255-260

VIEHWEG, Eckart:

[1982] Vanishing theorems. *J. reine angew. Math.* 335 (1982), 1-8

YAU, Shin-Tung:

[1977] Calabi's conjecture and some new results in algebraic geometry. *Proc. Natl. Acad. Sci. USA* 74 (1977), 1798-1799

[1978] On the Ricci curvature of a complex Kähler manifold and the complex Monge-Ampère equations. *Comment. Pure Appl. Math.* 31 (1978), 339-411

YOSHIDA, Masaaki:

[1984] Orbifold-uniformizing differential equations. *Math. Ann.* 267 (1984), 125-142

[1985] A note on orbifold-uniformizing differential equations. *Mem. Fak. Sci. Kyushu Univ.* 39 (1985), 189-195

[1986] Orbifold-uniformizing differential equations III. Arrangements defined by 3-dimensional primitive unitary reflection groups. *Math. Ann.* 274 (1986), 319-334

ZARISKI, Oscar:

[1929] On the problem of existence of algebraic functions of two variables possessing a given branch curve. *Amer. J. Math.* 51 (1929), 305-328

ZUO, Kang:

[....] Dissertation, Bonn (in Vorbereitung)

Sachwortverzeichnis